超實用！業務・總管・人資的

辦公室 Word 365
省時高手必備 50 招 第2版

圖文步驟說明＋關鍵技巧提示
＝掌握方法與應用

專為職場人員設計的超好用範例！
快速簡便，立即就能用！完成工作不費力！
從業務簡報到企劃行銷，
Word文書技巧活用一本通！

張雯燕 著

博碩文化

(編輯)(排版)(範本主題)(追蹤修訂)(圖表設計)(文字藝術師)(格式設定)(模板)(樣式庫)

作　　者：	張雯燕
責任編輯：	Cathy
董 事 長：	曾梓翔
總 編 輯：	陳錦輝

出　　版：博碩文化股份有限公司
地　　址：221 新北市汐止區新台五路一段 112 號 10 樓 A 棟
　　　　　電話 (02) 2696-2869　傳真 (02) 2696-2867

發　　行：博碩文化股份有限公司
郵撥帳號：17484299　戶名：博碩文化股份有限公司
博碩網站：http://www.drmaster.com.tw
讀者服務信箱：dr26962869@gmail.com
訂購服務專線：(02) 2696-2869 分機 238、519
（週一至週五 09:30 ～ 12:00；13:30 ～ 17:00）

版　　次：2025 年 7 月二版

博碩書號：MI22506
建議零售價：新台幣 500 元
ＩＳＢＮ：978-626-414-268-7
律師顧問：鳴權法律事務所 陳曉鳴律師

本書如有破損或裝訂錯誤，請寄回本公司更換

國家圖書館出版品預行編目資料

超實用！業務．總管．人資的辦公室 WORD 365 省時高手必備 50 招 / 張雯燕作. -- 二版. -- 新北市：博碩文化股份有限公司，2025.08
　面；　公分

ISBN 978-626-414-268-7(平裝)

1.CST: WORD(電腦程式)

312.49W53　　　　　　　　114010429

Printed in Taiwan

歡迎團體訂購，另有優惠，請洽服務專線
(02) 2696-2869 分機 238、519

商標聲明

本書中所引用之商標、產品名稱分屬各公司所有，本書引用純屬介紹之用，並無任何侵害之意。

有限擔保責任聲明

雖然作者與出版社已全力編輯與製作本書，唯不擔保本書及其所附媒體無任何瑕疵；亦不為使用本書而引起之衍生利益損失或意外損毀之損失擔保責任。即使本公司先前已被告知前述損毀之發生。本公司依本書所負之責任，僅限於台端對本書所付之實際價款。

著作權聲明

本書著作權為作者所有，並受國際著作權法保護，未經授權任意拷貝、引用、翻印，均屬違法。

序

經過兩年多新冠肺炎疫情的摧殘，終於迎來國境解封的日子，真是令人十分振奮，雖然後續不知道還會有什麼病毒擾亂我們的生活，但是最艱困的時刻總算過去了。其實使用 Microsoft 365 也差不多是這種狀況，剛開始使用時會覺得衝擊比較大，每個月都要付費，使用時不上線功能好像會卡卡的，可是時間久了之後，更新功能時都可以無感接軌，永遠都保持最新的狀態。只有付信用卡費時，才明顯感受到它的存在，如果費用可以更優惠就好。

言歸正傳，本書是以範例為主軸，每個範例都是多年工作經驗的累積，絕對精采可期。內容編排上，雖然很難做到以功能為主那般循序漸進，但也藉由不同職域分篇章，盡力安排讓初學者可以從頭學習基礎的 Word 基本操作及文件編輯；讓有基礎者可以發現許多以前不太瞭解的進階設定及小技巧應用。讓有興趣的人可以學習 Word 功能，逐步完成一份文件；也讓沒時間學習的人，快速套用書中的範例，完成長官交辦的事項。

然而受限於範例主題的限制，還是有許多精采的 Word 功能沒有被介紹到；也受限於出版時間的壓力，許多誤漏沒有被發現到，只希望讀者能不吝指教。最後祝福各位讀者，不論在學習、工作或是生活上，都能順順利利！平安幸福！

筆者 張雯燕

目錄

0　Word 應用軟體介紹
單元 01　Word 365 工作環境最佳化　　002

1 PART　行政總務篇
單元 02　公司傳真封面　　020
單元 03　公司內部公告　　024
單元 04　公司專用信箋　　031
單元 05　訪客登記表　　040
單元 06　電話記錄表　　047
單元 07　交寄郵件登記表　　055
單元 08　分機座位表　　062
單元 09　支出證明單　　072
單元 10　商品訂購單　　078
單元 11　付款簽收單　　085

2 PART　人事管理篇
單元 12　員工請假單　　094
單元 13　因公外出申請單　　102
單元 14　在職進修申請單　　107
單元 15　出差旅費報告單　　115
單元 16　應徵人員資料表　　121
單元 17　應徵人員面試記錄表　　128
單元 18　淘汰通知單　　134

單元 19	錄取通知單	140
單元 20	職前訓練規劃表	147
單元 21	聘用合約書	156
單元 22	在職證明書	165
單元 23	人評會考核表	172
單元 24	留職停薪申請書	178
單元 25	離職申請書	185
單元 26	離職證明書	190
單元 27	人員增補申請表	198

PART 3　業務行銷篇

單元 28	產品報價單	204
單元 29	市場調查問卷	210
單元 30	英文商業書信	217
單元 31	買賣合約書	224
單元 32	行銷企劃書	232
單元 33	專案企劃書	239
單元 34	單張廣告設計	245
單元 35	產品使用手冊	251
單元 36	客戶摸彩券樣張	258
單元 37	滿意回函卡	265
單元 38	寄發 VIP 貴賓卡	271
單元 39	產品資訊月刊	281
單元 40	顧客關懷卡片	290

PART 4 經營管理篇

單元 41	公司章程	298
單元 42	員工手冊	305
單元 43	員工福利委員會章程	316
單元 44	管理顧問聘書	322
單元 45	公司組織架構圖	329
單元 46	SOP 標準工作流程	336
單元 47	工作進度計畫表	343
單元 48	股東開會通知	348
單元 49	股東會議記錄	354
單元 50	營運計畫書	363

A 探索 Microsoft 365 的翻譯能力

A-1	Microsoft 365 的翻譯功能之操作步驟簡介	375
A-2	在 Word 365 中的實際應用例子	378
A-3	在 Excel 365 中的實際應用例子	380
A-4	在 PowerPoint 365 中的實際應用例子	382

線上資源下載

範例檔下載：
https://www.drmaster.com.tw/Bookinfo.asp?BookID=MI22506
下載後執行解壓縮，密碼為 drmaster-MI22506

Word 應用軟體介紹

01 | Word 365 工作環境最佳化

一　簡介

Word 是 Office 家族系列中，最基礎也是不可或缺的一員，不管是家用版、專業版甚至訂閱版都可以看到它的蹤影，與 Excel（試算表）、PowerPoint（簡報製作）可謂 Office 三劍客。

二　Word 工作環境

Office 軟體間都有相同模式的使用介面，讓人一眼就可以看出是同一家族成員，大致上可分成功能區、文件編輯區和狀態列三大區塊。

(一) 功能區

功能區中又可以細分成「標題列」、「索引標籤」和群組式的「功能按鈕」。

[標題列]
[索引標籤]　[群組式功能按鈕]

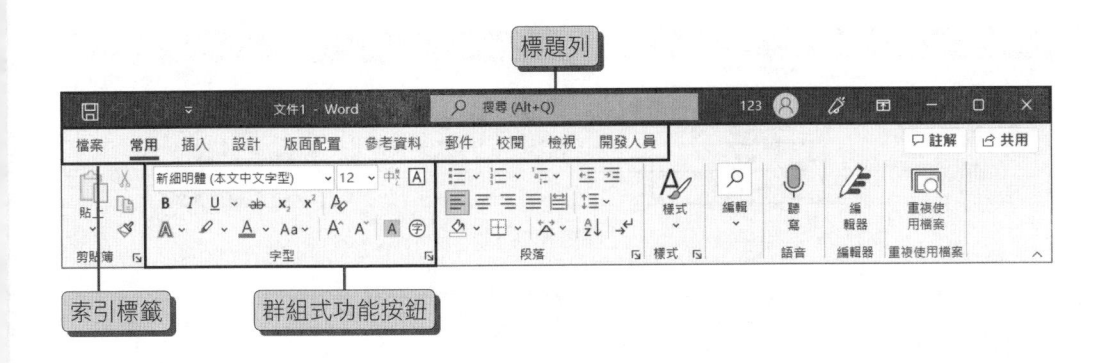

標題列

主要顯示檔案名稱和軟體名稱。標題列右邊除了「Microsoft 搜尋」和「登入資訊」外，還有 5 個按鈕分別代表「新功能推薦」、「功能區顯示選項」、「最小化」、「往下還原」和「關閉視窗」等功能。

按下「功能區顯示選項」鈕，可選擇功能區的範圍大小，預設的樣式為「顯示索引標籤和命令」。配合文件編輯的習慣，選擇適當的功能區顯示選項，可適度加文件編輯區的範圍。

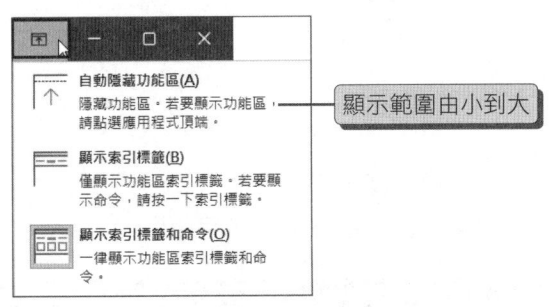

[顯示範圍由小到大]

標題列左邊則是快速存取工具列，設有常用的功能鈕，預設的功能鈕由左而右依序為「自動儲存」、「儲存檔案」、「復原」及「重作」，依據硬體設備不同，還有「觸控/滑鼠模式」，讓不同的裝置的使用者有更人性化的操作體驗。

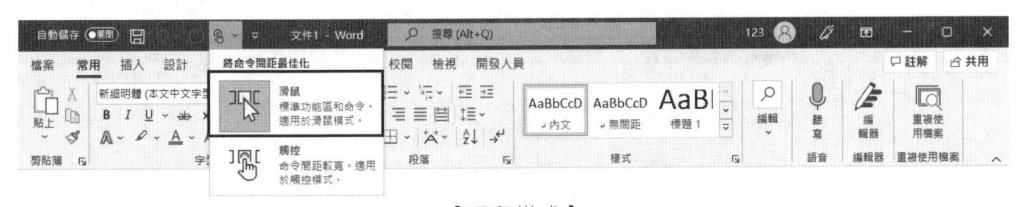

【滑鼠模式】

【觸控模式】

按下 ■「自訂快速存取工具列」鈕，還可顯示更多被隱藏起來的快速功能鈕，若勾選清單內的功能鈕，則可選定於快速存取工具列。

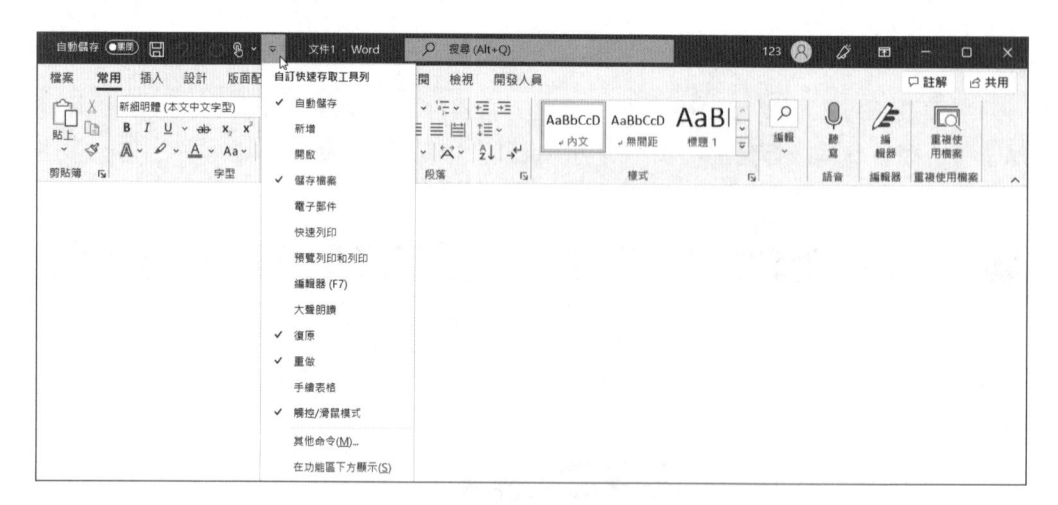

索引標籤

索引標籤主要用來區分不同的核心工作，例如「常用」、「插入」、「檢視」…等，依照不同的軟體會有不同主題的功能索引標籤。

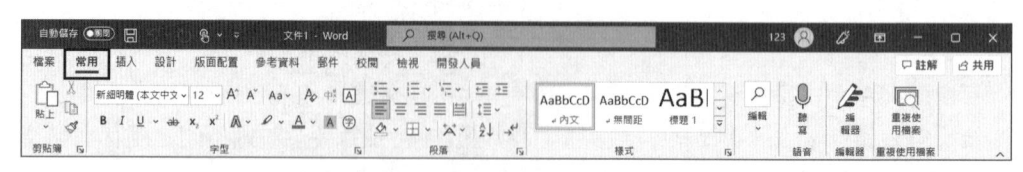

【常用】功能索引標籤

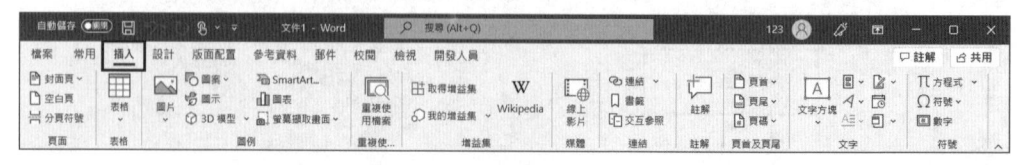

【插入】功能索引標籤

除了固定式的索引標籤外，還會因應特定的功能，提供進階的工具索引標籤，如「表格設計」、「圖形格式」、「SmartArt 設計」、「圖片設計」…等，只有選取選到該物件才會顯示。

【表格設計】功能索引標籤

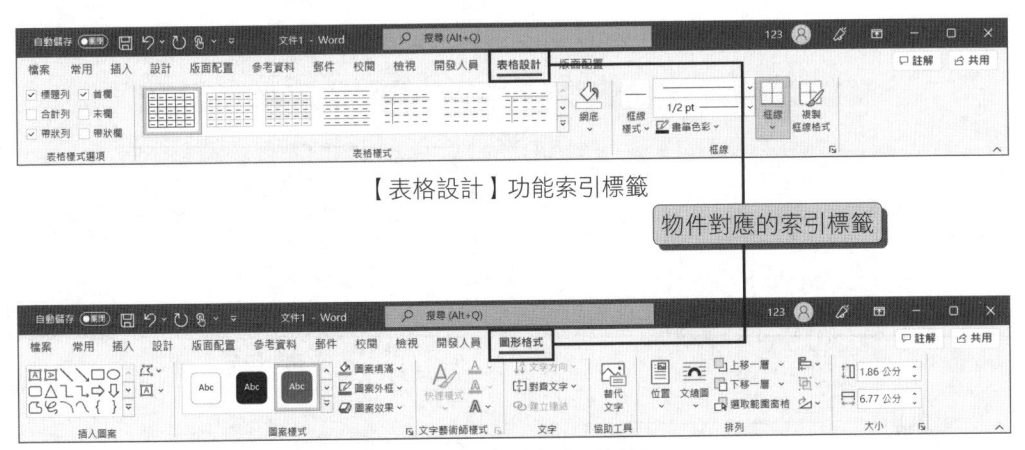

物件對應的索引標籤

【圖形格式】功能索引標籤

群組式功能鈕

而位於索引標籤下方的群組式功能鈕，則會依照不同的功能索引標籤，顯示對應的功能鈕。所謂群組式是將相同性質的功能，放置在同一個區塊，若區塊右下角有顯示 ⌟ 符號，則表示可以開啟相對應的對話方塊或工作窗格。

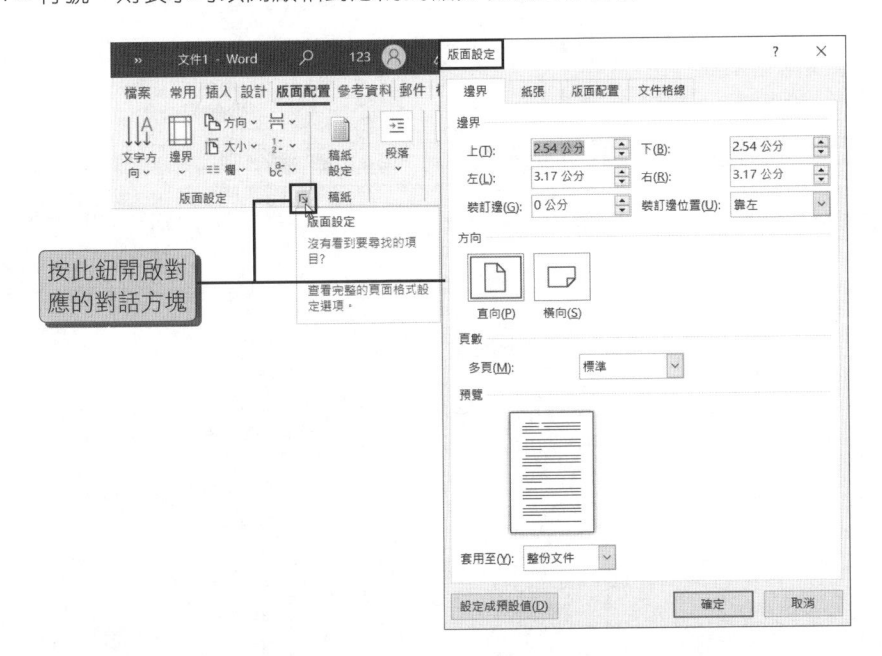

按此鈕開啟對應的對話方塊

(二) 文件編輯區

　　文件編輯區在未編輯之前，原則上是一片空白，但是都會有水平捲軸和垂直捲軸，可以捲動捲軸顯示視窗外的內容。使用者還可以依據使用習慣，在「檢視」功能索引標籤中，增減「尺規」、「格線」和「功能窗格」等輔助工具。

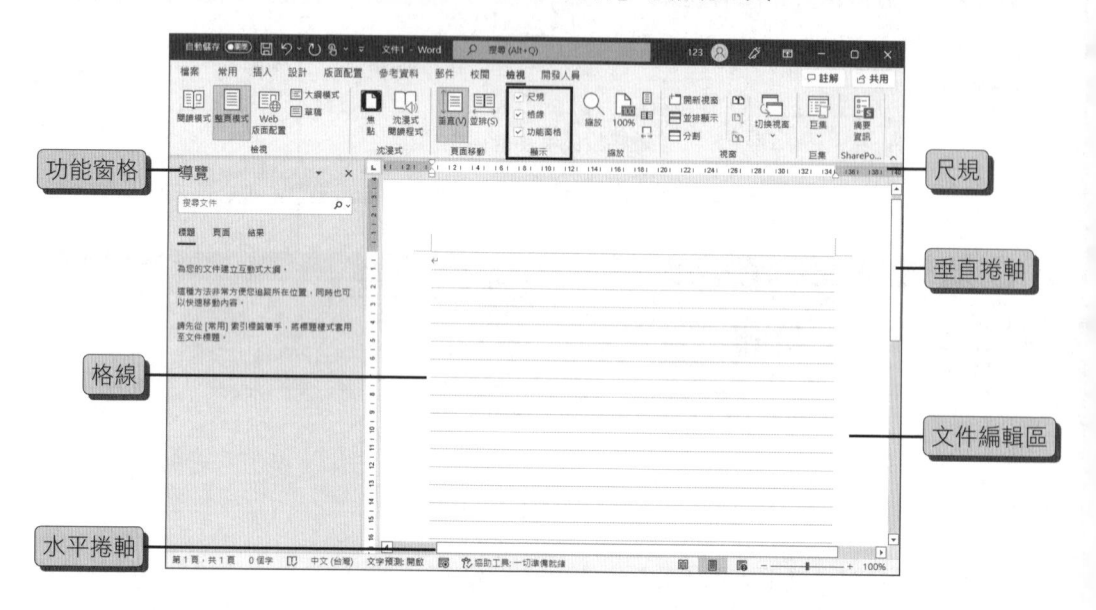

(三) 狀態列

　　位於文件最下方，除了顯示編輯文件的資訊外，還可以控制文件的檢視模式和顯示比例。

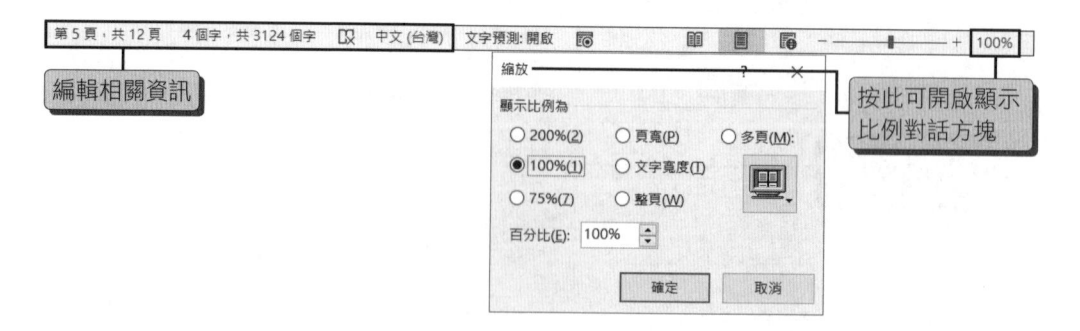

三 基本操作設定

Word 操作介面有許多人性化的設計，依據自己的操作習慣設定最佳化的工作環境，可以讓使用者在編輯過程中更加得心應手。

(一) 顯示比例

使用 Word 編輯文件時，都是在整頁模式（標準模式）下進行，預設的顯示比例為 100%，但是像筆者寫稿時喜歡使用「文字寬度」，顯示比例較大，圖片和文字可以看得清楚；而展現列印效果時，就習慣使用「多頁」，顯示比例較小，可以確認整體版面效果。

切換的方式很簡單，只要切換到「檢視」功能索引標籤，在「縮放」功能區中，執行「縮放」指令，即可開啟「顯示比例」對話方塊，再依照想要設定的比例選擇即可。

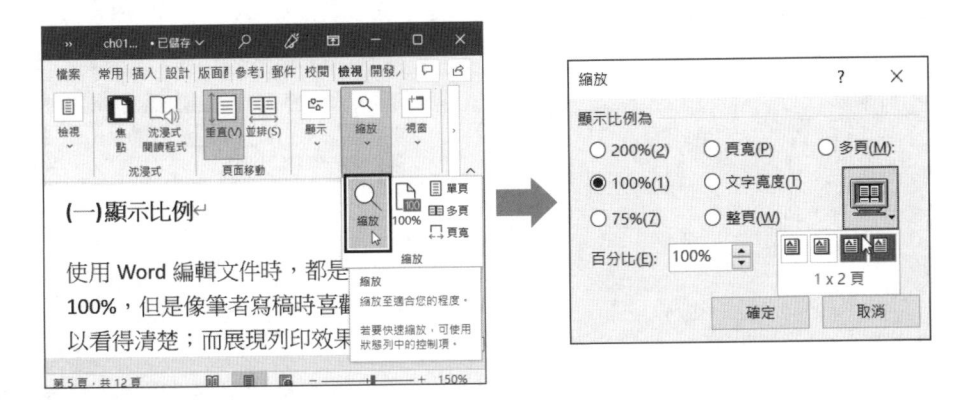

(二) 視窗排列

一旦必須同時編輯兩份文件，或在同一份文件不同處進行編輯，一直要切換視窗或移動捲軸實在麻煩，讓視窗並排顯示是個不錯的方法。

操作步驟

1 先切換到「檢視」功能索引標籤，在「視窗」功能區中，執行「開新視窗」指令。若是要檢視不同檔案，則直接開啟另一份檔案，無須執行此步驟。

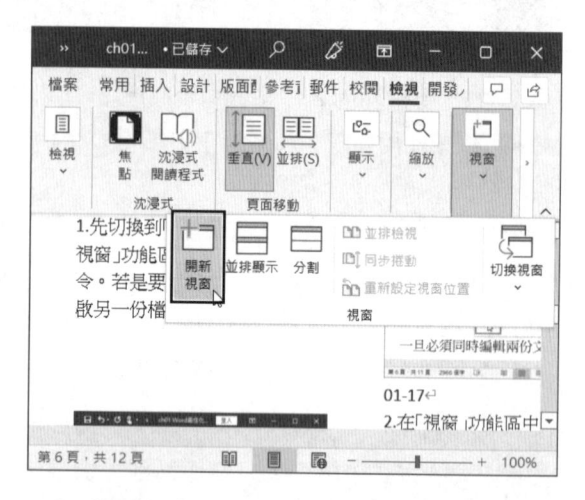

2 在「視窗」功能區中，執行「並排檢視」指令。（另一個「並排顯示」鈕會讓視窗上下並排）

3 同一視窗顯示兩份檔案，而且會預設為「同步捲動」，方便新舊不同的文件比對。

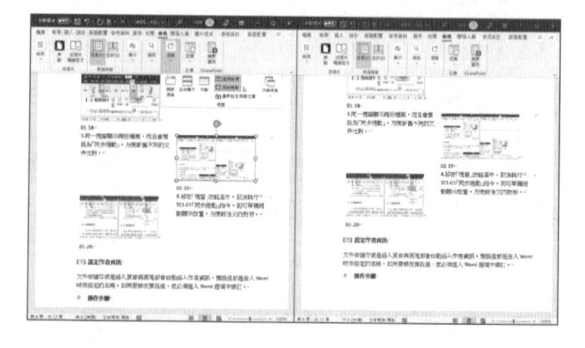

4 若在「視窗」功能區中，取消執行「同步捲動」指令，則可單獨捲動顯示位置，方便前後文的對照。

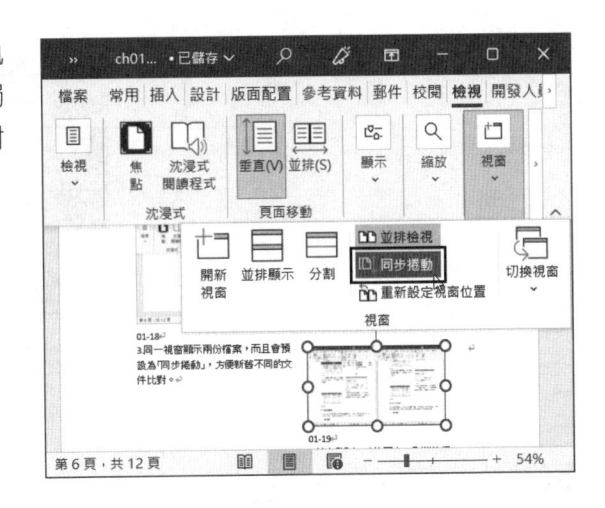

(三) 設定作者資訊

文件在儲存或是插入頁首與頁尾都會自動插入作者資訊，預設值都是登入 Word 時所設定的名稱，如果要修改預設值，就必須進入 Word 選項中修訂。

操作步驟

1 按下「檔案」功能索引標籤，進入檔案功能視窗。

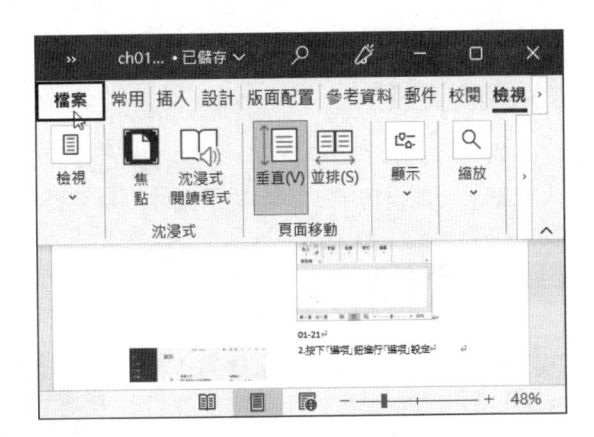

2 按下「選項」鈕進行「選項」設定

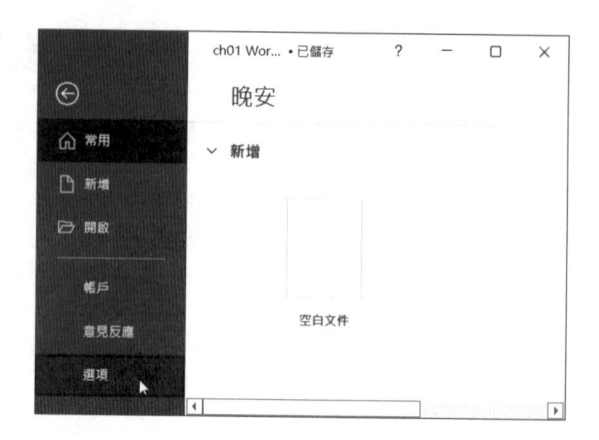

3 開啟「選項」對話方塊，在「一般」索引標籤中，輸入「使用者名稱」後，按「確定」鈕即可。

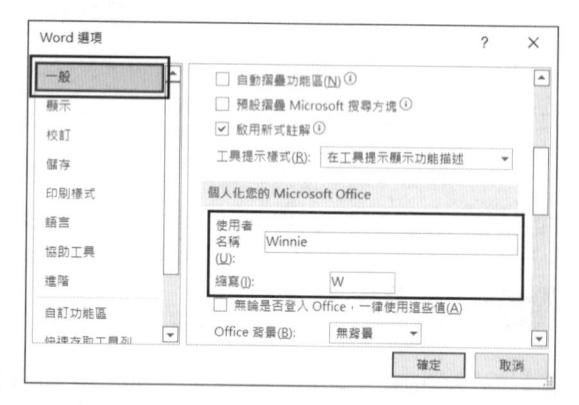

(四) 摘要資訊

如果只是想修改某一份文件的作者資訊，就不需要在「選項」中修改，只要在「檔案」功能視窗中，設定該份文件的摘要資訊即可。

操作步驟

1 按下「檔案」功能索引標籤，進入檔案功能視窗，按下「摘要資訊」清單鈕，選擇執行「進階摘要資訊」指令。

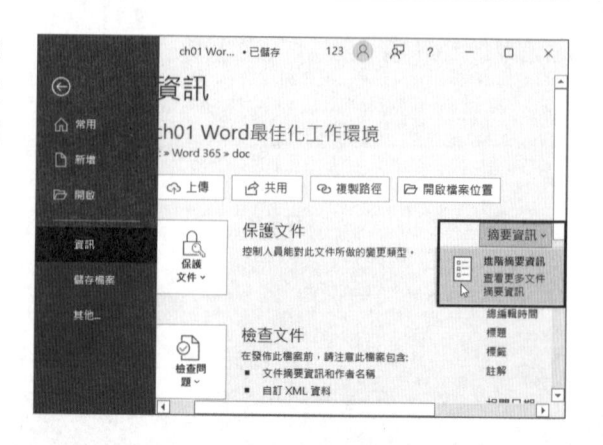

2 開啟「摘要資訊」對話方塊,在「摘要資訊」索引標籤中,輸入標題、主旨、作者…等資訊,按「確定」鈕。

3 當執行「儲存檔案」指令時,摘要資訊就會一併儲存在此份文件中。

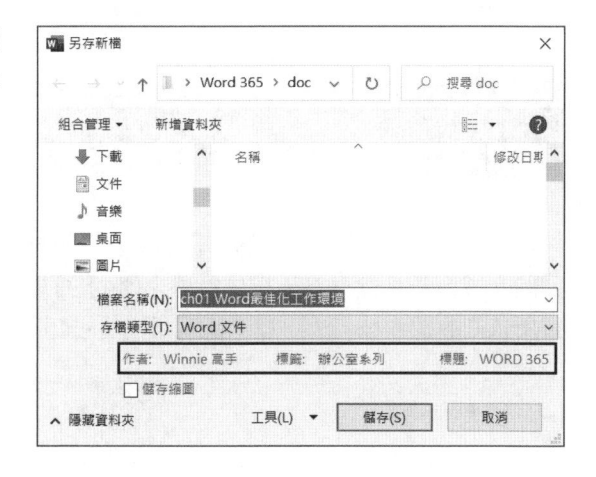

(五) 設定自動回覆時間

「蟑螂怕拖鞋、烏龜怕鐵鎚」,編輯文件時最怕無預警的 "當機",此時不是慘叫聲可以解決的,雖然 Word 會自動幫使用者儲存,但是每十分鐘一次能夠滿足你的需求嗎?不妨設定能容忍的時間吧!

按下「檔案」功能索引標籤，進入檔案功能視窗，按下「選項」鈕，開啟「選項」對話方塊，在「儲存」索引標籤中，設定「儲存自動回復資訊時間間隔」的分鐘數，按「確定」鈕即可。

四 編輯小技巧

Word 有一些幫助編輯的小技巧，除了選取時，按住鍵盤【Shift】可以選取連續範圍的文字或表格儲存格；按住鍵盤【Ctrl】可以選取不連續範圍的文字或表格儲存格，眾所皆知的選取技巧外，還有隱藏版的小技巧。

(一) 即點即書

開啟「即點即書」這項功能，可以省下按【Enter】鍵和空白鍵的次數，也就是說使用者只要在文件編輯區中，快按滑鼠左鍵 2 下，就可以任意移動編輯插入點位置。

開啟的方法也是到「選項」對話方塊中設定，在「進階」索引標籤中，勾選「啟用即點即書」編輯選項，按「確定」鈕即可。

單元 01　Word 365 工作環境最佳化 | *013*

(二) 列印背景圖案

這項功能最主要是搭配「設計」功能索引標籤中的「頁面色彩」功能使用，當使用者在頁面色彩中設定背景色彩或圖片時，若沒有開啟這項功能，背景色彩或圖片是"不會"被列印出來的。

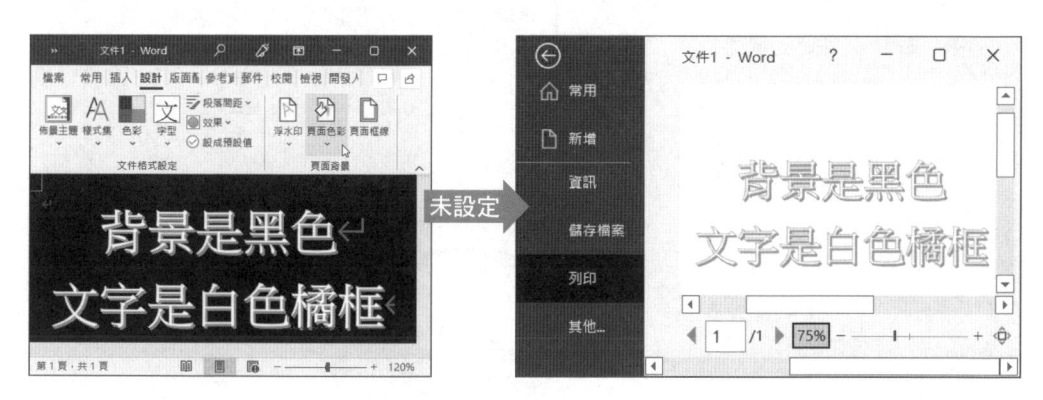

設定的方法也是到「選項」對話方塊中，在「顯示」索引標籤中，勾選「列印背景色彩及影像」列印選項，按「確定」鈕即可。

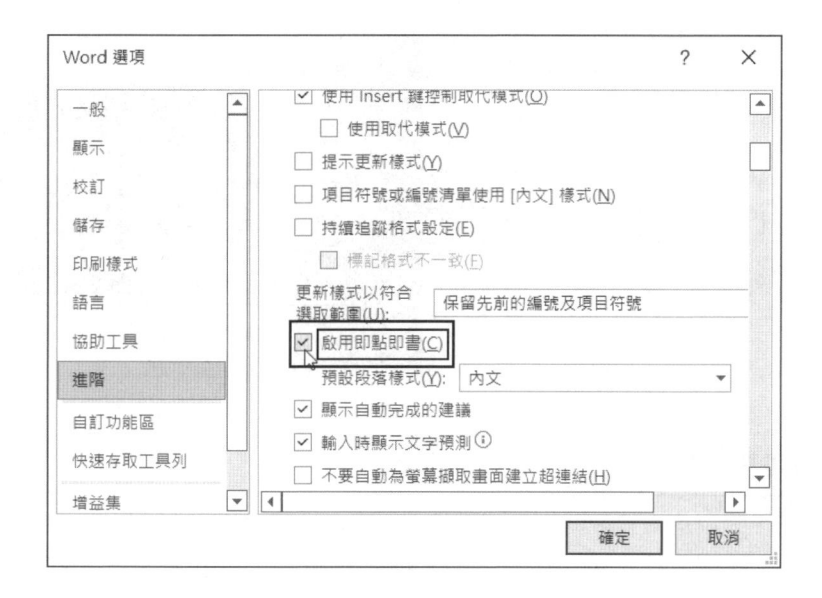

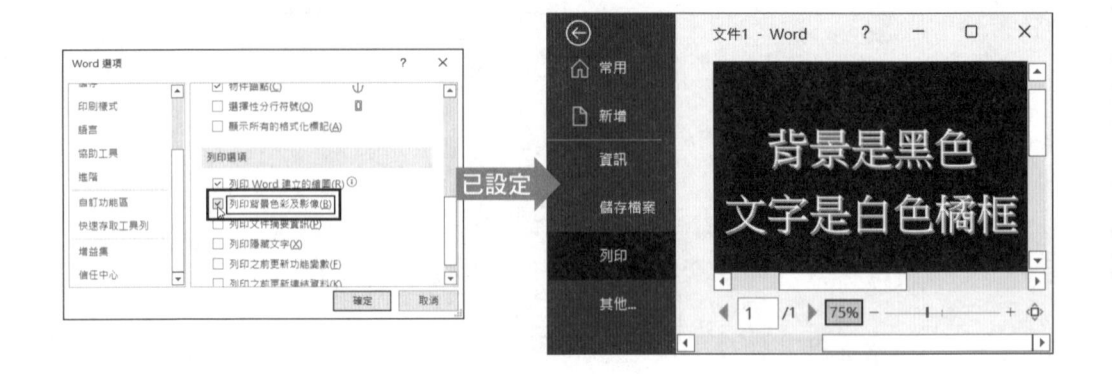

(三) 自動校正選項

　　自動校正選項是筆者最愛的編輯小技巧，在書中讀者會看到有許多常用的詞彙，如「按此鈕」、「切換到此索引標籤」、「按此清單鈕」…等，重複性很高的字詞，別以為筆者是一個一個慢慢敲，這樣會影響寫作的速度，其實就是善用自動校正選項功能。

操作步驟

1. 選取常用的字詞，按下「檔案」功能索引標籤，進入檔案功能視窗，按下「選項」鈕。

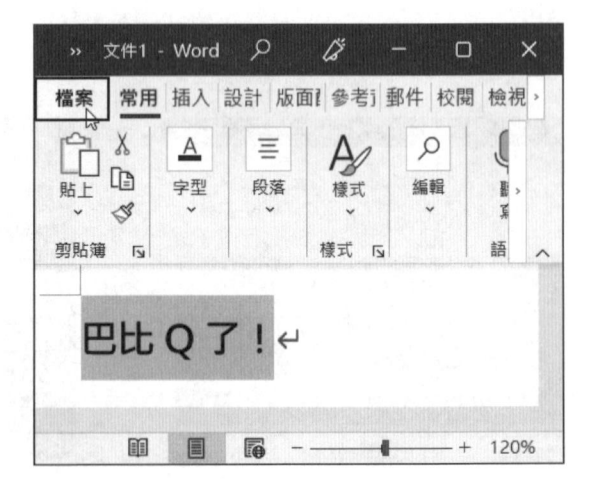

單元 01　Word 365 工作環境最佳化 ｜ *015*

2 開啟「選項」對話方塊，在「校訂」索引標籤中，按下「自動校正選項」鈕。

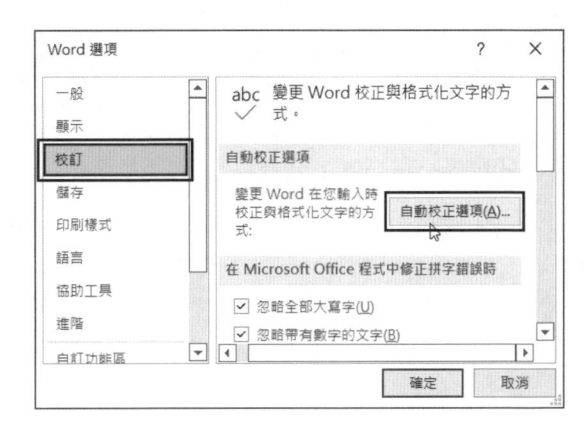

3 另外開啟「自動校正」對話方塊，「成為」處會顯示剛選取的字詞，自行設定「取代」的簡化字樣，假設是「~Q」，若要新增其他字詞，就按下「新增」鈕，若沒有則按下「確定」鈕。

4 回到編輯文件，輸入文字「~Q」，在按下鍵盤【Enter】鍵之前，還是輸入的文字。

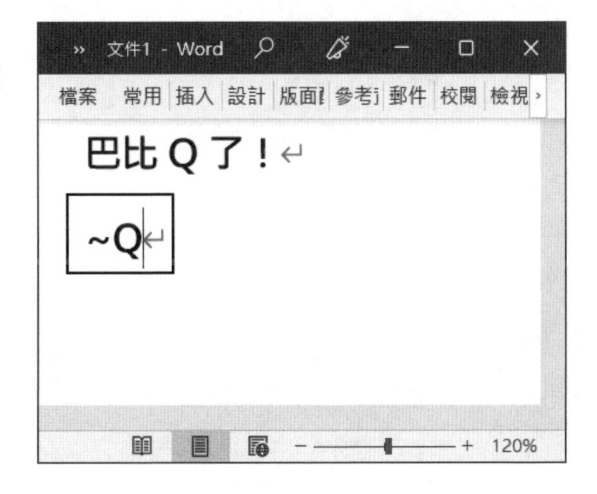

5 按下鍵盤【Enter】鍵後，就自動校正為「巴比Q了！」。
期待各位讀者擁有更多自己最愛的編輯小技巧喔！

㈣ 顯示 / 隱藏編輯標記

這是一個不常被提起的圖示鈕，本身沒有任何特殊功能，但是執行它你就可以知道不為人知的小祕密。如下圖，為什麼文件中沒有很多 ← 換行符號，文字卻可以到第二頁？為什麼第二頁紙張可以變成橫向？

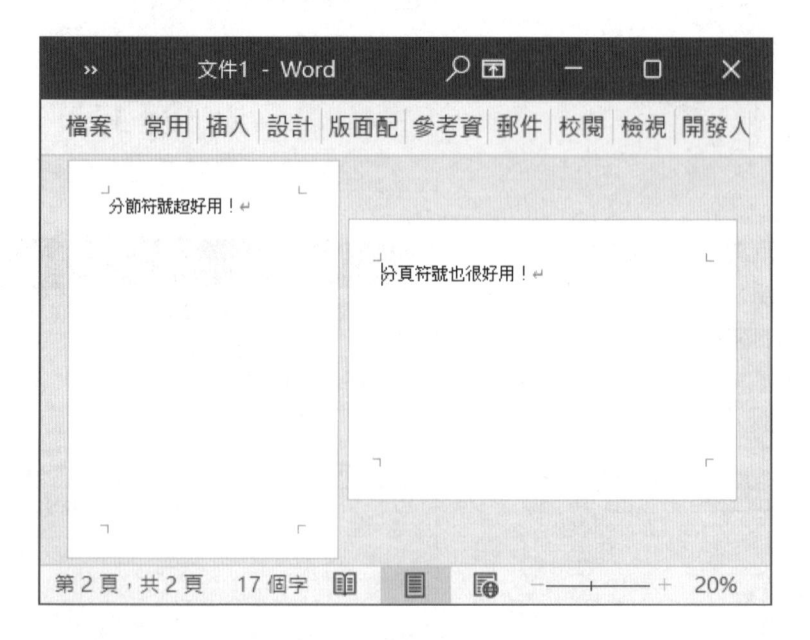

只要按下「常用\段落」功能區中的 ↵「顯示/隱藏編輯標記」圖示鈕，就可以知道原因了！原來被插入分頁符號和分節符號，這些進階版面配置功能所產生的特殊標記標號，一定要靠↵開啟「顯示/隱藏編輯標記」圖示鈕，才能原形畢露。

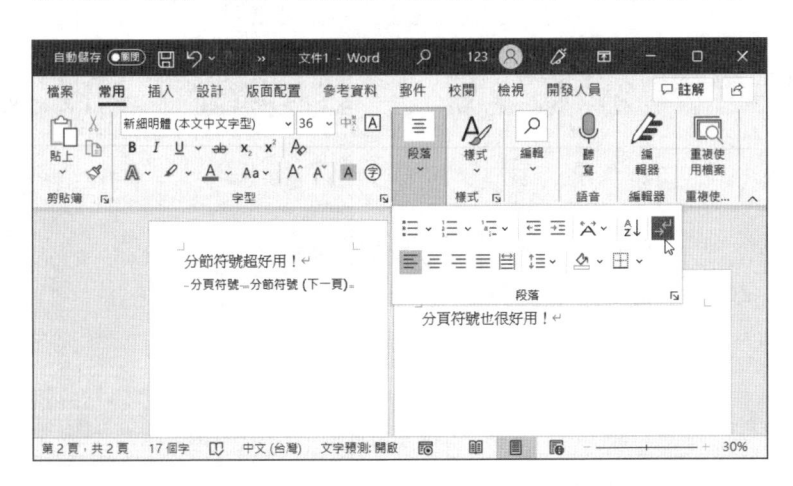

(五) 摺疊功能區

文件編輯區不夠大了，好想要多點空間。除了可以利用標題列上的 ▭「功能區顯示選項」來選擇外，功能區的右下角還有一個隱藏版的 ∧「摺疊功能區」鈕，只要按下就可以快速隱藏功能區，只剩下功能索引標籤。

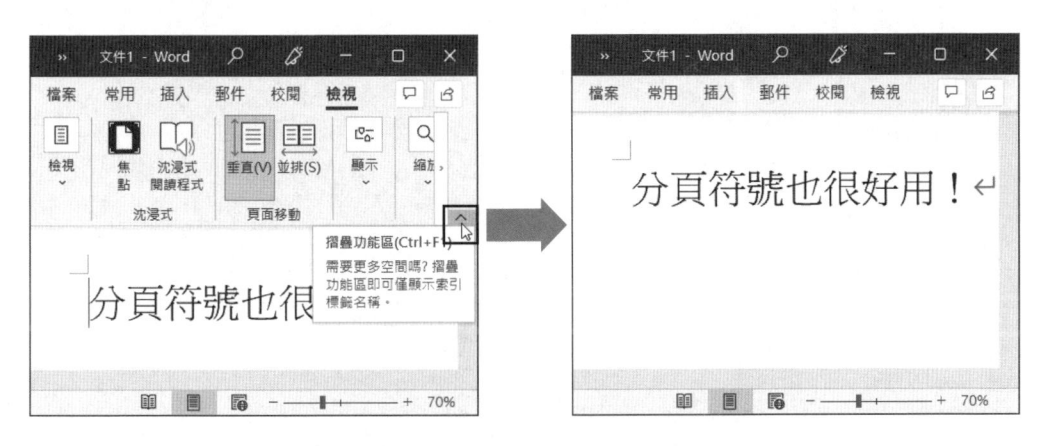

想讓功能區再次出現，只要按一下索引標籤名稱，功能區就會暫時現形。所謂"暫時現形"，就是只要在功能區以外的位置再按一下滑鼠左鍵，它又會自動隱藏起來。但是當它再出現時，按下功能區右下角的 「釘選功能區」鈕，又可以恢復它常駐的狀態。

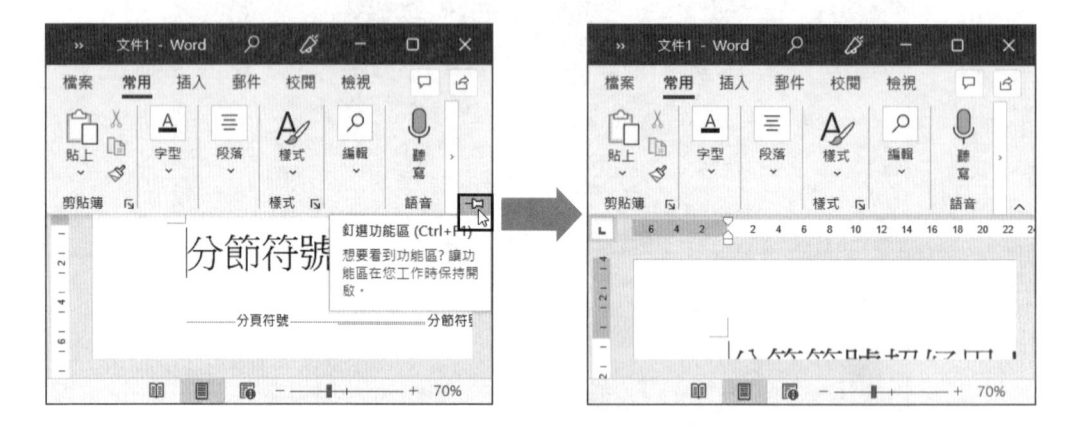

PART 1 行政總務篇

02	公司傳真封面
03	公司內部公告
04	公司專用信箋
05	訪客登記表
06	電話記錄表
07	交寄郵件登記表
08	分機座位表
09	支出證明單
10	商品訂購單
11	付款簽收單

範例檔案：PART 1\Ch02 公司傳真封面

單元 02 公司傳真封面

以往使用傳真時都會在文件上方寫上「TO：某某人」，雖然使用傳統傳真機的機會變少，但是設計一張專屬的傳真封面，不僅可免去手寫在文件上影響美觀的缺點，還可省去對方回覆時找尋聯絡方式的時間。

範例步驟

1. 在 ■「開始」視窗按下 Word 圖示磚，開始第一份 Word 文件初體驗。

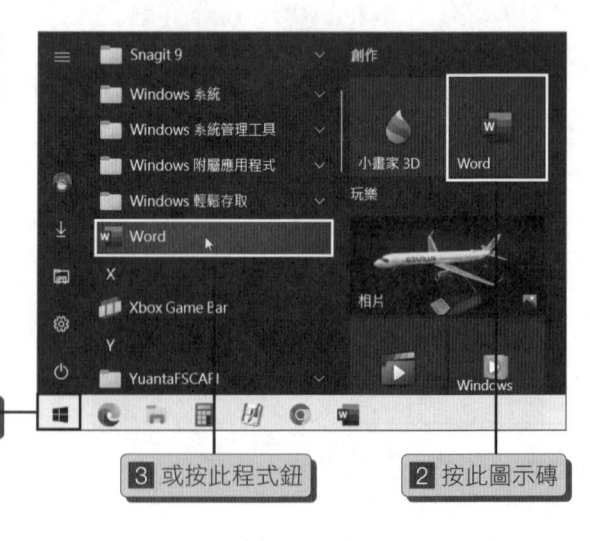

   1 按開始功能鈕
   2 按此圖示磚
   3 或按此程式鈕

單元 02　公司傳真封面 | *021*

2 第一次使用 Word 難免不知道如何下手，不妨上網找尋已經設計好的範本，可以快速製作需要的文件。切換到「新增」索引標籤，在「搜尋線上範本」處輸入關鍵字「傳真」，按下 🔍「開始搜尋」鈕，開始線上尋找。（此時要連上網路喔！）

1 切換到此索引標籤
2 輸入關鍵字
3 按此鈕

3 顯示搜尋結果，將游標移到「極簡科技風傳真封面」圖示文件上方，按一下滑鼠左鍵選擇此文件範本。

選此樣式

4 按下「建立」鈕，開始下載範本文件。

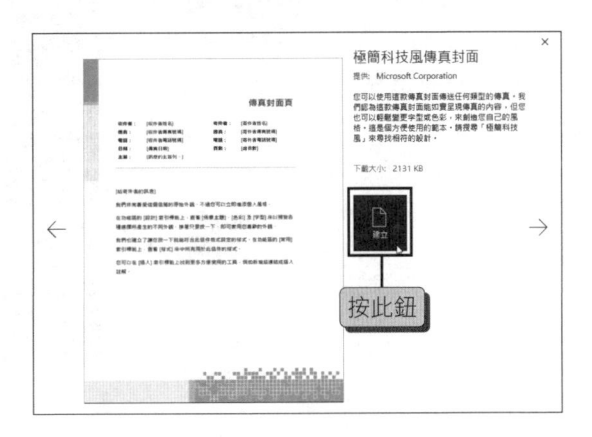

按此鈕

5 出現傳真範本開啟的新文件,以表單建立的文件,讓使用者可以很方便的依照提示,輸入相關的資料,快速完成文件。依照提示開始輸入各項基本聯絡資料。

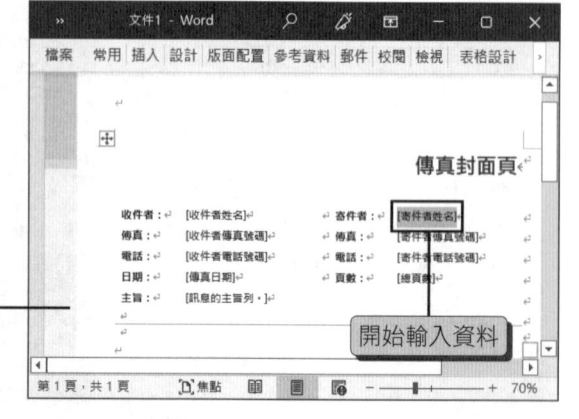

開啟傳真樣式的文件

開始輸入資料

6 輸入完所有資料後,按下快速存取工具列上的 🖫「儲存檔案」鈕。

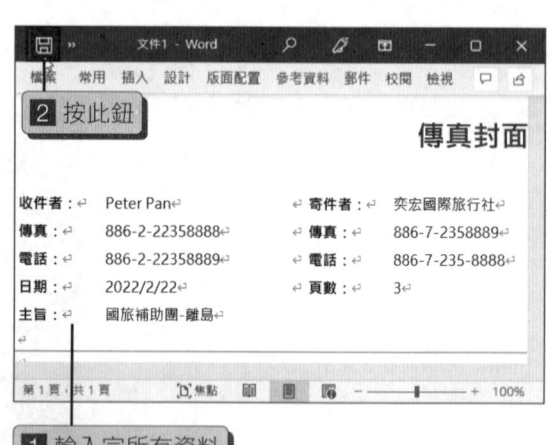

2 按此鈕

收件者：	Peter Pan	寄件者：	奕宏國際旅行社
傳真：	886-2-22358888	傳真：	886-7-2358889
電話：	886-2-22358889	電話：	886-7-235-8888
日期：	2022/2/22	頁數：	3
主旨：	國旅補助團-離島		

1 輸入完所有資料

7 自動切換到「另存新檔」工作視窗,選擇儲存在本機「這台電腦」中的「桌面」資料夾,也就是將檔案儲存到桌面。

自動切換到此索引標籤

1 選此儲存位置

2 選此資料夾

單元 02　公司傳真封面 | *023*

8 輸入新檔案名稱「公司傳真封面」，檔案類型維持預設的「Word 文件」，按下「儲存」鈕即可。

9 儲存完畢會回到文件編輯視窗，此時標題列的檔案名稱會由原本的「文件1」變更成新檔名「公司傳真封面」，按下視窗右上角 ✕「關閉」鈕，結束 Word 程式。

10 下次要再次開啟檔案時，只需在桌面上選擇「公司傳真封面.docx」檔案，快按滑鼠左鍵 2 下，即可開啟檔案。

024 | PART 1 　行政總務篇

範例檔案：PART 1\Ch03 公司內部公告

單元 03 公司內部公告

開會通知

與會部門：行政管理部
開會時間：111 年 2 月 22 日（星期二）下午二時正
開會地點：第二會議室
開會內容：
　1.落實訪客登記制度
　2.應徵新進人員標準流程
　3.更換行動電話服務電信公司
　4.討論 3 月份慶生會相關事項。

行政管理部 111.02.21

公司內部公告事項有很多種類，有比較正式的人事公告，也有部門內部簡易的開會通知。本章就以較簡易的部門開會通知為範例，利用簡單的字型大小變化以及文字對齊方式等基本功能，完成一份公司內部公告。

範例步驟

1 利用一些 Word 的基礎功能，就可以將內部開會通知製作得有模有樣喔！開啟 Word 程式，快按「空白文件」圖示鈕 2 下，建立空白文件。

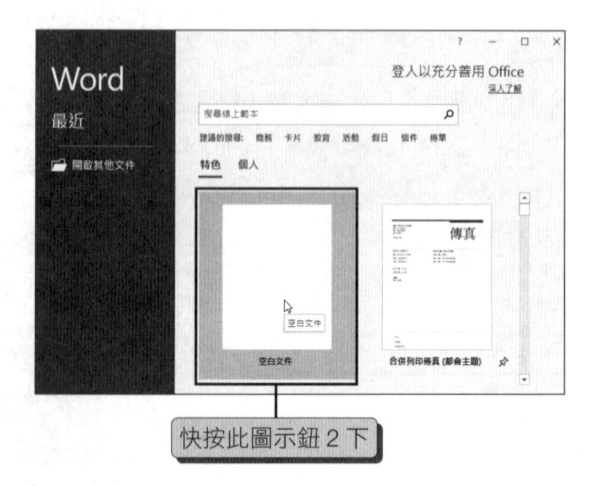

快按此圖示鈕 2 下

2 新增的 Word 文件會自動以「文件 1」作為檔案名稱，文件起點也會出現可輸入文字的編輯插入點，準備開始輸入文字。

3 首先依照下表輸入文字。Enter 表示按下鍵盤 Enter 鍵，Shift + Enter 表示同時按下鍵盤 Shift 鍵及 Enter 鍵。

```
開會通知 Enter
與會部門：行政管理部 Enter
開會時間：111 年 2 月 22 日（星期二）下午二時正 Enter
開會地點：第二會議室 Enter
開會內容： Enter
1.落實訪客登記制度 Shift + Enter
2.應徵新進人員標準流程 Shift + Enter
3.更換行動電話服務電信公司 Shift + Enter
4.討論 3 月份慶生會相關事項
```

輸入完成後，將游標移到第 4 點下方約 2 列的列首位置，快按滑鼠左鍵 2 下，可直接將編輯插入點移到此處。

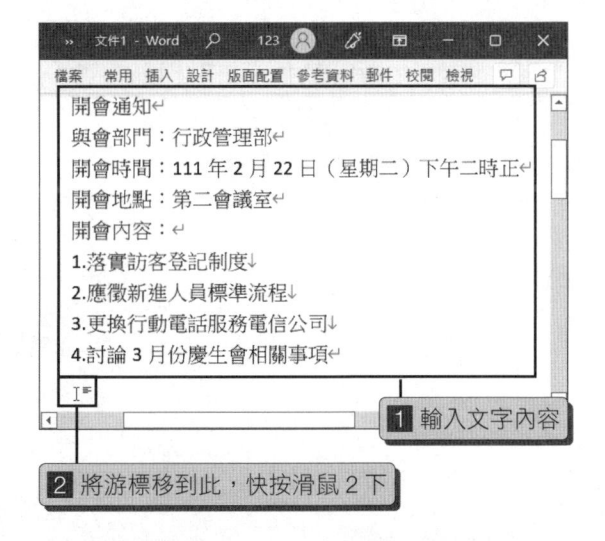

1 輸入文字內容

2 將游標移到此，快按滑鼠 2 下

4 出現編輯插入點後，繼續輸入文字「行政管理部 111.02.21」。

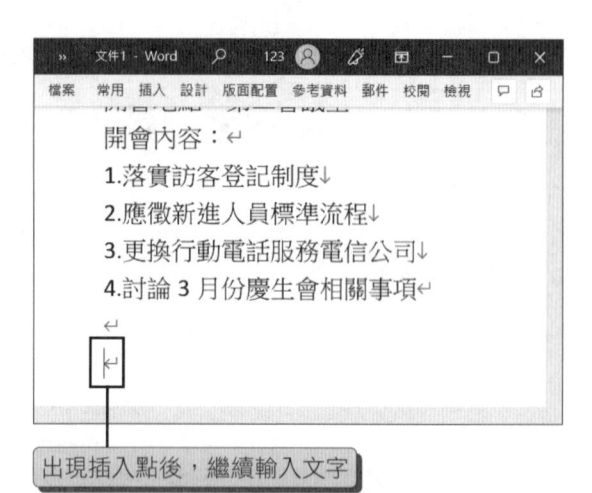

5 預設的中文字型為「新細明體」，本範例要將文字變更成「微軟正黑體」。切換到「常用」功能索引標籤，在「編輯」功能區中，按下「選取」清單鈕，執行「全選」指令，選取所有文字。

6 繼續在「常用」功能索引標籤，到「字型」功能區中，按下字型旁的清單鈕，重新選擇字型為「微軟正黑體」，此時內文也能同步預覽變更。

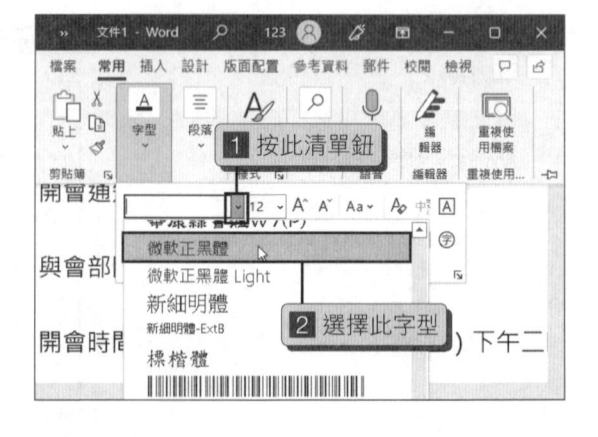

7 通常公告的字體要較大一些，因此在「常用\字型」功能區中，按下字型大小旁的清單鈕，重新選擇字型大小為「18」，以便張貼時閱讀。

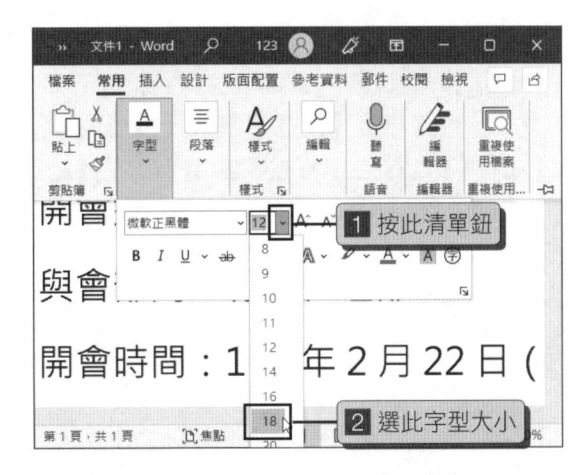

8 將游標移到第一行文字前方，按下滑鼠左鍵，選取整行文字。

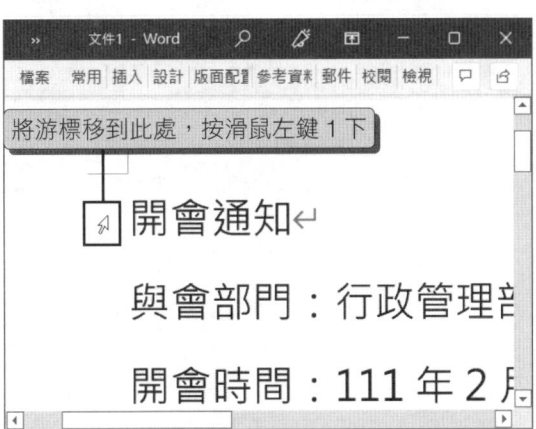

9 因為是標題文字，因此再次修改字型大小為「24」，接著在「常用\段落」功能區中，按下「置中」對齊圖示鈕，將標題文字於文件置中對齊。

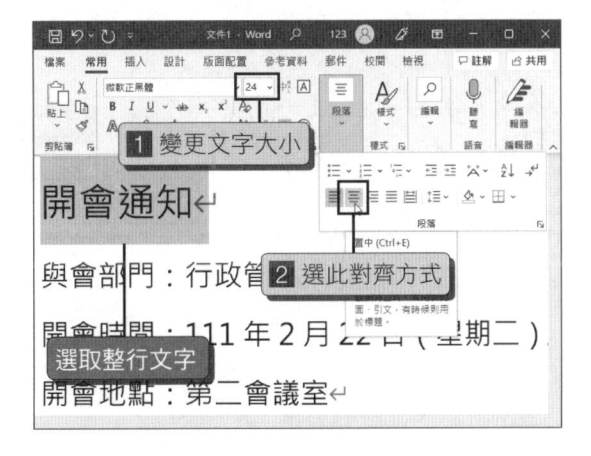

10 同樣將滑鼠移到標號 1 文字前方，按住滑鼠左鍵用拖曳的方式，直到標號 4 後放開滑鼠，選取連續 4 行文字。在「常用\段落」功能區中，按下 ≣「增加縮排」圖示鈕 2 下，將標號處文字向後縮排。

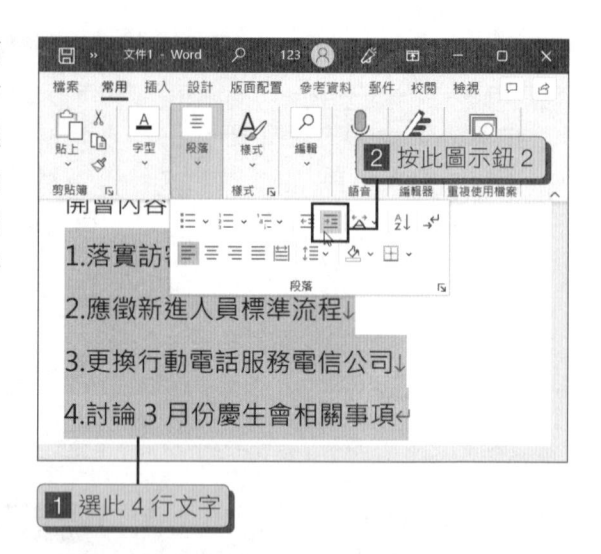

11 選取最後一行文字，同樣也在「常用\段落」功能區中，按下 ≣「靠右對齊」圖示鈕，將文字靠齊紙張右邊界。

12 文件編排完成後，可以進行列印或存檔的工作，按下「檔案」功能索引標籤。

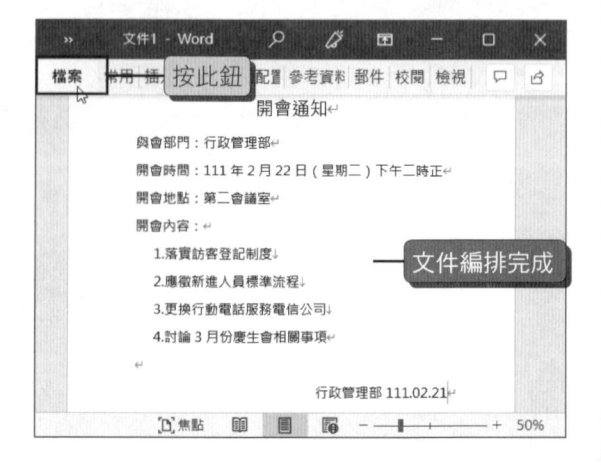

13 首先切換到「列印」索引標籤，可先預覽列印的效果。如果文件沒有其他問題，則可按下「列印」鈕，進行列印的工作。

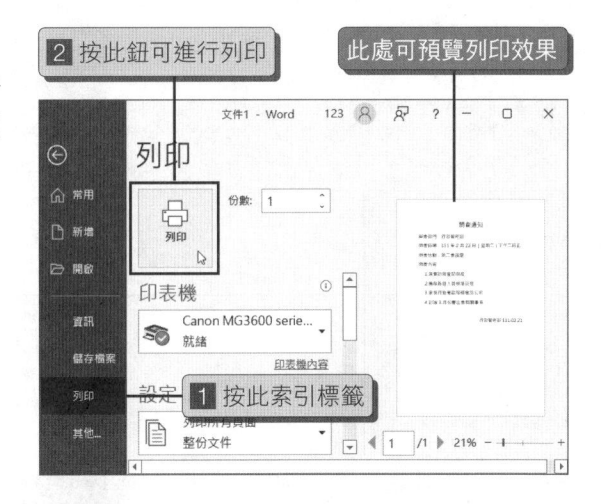

14 接著按下「儲存檔案」索引標籤，如果是以「開啟舊檔」方式開啟的文件，當按下此鈕後，則會自動儲存後回到編輯視窗。

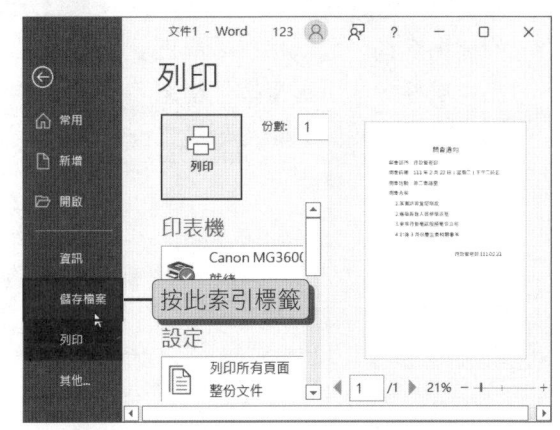

15 本範例是直接以新增空白文件開始編輯，因此會自動跳到「另存新檔」索引標籤。選擇儲存到「電腦」中，選擇儲存到「文件」資料夾。若要選擇其他資料夾，則按下「瀏覽」鈕即可。

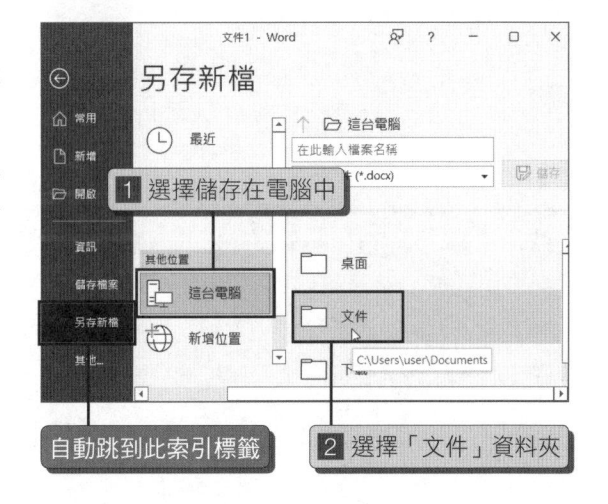

16 輸入檔案名稱「開會通知」，按下「儲存」鈕則即可完成儲存的工作。

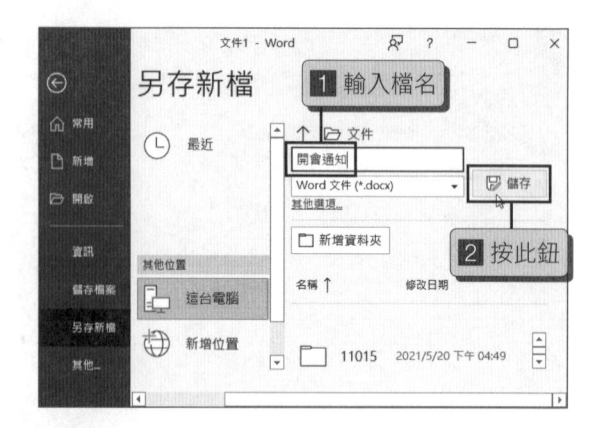

17 當再次開啟 Word 程式，或開啟舊檔時，最近使用儲存或使用過的檔案名稱，會顯示在「最近」工作窗格中，可直接按下檔案名稱，則可再次開啟編輯文件。

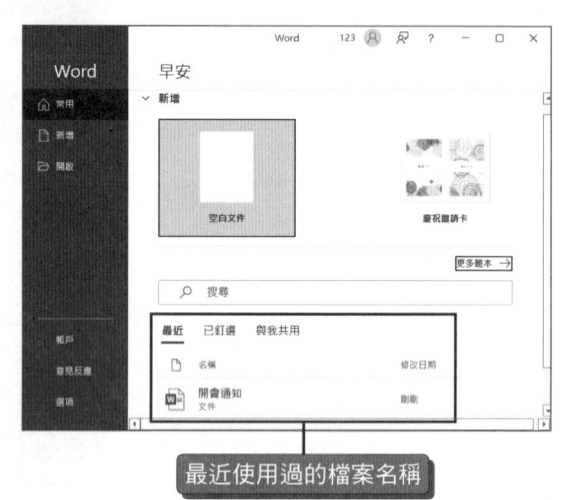

最近使用過的檔案名稱

單元 04　公司專用信箋

範例檔案：PART 1\Ch04 公司專用信箋

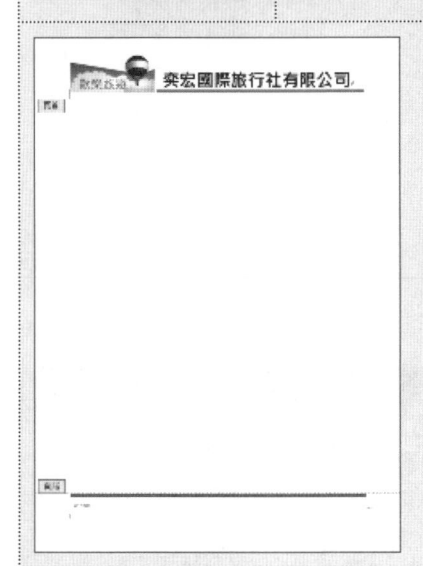

行政部門不管對公司內部或是外部，常常會有行政文書方面的往來。就像公司會印刷專屬的信封一樣，文書處理也能設計專屬的公司專用信箋。

範例步驟

1. 本章主要是利用「頁首及頁尾」功能，搭配一些繪圖工具，製作專屬的信箋。開啟 Word 程式並新增空白文件，因為頁首必須加入公司 Logo 及名稱，預設邊界所預留的空間可能不夠，因此先要調整邊界設定。切換到「版面配置」功能索引標籤，在「版面設定」功能區中，按下「邊界」清單鈕，執行「自訂邊界」指令。

2 開啟「版面設定」對話方塊，切換到「邊界」索引標籤，設定上邊界：「3.5公分」、下邊界「2.5」公分、左邊界「2公分」和右邊界「2公分」，設定完成按「確定」鈕即可。

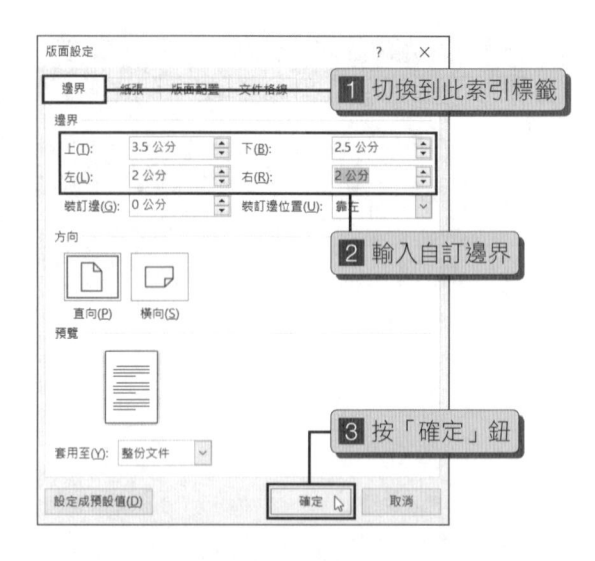

3 接著切換到「插入」功能索引標籤，在「頁首及頁尾」功能區中，按下「頁首」清單鈕，執行「編輯頁首」指令。

4 此時會出現「頁首及頁尾」功能索引標籤，而編輯插入點會移到頁首位置，輸入公司名稱「奕宏國際旅行社有限公司」。

單元 04　公司專用信箋 | *033*

5 選取公司名稱文字，切換到「常用」功能索引標籤，重新設定字型「微軟正黑體」、「粗體」，字型大小「28」，並將文字「靠右對齊」。

6 切換到「插入」功能索引標籤，在「圖例」功能區中，按下「圖片」清單鈕，選擇插入圖片來源為「此裝置」指令。

7 開啟「插入圖片」對話方塊，選擇範例檔案中「範例圖檔」資料夾，選擇「短 LOGO」圖檔，按「插入」鈕。

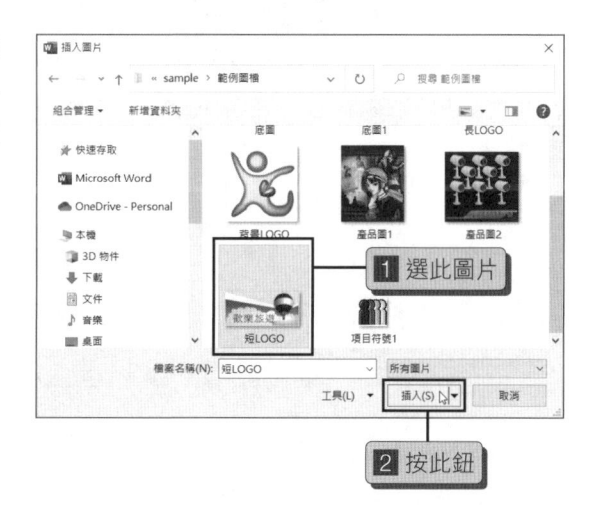

8 圖片被插入到文件中。按下圖片旁的「版面配置選項」智慧標籤，選擇「文字在前」的文繞圖樣式。

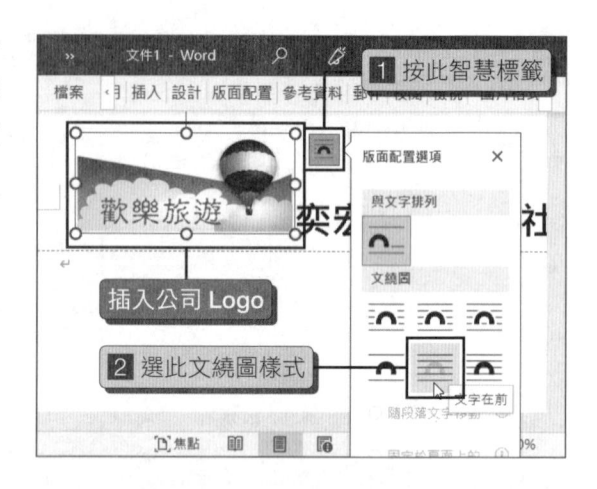

9 切換到「圖片格式」功能索引標籤，在「大小」功能區中，修改圖片大小為高「2.2 公分」及寬「4.91」公分，再使用拖曳的方式，將圖片移到左上角的位置。

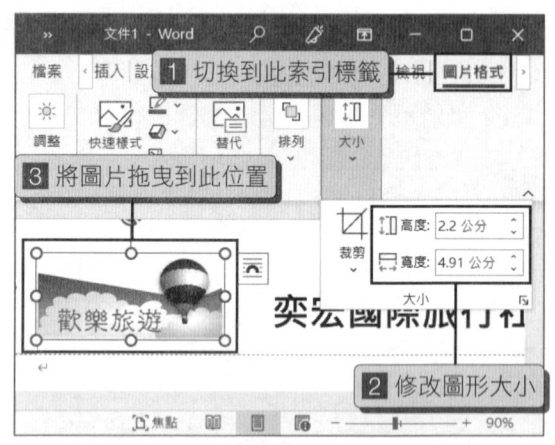

10 公司名稱由於對齊右邊界的影響，因此太偏向右邊，可以使用縮排方式略為調整。切換到「常用」功能索引標籤，在「段落」功能區中，按下右下角的「段落設定」展開鈕。

11. 開啟「段落」對話方塊，切換到「縮排與行距」索引標籤，設定靠右縮排「2 字元」，按「確定」鈕。

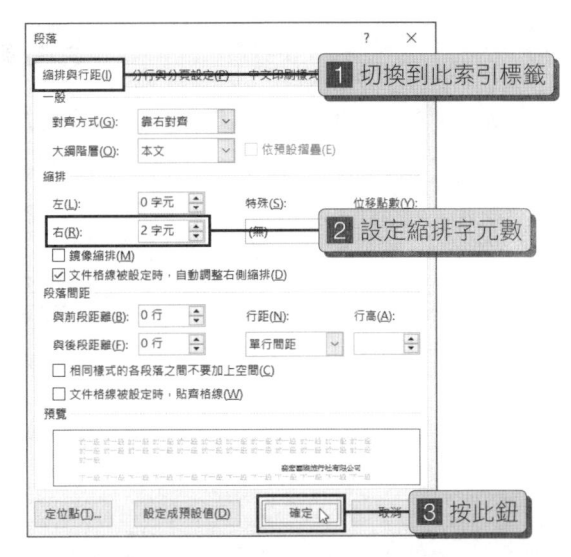

12. 切換到「頁首及頁尾」功能索引標籤，在「頁首及頁尾」功能區中，按下「頁尾」清單鈕，選擇「回顧」頁尾樣式。

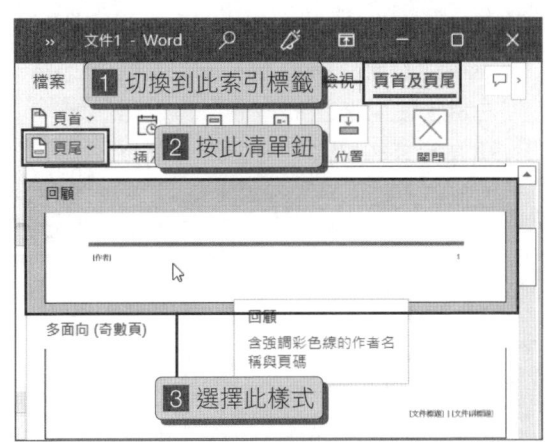

13. 套用預設的頁尾樣式。由於頁尾有一條藍色的線條，為了美觀起見，也可以在頁首部分設計對襯的線條。在「頁首及頁尾\導覽」功能區中，執行「移至頁首」指令。

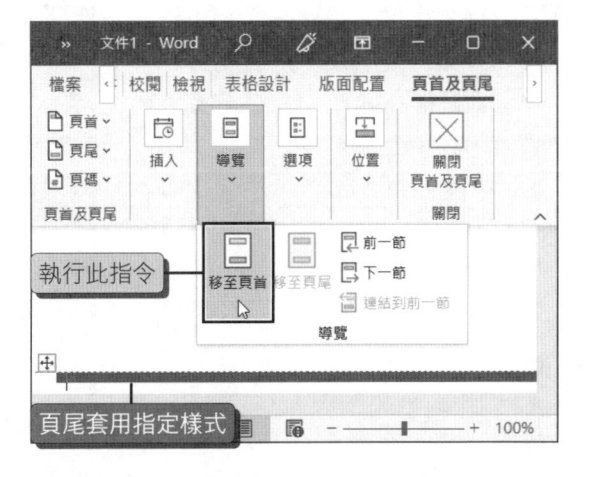

14 切換到「插入」功能索引標籤，在「圖例」功能區中，按下「圖案」清單鈕，選擇繪製「矩形」圖案。

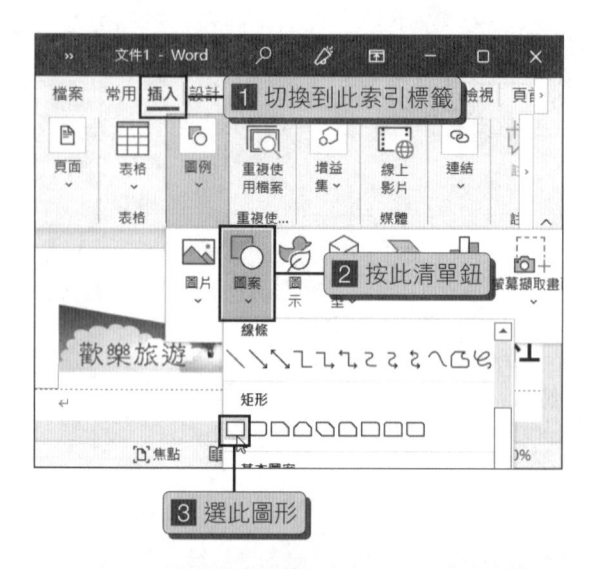

15 此時游標會變成＋符號，先將游標移到公司名稱前方，按下滑鼠左鍵，使用拖曳的方式，拖曳出一條長矩形線條，到公司名稱後方放開滑鼠，完成圖案繪製。

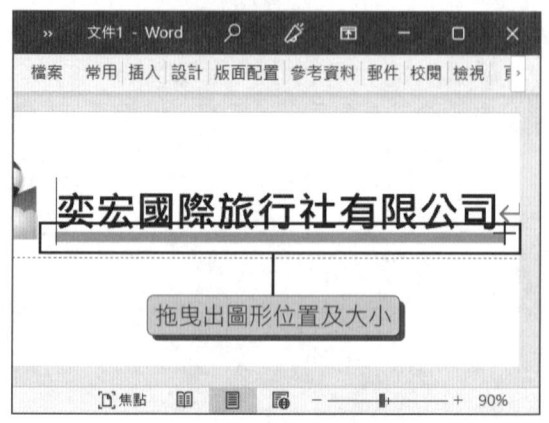

16 此時會出現「圖形格式」功能索引標籤，在「大小」功能區中，修改圖形高度「0.1」公分寬、寬度「12」公分。

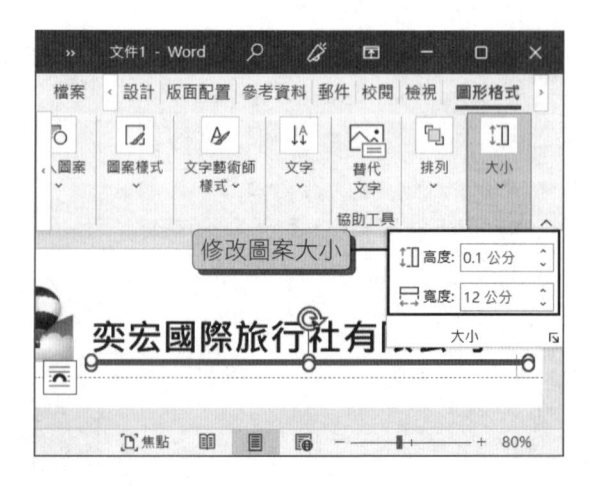

17 接著在「圖形格式\圖案樣式」功能區中，按下「圖案外框」清單鈕，執行「無外框」指令，取消長矩形的外框線。

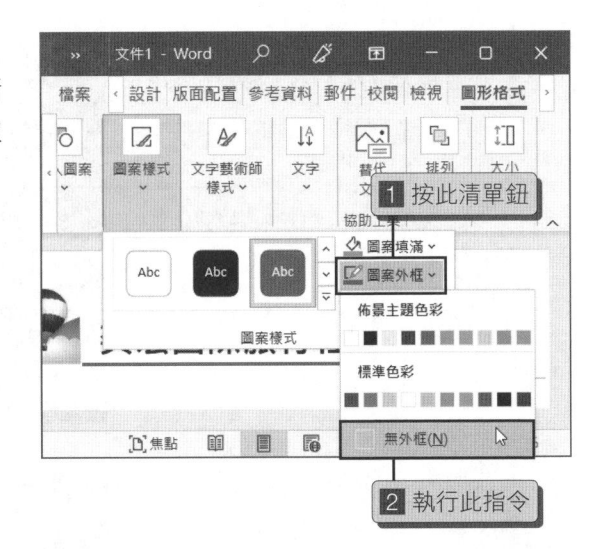

18 切換到「頁首及頁尾」功能索引標籤，按下「關閉頁首及頁尾」圖示鈕，結束設計完頁首及頁尾的工作。

19 按下快速存取工具列的 🖫「儲存檔案」圖示鈕。或是切換到「檔案」工作頁面，執行「另存新檔」指令。

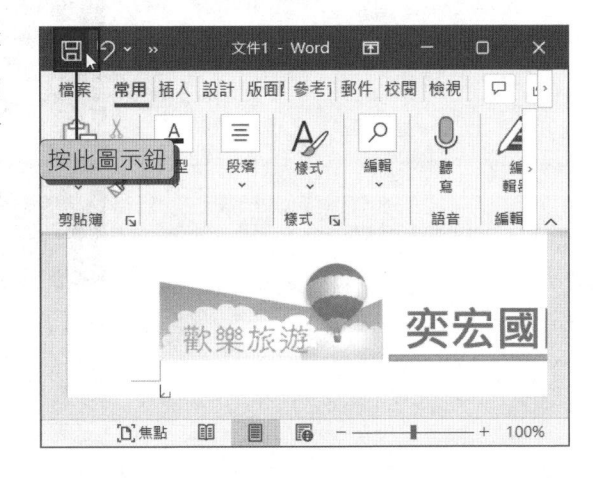

20 自動切換到「另存新檔」工作視窗，選擇儲存到「這台電腦」，Word 會自動選擇預設的「文件」資料夾。按下「存檔類型」右邊的下拉式清單鈕，選擇「Word 範本」存檔類型。

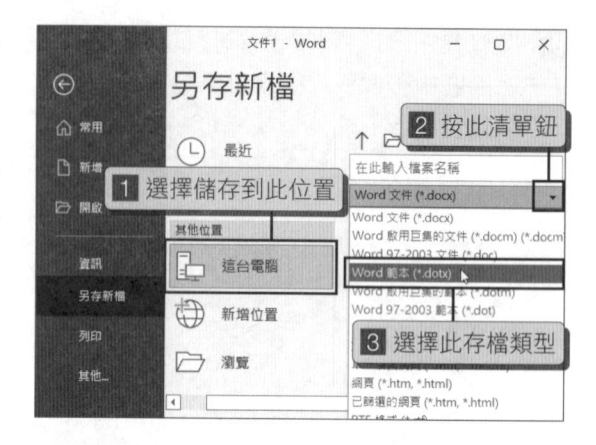

21 接著輸入公司名稱「公司專用信箋」後，按「儲存」鈕，完成公司專屬信箋的設計工作。

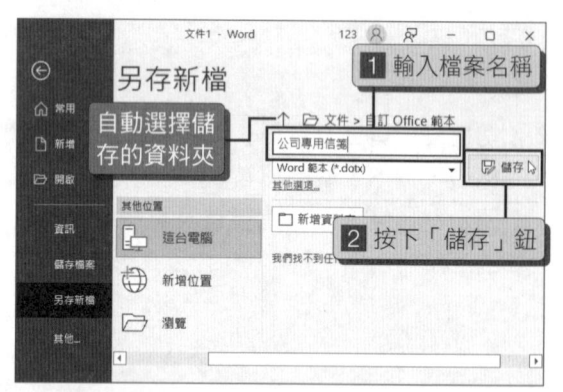

22 下次要使用公司信箋，只要開啟 Word 程式，切換到「個人」範本資料夾，選取「公司專用信箋」範本檔，快按滑鼠 2 下即可開啟。

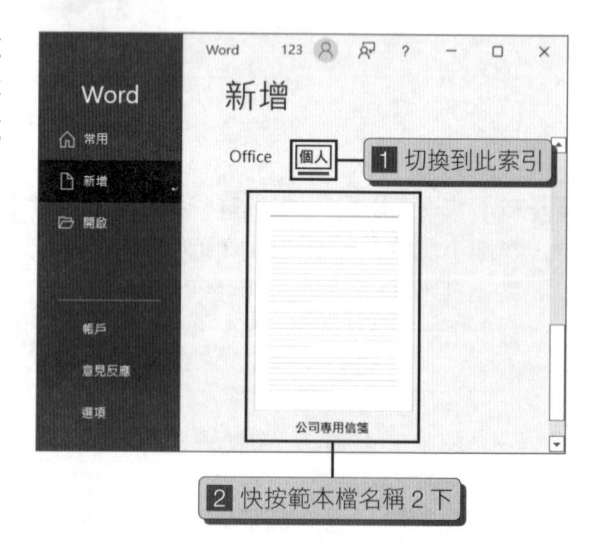

23 Word 會以「新增檔案」的形式開啟,並自動給「文件1」的檔案名稱。當輸入完畢按下「儲存檔案」鈕時,也會出現「另存新檔」的工作視窗。

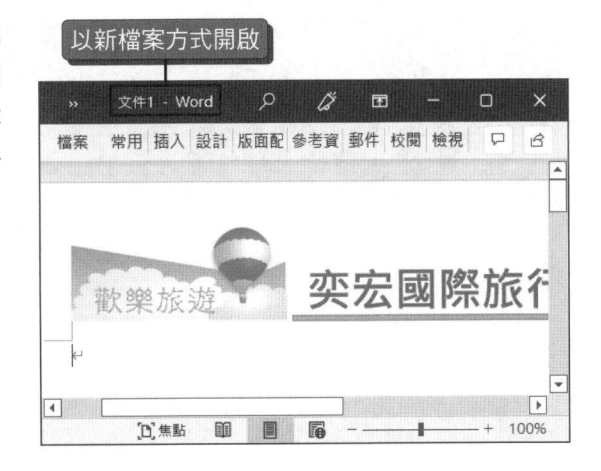

以新檔案方式開啟

範例檔案：PART 1\Ch05 訪客登記表

單元 05 訪客登記表

公司員工進出辦公室時，通常都有門禁卡或是員工識別證可供辨識，但是外來的廠商或訪客，建議填寫訪客基本資料後，給予訪客識別證，才能進出辦公室，作為門禁控管的方法。

範例步驟

1. 本章將介紹定位點和表格的基礎功能，請開啟 Word 程式並新增空白文件。在第一行輸入文字「訪客登記表」，輸入完成後，切換到「常用」功能索引標籤，在「樣式」功能區中，選擇「標題 1」編輯樣式。

    1 輸入文字
    2 選擇此樣式

2 文字會被自動設定為字型「新細明體（標題）」、字型大小「26」及「粗體」。接著要在文件中開啟尺規顯示，以方便設定定位點。先切換到「檢視」功能索引標籤，在「顯示」功能區中，勾選「尺規」項目。

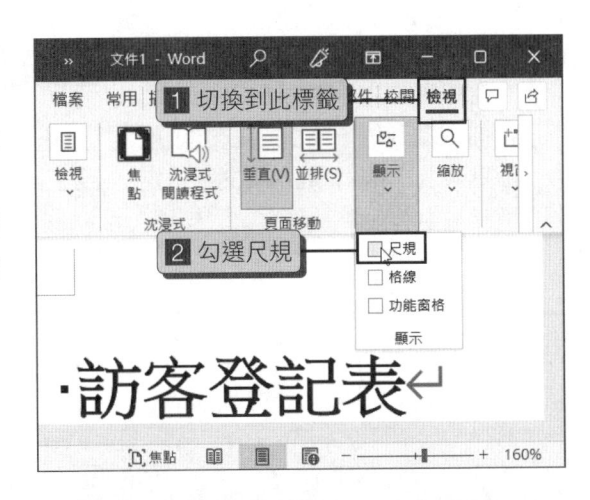

3 文件出現垂直及水平的尺規，在兩尺規交界處有 ⌐「靠左定位點」符號，按一下 ⌐ 符號，讓定位點變成 ⊥「置中定位點」符號。

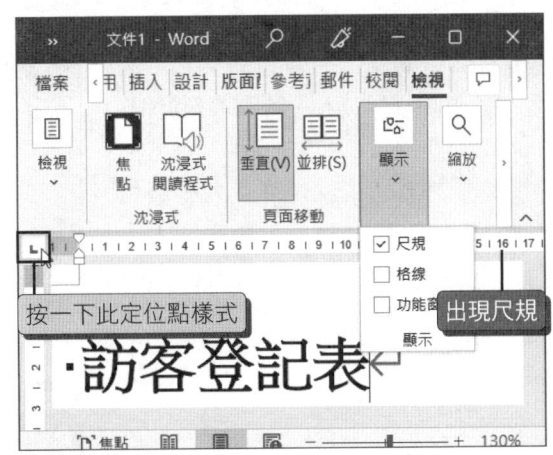

4 將游標移到水平尺規上約 17 公分處（文件編輯區水平中央位置），按一下滑鼠左鍵設定「置中定位點」。

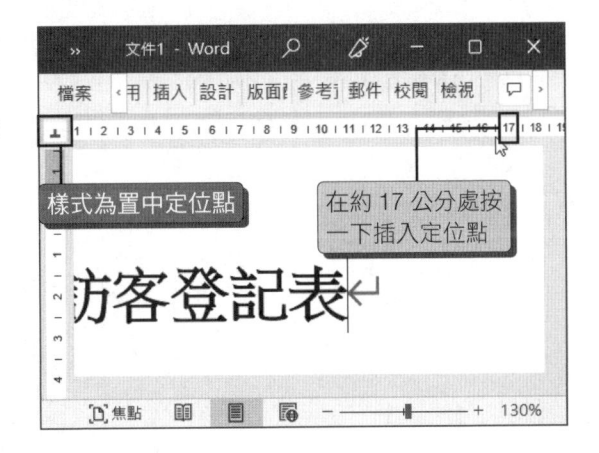

5 此時尺規 17 公分處會出現一個「置中定位點」的符號。移動編輯插入點到第一行文字前方,按下鍵盤上【Tab】鍵,讓文字以定位點為中心置中對齊。

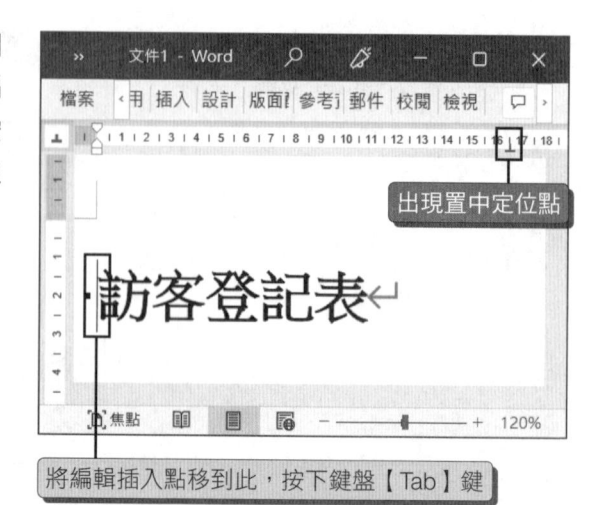

出現置中定位點

將編輯插入點移到此,按下鍵盤【Tab】鍵

6 接著移動編輯插入點到第一行文字最後方,按下鍵盤【Enter】鍵。換行後會自動回到「內文」編輯樣式,也就是字型大小回到「12」。(若是直接調整字型大小時,換行後會延續上一行的字型設定。)

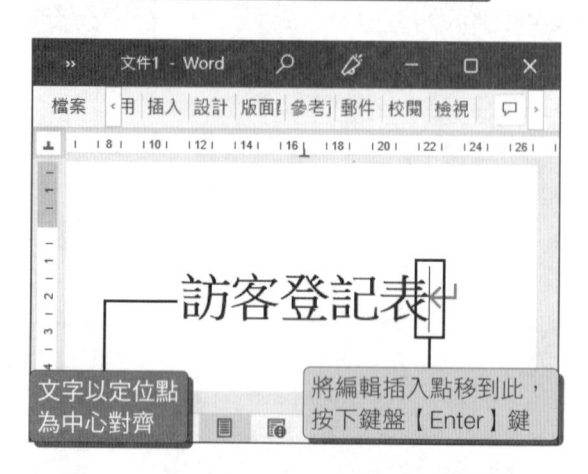

文字以定位點為中心對齊

將編輯插入點移到此,按下鍵盤【Enter】鍵

7 接著要繪製表格,切換到「插入」功能索引標籤,按下「表格」鈕,以滑動游標的方式,選擇插入「7x8」大小的表格範圍,按一下滑鼠左鍵即完成插入表格。

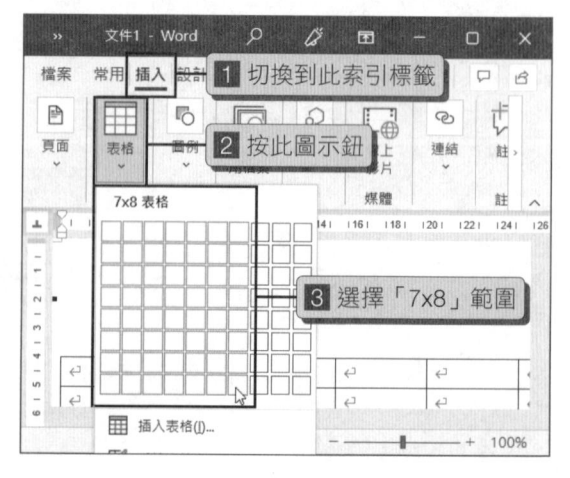

1 切換到此索引標籤

2 按此圖示鈕

3 選擇「7x8」範圍

單元 05　訪客登記表 | *043*

8　插入表格後，功能列會出現「表格設計」及「版面配置」兩個功能索引標籤。分別在表格第一行中，輸入標題文字「日期」、「訪客姓名」、「來訪原因」、「部門/人員」、「到訪時間」、「離開時間」及「備註」，共七個表格標題文字。

顯示表格工具專屬功能表標籤

輸入表格標題

9　由於文件邊界有點寬，導致表格有點擠，不妨修改文件邊界。切換到「版面配置」功能索引標籤，按下「邊界」清單鈕，選擇「窄」邊界樣式。

1　切換到此索引標籤
2　按此圖示鈕
3　選擇此樣式

> **TIPS** 注意到了嗎？怎麼會有兩個「版面配置」功能索引標籤呢？左邊的是常駐於功能表列，屬於文件整體的版面配置。而右邊的是設計表格專用的版面配置，只有在編輯表格時才會出現喔！

10　文件編輯區變寬了，可以將欄寬加寬一些，讓標題文字在同一行。首先切換到「版面配置」功能索引標籤，在「儲存格大小」功能區中，按下「自動調整」清單鈕，執行「自動調整成內容大小」指令。

1　切換到此索引標籤
2　按此清單鈕
3　執行此指令

表格不夠寬，文字會自動換行

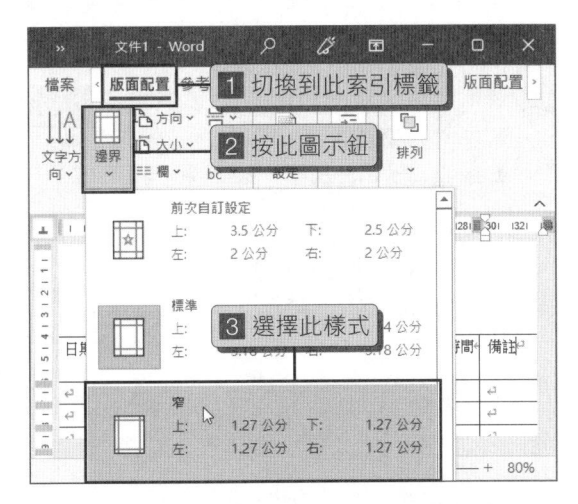

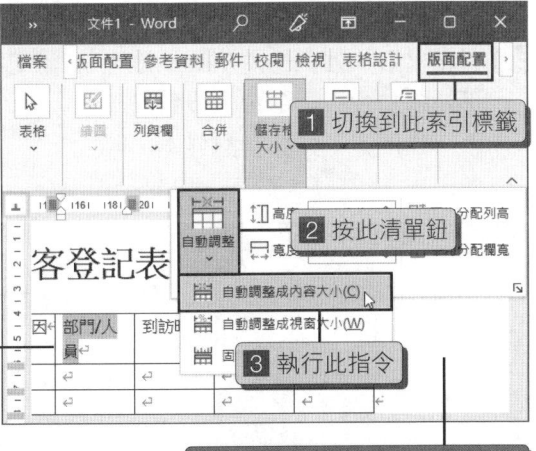

邊界變窄，多了一些空間可運用

11 表格寬度依照文字長度自動調整欄寬。接著同樣在「儲存格大小」功能區中，按下「自動調整」清單鈕，執行「自動調整成視窗大小」指令，將整個表格調整與文件編輯區同寬。

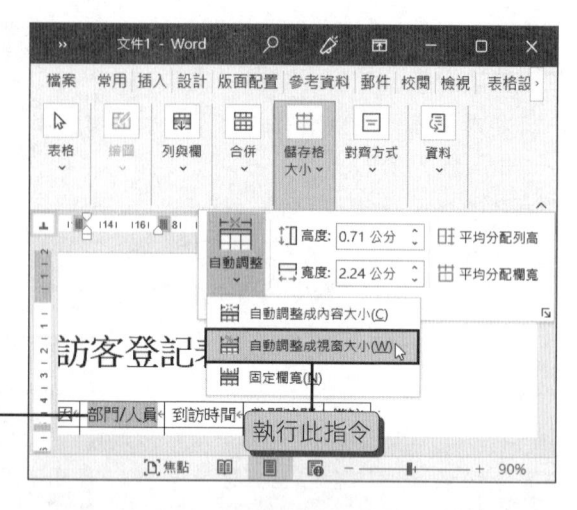

欄寬依照文字寬度調整
執行此指令

12 表格變寬之後，可將標題文字從靠左方對齊改成置中對齊。選取表格第一列，在「版面配置\對齊方式」功能區中，按下 「對齊中央」圖示鈕，也就是水平垂直都置中對齊。

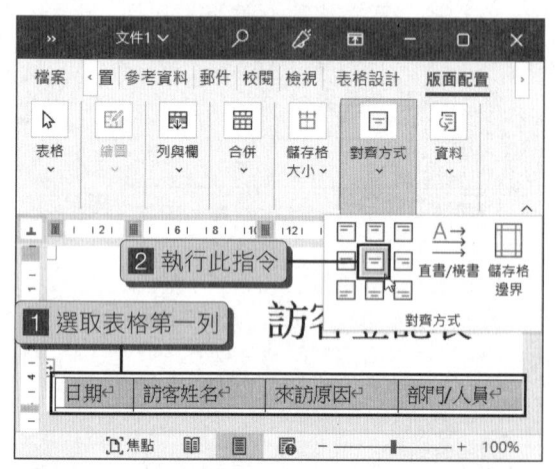

1 選取表格第一列
2 執行此指令

13 表格只有 8 列似乎太浪費紙張，不妨多加幾列。當游標移到表格第一欄前方、列與列交界處，則會出現 ⊕ 符號，按下「加號」，則可以在下方新增一列。

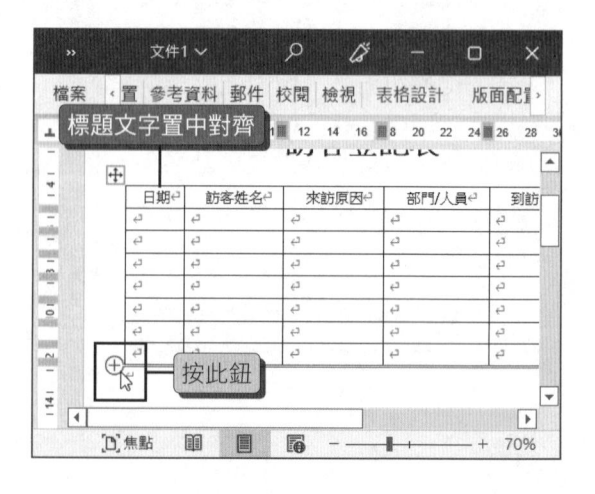

標題文字置中對齊
按此鈕

14 如果一次要加很多列，可以先選取多列表格，在「版面配置\列與欄」功能區中，執行「插入下方列」指令，依相同方法將總列數加到 16 列（含標題）。

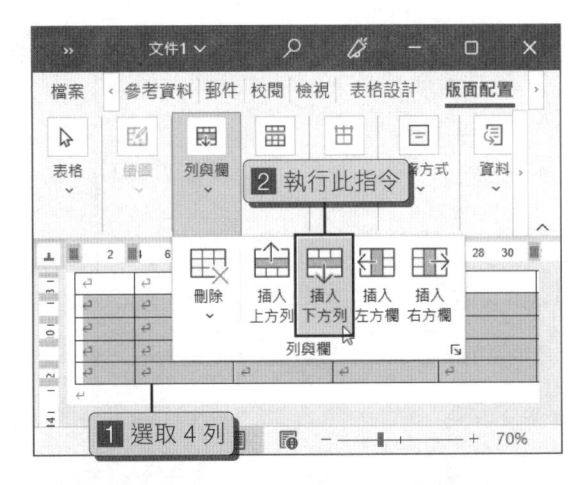

15 將游標移到最後一列的下框線位置，當游標符號變成 ╪，按住滑鼠左鍵，向下方拖曳調整列高到接近文件下邊界。

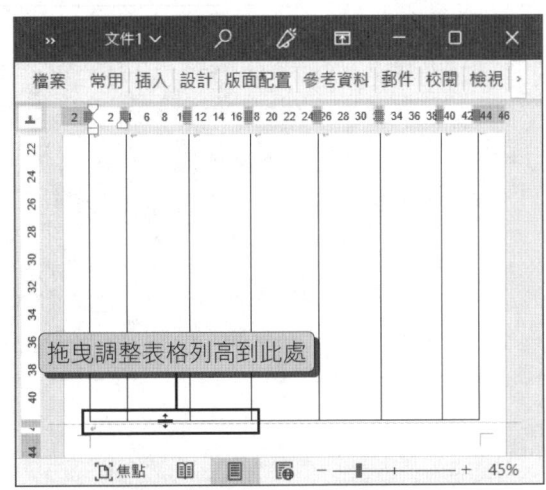

16 將游標移到表格的左上方 ⊞ 位置，當游標變成 ⊕ 符號，按一下滑鼠左鍵，則可選取整張表格。

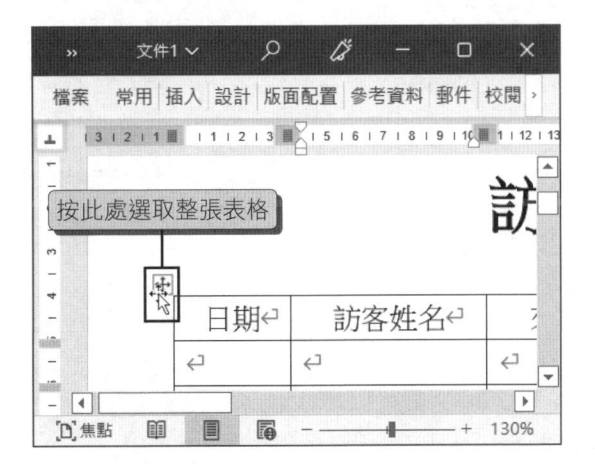

17 執行「版面配置 \ 儲存格大小 \ 平均分配列高」指令，調整表格列高成相同高度。

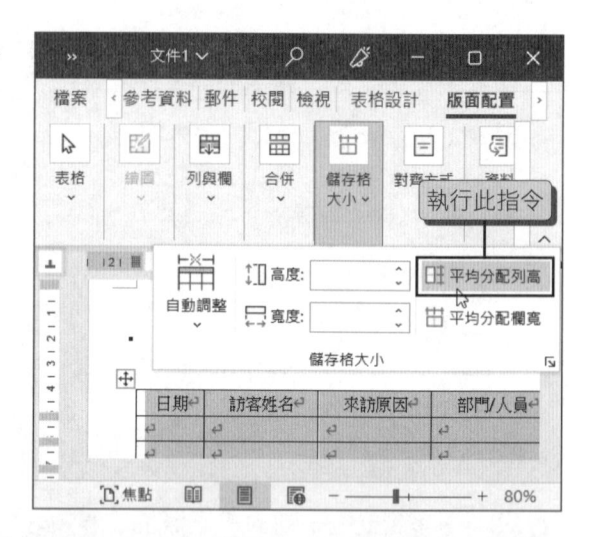

18 因為調整過邊界，因此原本在 17 公分處的置中定位點，已經不在文件中央。先將編輯插入點移到第一行表格標題處，再將游標移到「置中定位點」符號上方，按住滑鼠左鍵，用拖曳的方式將定位點移到約 22 公分處，放開滑鼠即完成調整定位點。

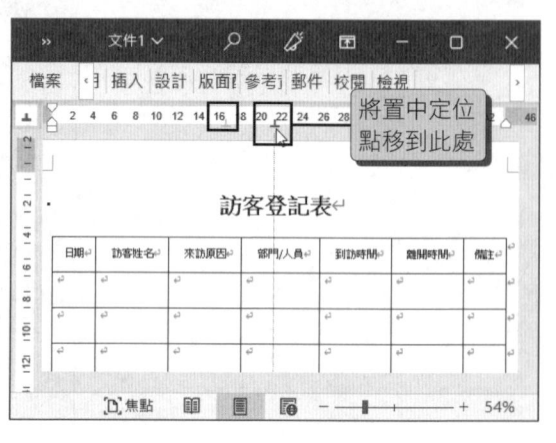

單元 06　電話記錄表 | *047*

> 範例檔案：PART 1\Ch06 電話記錄表

單元 06　電話記錄表

待在辦公室總覺得有接不完的電話，有時候是長官交辦事情；有時候是代為轉告隔壁同事；有時候是客戶詢問進度，或廠商詢問貨款⋯等，諸如此類的不堪其擾。這時候為了避免事多忘記，還是拿紙筆記錄下來，一一解決。

範例步驟

1. 首先要利用公司專用信箋的範本檔製作電話記錄表，開啟範例檔案選擇「Ch06 公司專用信箋範本.dotx」，按下「開啟」鈕。

    1 選此範本檔
    2 按此鈕

2 以新文件的方式開啟範本檔，在第一行輸入標題文字「電話記錄表」，輸入完反白選取文字，首先將字體設為「微軟正黑體」、「粗體」、字型大小改為「16」，並設定文字「置中」對齊，最後按下 ♠ ▾「常用 \ 段落 \ 亞洲配置方式」清單鈕，選擇「字元比例」中的「150%」，將文字放寬 1.5 倍。

3 將編輯插入點移到下一行，按下「插入 \ 表格」鈕，選擇插入「4x2」表格，也就是 4 欄 2 列的表格範圍。

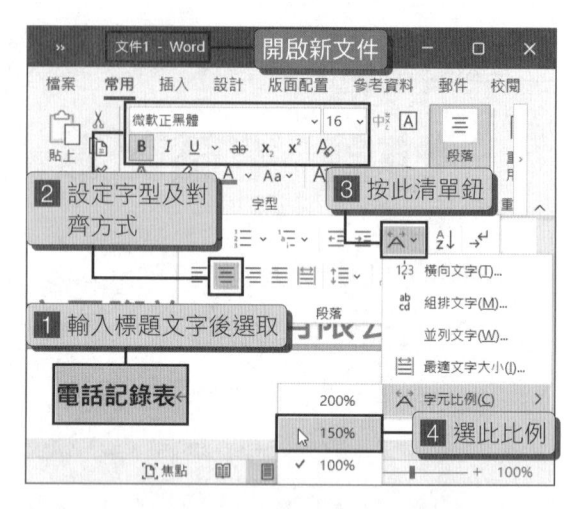

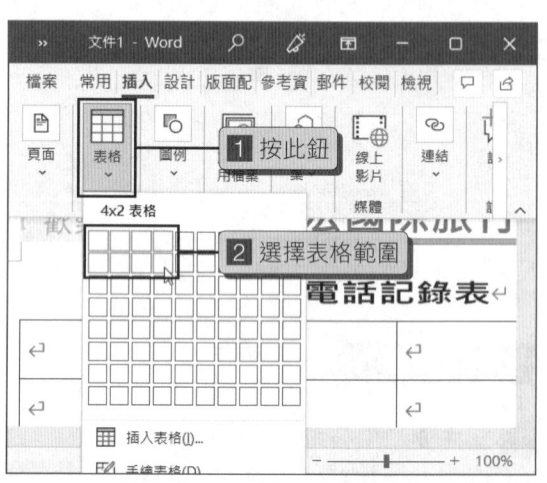

4 在第一列分別輸入表格標題「日期」、「時間」、「來電單位 \ 姓名」和「處理事項」，由於受到文字格式延續標題文字，因此輸入完畢後，將游標移到第一列表格前方，當游標變成 ⇗，按一下滑鼠左鍵則可選取整列，將字型大小改為「14」，按下 ♠ ▾「常用 \ 段落 \ 亞洲配置方式」清單鈕，選擇「字元比例」中的「100%」恢復正常。

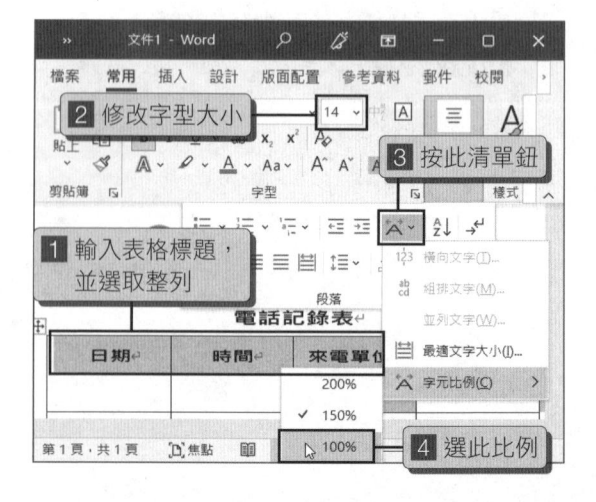

單元 06　電話記錄表 | 049

5 將游標移到表格第一欄上方，當游標變成 ↓ 符號，按下滑鼠左鍵選取整欄。切換到「表格工具\版面配置」功能索引標籤，按下「表格欄寬」的調整鈕，將寬度調整為「2 公分」。依相同方法將第 2~4 列分別調整為「3 公分」、「4 公分」和「8 公分」。

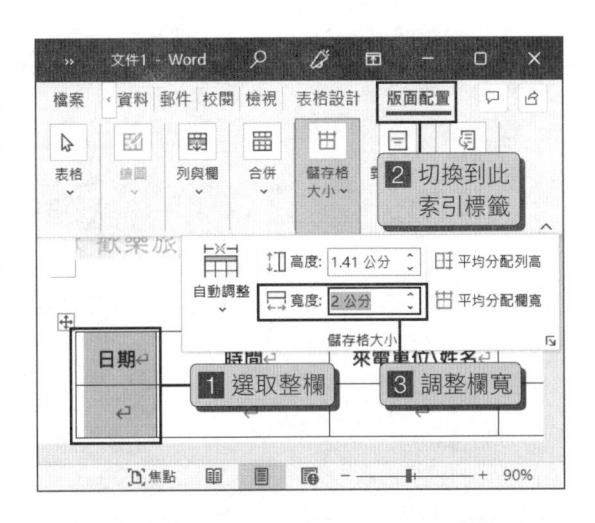

6 接著在第 2 列第 4 欄輸入文字「索取資料」、「留言內容」、「回電」和「其他」，輸入完成選取整列 2，將字體變更回「新細明體」、字型大小改為「12」，取消「粗體」，並設定文字「靠左對齊」方式。最後按下「常用\段落\亞洲配置方式」清單鈕，選擇「字元比例」中的「100%」恢復正常比例字元。

7 切換到「插入」功能索引標籤，按下「圖案」清單鈕，選擇「矩形」圖案。

8 此時游標會變成 ✚ 符號，將游標移到「索取資料」文字前方，按住滑鼠左鍵，使用拖曳的方式繪製矩形。

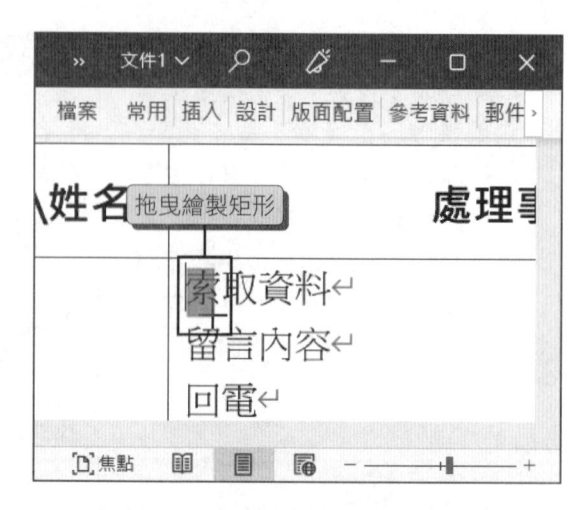

9 選取剛繪製的矩形，切換到「圖形格式」功能索引標籤，在「大小」功能區中，調整矩形大小到高度「0.4 公分」、寬度「0.4 公分」的正方形方塊。

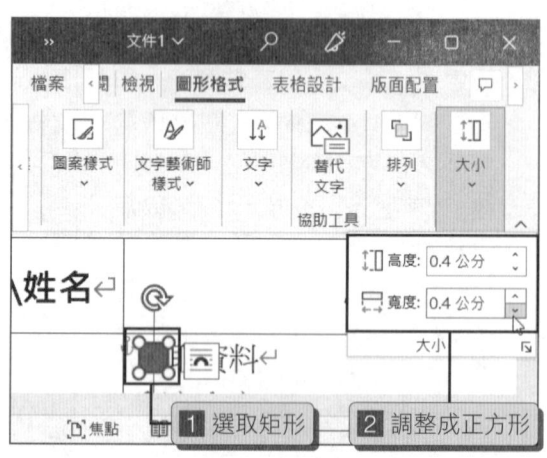

10 繼續選取矩形方塊，在「圖形格式＼排列」功能區中，按下「文繞圖」清單鈕，選擇「緊密」的文繞圖樣式。

單元 06　電話記錄表 | *051*

11 還是選取矩形方塊，繼續在「圖形格式\圖案樣式」功能區中，按 ⌃ 向上箭頭到第一列，選擇「色彩外框 - 黑色，深色 1」圖案樣式。

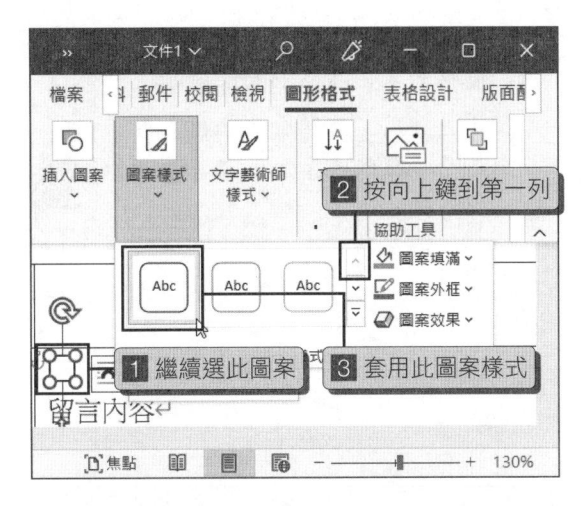

12 選取矩形方塊，按住鍵盤【Ctrl】鍵，當游標圖案由 變成 ，拖曳複製矩形方塊到下方選項，共要複製三個。

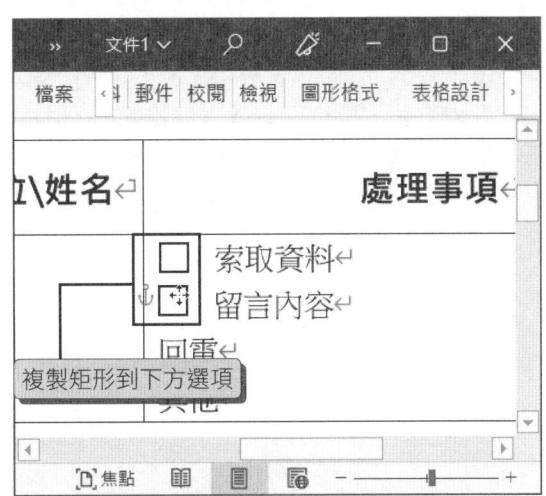

13 按住鍵盤【Shift】鍵，選取四個矩形方塊，在「圖形格式\排列」功能區中，按下「對齊」清單鈕，選擇執行「靠左對齊」指令。

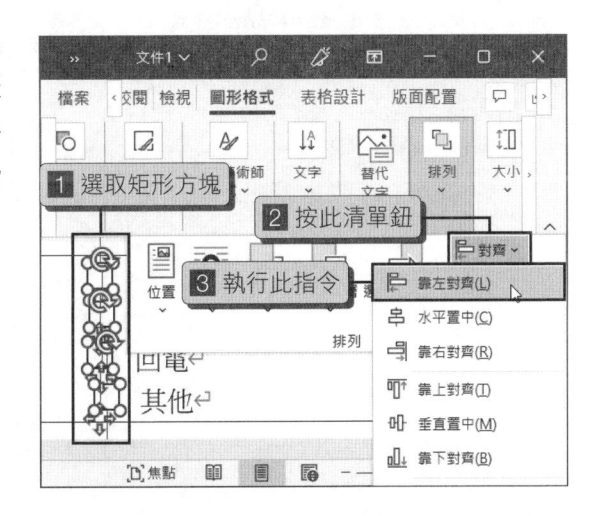

14 矩形方塊乖乖靠左對齊。繼續在「圖形格式\排列」功能區中,按下「對齊」清單鈕,執行「垂直均分」指令,讓矩形方塊保持良好距離。

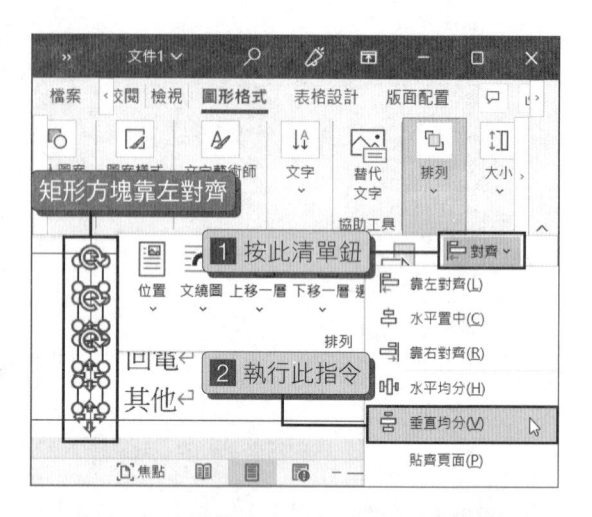

15 將游標插入點移到「索取資料」後方,先按下 U「常用\字型\底線」鈕,再按下鍵盤上的空白鍵,插入空白字元藉以繪製底線。依相同方法將下方選項空白處也加上底線。

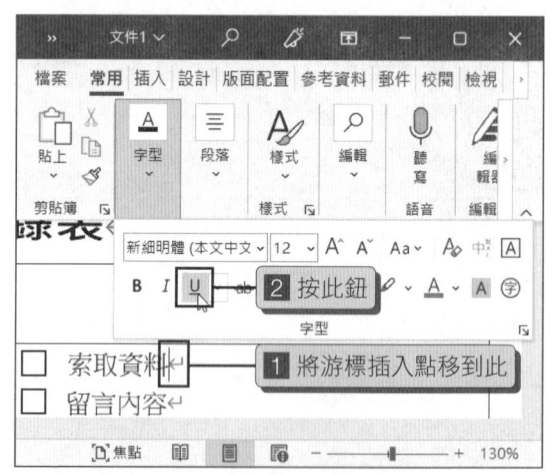

16 將游標移到表格第一列的前方,當游標變成 ⇗,按一下滑鼠左鍵則可選取整列,執行 「常用\剪貼簿\複製」指令。

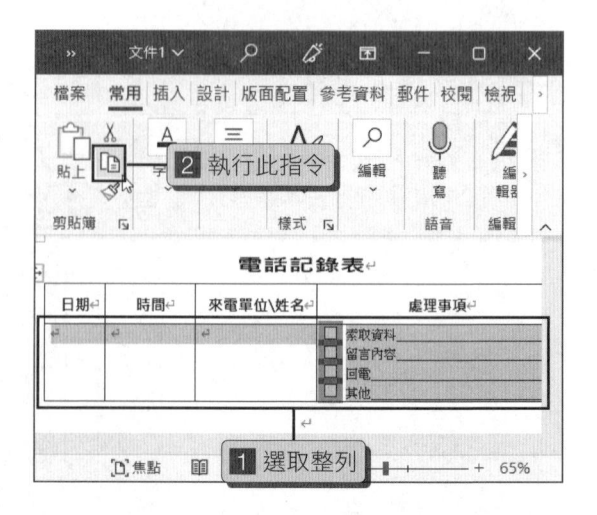

單元 06　電話記錄表 | 053

17 將編輯插入點移到表格下方，執行「常用\剪貼簿\貼上」指令，每執行一次就貼上一列，共要執行 6 次。

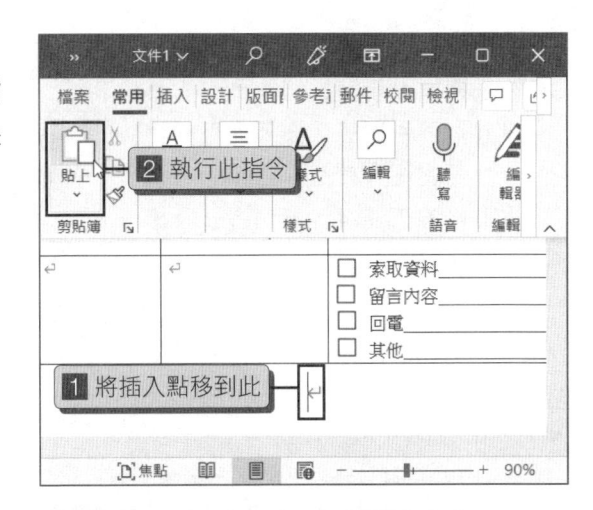

18 將游標移到最後一列的下框線，當游標符號變成 ÷，按住滑鼠左鍵，用拖曳的方式調整列高到接近尺規 35 的位置。

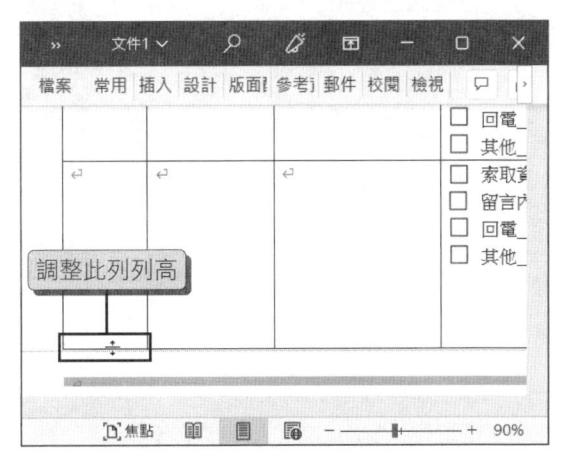

19 接著將表格平均分配列高，選取表格標題以外的表格範圍，在「版面配置\儲存格大小」功能區中，執行「平均分配列高」指令。

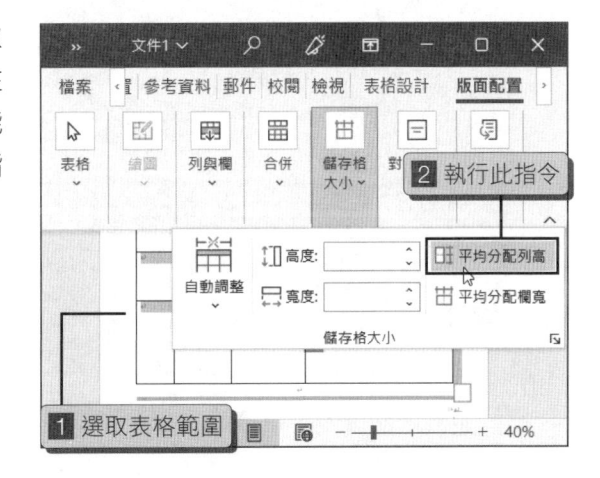

20 最後套用預設的表格樣式,快速為表格換上新裝。切換到「表格設計」索引標籤,按下「表格樣式」旁的 ▽「其他」清單鈕,選擇「格線表格4,輔色5」表格樣式。

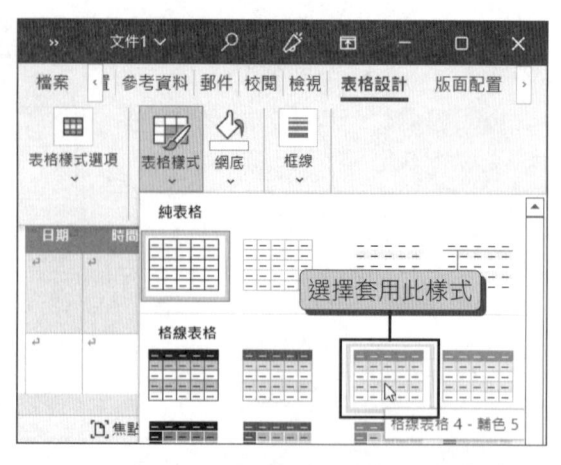

21 套用表格樣式快速完成美化工作。

單元 07　交寄郵件登記表

📂 範例檔案：PART 1\Ch07 交寄郵件登記表

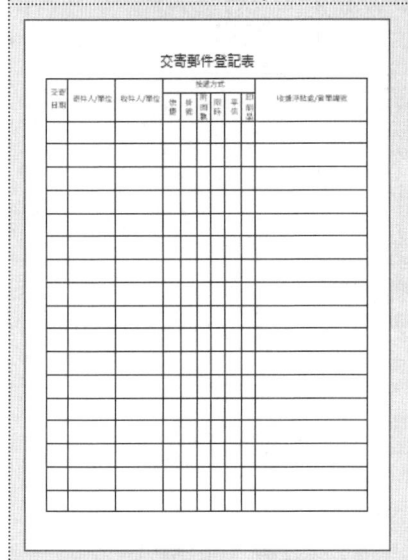

隨著網路發達，許多文件可以靠網路傳輸檔案，但是重要文件或是實體物件，還是要倚靠傳統的郵局寄送服務。寄出的郵件為避免遺失，交寄的記錄最好保存下來，以方便日後查詢使用。

範例步驟

1. 請先開啟範例檔案「Ch07 交寄郵件登記表(1).docx」，本章要繼續介紹表格工具的功能。先選取包含「投遞方式」旁的 6 個儲存格，切換到「版面配置」索引標籤，在「合併」功能區中，執行「合併儲存格」指令。

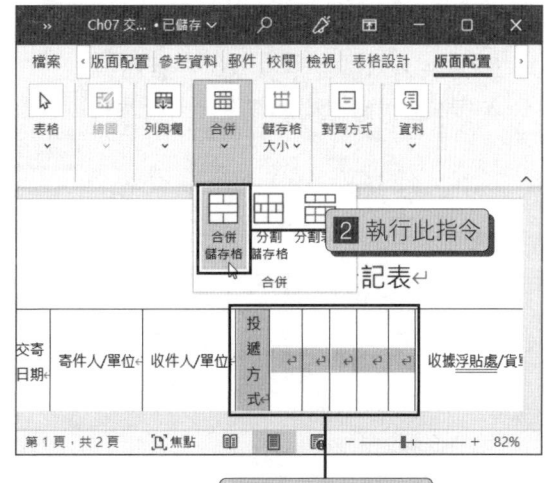

2 原本6個儲存格合併成單一儲存格。接著將游標移到「收據浮貼處/貨單編號」表格標題上方，當游標變成 ↓ 符號，按住滑鼠左鍵，向右拖曳選取2欄，在「版面配置\合併」功能區中，執行「分割儲存格」指令。

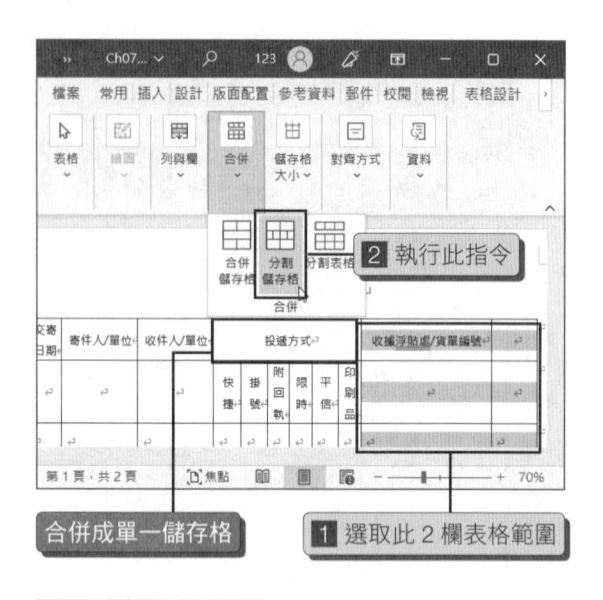

3 開啟「分割儲存格」對話方塊，將欄數修改成「1」，列數維持不變，確定勾選「分割儲存格前先合併」選項，按下「確定」鈕。

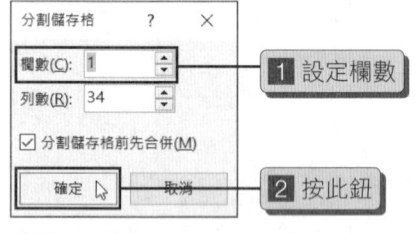

4 明明是執行分割儲存格，結果卻有合併的效果。繼續選取「收據浮貼處/貨單編號」表格標題及下方共2個儲存格，執行「版面配置\合併儲存格」指令。

單元 07　交寄郵件登記表 | *057*

5 利用分割及合併儲存格,從原本的兩欄變成 1 整欄,取代刪除整欄功能。接著選取「交寄日期」、「寄件人/單位」、「收件人/單位」及下方儲存格共 6 個,執行「版面配置\分割儲存格」指令。

6 開啟「分割儲存格」對話方塊,將欄數改成「3」、列數改成「1」,確定勾選「分割儲存格前先合併」選項,按下「確定」鈕。

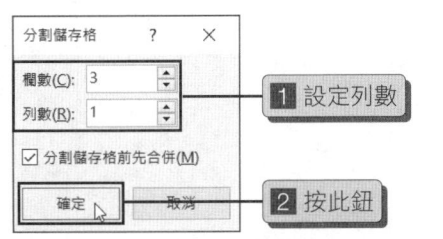

7 因為原本欄寬不同,合併後會平均分配欄寬,因此還要再調整。將游標移到「交寄日期」和「寄件人/單位」交界處,當游標變成 ⇔ 符號,按住滑鼠左鍵,向左拖曳到與原本欄寬相同,即可放開滑鼠。

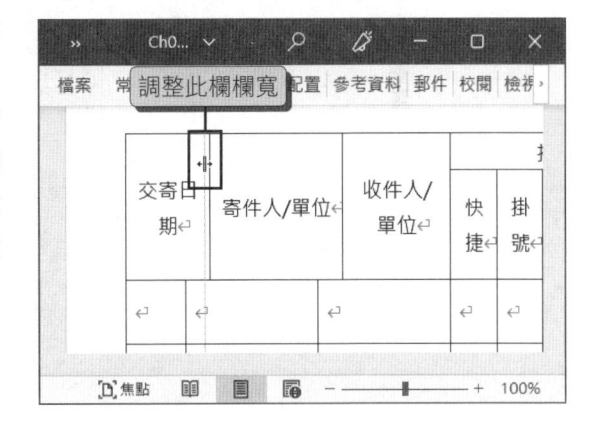

8 依照相同方法，將游標移到「寄件人\單位」和「收件人\單位」交界處，調整欄寬與原表格一致。

調整成相同欄寬
調整此欄欄寬

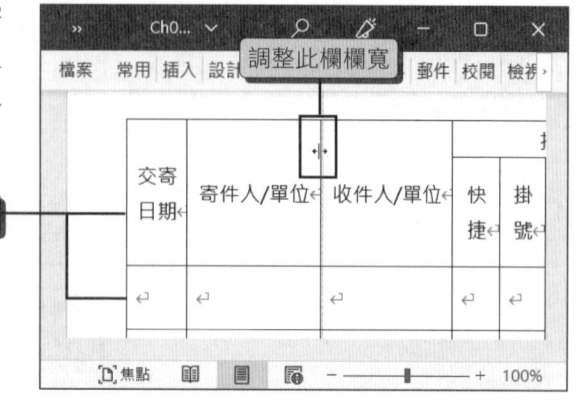

9 選取「快遞」~「印刷品」等6個儲存格，在「常用\段落」功能區中，按下「行距與段落間距」清單鈕，執行「行距選項」指令。

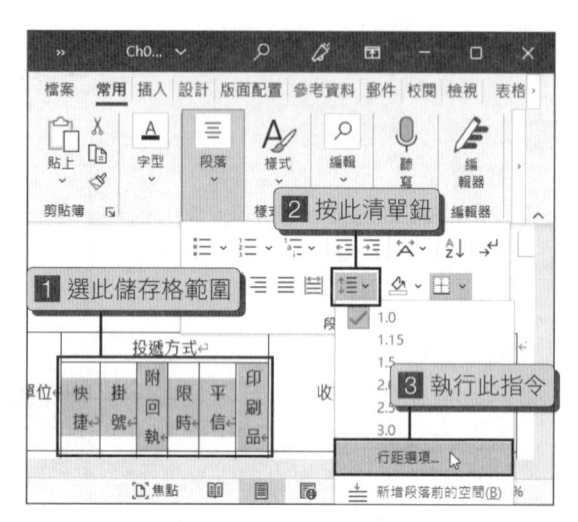

1 選此儲存格範圍
2 按此清單鈕
3 執行此指令

10 開啟「段落」對話方塊，按下「單行間距」旁清單鈕，將行距改成「固定行高」。

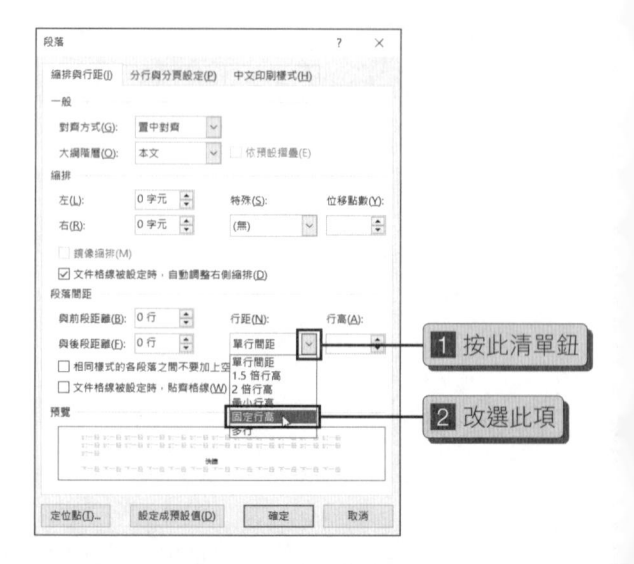

1 按此清單鈕
2 改選此項

11 繼續設定行高為「15」點，完成後按下「確定」鈕。

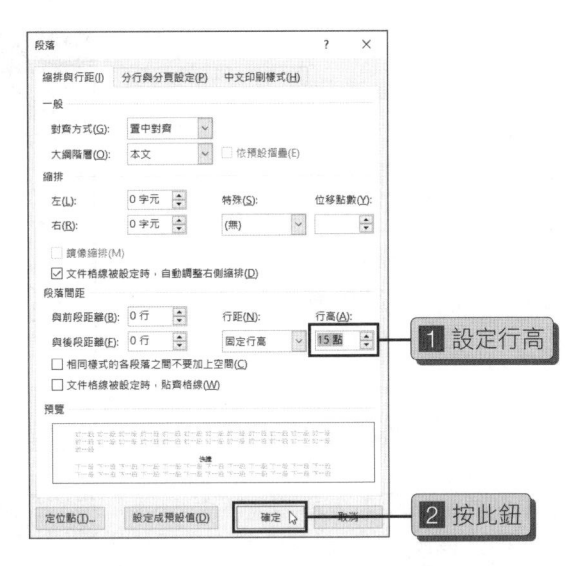

12 調整後的行高比較小，字與字的距離變得比較近。當表格長度超過第二頁時，就不會有表首名稱及標題列，如果希望同時出現，必須將表首包含在表格裡面。

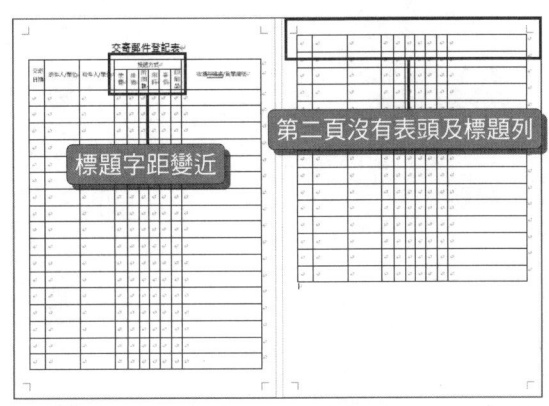

13 將編輯插入點移到表格任何儲存格中，切換到「版面配置」索引標籤，在「繪圖」功能區中，執行「手繪表格」指令。

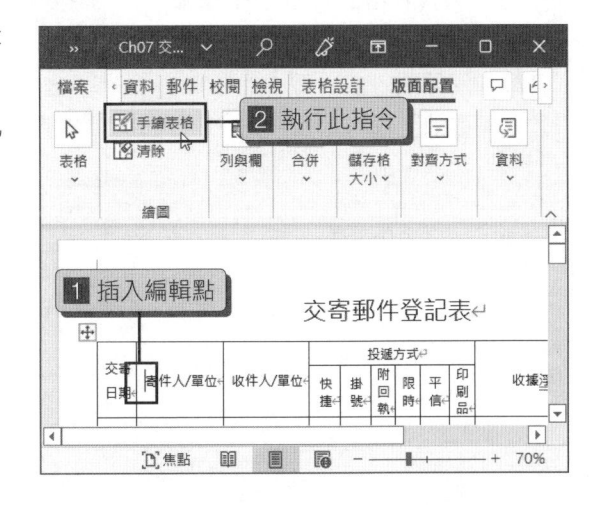

14 此時游標會變成 ✎ 符號，將游標符號移到上邊界和左邊界交界處，按住滑鼠左鍵，此時游標會變成 ✚ 符號，繼續按住滑鼠，拖曳游標到原表格的右上角位置，繪製出新增表格的範圍，放開滑鼠即完成手繪表格。

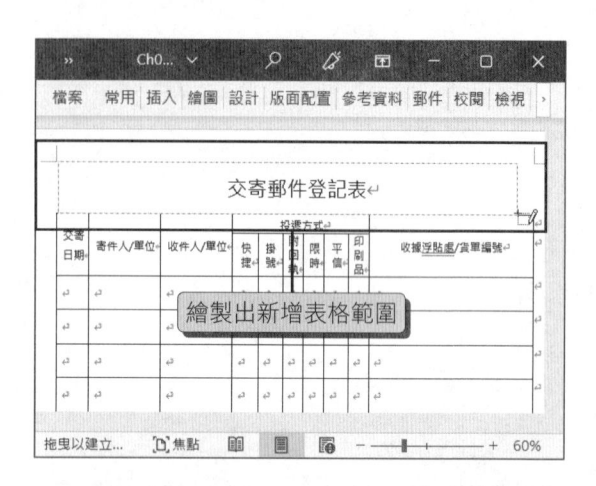

15 表首名稱納入表格範圍，並自動繪製框線，但要看起來和原本相同不是屬於表格，就必須取消部分框線。再執行一次「版面配置\手繪表格」指令，可取消繪製表格功能，將編輯插入點移到表首標題儲存格中。

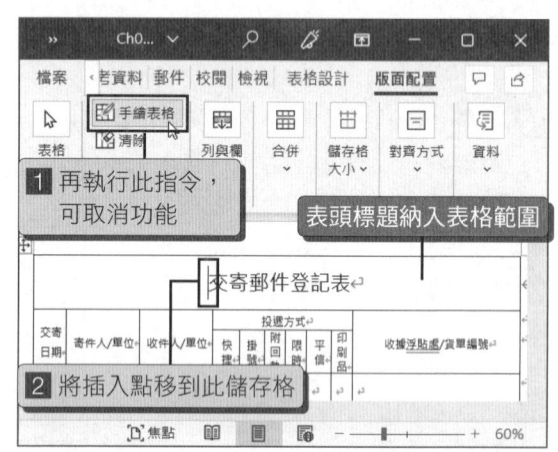

16 切換到「表格設計」索引標籤，在「框線」功能區中，按下「框線」清單鈕，按一下「上框線」，則可取消上框線。

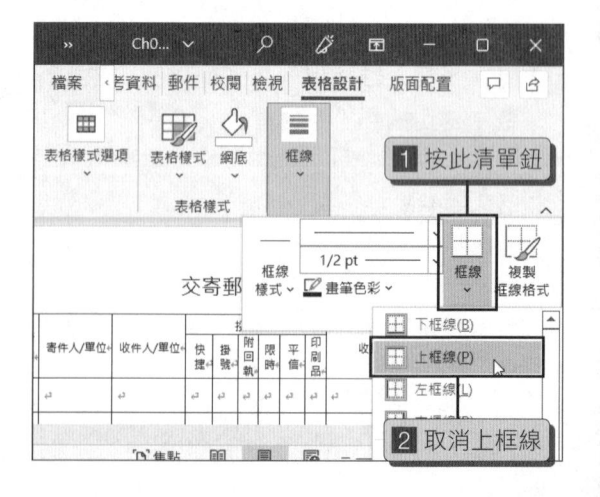

單元 07　交寄郵件登記表 | *061*

17 重複按下「框線」清單鈕，依序再取消「左框線」和「右框線」。下框線與原本表格的上框線重疊共用，因此不可取消。

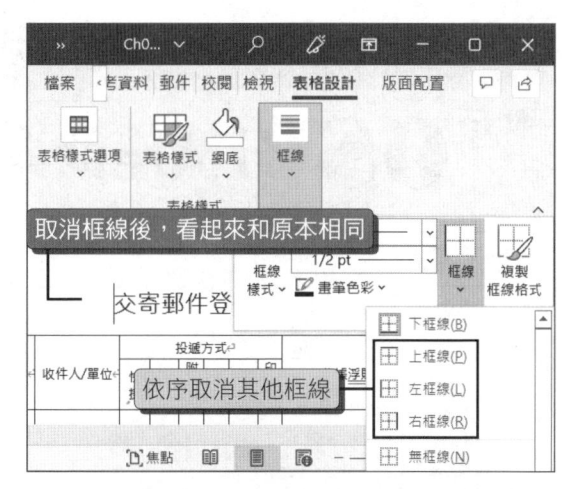

18 選取表首名稱和標題列共 3 列，切換到「版面配置」索引標籤，在「資料」功能區中，執行「重複標題列」指令。

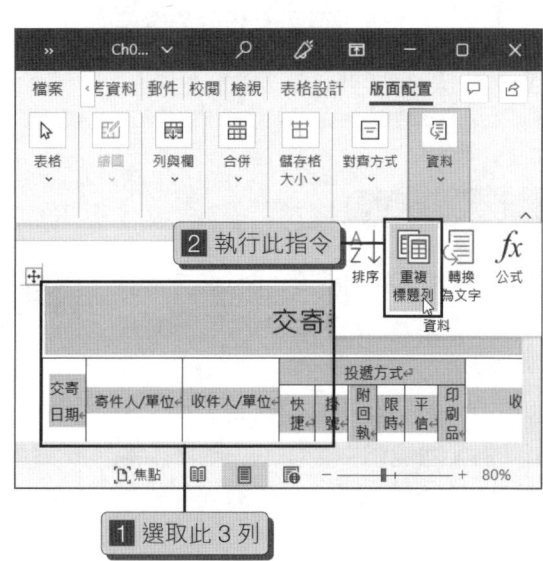

19 第二頁出現表首名稱和標題列，如果表格持續增加到第三頁，也會出現標題列，實務上也可以搭配「頁碼」一起應用。

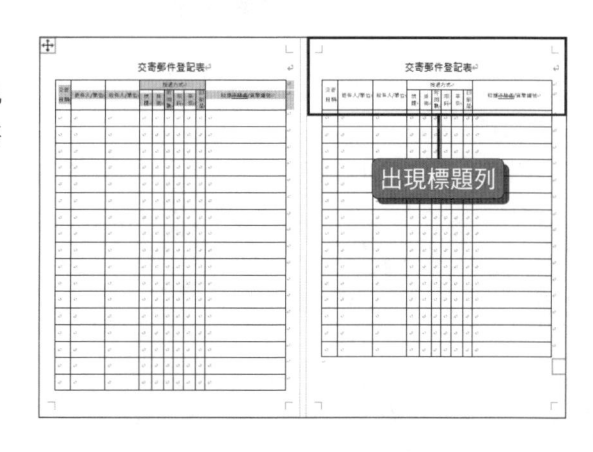

單元 08 分機座位表

範例檔案：PART 1\Ch08 分機座位表

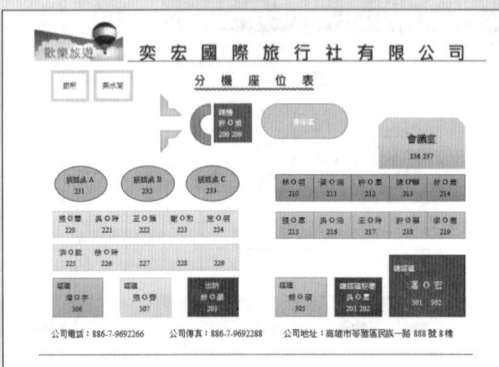

一般公司行號中會看見總機會有一張公司的分機表，大多都是以列表的方式展示。如果能將分機表配合公司座位分佈平面圖，那麼可以成為增加同事之間互相認識的重要媒介。

範例步驟

1. 請先開啟範例檔案「Ch08 分機座位表(1).docx」，首先利用圖案繪製出公司大門的位置。切換到「插入」功能索引標籤，在「圖例」功能區中，按下「圖案」清單鈕，選擇「半框架」圖案。

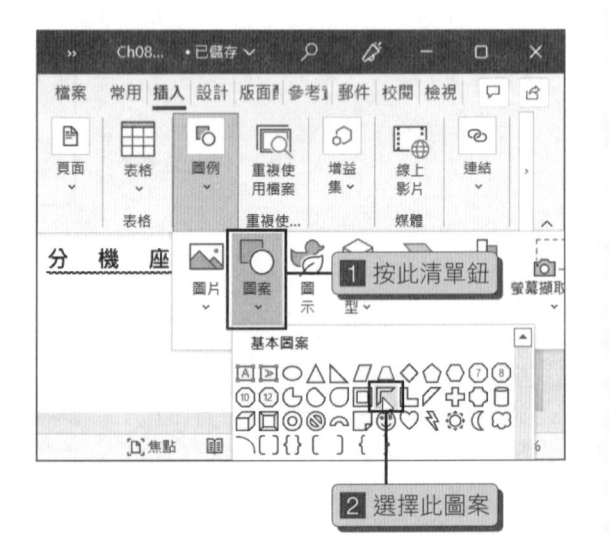

   1 按此清單鈕
   2 選擇此圖案

2 當游標變成 ✚ 符號，按住滑鼠左鍵，使用拖曳方式繪製圖案。

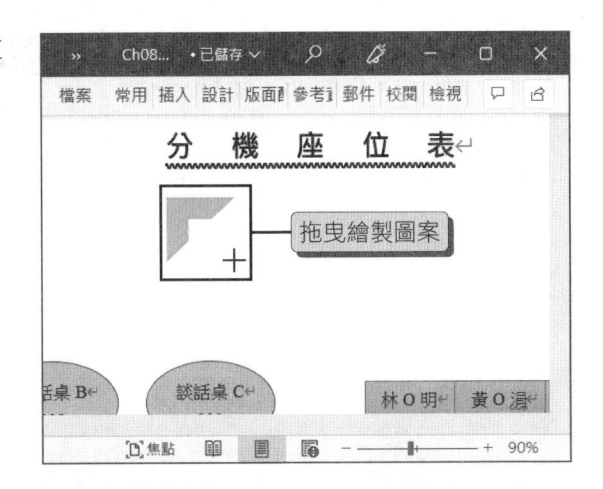

3 放開滑鼠完成圖案繪製，切換到「圖形格式」功能索引標籤，在「大小」功能區中，輸入圖案大小高度「1.2 公分」、寬度「1.2 公分」。接著在「圖案樣式」功能區中按下 ⛛ 「其他」清單鈕，選擇其他圖案樣式。

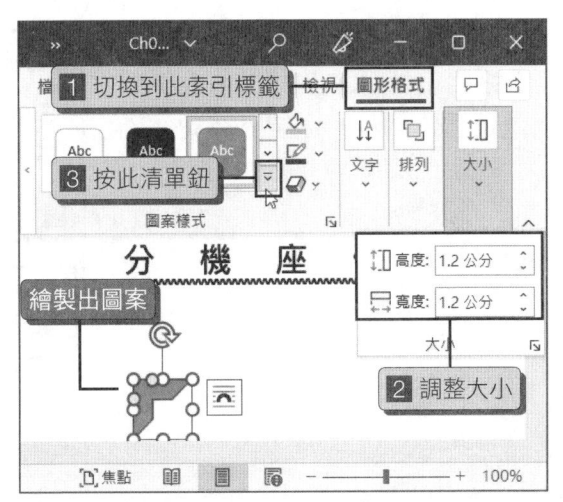

4 在其他樣式清單中，選擇「輕微效果,灰色,輔色3」樣式。

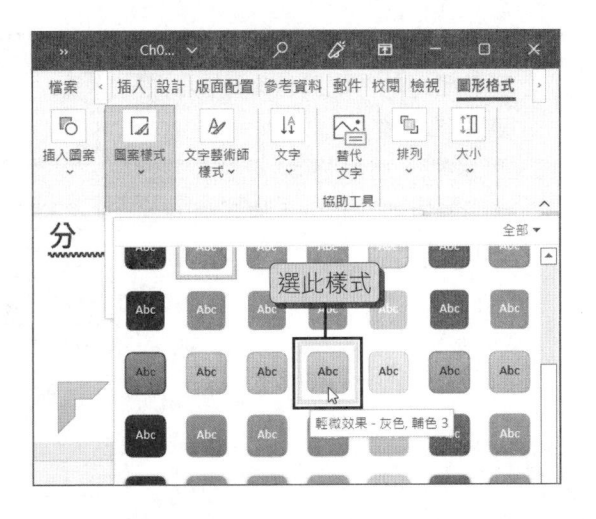

5 圖案變成灰色，繼續選取此圖案，同時按下鍵盤【Ctrl】鍵及滑鼠左鍵，拖曳複製圖案到上方空白處。

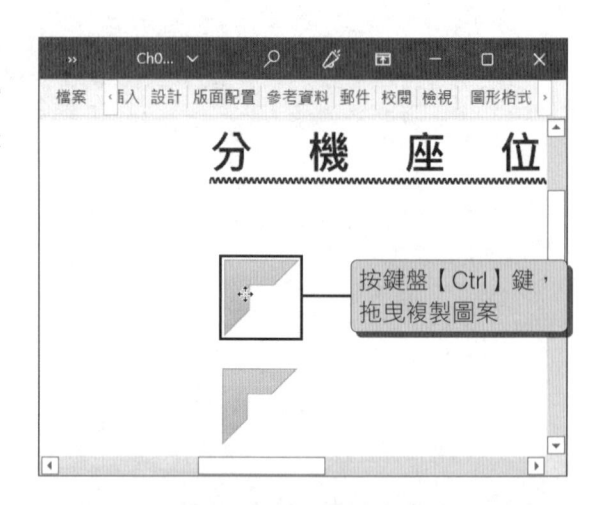

6 選取複製的圖案，切換到「圖形格式」功能索引標籤，在「排列」功能區中，按下「旋轉」清單鈕，執行「垂直翻轉」指令。

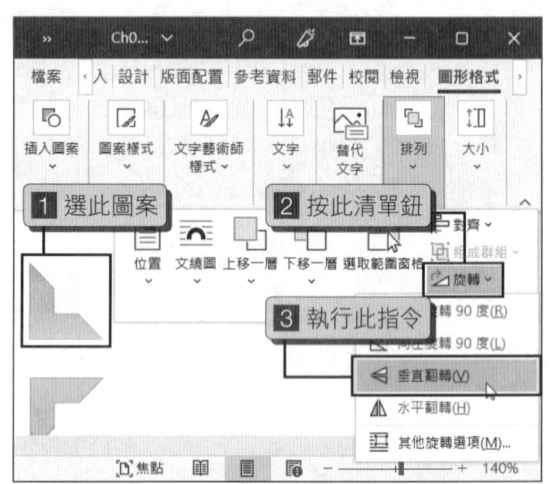

7 選取的圖案上下顛倒。再繼續繪製圖案之前，先開啟輔助線，方便圖案對齊位置參考。繼續在「排列」功能區中，按下「對齊」清單鈕，執行「使用對齊輔助線」指令。

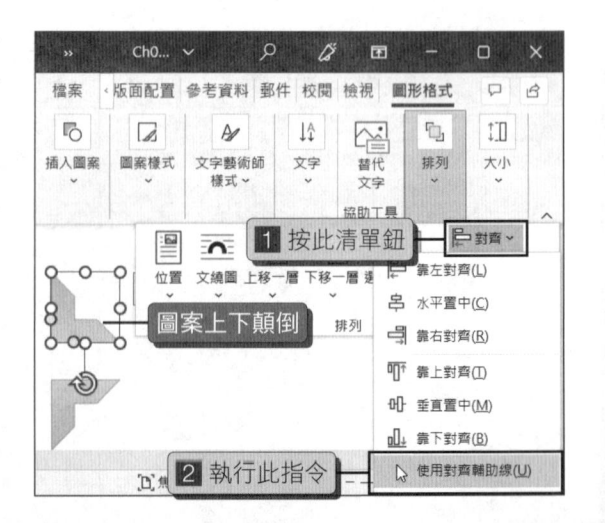

8 當移動圖案到段落位置時，就會顯示對齊輔助線，方便圖案移動到適當位置。

9 接著要繪製總機櫃台位置，再次切換到「插入」功能索引標籤，在「圖例」功能區中，按下「圖案」清單鈕，選擇 ⌒「拱形」圖案。

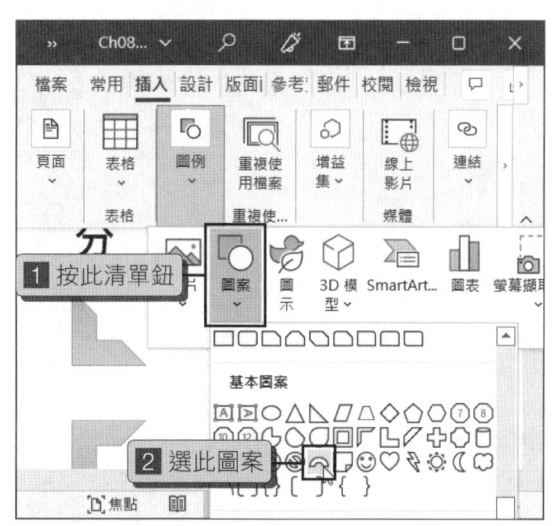

10 拖曳繪製出圖案後，切換到「圖形格式」功能索引標籤，在「大小」功能區中，輸入圖案大小高度「2.4 公分」、寬度「2.4 公分」。

066 | PART 1　行政總務篇

11 將游標移到拱形圖案上方 ⟲「自由旋轉」鈕位置，當游標符號變成 ⟲ 時，按住滑鼠左鍵，向左旋轉 90 度後，放開滑鼠完成旋轉圖案。

12 繼續在「圖形格式＼圖案樣式」功能區中，按下 ⬥ ∨「圖案填滿」清單鈕，按下「材質」樣式清單鈕，選擇「橡樹」樣式。

13 圖案填滿色彩變成木頭材質，圖案外框也該搭配相同色系。按下 ⬥ ∨「圖案外框」清單鈕，選擇「金色, 輔色 4, 較深 50%」色彩。

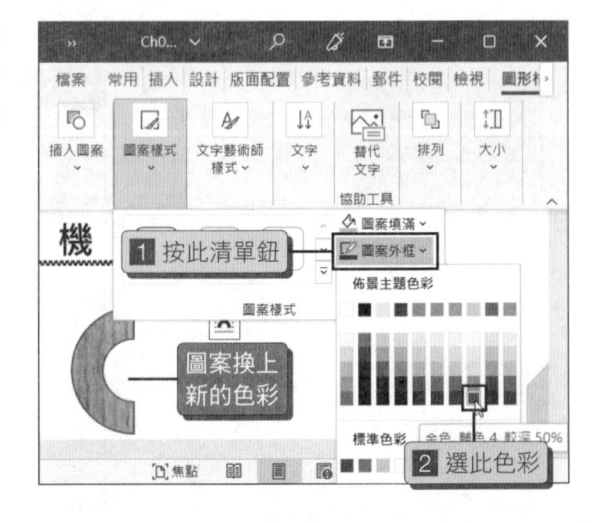

單元 08　分機座位表 | *067*

14 接著就要輸入員工姓名及分機號碼。再次在「插入 \ 圖例」功能區中，按下「圖案」清單鈕，選擇插入 A「文字方塊」。

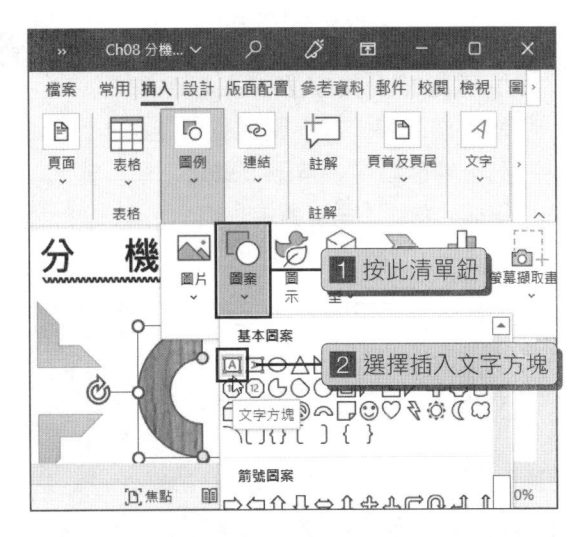

15 在櫃台拱形圖案右方，拖曳繪製出文字方塊。

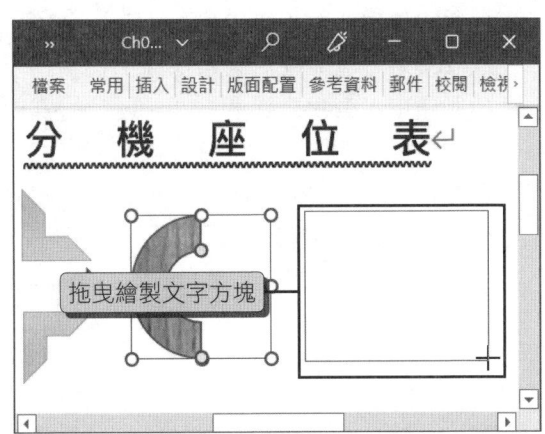

16 在文字方塊中輸入總機姓名及分機號碼等文字資訊，輸入完成後，在「圖形格式 \ 大小」功能區中，修改文字方塊大小為高度「2.2 公分」、寬度「2.2 公分」。

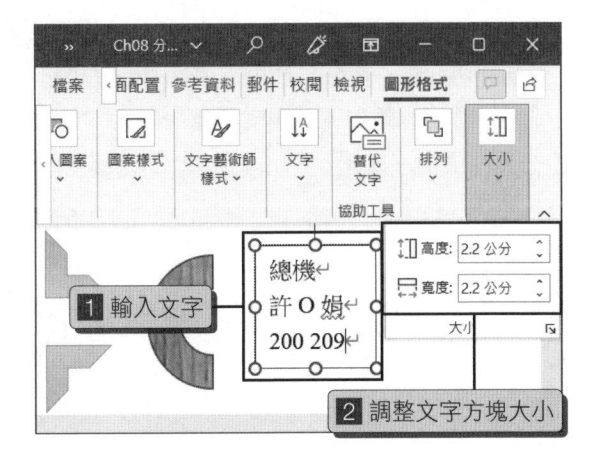

068 | PART 1　行政總務篇

17 按住鍵盤【Shift】鍵，分別點選拱形圖案及文字方塊，同時選取兩個圖案。在「圖形格式＼排列」功能區中，按下「對齊」清單鈕，執行「垂直置中」指令。

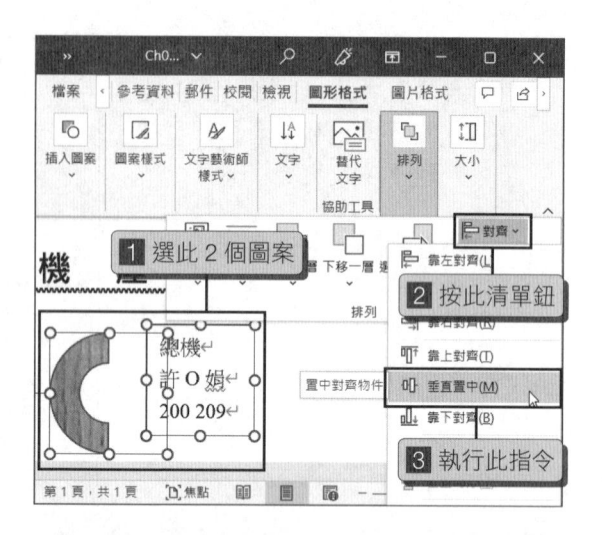

18 兩個物件相對水平置中對齊。改選取文字方塊並在「圖案樣式」功能區中，套用「溫和效果 - 藍色，輔色 5」樣式。接著在「插入圖案」功能區中，按下 ⟱「其他」清單鈕，選擇插入 ▢「圓角矩形」圖案。

19 在文字方塊右方拖曳繪製出圓角矩形圖案，將圖案套用「溫和效果 - 金色，輔色 4」樣式，並調整大小為高度「2 公分」、寬度「5 公分」。

單元 08　分機座位表 | *069*

20 將游標移到圓角矩形左上角黃色小圓點「控制點」的位置,當游標變成 ▷ 符號,按住控制點調整圓角範圍到最大,放開滑鼠完成調整。

21 繼續選取圓角矩形圖案,按下滑鼠右鍵,執行「新增文字」指令。

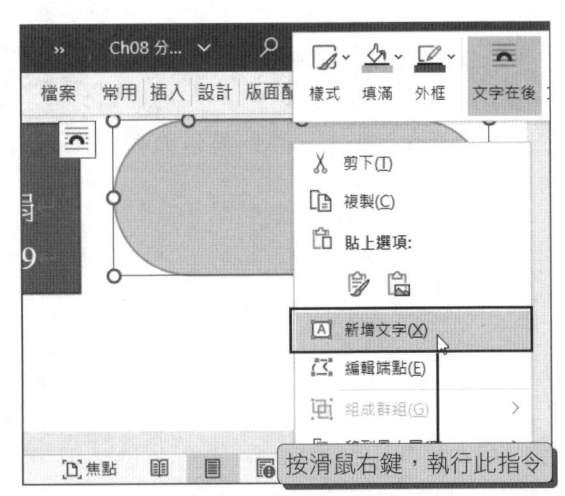

22 圖案中會出現編輯插入點,直接輸入文字「會客室」,輸入完將游標點選圖形外任何位置即可結束。

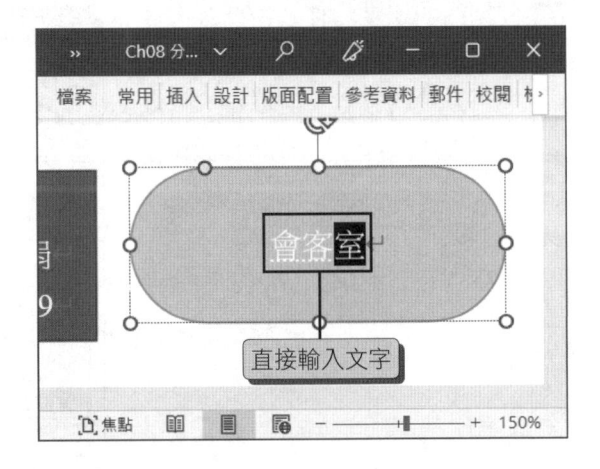

23 由於每個圖案都是獨立的物件，如果要調整整個區域的位置，還要一個一個移動，十分麻煩，不妨將區域物件群組起來，則可以一次移動群組內所有物件的位置。首先在「常用\編輯」功能區中，按下「選取」清單鈕，執行「選取物件」指令，先選取群組範圍的物件。

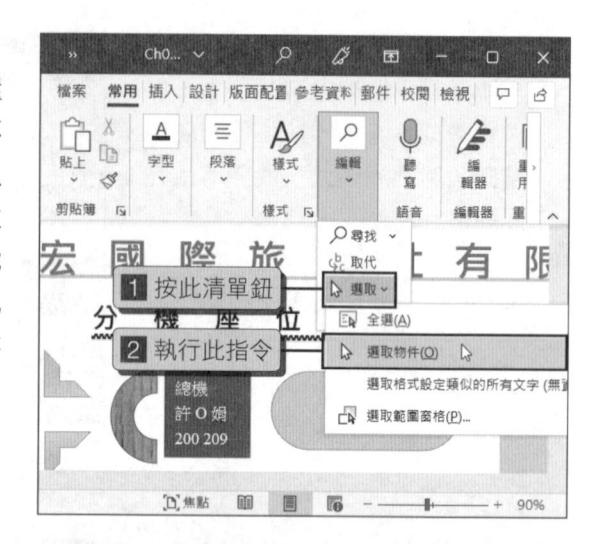

24 在要選取的物件範圍起點，按住滑鼠左鍵，當游標變成 ✚ 符號，使用拖曳的方式，選取群組範圍的物件。

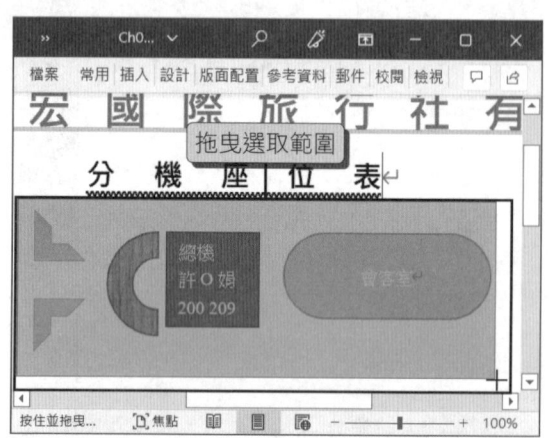

25 範圍內的圖案物件都被選取，在「圖形格式\排列」功能區中，按下「組成群組」清單鈕，執行「組成群組」指令。

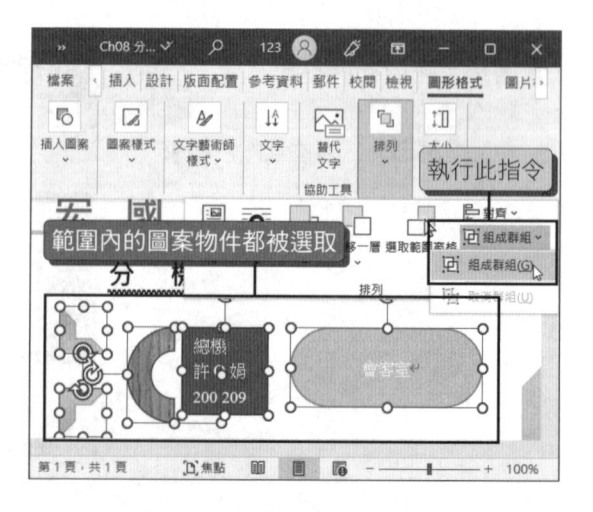

26 選取整個群組對齊段落，接著依照步驟介紹的技巧，完成公司的分機座位表。

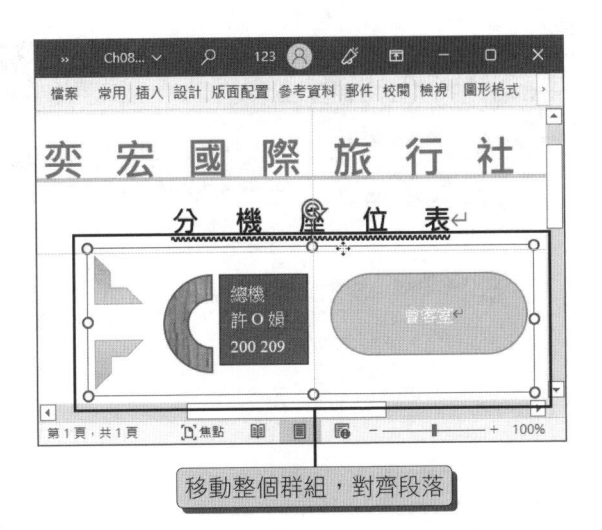

移動整個群組，對齊段落

| PART 1 行政總務篇

> 範例檔案：PART 1\Ch09 支出證明單

單元 09 支出證明單

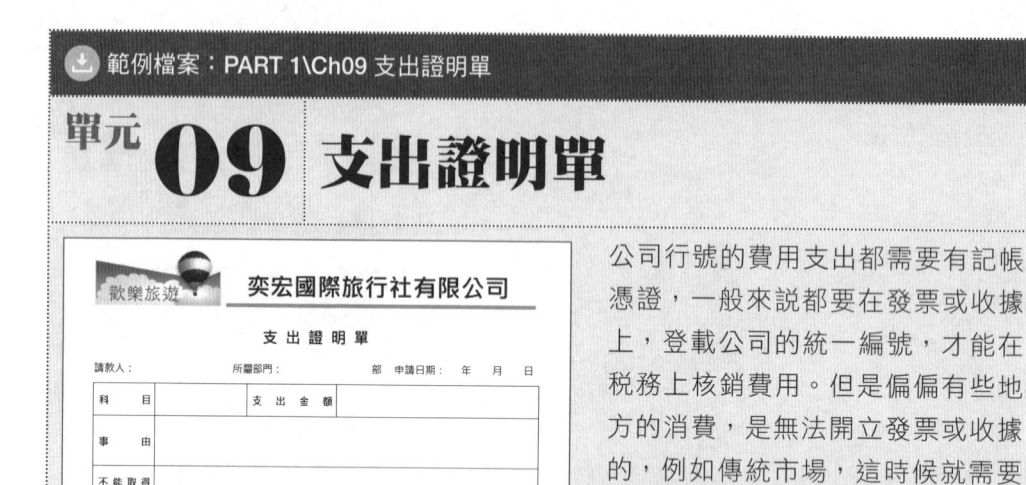

公司行號的費用支出都需要有記帳憑證，一般來說都要在發票或收據上，登載公司的統一編號，才能在稅務上核銷費用。但是偏偏有些地方的消費，是無法開立發票或收據的，例如傳統市場，這時候就需要由請購人自行出具支出證明單，經由主管同意認可，作為公司內部的記帳憑證。

範例步驟

1 請先開啟範例檔案「Ch09 支出證明單(1).docx」，Word 預設的紙張大小為 A4，但有一些文件需要其他尺寸的頁面，就必須自行修改。切換到「版面配置」功能索引標籤，在「版面配置」功能區中，按下「大小」清單鈕，執行「其他紙張大小」指令。

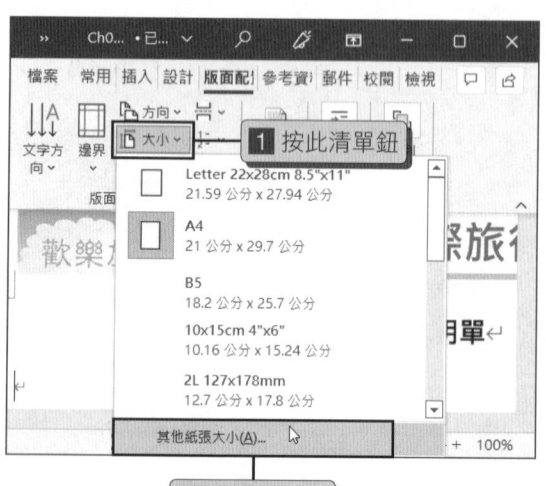

2 開啟「版面設定」對話方塊,在「紙張」索引標籤中,直接輸入紙張高度「14.5 公分」,也就是約半張 A4 紙張大小,按下「確定」鈕。

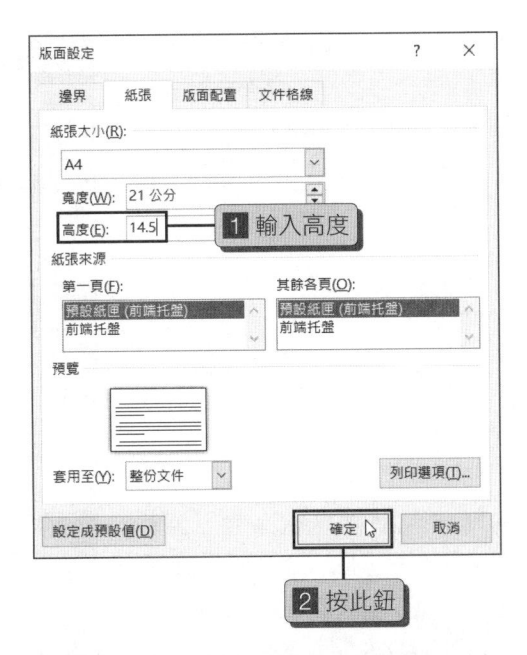

3 只選取表格標題文字「支出證明單」,不要選到 ↵ 段落符號,在「常用\段落」功能區中,按下 🗒「分散對齊」鈕。

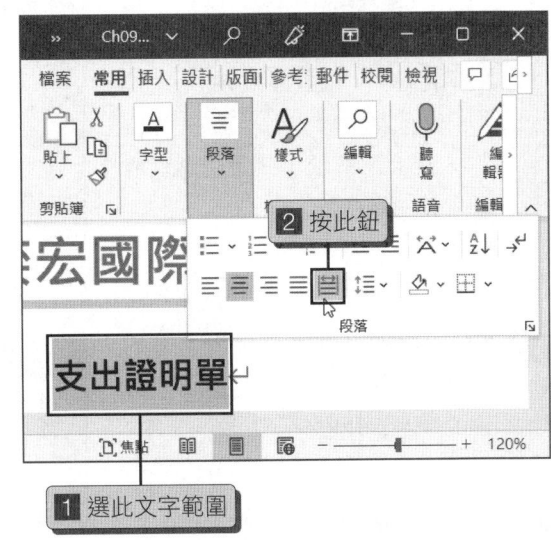

4 開啟「最適文字大小」對話方塊,輸入新文字寬度「7 字元」,按「確定」鈕。

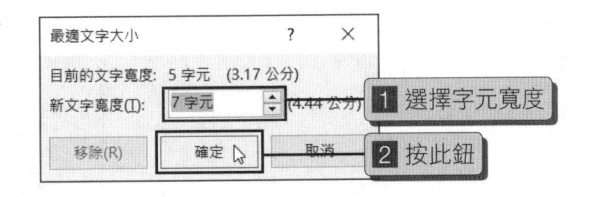

5 將編輯插入點移到第二行,輸入文字「請款人:」。接著將游標移到水平尺規上方約 14 位置,按一下滑鼠左鍵,插入 ⌊「靠左定位點」。

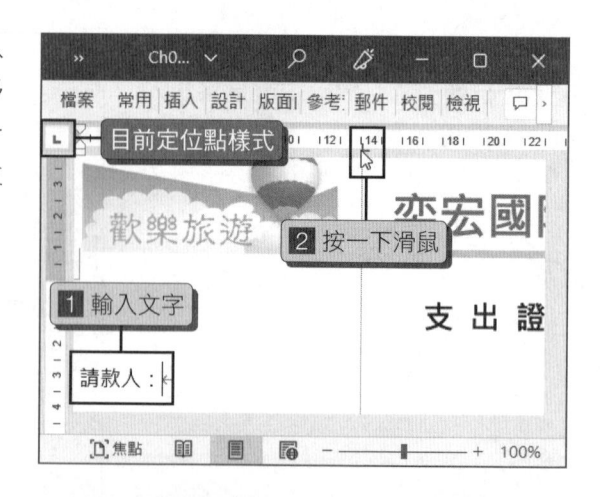

6 編輯插入點原本在文字「請款人:」後方,按一下鍵盤【Tab】鍵,將編輯插入點移到 14 位置,也就是「靠左定位點」位置,輸入文字「所屬部門:」。接著將游標移到水平和垂直尺規交叉位置,目前顯示為 ⌊「靠左定位點」,按 2 下符號,使定位點變成 ⌋「靠右定位點」。

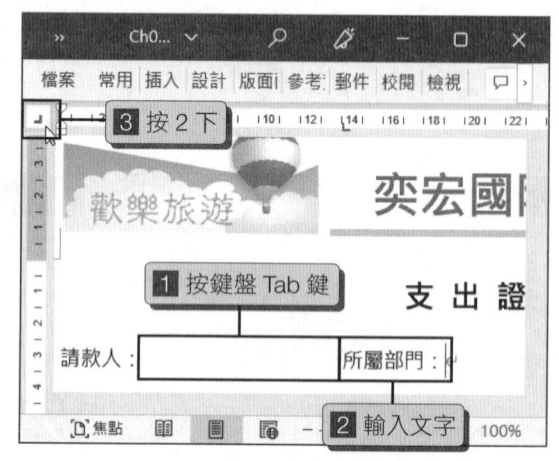

7 接著將游標移到水平尺規上方約 28 位置,按一下滑鼠左鍵,插入 ⌋「靠右定位點」。

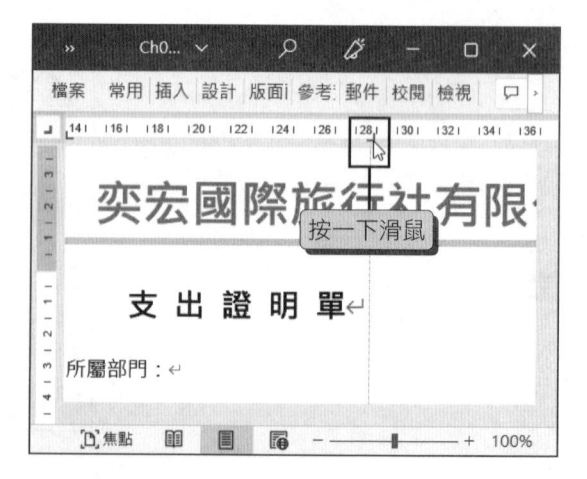

單元 09　支出證明單 ｜ *075*

8 編輯插入點原本在文字「所屬部門：」後方，按一下鍵盤【Tab】鍵，將編輯插入點移到 28 位置，也就是「靠右定位點」位置，輸入文字「部」。接著在水平尺規約 30 位置，插入「靠左定位點」，並輸入文字「申請日期：年 月 日」。

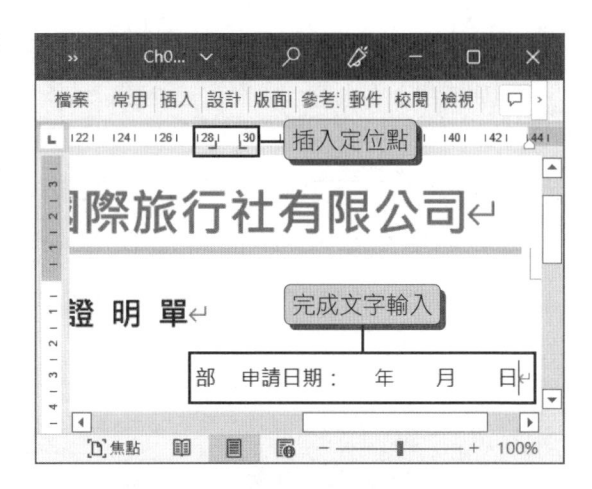

9 接著插入「1x3」表格，分別在表格第 1~3 列輸入文字「科目」、「事由」和「不能取得單據原因」。切換到「表格工具\版面配置」功能索引標籤，在「繪圖」功能區中，執行「手繪表格」指令。

10 此時游標會變成 ⌀ 符號，將游標移到水平尺規「6」及垂直尺規「4」交叉位置，按住滑鼠左鍵開始繪製表格框線。

11 拖曳繪製表格框線，繪製完成放開滑鼠即可。

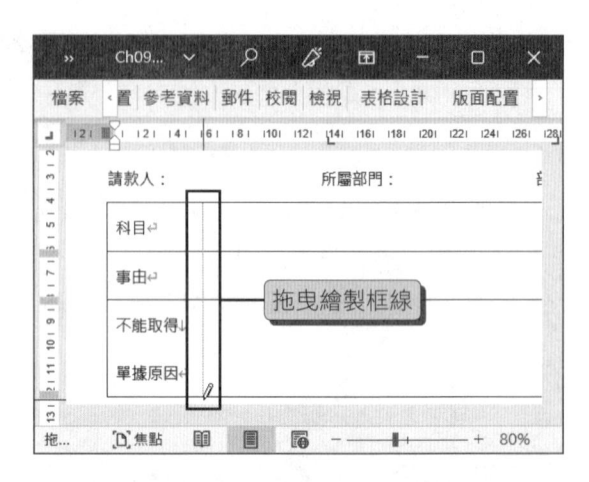

12 繼續在「15」和「24」位置繪製框線，但只需繪製一列高度即可。

13 在新繪製的儲存格中輸入文字「支出金額」，接著選取第 2~3 列，在「版面配置\儲存格大小」功能區中，調整表格高度為「2 公分」。

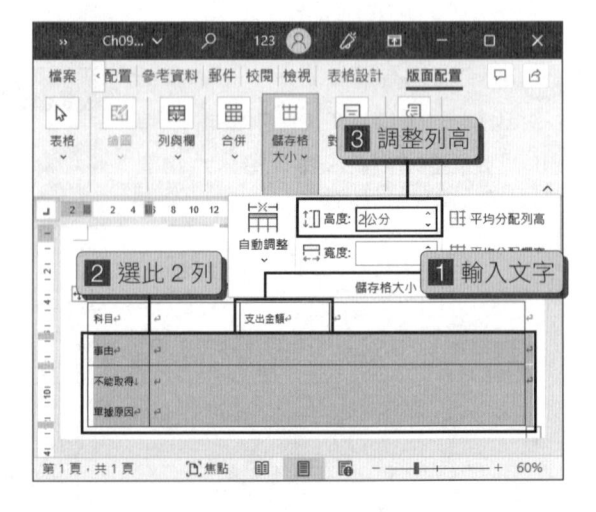

14 繼續選取第 2~3 列，在「版面配置＼對齊方式」功能區中，按下 「置中靠左對齊」鈕。

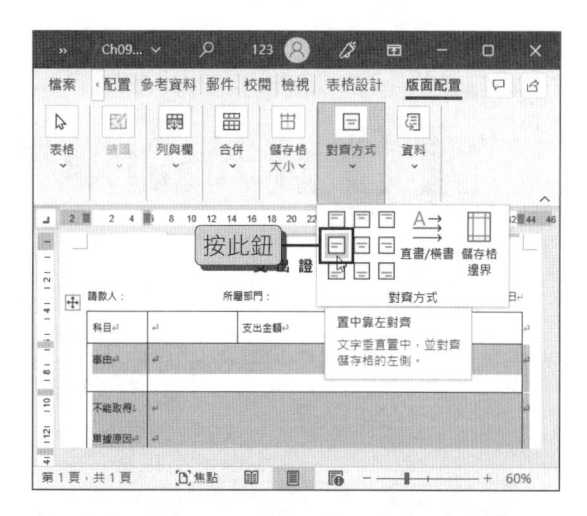

15 按住鍵盤【Ctrl】鍵，選取 4 個表格標題，在「常用」功能索引標籤中，將字型設定為 **B**「粗體」，並按下 「分散對齊」鈕，將標題文字在儲存格中分散對齊。

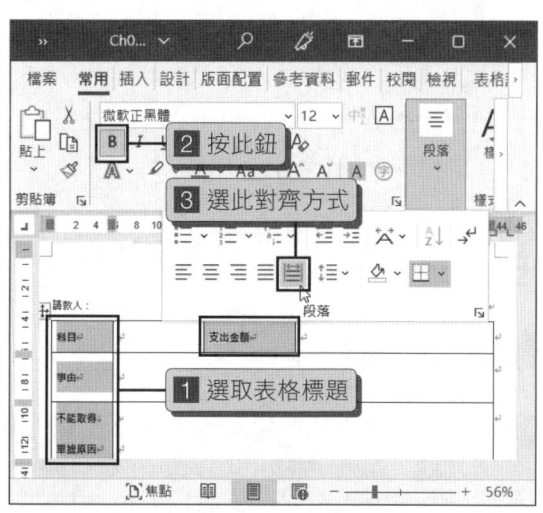

16 最後在表格下方，利用定位點加上審核簽章的位置即可。

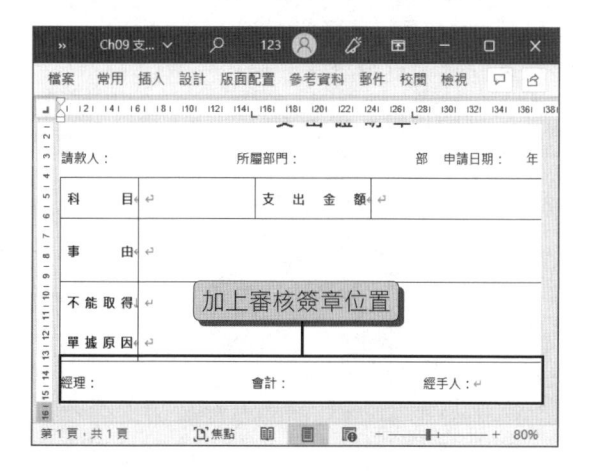

單元 10　商品訂購單

> 範例檔案：PART 1\Ch10 商品訂購單

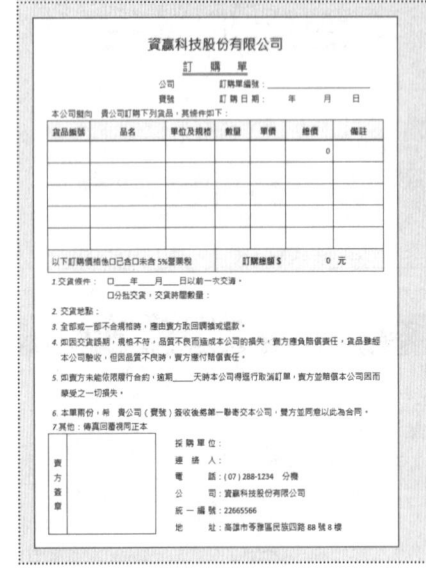

公司採購商品時，都會先向廠商詢問報價，針對報價有時候還有議價空間，雙方約定好價格後，為了避免以後口說無憑，因此在商品訂購單載明商品品號、規格、單價及數量，作為買賣憑證。

範例步驟

1 別以為只有 Excel 試算表才有計算功能，Word 表格也可以做一些簡易的計算，請先開啟範例檔案「Ch10 商品訂購單(1).docx」，將游標插入點移到「總價」下方第一個儲存格，切換到「插入」索引標籤，在「文字」功能區中，按下「快速組件」清單鈕，執行「功能變數」指令。

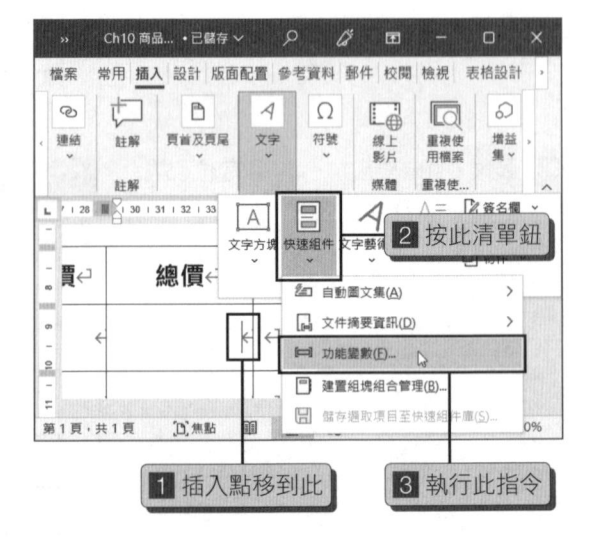

1 插入點移到此　2 按此清單鈕　3 執行此指令

單元 10　商品訂購單 | *079*

2 開啟「功能變數」對話方塊，預設的功能變數名稱為「=(Formula)」，直接按下「公式」鈕。

3 另外開啟「公式」對話方塊，公式空白處會自動顯示「=」號，按下「加入函數」清單鈕，選擇「PRODUCT」函數。

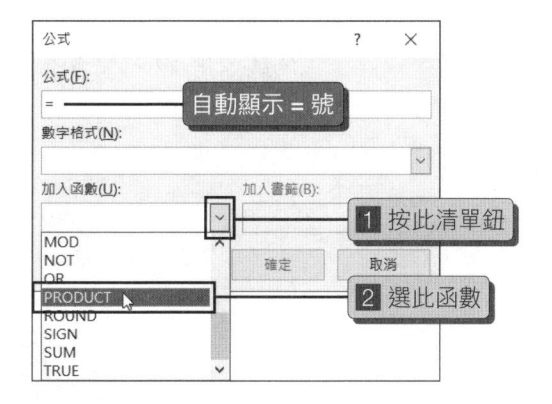

4 「=」後方會出現「PRODUCT」函數，在括號中間輸入函數引數「LEFT」，也就是將左邊儲存格的數值相乘。接著按下「數字格式」清單鈕，選擇「#,##0」數字格式。

5 確認公式為「=PRODUCT(LEFT)」後，按「確定」鈕。

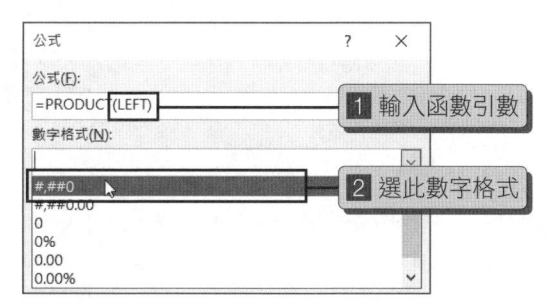

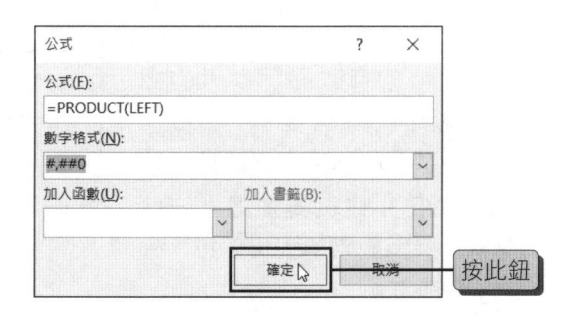

6 總價中出現「0」，表示沒有資料可以相乘，因此在數量和單價中輸入測試數字，但總價中還是沒有變化。此時選取總價中的功能變數，按滑鼠右鍵開啟快顯功能表，執行「更新功能變數」指令。

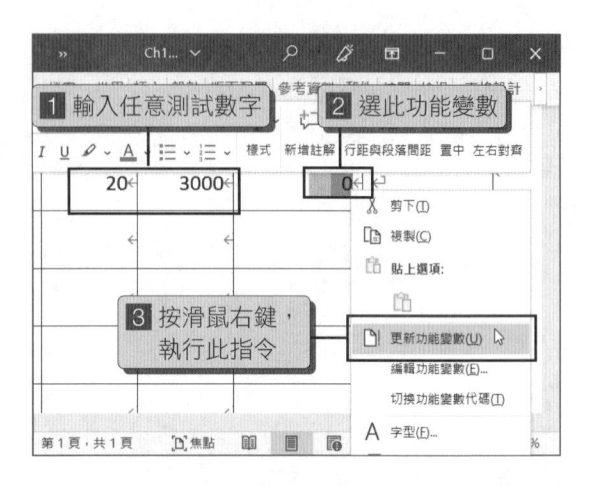

7 總價中顯示計算後的數值結果。將游標插入點移到「訂購總額」後方的儲存格，同樣在「插入\文字」功能區中，按下「快速組件」清單鈕，執行「功能變數」指令。

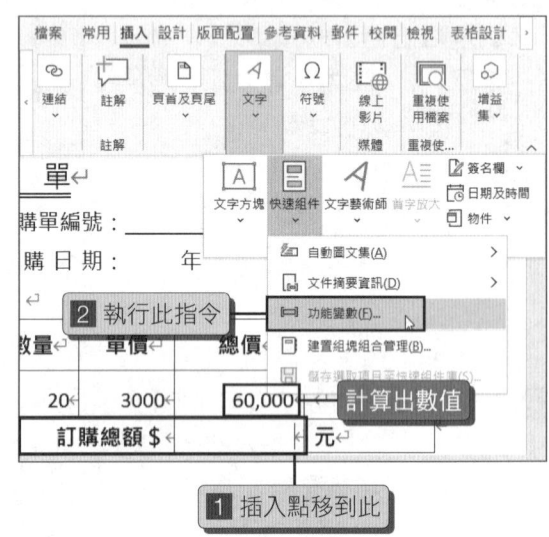

8 在開啟「功能變數」對話方塊，直接按下「公式」鈕，另外開啟「公式」對話方塊。由於上方儲存格已經有數值，因此 Word 會很貼心的自動顯示參考的函數，剛好就是需要的「SUM」加總函數，並已設定好函數引數「ABOVE」，也就是加總上方儲存格，選擇數字格式後，按「確定」鈕即可。

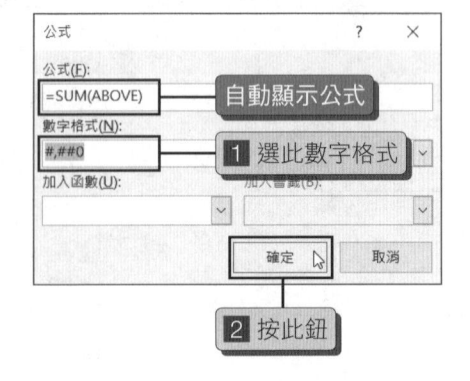

單元 10　商品訂購單 | *081*

9 訂購總額處顯示計算出來的總額。由於使用功能變數計算不會因為數值變動而立刻更新，使用時候要特別小心，而引數也只是概括使用左方和上方儲存格，因此在函數設定的範圍內，不要出現其他數值，例如「單位和規格」欄位不要只輸入「3.5」，最好加上文字「3.5 吋」，以免計算錯誤。

10 選取主要表格範圍共 7 列，在「表格設計＼框線」功能區中，按下「畫筆粗細」清單鈕，選擇「1 1\2pt」寬度。

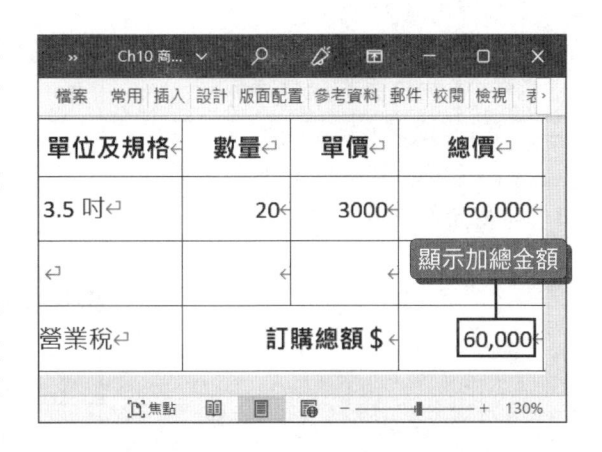

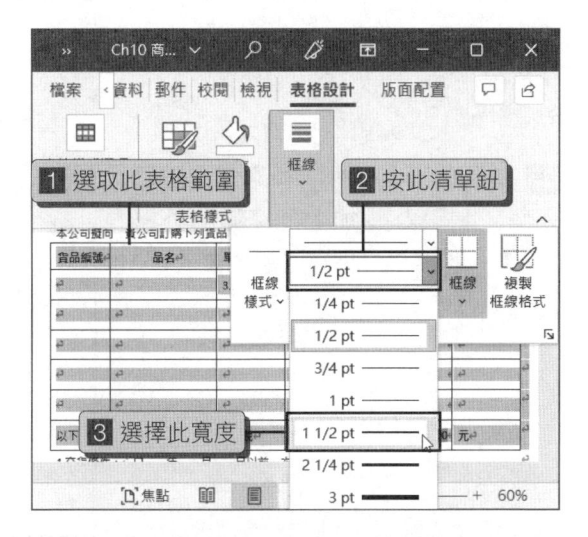

11 繼續在「表格設計＼框線」功能區中，按下「框線」清單鈕，選擇「外框線」。

12 接著改選訂購總額 3 個儲存格範圍，利用框線的變化造成同一儲存格的效果。按下「框線」清單鈕，選擇「無框線」，將此範圍的框線全部取消。

1 選此儲存格範圍
2 選此框線樣式

13 繼續按下「框線」清單鈕，選擇「外框線」，加上此範圍的外框線，造成同一儲存格的效果。

選此框線樣式

14 按住鍵盤【Ctrl】鍵改選主要表格區第 1 列和第 7 列，按下「框線」清單鈕，再次選擇「外框線」，利用較粗外框線加強此 2 列的重要性。

15 繼續選取第 1 列和第 7 列，按下「網底」清單鈕，選擇「金色, 輔色 4, 較淺 80%」網底色彩，使用色彩的變化也可區隔此 2 列與其他列性質不同。

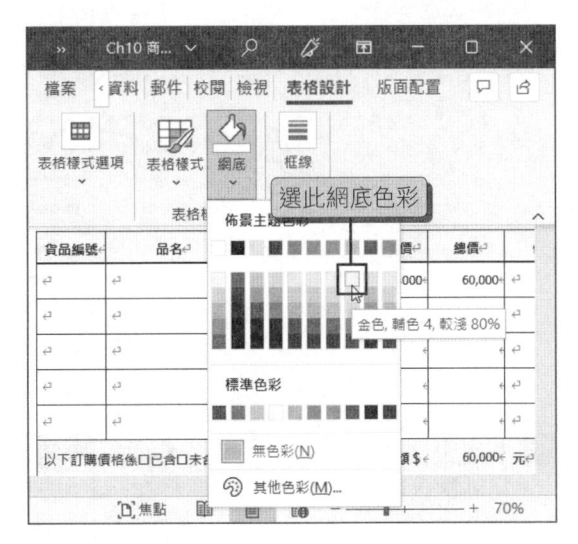

16 除了粗體、斜體及加上底線外，一般文字還可以設定文字效果，增加文字的變化性。選取公司名稱，按下 A～「文字效果與印刷樣式」清單鈕。

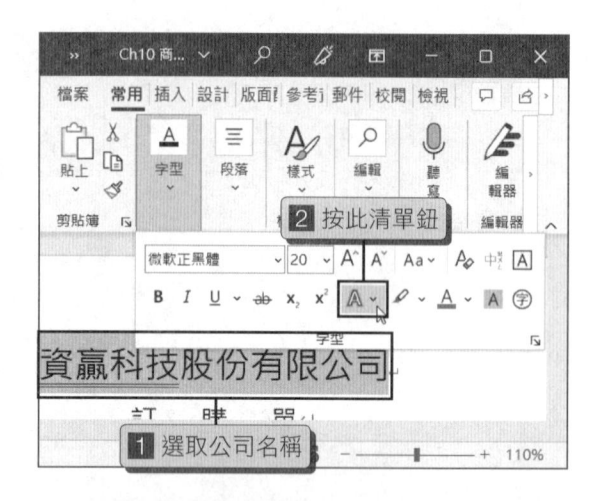

17 在預設樣式下方選擇「陰影」類別，選擇「外陰影\右上方」樣式。

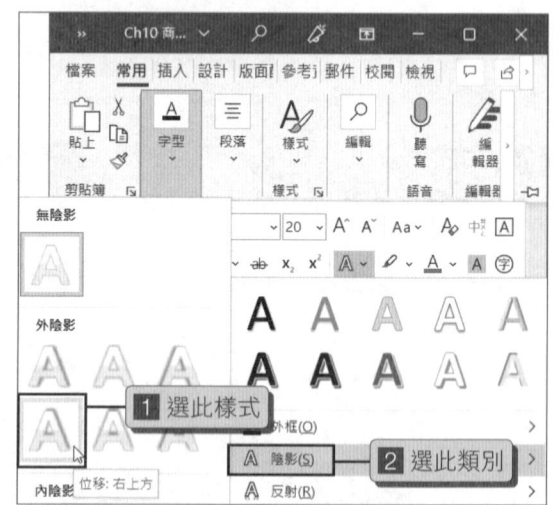

18 利用不同的文字效果，可以讓公司名稱更明顯而且美觀。

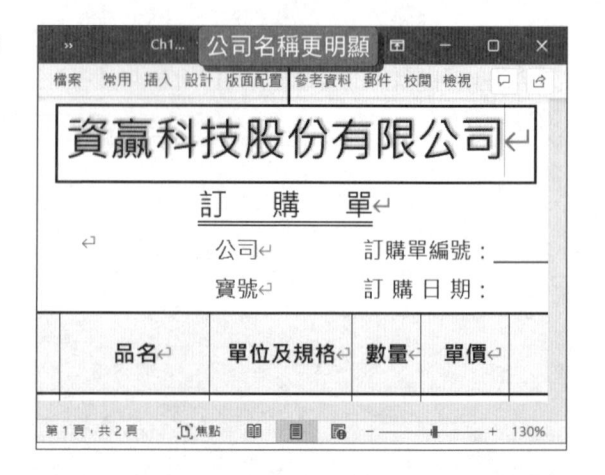

單元 11　付款簽收單

範例檔案：PART 1\Ch11 付款簽收單

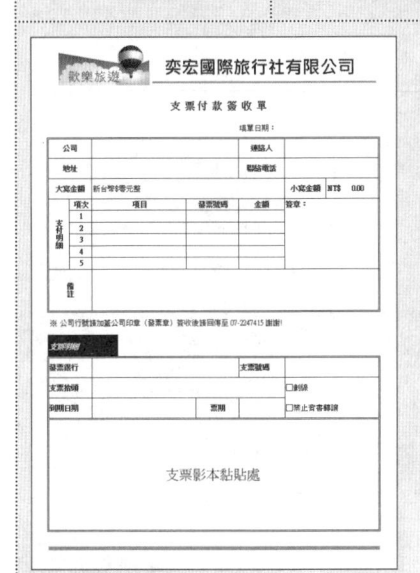

通常廠商出貨給公司大多採取月結式，固定時間統計出總金額後，開立統一發票向公司請款。公司將發票彙整後，透過請款程序開立支票或現金支付相關貨款，不論用哪一種方式支付，最好都要留下付款的證據，讓已收款的廠商簽名為憑。

範例步驟

1 有些表單是以 Excel 設計而成，如果要轉換成 Word 文件有幾個做法，最直覺的方法就是直接從 Excel 複製。先同時開啟範例檔案「Ch11 付款簽收單(1).docx」及「Ch11 付款簽收單.xlsx」，首先先在 Excel 程式選取表格範圍 A1:G18，按滑鼠右鍵開啟快顯功能表，執行「複製」指令。

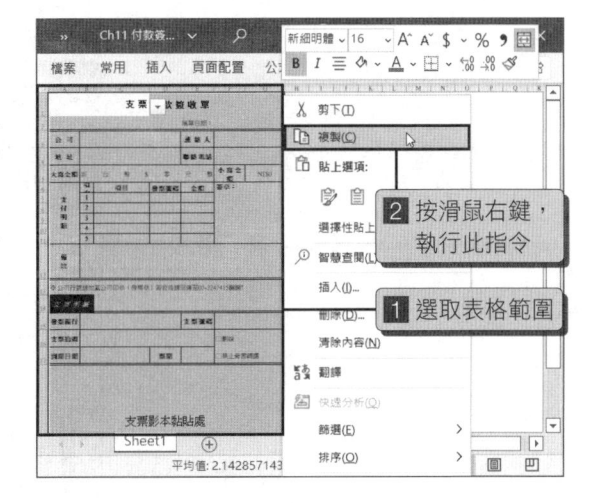

2 切換到 Word 程式，按滑鼠右鍵開啟快顯功能表，執行 「保持來源格式設定」指令。

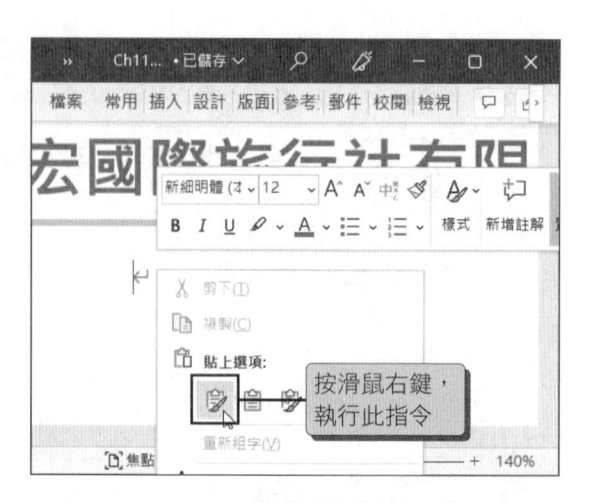

3 Excel 表格被貼到 Word 文件中，在「版面配置\儲存格大小」功能區中，按下「自動調整」清單鈕，執行「自動調整成視窗大小」指令，讓表格配合新文件邊界。

4 選取表格中項次數字部分的儲存格，在「版面配置\對齊方式」功能區中，執行「直書/橫書」指令，將數字呈現直向文字。

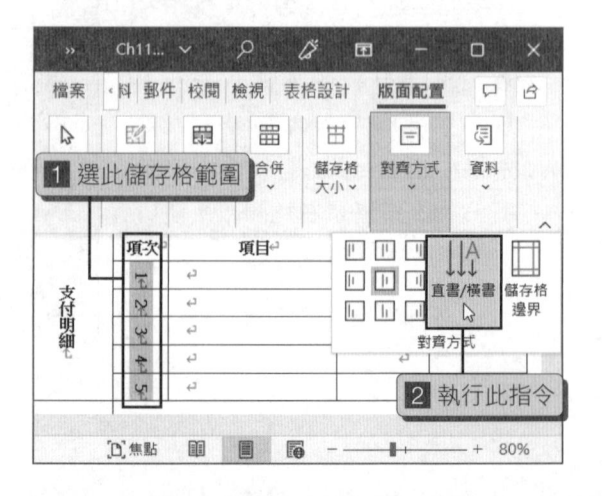

單元 11 付款簽收單 | *087*

5 選取「支付明細」範圍整列儲存格，將游標移到第 1 欄框線位置，當游標變成 ╫ 符號，按住滑鼠左鍵，向左拖曳調整欄寬。

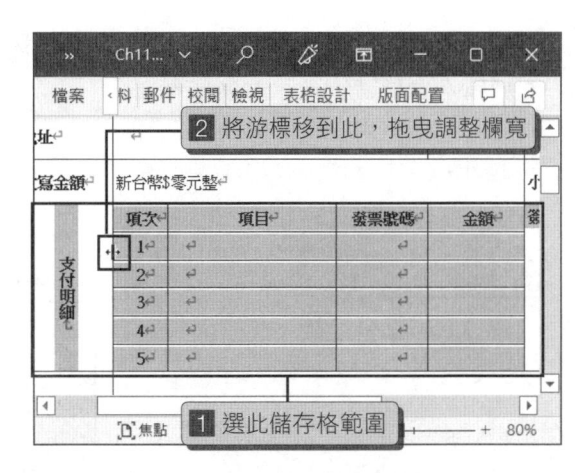

將游標移到此，拖曳調整欄寬
1 選此儲存格範圍

6 注意到了嗎？當有選取範圍時，拖曳調整欄寬只會變動選取範圍內的欄位，未選取的其他表格部分，不會受到影響。依相同方法陸續調整該範圍的欄寬。

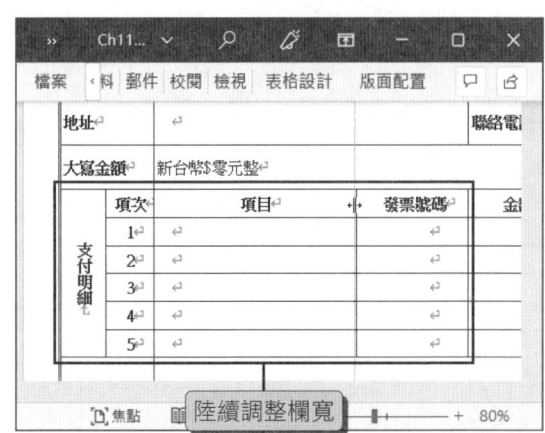

陸續調整欄寬

7 改選表格標題，在「常用＼段落」功能區中，按下 ≡「置中對齊」圖示鈕。

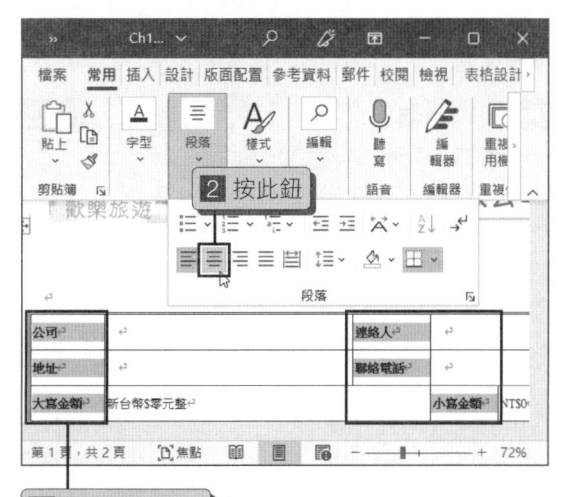

2 按此鈕

1 改選表格標題

8 選取金額部分的儲存格範圍，由於輸入金額時，數字會緊貼著框線，在「常用\段落」功能區右下角，按下「段落設定」展開鈕，進行相關設定。

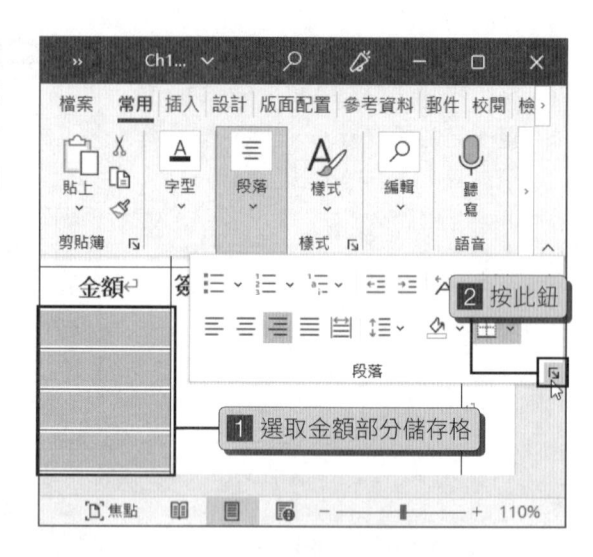

1 選取金額部分儲存格
2 按此鈕

9 開啟「段落」對話方塊，切換到「縮排與行距」索引標籤，選擇「靠右對齊」對齊方式，並縮排「1字元」，設定完成按「確定」鈕。

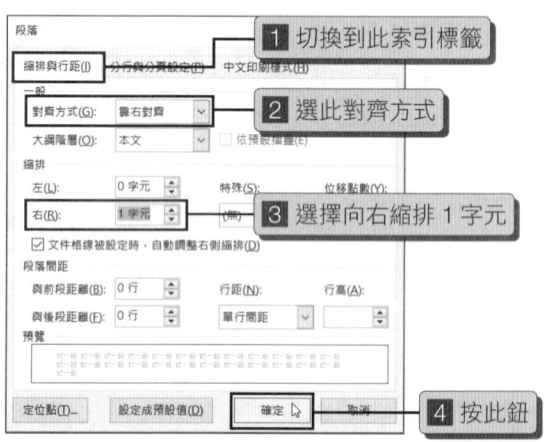

1 切換到此索引標籤
2 選此對齊方式
3 選擇向右縮排1字元
4 按此鈕

10 在金額欄位任意輸入數值，將編輯插入點移到「小寫金額」右方儲存格，先刪除原有內容，再執行此「插入\文字\快速組件\功能變數」指令。

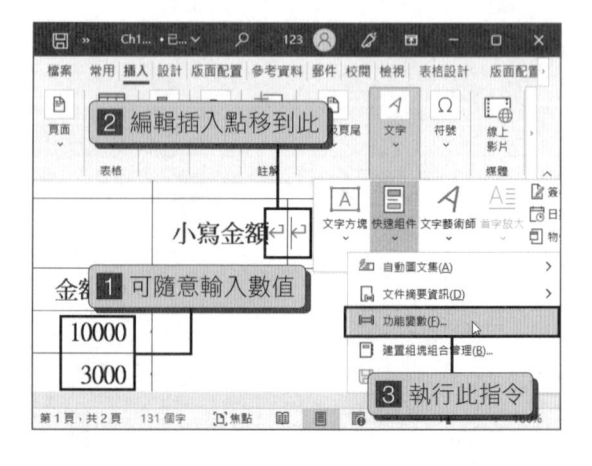

1 可隨意輸入數值
2 編輯插入點移到此
3 執行此指令

11 在「功能變數」對話方塊，直接按下「公式」鈕，另外開啟「公式」對話方塊。選擇加入 SUM 函數並輸入引數「E7:E11」，完整公式為「=SUM(E7:E11)」。按下數字格式旁的清單鈕，選擇「'NT$'#,##0.00;('NT$'#,##0.00)」數字格式，最後按下「確定」鈕。

12 計算出小寫金額，選取金額數值（也就是功能變數），在「常用」功能索引標籤，按下「粗體」圖示鈕讓數值更明顯。

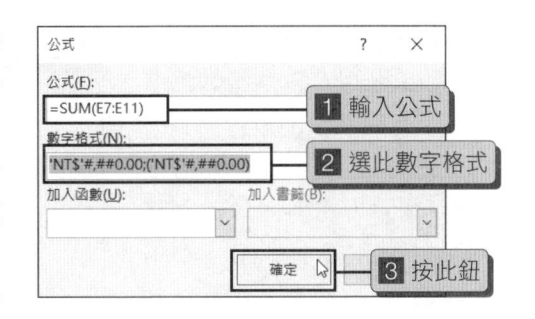

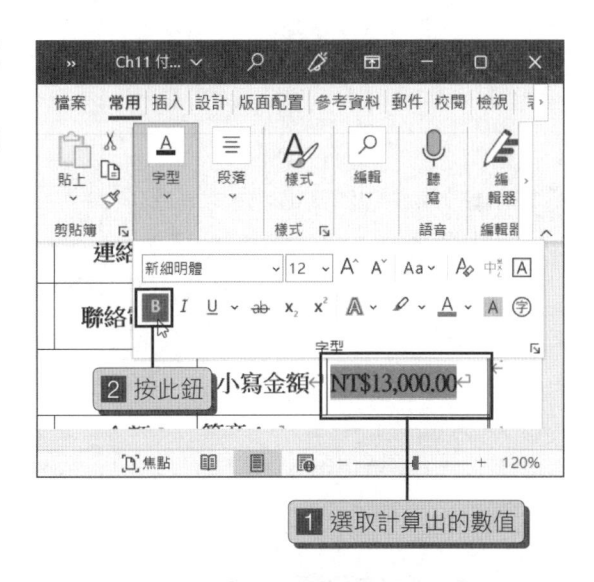

13 最後將消失的框線補齊，再微修一些格式，調整列高到同一頁即可。選取「簽章」合併儲存格，執行「表格設計\框線\右框線」指令補齊框線。

14 使用複製的方式將 Excel 表格轉換成 Word 文件，需要微調許多格式似乎有點麻煩。還有另外一個快速的方法，就是在 Word 插入 Excel 物件，重新開啟範例檔案「Ch11 付款簽收單(1).docx」的空白文件，切換到「插入」功能索引標籤，在「文字」功能區中，按下「物件」清單鈕，執行「物件」指令。

15 開啟「物件」對話方塊，切換到「檔案來源」索引標籤，按下「瀏覽」鈕。

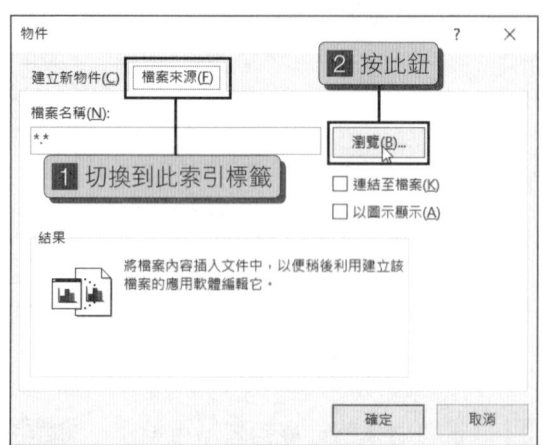

16 另外開啟「瀏覽」對話方塊，選擇範例檔案中「Ch11 付款簽收單.xlsx」，按「插入」鈕。

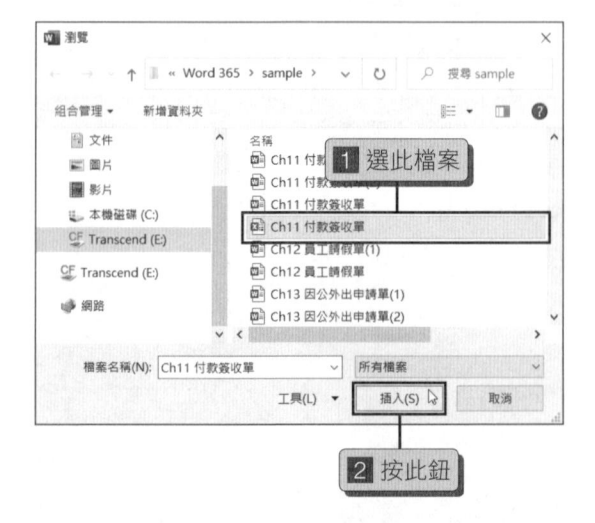

17 回到「物件」對話方塊，確認插入檔案名稱，按「確定」鈕。

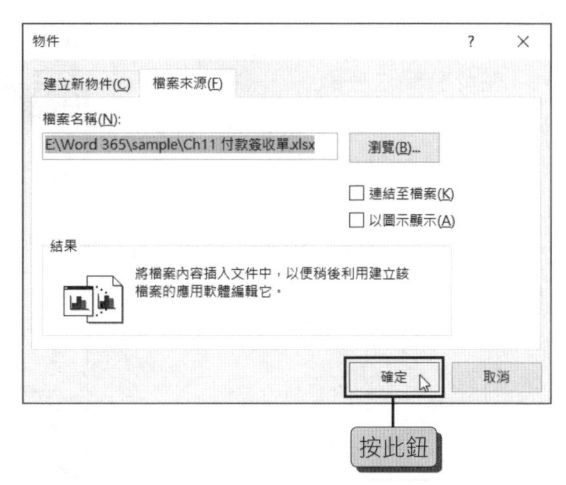

18 文件中插入 Excel 表格物件，按住四周控制點可調整物件寬度。

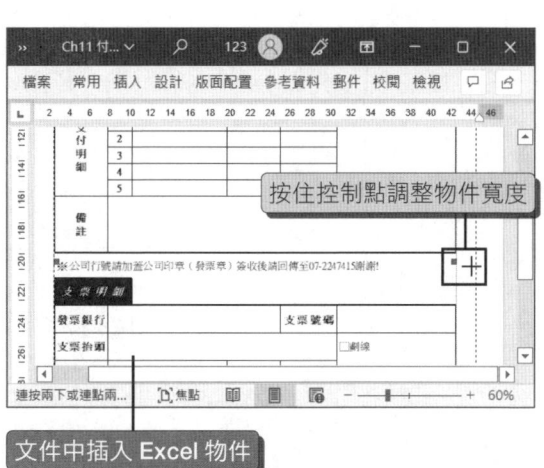

19 被插入的表格物件有點類似圖片，只能看不能編輯，若要編輯必須使用原有程式。將游標移到物件區，快按滑鼠左鍵 2 下，開啟 Excel 程式進行編輯。

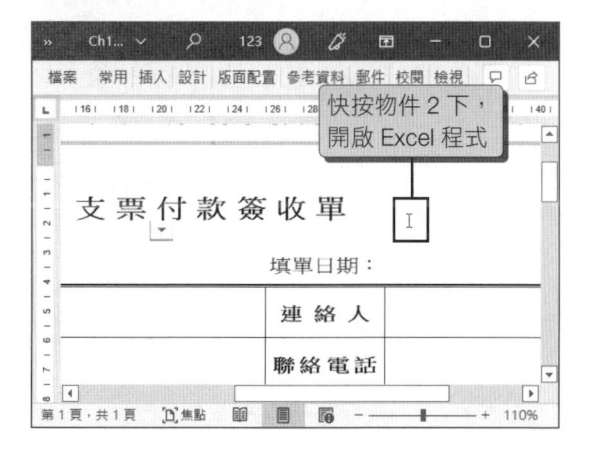

20 在 Word 文件中開啟 Excel 程式，在金額欄位任意輸入數值，選取 G5 儲存格，輸入公式「=SUM(E7:E11)」，計算出小寫金額。若編輯完畢，將游標移到物件區以外的文件位置，按一下滑鼠左鍵，則可回到 Word 編輯視窗。製作完成文件另存成範例檔案「Ch11 付款簽收單(2).docx」。

2 人事管理篇

12	員工請假單
13	因公外出申請單
14	在職進修申請單
15	出差旅費報告單
16	應徵人員資料表
17	應徵人員面試記錄表
18	淘汰通知單
19	錄取通知單
20	職前訓練規劃表
21	聘用合約書
22	在職證明書
23	人評會考核表
24	留職停薪申請書
25	離職申請書
26	離職證明書
27	人員增補申請表

單元 12　員工請假單

> 範例檔案：PART 2\Ch12 員工請假單

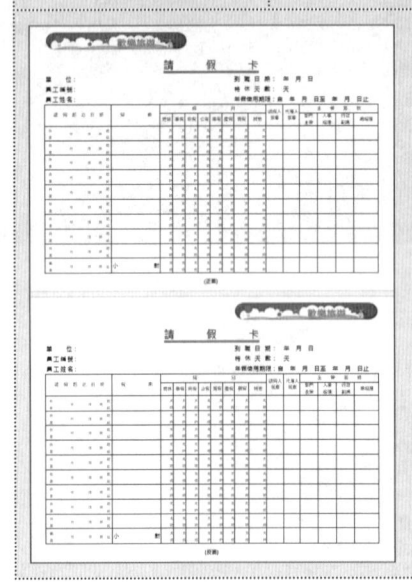

有些公司使用一次性的請假單，每次請假都有一張，一整年下來要保存也不是那麼容易。使用個人性的員工請假卡除了響應環保之外，每次的請假記錄都記載的一清二楚，整年的資料也可以提供主管作為年終考核的參考。

範例步驟

1 請先開啟範例檔案「Ch12 員工請假單(1).docx」，本章將綜合前幾章介紹的功能，進一步的變化應用。由於 A4 直向的寬度太窄，表格預留可書寫的空間不足，切換到「版面配置」功能索引標籤，在「版面設定」功能區中，按下「方向」清單鈕，選擇「橫向」。

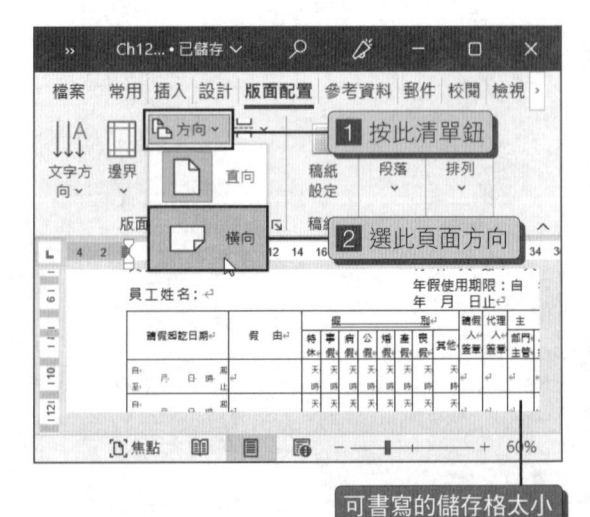

單元 12　員工請假單｜*095*

2　紙張方向由直向變成橫向，頁數也由原本 3 頁變成 4 頁，為了方便調整表格長度，因此改變視窗檢視比例。切換到「檢視」功能索引標籤，在「縮放」功能區中，選擇「多頁」模式。

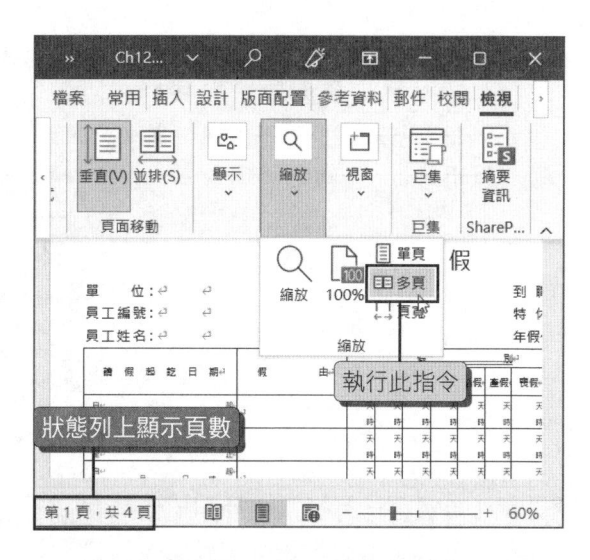

執行此指令

狀態列上顯示頁數

3　編輯視窗中顯示 2 頁寬的頁面。選取第 3、4 頁多餘的表格範圍，留下最後一列小計列不要選取，切換到「版面設置」功能索引標籤，在「列與欄」功能區中，按下「刪除」清單鈕，執行「刪除列」指令。

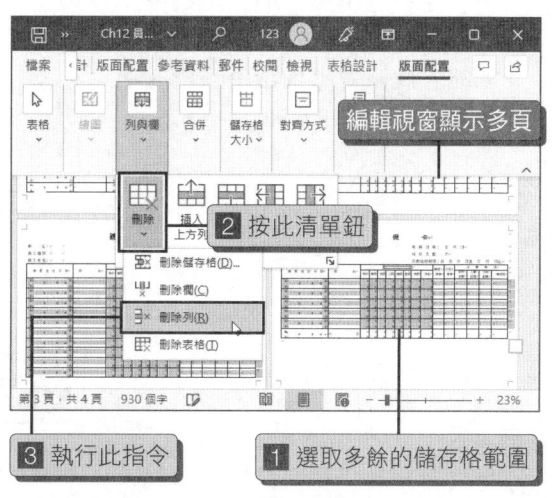

2 按此清單鈕

編輯視窗顯示多頁

3 執行此指令

1 選取多餘的儲存格範圍

4　第 3 頁只留下小計列。選取小計列，按滑鼠右鍵開啟快顯功能表，執行「複製」指令。

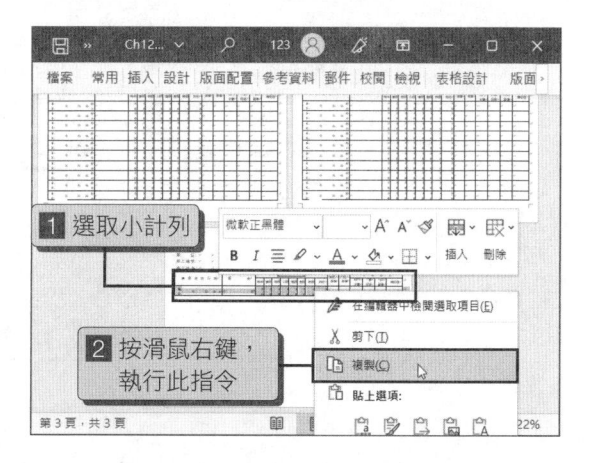

1 選取小計列

2 按滑鼠右鍵，執行此指令

5 將編輯插入點移到第 1 頁最後一行，按滑鼠右鍵開啟快顯功能表，在「貼上選項」中，執行「以新列插入」指令。

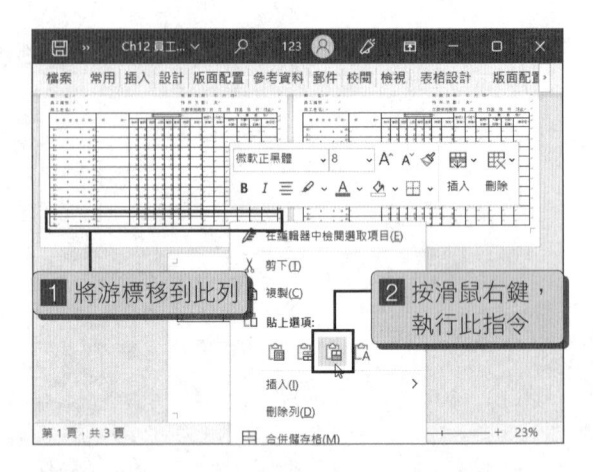

6 第 1 頁最後一行插入小計列，依相同方式在第 2 頁最後一行插入小計列。選取第 3 頁剩下的 3 列表格，此時會出現常用的快取功能列，執行「刪除列」指令。

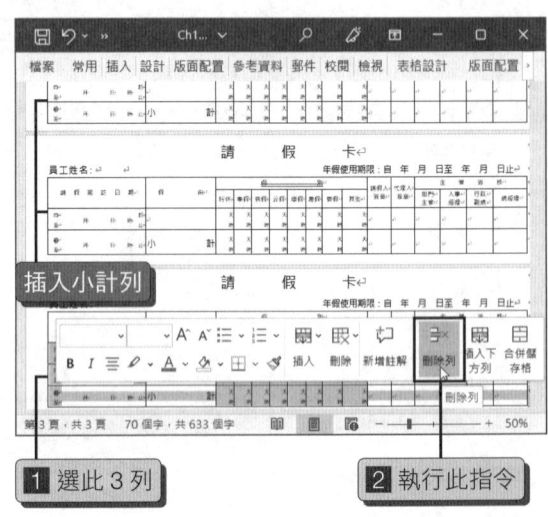

7 此時第三頁仍留有編輯插入點，列印時若沒特別設定，將會印出空白頁，不妨選取此行，在快取功能列上，按下「行距與段落間距」清單鈕，執行「行距選項」指令。

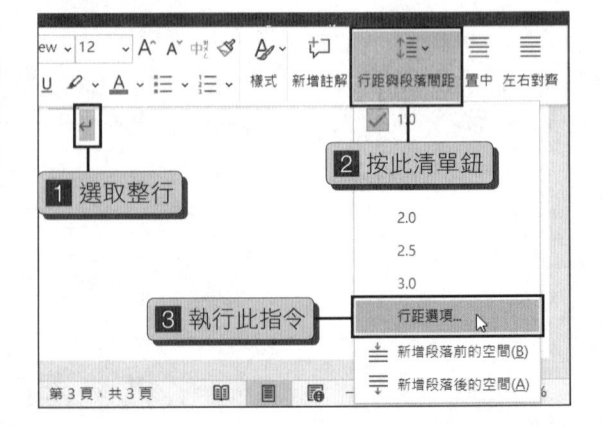

8 開啟「段落」對話方塊，切換到「縮排與行距」索引標籤，「行距」選擇「固定行高」，「行高」選擇「1 點」，按「確定」鈕。

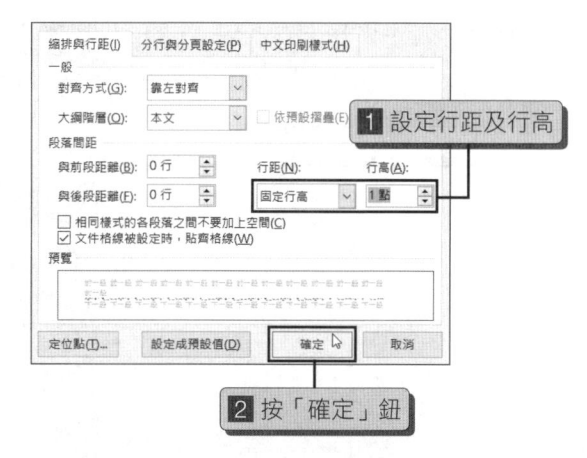

1 設定行距及行高
2 按「確定」鈕

9 此時編輯插入點在表格下方與邊界的空白處，由於行高只有「1點」，幾乎被隱藏起來。接著要編輯細部，因此執行「檢視\縮放\頁寬」指令，恢復原本的檢視比例。

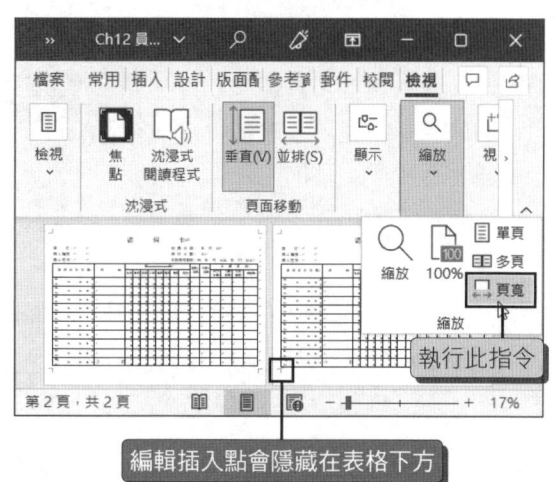

執行此指令
編輯插入點會隱藏在表格下方

10 選取表首名稱「請假卡」，切換到「常用」功能索引標籤，在「字型」功能區中，按下 U 「底線」清單鈕，選擇「雙底線」樣式。

2 按此鈕
3 選雙底線
1 選取表首名稱

11 表首名稱已經加上雙底線。切換到「插入」功能索引標籤，在「頁首及頁尾」功能區中，按下「頁首」清單鈕，選擇「空白」樣式。

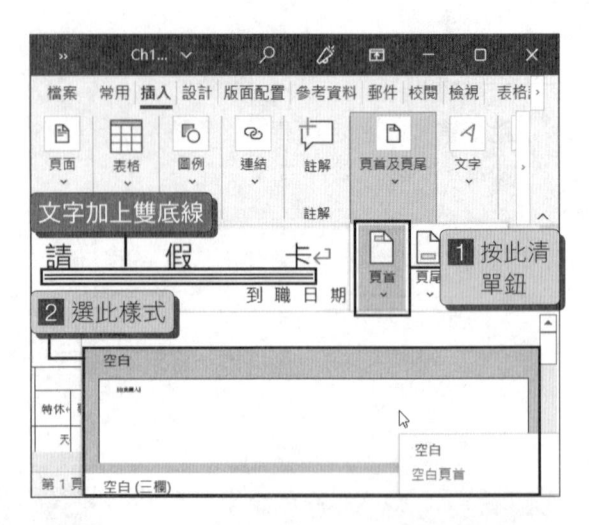

12 切換到「頁首及頁尾」功能索引標籤，在「選項」功能區中，勾選「奇偶頁不同」選項，此時「頁首」變更顯示為「奇數頁頁首」。

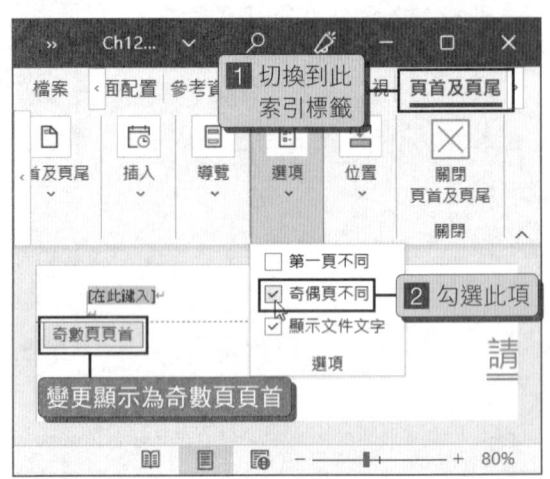

13 開始編輯奇數頁頁首，點選「在此鍵入」，繼續在「頁首及頁尾」功能索引標籤，在「插入」功能區中，執行「圖片」指令。

14 開啟「插入圖片」對話方塊，選擇範例檔案中，「範例圖檔」資料夾，選擇「長 LOGO」圖片檔，按下「插入」鈕。

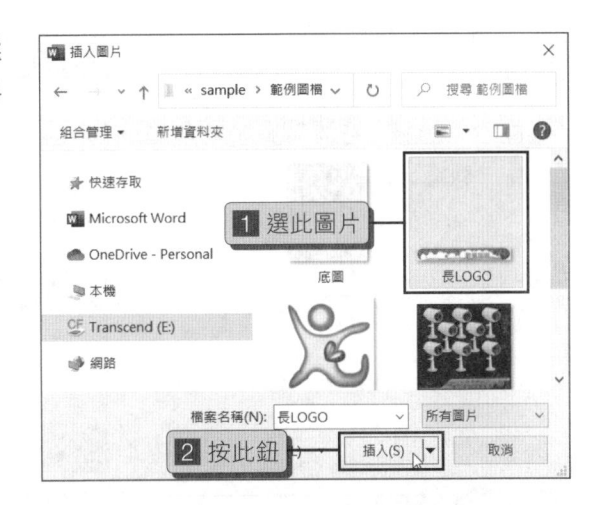

15 公司 LOGO 圖插入在奇數頁頁首，繼續在「導覽」功能區中，執行「下一節」指令。

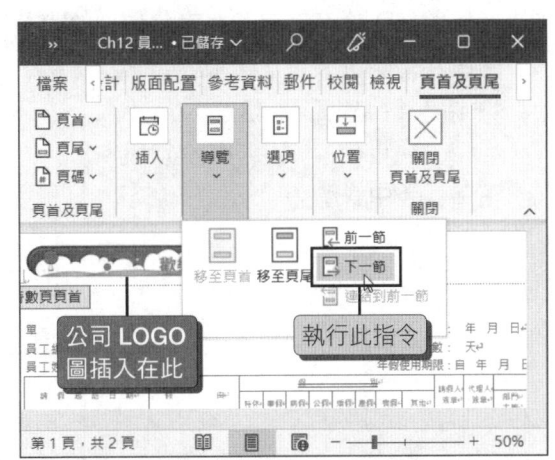

16 開始編輯偶數頁頁首，依照步驟 13、14 插入公司 LOGO 圖到「偶數頁頁首」範圍。切換到「常用」功能索引標籤，在「段落」功能區中，執行 ≡「靠右對齊」指令。

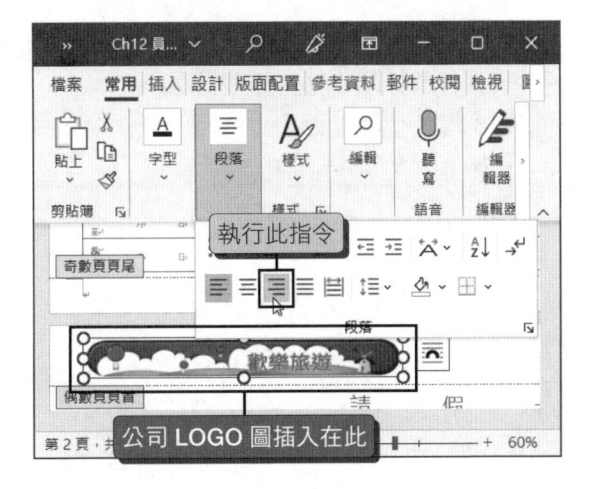

17 讓圖片靠右對齊表現奇偶頁不同。再切換回「頁首及頁尾」功能索引標籤，在「導覽」功能區中，執行「移至頁尾」指令。

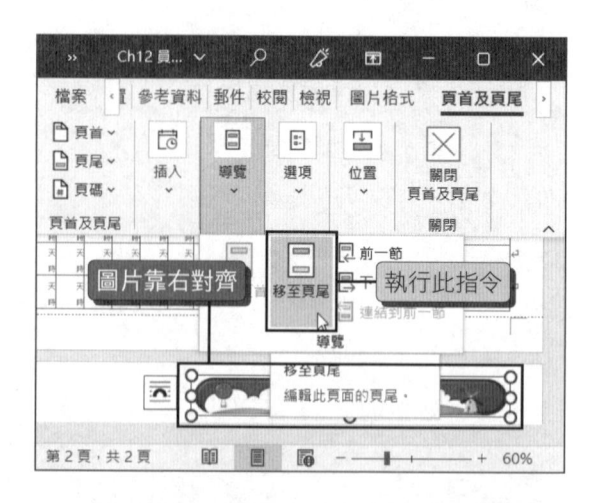

18 開始編輯偶數頁頁尾。在頁尾範圍輸入文字「(反面)」，並設定字型為「微軟正黑體」、大小「12」、「粗體」，並選擇設定段落 ≡「置中對齊」。

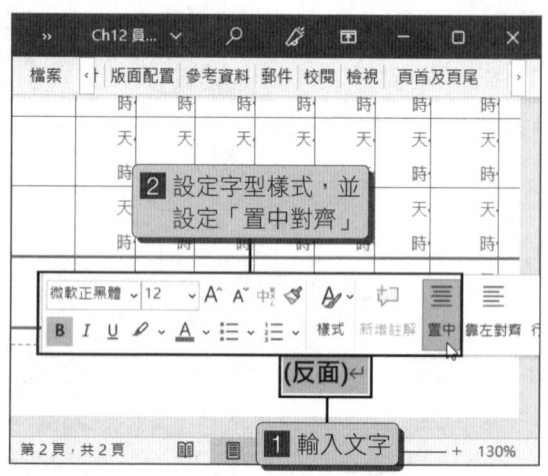

19 偶數頁頁尾編輯完畢，再切換回「頁首及頁尾」功能索引標籤，在「導覽」功能區中，執行「前一節」指令，移到奇數頁頁尾。

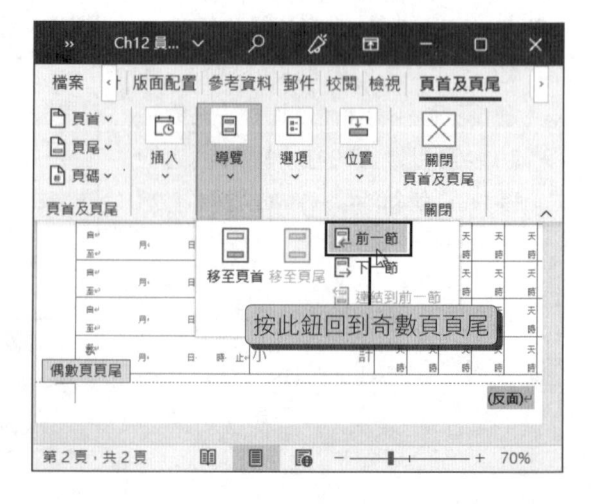

20 開始編輯奇數頁頁尾。在頁尾範圍輸入文字「(正面)」，字型和段落設定與偶數頁文字相同。頁首及頁尾設定完畢，在「頁首及頁尾 \ 關閉」功能區中，執行「關閉頁首與頁尾」指令。或將游標移到非「頁首及頁尾」範圍，快按滑鼠左鍵 2 下，也可以結束編輯。

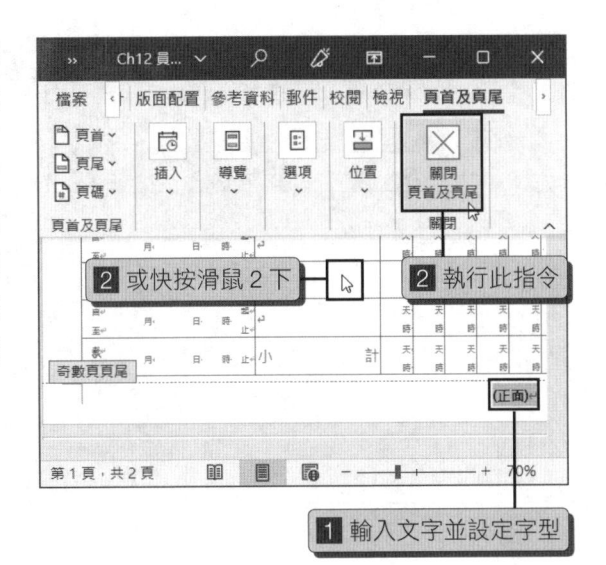

單元 13　因公外出申請單

範例檔案：PART 2\Ch13 因公外出申請單

人在公司即使從事的內勤工作，有時候也是需要外出跑腿，尤其是某咖啡連鎖店買一送一的時候。因公外出收個帳款，買個應急的文具用品或是去稅捐機關送個資料，時間都不長，無須請到一整天的公假，但是又不能任意外出，因此公出單就是最方便的管理表單。

範例步驟

1. 由於公出單只是暫時性的管理表單，格式、尺寸都無須太過講究，請先開啟範例檔案「Ch13 因公外出申請單(1).docx」，將既有表單縮小尺寸，讓 A4 紙張可以列印出多張表單，裁切後使用。切換到「版面配置」功能索引標籤，在「版面設定」功能區中，按下「欄」清單鈕，執行「二」指令，將文件變更成兩欄式編輯方式。

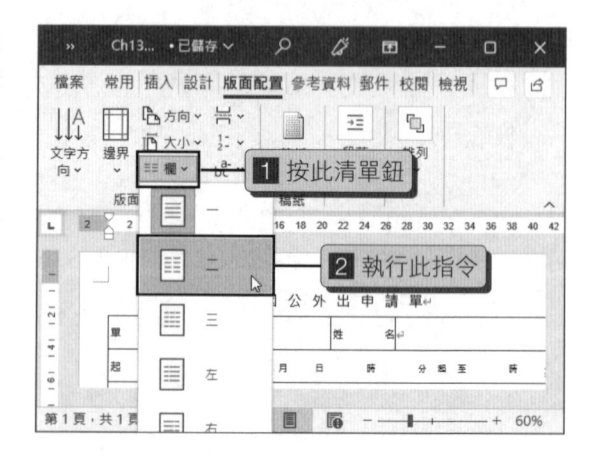

2. 表格明顯欄寬縮小，配合兩欄式編輯視窗。選取表首名稱「因公外出申請單」，切換到「常用」功能索引標籤，按下 ≣∨「行距與段落間距」清單鈕，選擇「3.0」行高，表首名稱列高增加後，有助於日後裁切。

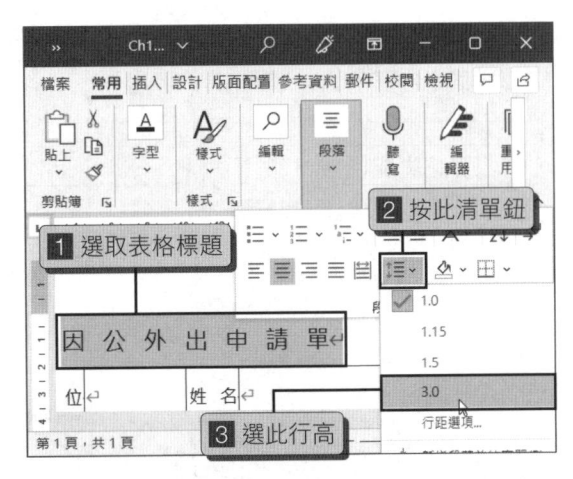

3. 選取整個表格範圍，執行「常用＼剪貼簿＼複製」指令。

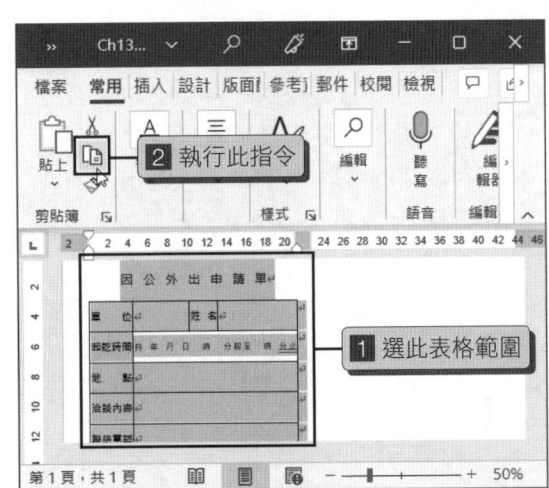

4. 將編輯插入點移到表格下方，執行「常用＼剪貼簿＼貼上」指令，總共 5 次，將文件貼滿表格。

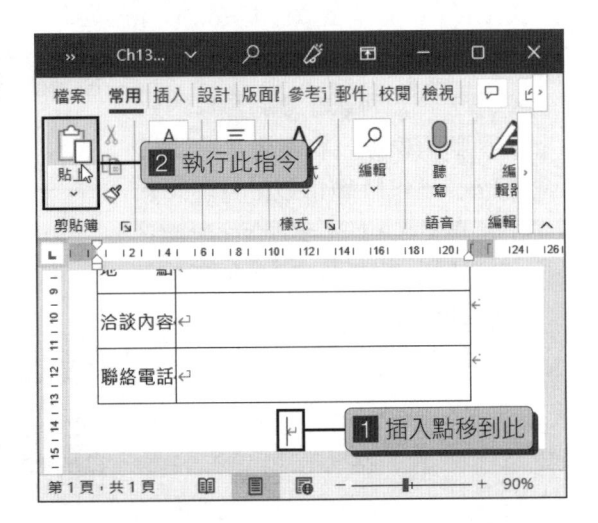

5 將編輯插入點移到第一欄最後一個表首名稱前方，切換到「版面配置」功能索引標籤，在「版面設定」功能區中，按下 ☷ ▾「分隔符號」清單鈕，執行「分欄符號」指令。

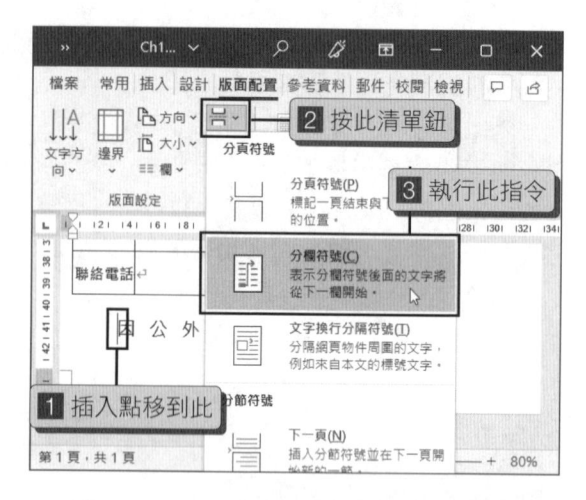

6 A4 紙張中共有 6 張表單可供使用。還可以利用線條圖案加上裁切線，看起來更專業。執行成果另存成範例檔案「Ch13 因公外出申請單.docx」。

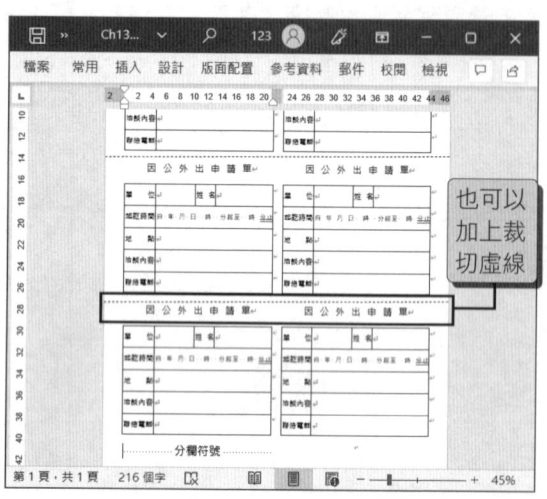

7 節省紙張的方法不只一種，介紹第二種方法也可以在達到類似的效果。請再次開啟範例檔案「Ch13 因公外出申請單(1).docx」，選取表首名稱文字，切換到「版面配置」索引標籤，在「段落」功能區中，調整間距大小到「1 行」。

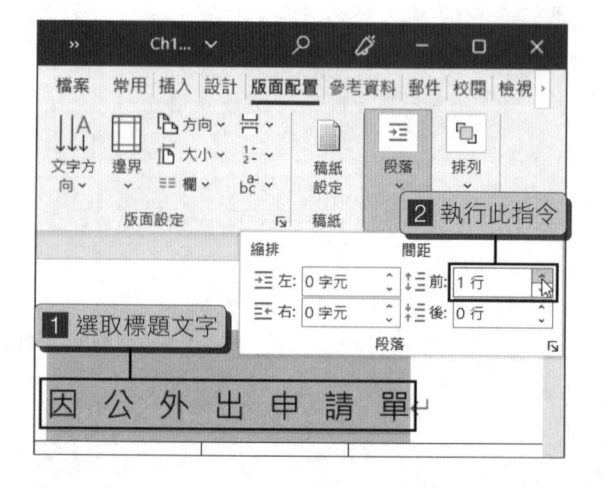

單元 13　因公外出申請單 | 105

8 和步驟 3 相同，先選取整張表格，執行「複製」指令，接著再將編輯插入點移到表格下方，執行「貼上」指令 5 次。

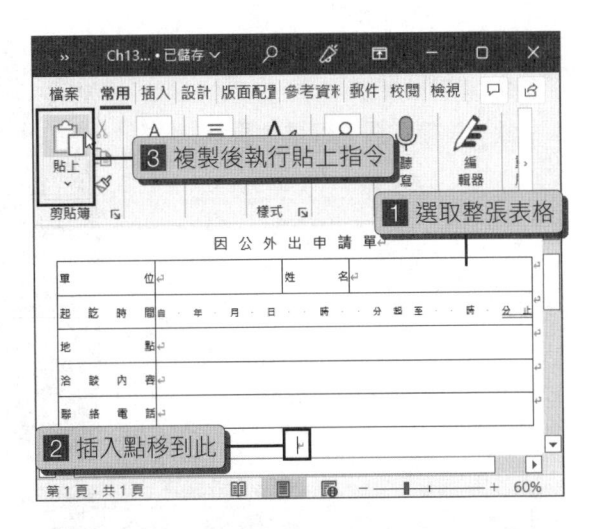

9 此時所有表格會橫跨 2 頁。將游標插入點移到第一頁最後表首名稱前方，切換到「插入」功能索引標籤，在「頁面」功能區中，執行「分頁符號」指令。

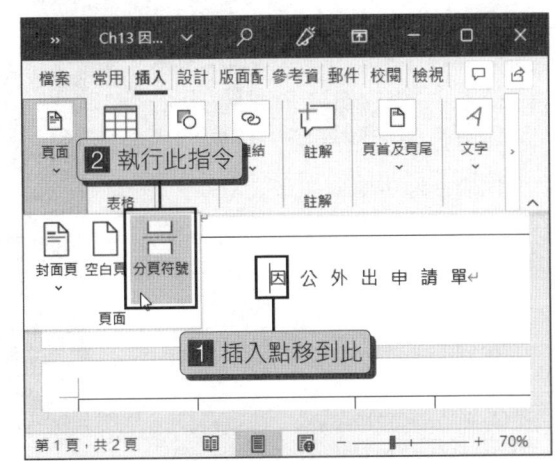

10 分頁符號出現在第 2 頁，部分表格被擠到第 3 頁，使用者可以將編輯插入點移到第 1 頁尾端，按下鍵盤【Del】鍵刪除一行，將分頁符號移回第 1 頁。但是表格還是有兩頁的範圍，怎麼達到省紙的目標？還有其他應變的方法，請繼續看下去。

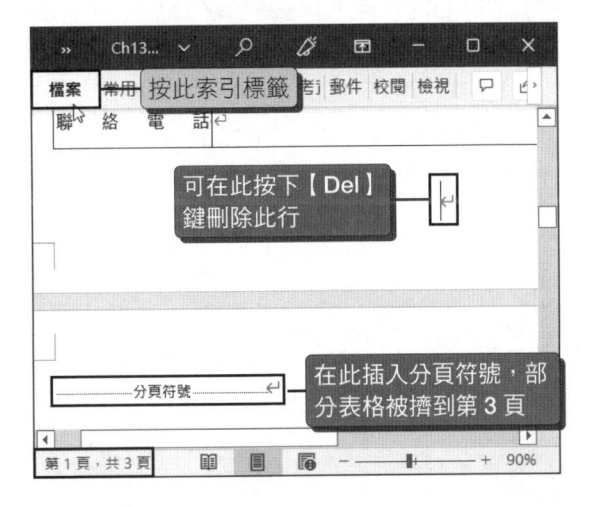

11 切換到「列印」功能索引標籤，先按下「每張1頁」旁的清單鈕，重新選擇「每張2頁」。

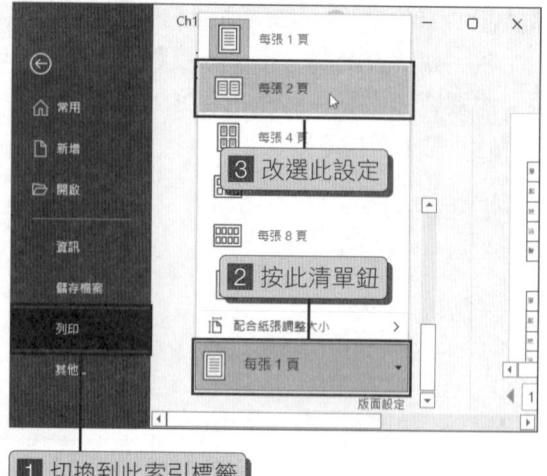

12 設定列印頁面範圍為「1,3」頁，按下「列印」鈕。若步驟10已經將分頁符號移到第一頁者，直接按下「列印」鈕即可。

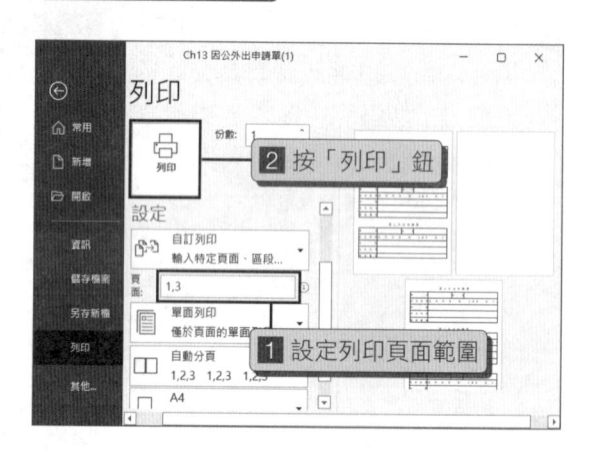

13 兩頁的內容被濃縮在一頁列印，雖然是以橫向紙張方式列印，但是確實達到省紙的目的。執行成果另存成範例檔案「Ch13因公外出申請單(2).docx」。

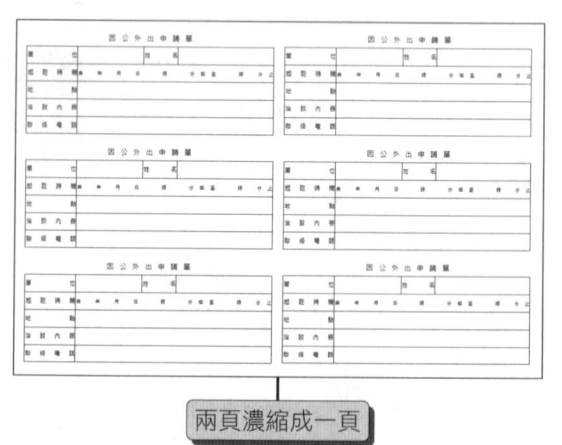

範例檔案：PART 2\Ch14 在職進修申請單

單元 14 在職進修申請單

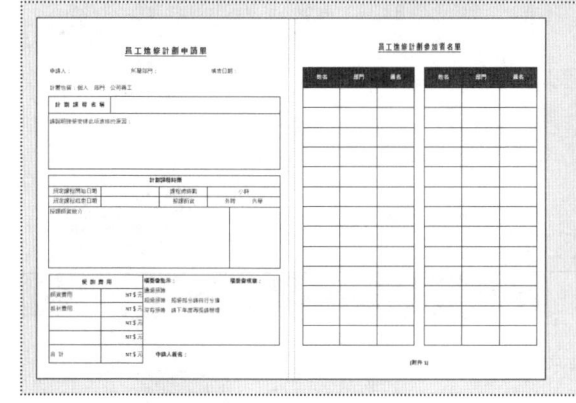

大多數的企業都希望員工可以再進修，增加工作技能，通常會提供一些經費，提供員工申請補助，有些會交由員工福利委員會統一辦理相關申請及核銷，作為員工福利的一部分。

範例步驟

1 請先開啟範例檔案「Ch14 在職進修申請單(1).docx」，將游標移到功能區任何位置，按滑鼠右鍵開啟快顯功能表，執行「自訂功能區」指令。

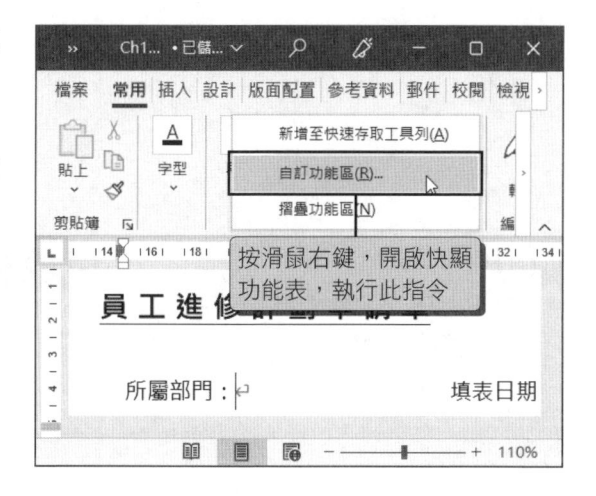

按滑鼠右鍵，開啟快顯功能表，執行此指令

2 開啟「Word」對話方塊，在「自訂功能區 / 主要索引標籤」中，勾選「開發人員」項目，按「確定」鈕。

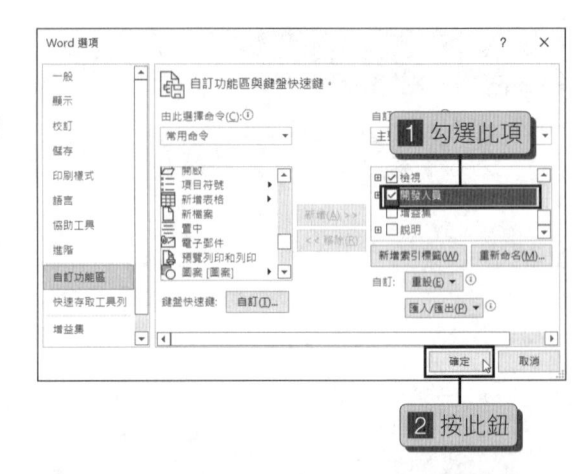

3 將編輯插入點移到「申請人」後方，切換到「開發人員」功能索引標籤，在「控制項」功能區中，執行 Aa「純文字內容控制項」指令。

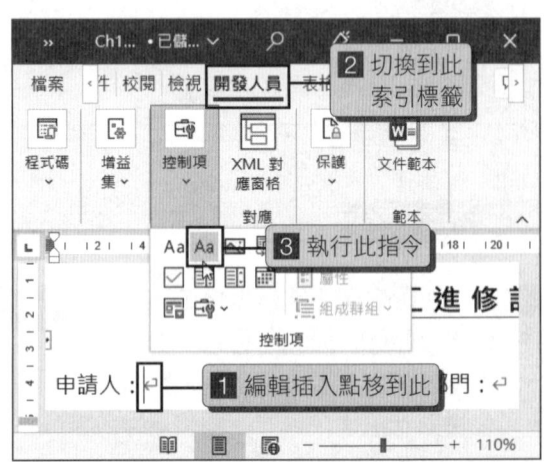

4 將編輯插入點移到「填表日期」後方，在「開發人員 \ 控制項」功能區中，執行 📅「日期選擇器內容控制項」指令。

5 將編輯插入點移到「計畫性質」的「個人」選項前方，在「開發人員＼控制項」功能區中，執行 ☑「核取方塊內容控制項」指令。依相同方法分別在「部門」及「公司員工」前方亦插入核取方塊。

6 將編輯插入點移到「進修原因」下方，在「開發人員＼控制項」功能區中，先插入 Aa「純文字內容控制項」方塊，執行「屬性」指令。

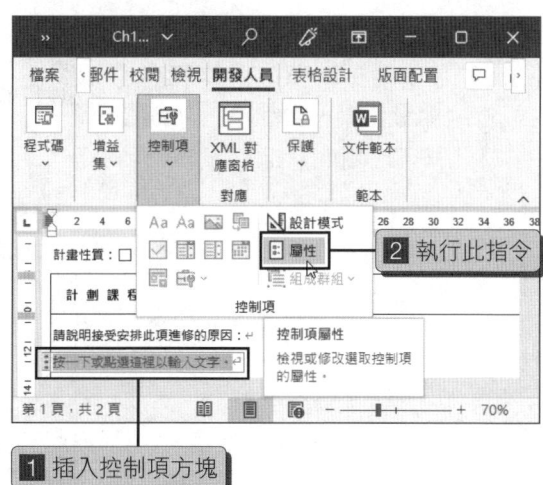

7 開啟「內容控制項屬性」對話方塊，勾選「允許換行字元（多個段落）」純文字內容選項，按「確定」鈕。

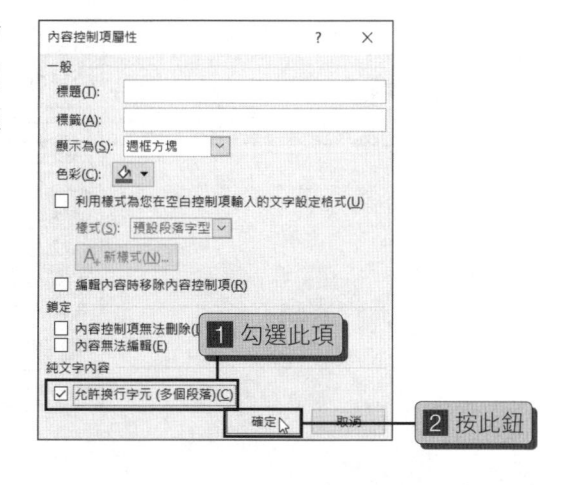

8 將編輯插入點移到課程時數「小時」的前方,在「開發人員\控制項」功能區中,按下 圖 ~「舊版工具」清單鈕,執行 abl「文字欄位(表單控制項)」指令。

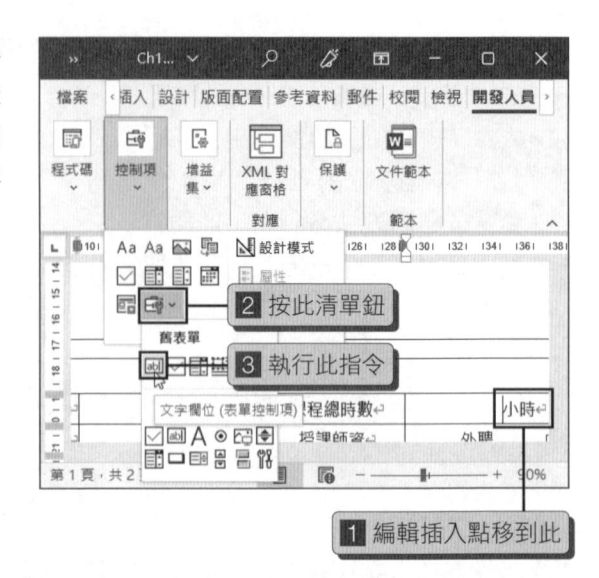

9 「小時」的前方顯示欄位方塊,在「開發人員\控制項」功能區中,按下「屬性」鈕。

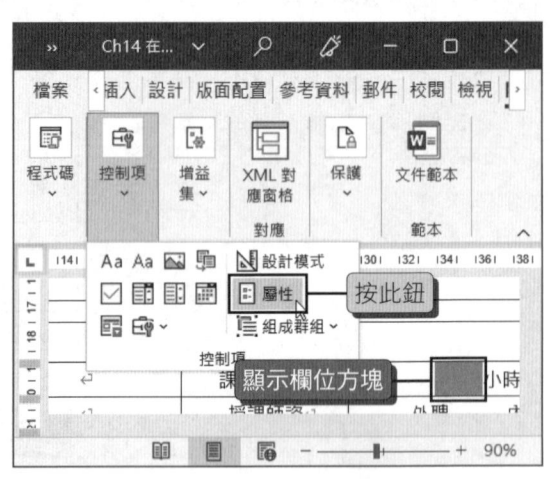

10 開啟「文字表單欄位選項」對話方塊,選擇文字表單欄位為「數字」類型,最大長度為「3」,按下「加入說明文字」鈕。

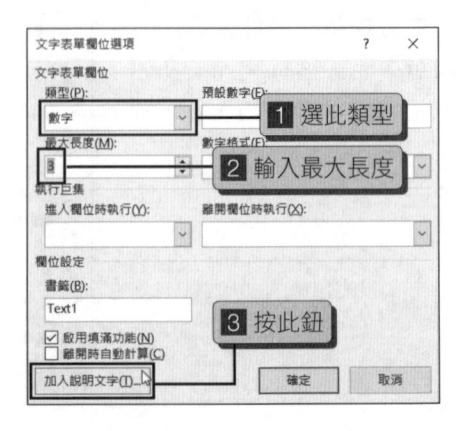

11 另外開啟「表單欄位說明文字」對話方塊，選擇在「狀態列」顯示說明文字，選取「請鍵入自訂說明文字」選項，並輸入說明文字「研習時數上限為 100 小時」，最後按「確定」鈕完成設定。

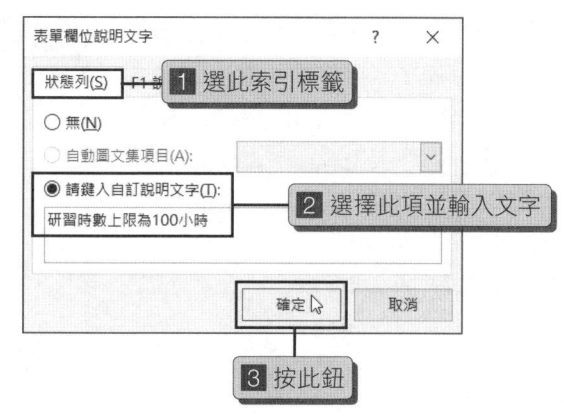

12 回到「文字表單欄位選項」對話方塊，確定其他設定無誤後，按「確定」鈕。

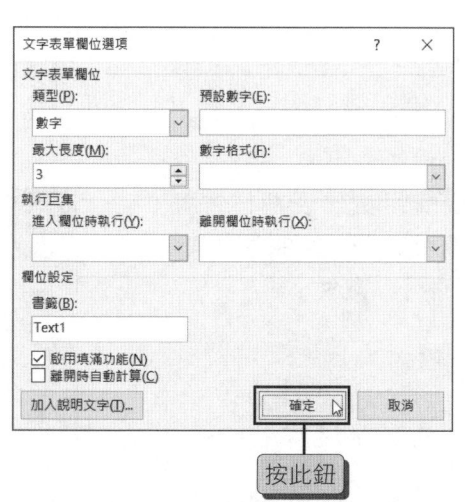

13 將編輯插入點移到授課師資簡介旁的儲存格中，在「開發人員\控制項」功能區中，執行 「圖片內容控制項」指令，讓填表人可以在此插入圖片。

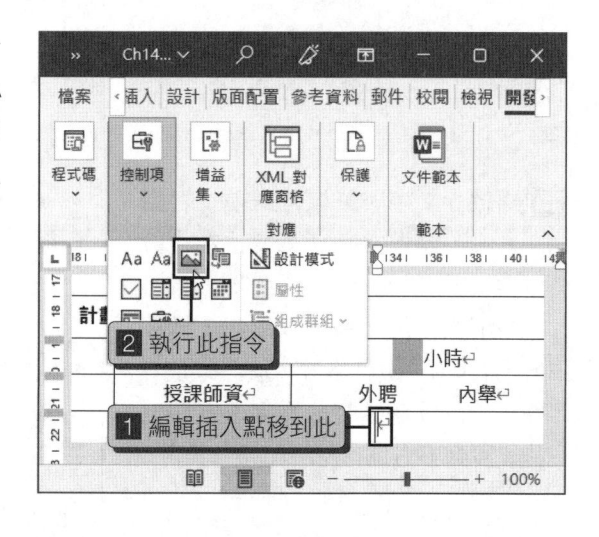

14 接著將編輯插入點移到「師資費用」右方儲存格中,在「開發人員\控制項」功能區中,按下 ~「舊版工具」清單鈕,執行「文字欄位(表單控制項)」指令。

15 師資費用處出現欄位方塊,在「開發人員\控制項」功能區中,按下「屬性」鈕。

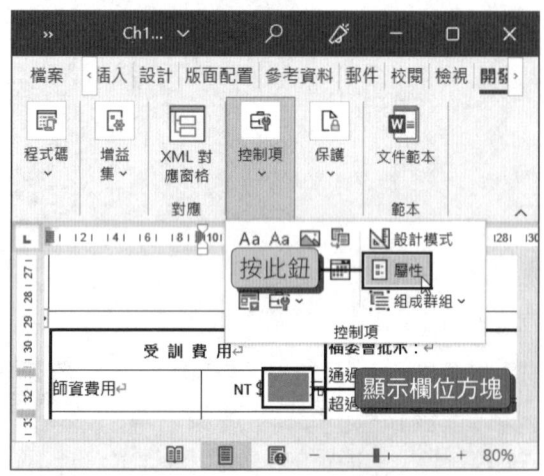

16 開啟「文字表單欄位選項」對話方塊,選擇文字表單欄位為「數字」類型,最大長度為「5」,按下數字格式旁的清單鈕,選擇「#,##0」數字格式,按「確定」鈕。可以直接將此文字表單欄位複製到下方儲存格。

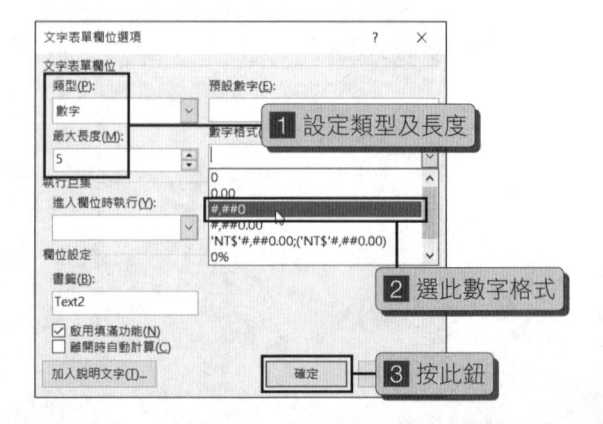

單元 14 在職進修申請單 | 113

17 所有的填寫欄位都已經設定相對應的表單控制項，但是此時表單還不能展現正常的功能，還有最後一步驟要進行設定。請先開啟範例檔案「Ch14 在職進修申請單(2).docx」，在「開發人員 \ 保護」功能區中，開始執行「限制編輯」指令，讓表單可以正常運作。

18 開啟「限制編輯」工作窗格，勾選第 2 項「文件中僅允許此類型的編輯方式」，並按下清單鈕選擇「填寫表單」。

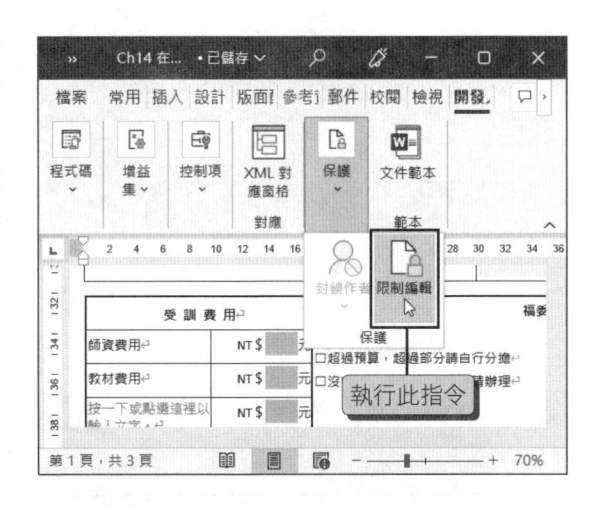

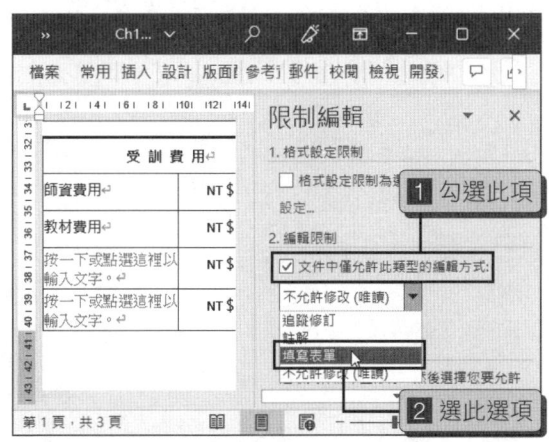

19 完成設定限制編輯條件後，按「是，開始強制保護」鈕。

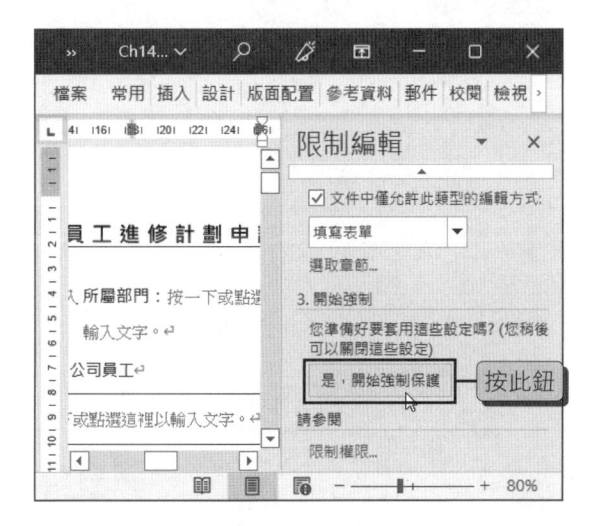

20 開啟「開始強制保護」對話方塊，可省略密碼，直接按「確定」鈕。

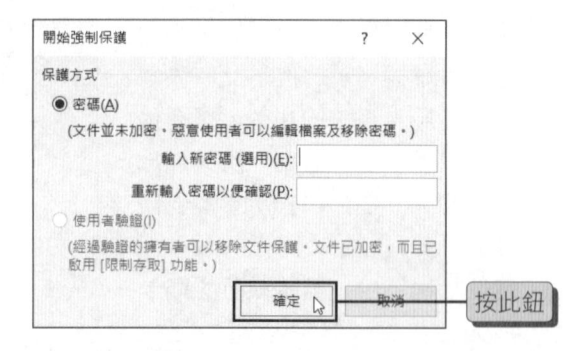

21 開始執行保護表單後，所有控制項皆可正常使用，而狀態列則會顯示剛設定的說明文字。

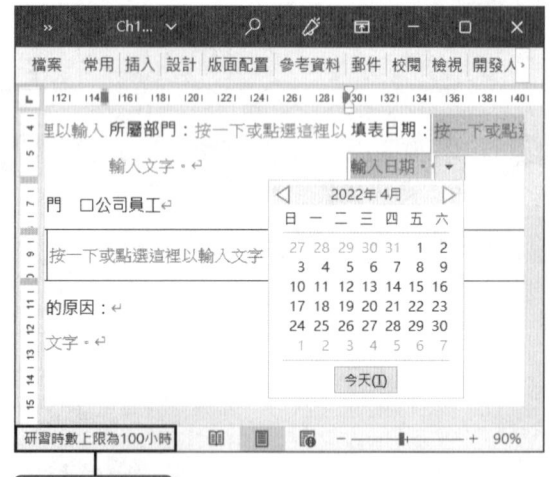

單元 15 出差旅費報告單

> 範例檔案：PART 2\Ch15 出差旅費報告單

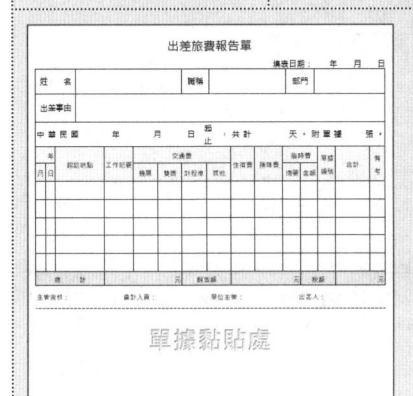

每次因公出差雖然花的是公司的錢，但是所有支出都必須有單據報帳，而且必須檢附相關的拜訪路程資料，以利公司會計稽核。為了避免公司任意浮報差旅費，所得稅法對差旅費支出也有固定的標準，超過的部分可是會被調整減少的喔！

範例步驟

1 由於出差機會不是非常頻繁，所以填寫表單的時候，難免會有不知道該如何填寫的情況，此時在表單旁加上一些註解，有助於使用者順利填寫表單。請先開啟範例檔案「Ch15 出差旅費報告單 (1).docx」，選取交通費中的「雙鐵」文字，切換到「插入」功能索引標籤，執行「註解」指令。

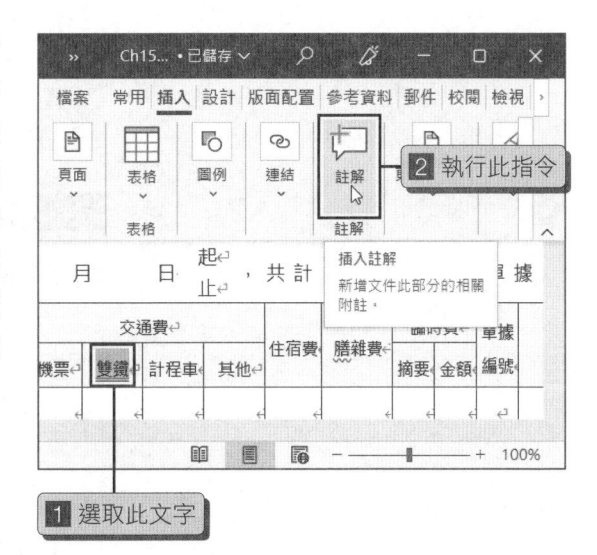

2 文件編輯區右方出現標記區域並插入空白的註解方塊，將編輯插入點移到註解方塊中，輸入文字「這裡指高鐵和火車」，按下 圖示鈕「張貼註解」圖示鈕。

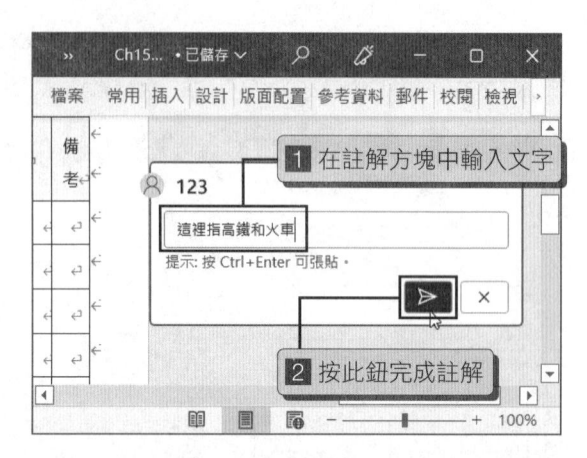

3 接著選取「起訖地點」文字，切換到「校閱」索引標籤，在「註解」功能區中，執行「新增註解」指令。

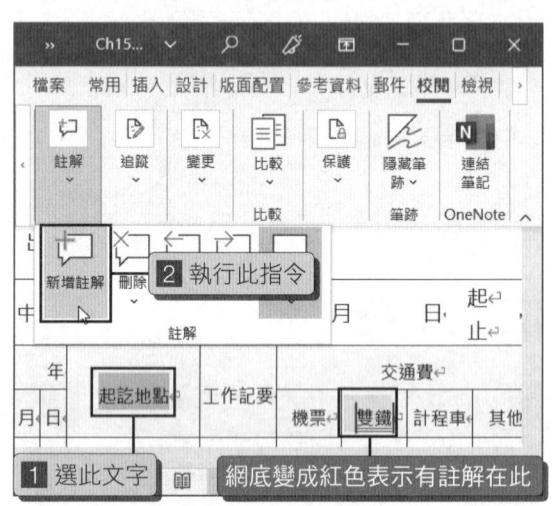

4 在新增的註解方塊輸入文字，依相同方法陸續在文件中，新增並輸入註解。

單元 15　出差旅費報告單 | 117

5 如果出差天數太多，既有表格不夠用，可以再連結其他表格做為續頁。請開啟範例檔案「Ch15 出差旅費報告單(2).docx」，選取第一個註解，按下註解上的 ✏「編輯註解」圖示鈕，用來編輯既有的註解。

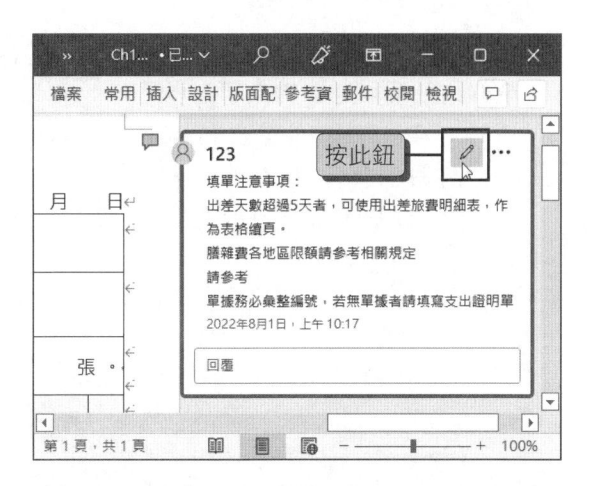

6 選取註解方塊中文字「出差旅費明細表」，在「插入 \ 連結」功能區中，執行「連結」指令。

7 開啟「插入超連結」對話方塊，按下連結至「現存的檔案或網頁」，查詢「目前資料夾」，選擇「範例檔案」資料夾中的「Ch15 出差旅費明細表.docx」，最後按「確定」鈕。

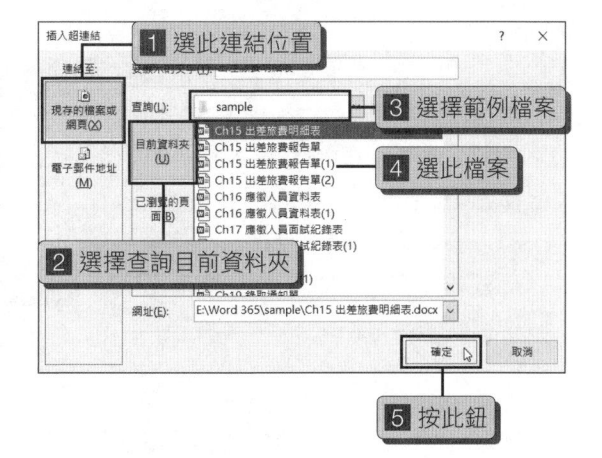

8 按下 ☑「張貼註解」圖示鈕完成修改註解。選取的文字出現超連結文字格式，按住鍵盤【Ctrl】鍵，將游標移到超連結文字上方，當游標圖案變成符號 🖑，按下滑鼠左鍵追蹤超連結。

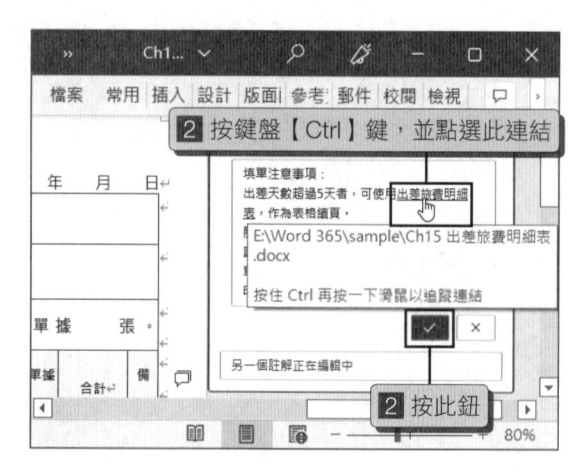

9 當使用超連結時，Word 會出現提醒視窗，只要確認連結的是安全的位置，請按下「確定」鈕。

10 另一個工作視窗開啟了「Ch15 出差旅費明細表.docx」文件，切換到「檢視」索引標籤，在「視窗」功能區中，按下「切換視窗」清單鈕，選擇「Ch15 出差旅費報告單(2)」，即可回到原來工作視窗。

11 將編輯插入點移到表格下方，切換到「插入」索引標籤，在「文字」功能區中，按下「文字藝術師」清單鈕，選擇「填滿-25%, 背景2,內陰影」樣式。

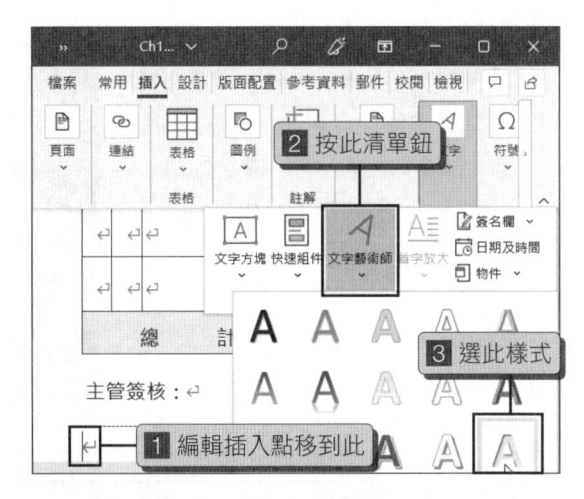

12 在文字藝術師方塊中輸入文字「單據黏貼處」，輸入完成切換到「圖形格式」功能索引標籤，在「排列」功能區中，按下「文繞圖」清單鈕，選擇「文字在前」樣式。

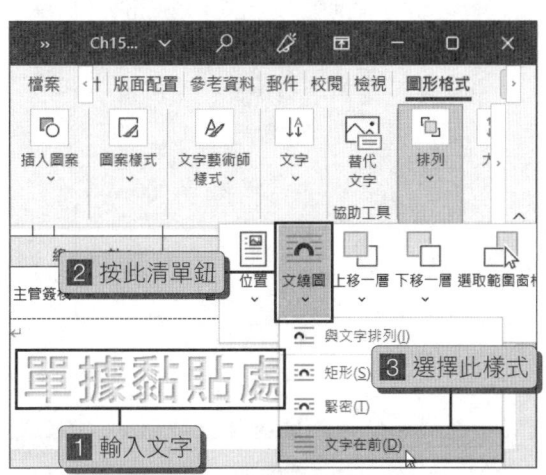

13 選取文字藝術師方塊，拖曳移動方塊位置對齊文件中央，然後按下「檔案」功能索引標籤，準備預覽列印結果。

14 切換到「檔案」工作視窗，選擇「列印」索引標籤，此時預覽窗格中顯示文件列印時會一併列印註解。按下視窗左上角 ←「返回」圖示鈕，回到編輯工作視窗。

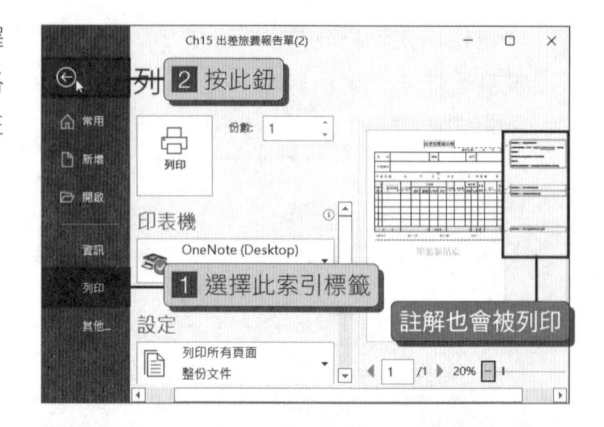

15 不要列印註解的方法就是將註解隱藏起來，切換到「校閱」功能索引標籤，在「追蹤」功能區中，按下「所有標記」旁的清單鈕，選擇「無標記」或「原稿」指令。

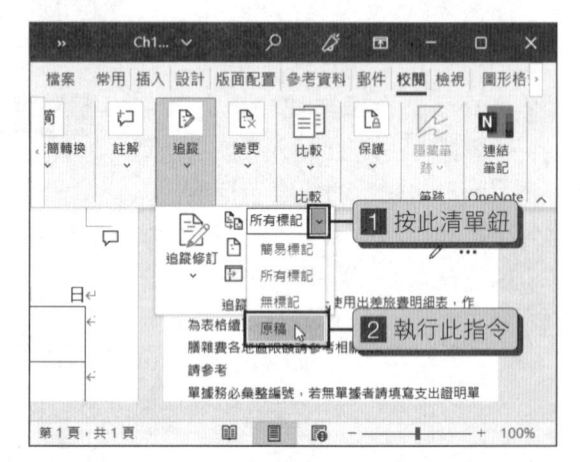

16 顯示註解的標記區域被隱藏起來了，因此註解也不會被列印了。

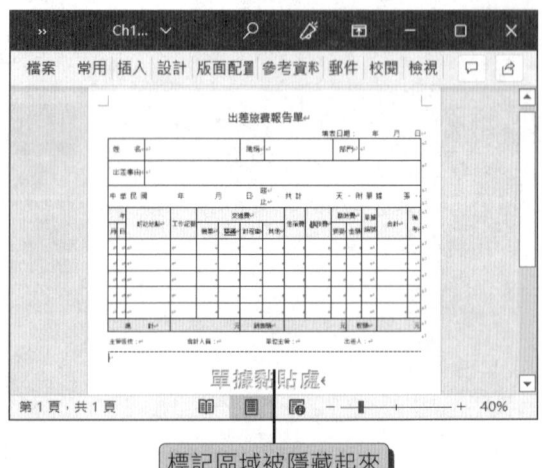

範例檔案：PART 2\Ch16 應徵人員資料表

單元 16 應徵人員資料表

坊間有許多簡易的履歷表販售，但是內容過於簡單。而應徵人員自備的履歷表，內容雖然很豐富，但是可能沒敘述到面試主管想要的資訊，因此公司不妨設計符合需求的應徵人員資料表。

範例步驟

1 請先開啟「Ch16 應徵人員資料表 (1).docx」。想要刪除表格框線，除了可以利用「框線」來設定樣式外，也可以開啟「框線與網底」對話方塊進行設定，除此之外還有更簡單的方法，就是拿橡皮擦直接擦。將編輯插入點移到表格任何位置，切換到「表格設計」旁的「版面配置」功能索引標籤，在「繪圖」功能區中，執行「清除」指令。

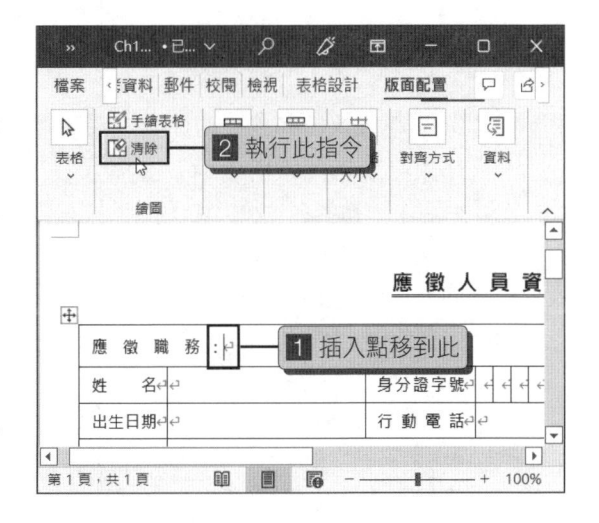

2 此時游標符號會變成 ⌀ 符號。將游標移到想要移除的框線位置，按一下滑鼠左鍵即可擦掉。

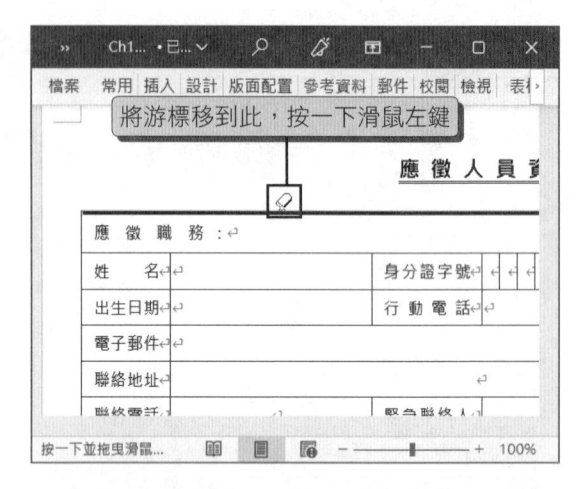

3 將應徵職務的上框線和左框線清除掉，清除完畢後，再次執行「清除」指令，則可會到文件編輯模式。

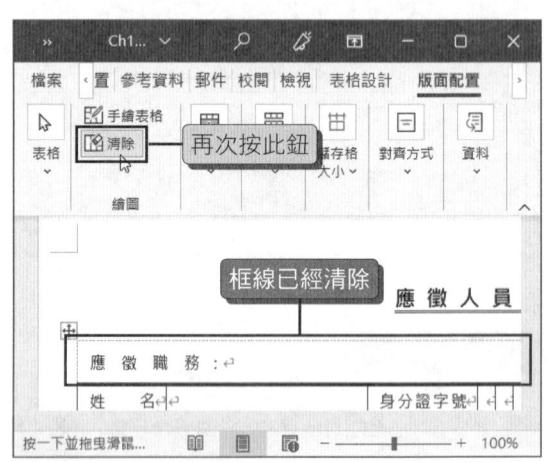

4 選取第一欄標題儲存格，切換到「表格設計」功能索引標籤，按下「網底」清單鈕，選擇「白色，背景1，較深 15%」網底色彩。依相同方法陸續將其他標題欄位加上網底色彩。

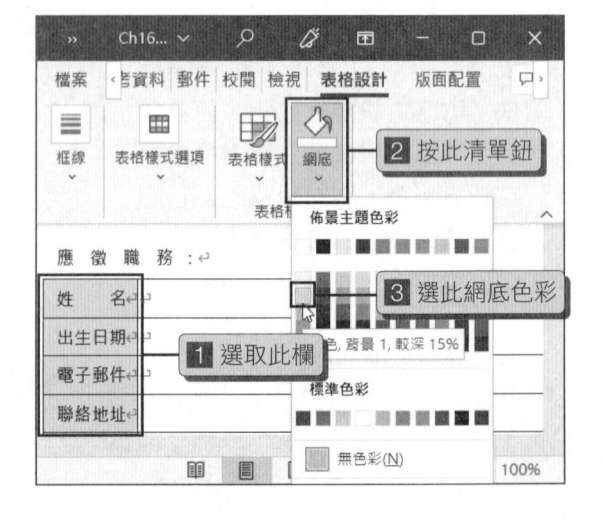

5 選擇「照片」儲存格,切換到「常用」功能索引標籤,在「段落」功能區中,按下 ▦ ∨「框線」清單鈕,執行「框線及網底」功能。

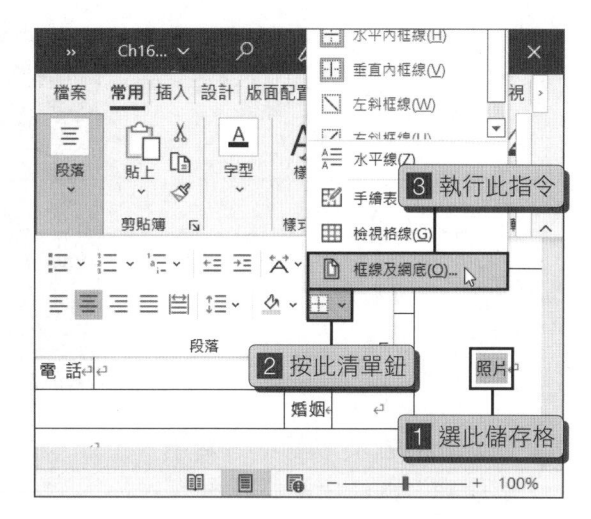

6 開啟「框線與網底」對話方塊,切換到「框線」索引標籤,選擇「雙框線」樣式,按下「方框」鈕,預覽位置可看出圖片欄位的變化,最後按下「確定」鈕。

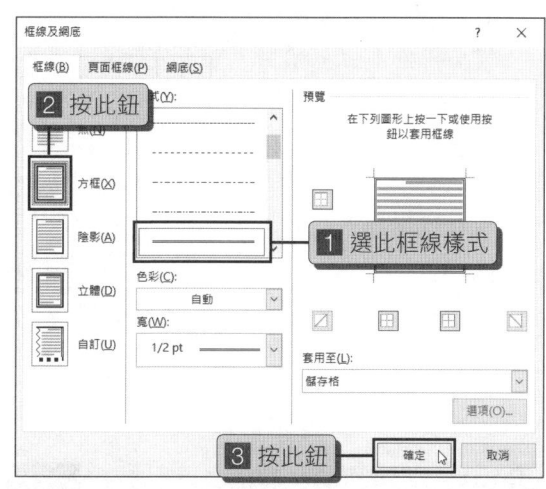

7 圖片欄位加上雙框線外框作為區隔。按下「檔案」索引標籤,準備在表格中加入表單功能。

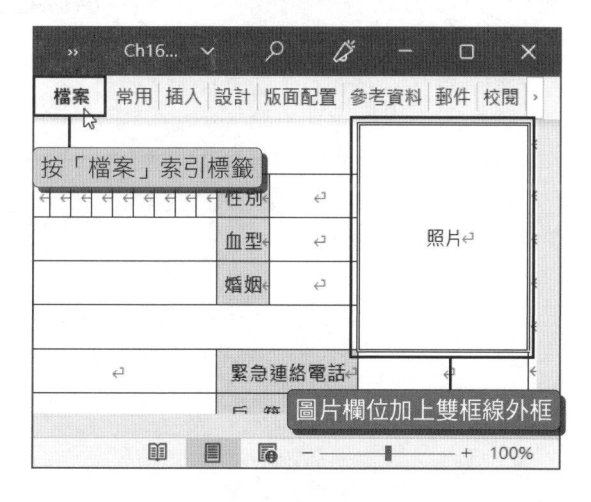

8 在「檔案」視窗中，按下「選項」項目，開啟「Word 選項」對話方塊。

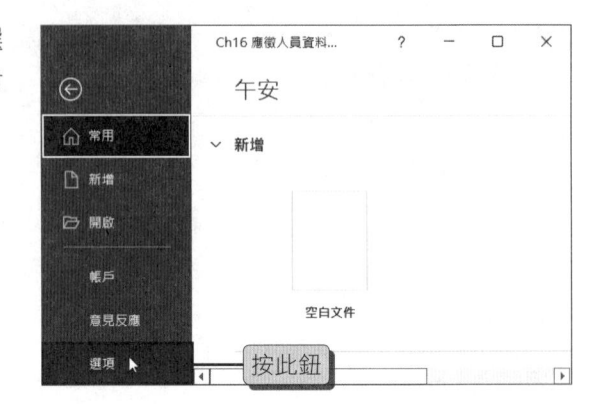

9 在「Word 選項」對話方塊中，切換到「自訂功能區」索引標籤，在主要索引標籤區域中，勾選「開發人員」項目，按下「確定」鈕。

10 出現「開發人員」功能表索引標籤。將編輯插入點移到「應徵職務」後方，切換到「開發人員」功能索引標籤，在「控制項」功能區中，按下 🗐 ˇ「舊版工具」清單鈕，選擇插入 🗐「下拉式方塊（表單控制項）」。

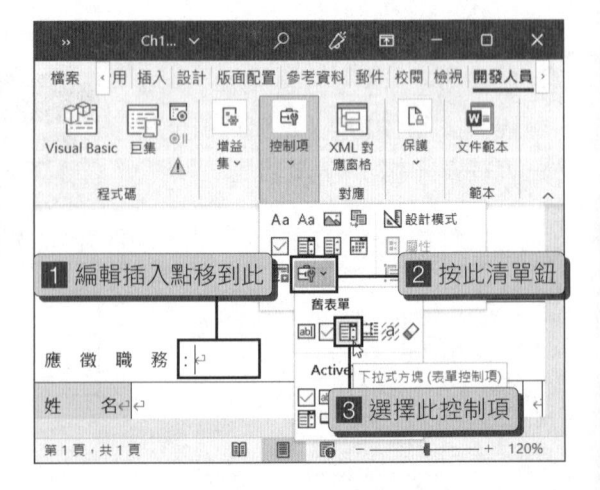

單元 16　應徵人員資料表 | 125

11 應徵職務後方出現下拉式方塊，執行「開發人員\屬性」指令，設定清單選項。

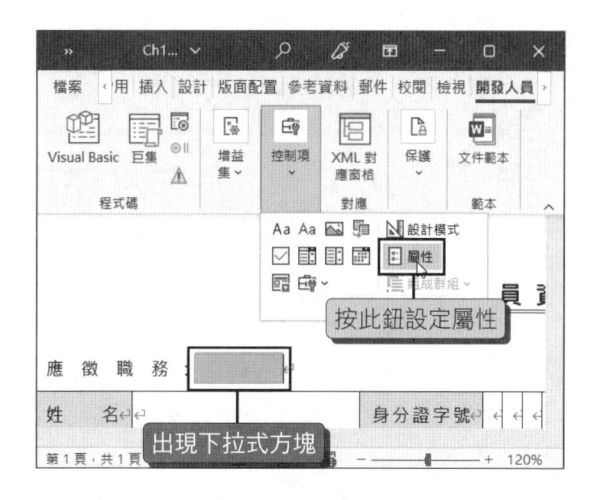

12 開啟「下拉式表單欄位選項」對話方塊，在「下拉式項目」空白處輸入第一項「總機櫃台人員」職缺名稱，輸入完畢按「新增」鈕。

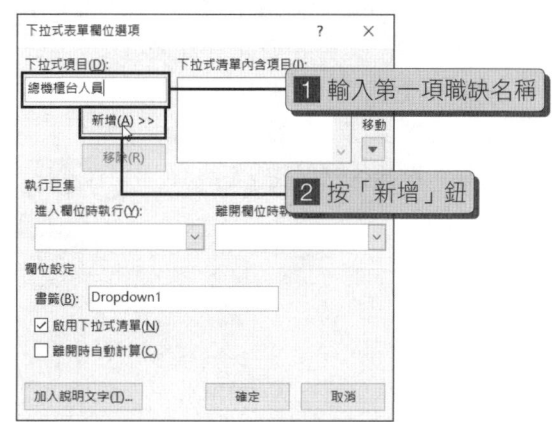

13 下拉式清單內含項目處會顯示新增的職務名稱，依步驟 12 的方式，陸續新增其他職缺名稱。

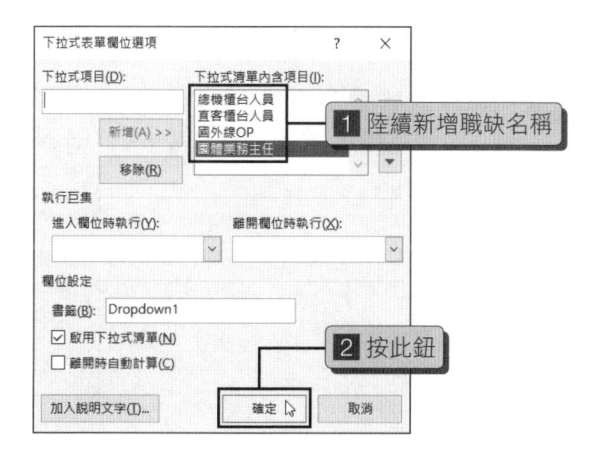

14 出現清單欄位，但是文件在沒有保護之前，無法顯示下拉式清單選項。執行「開發人員\限制編輯」指令。

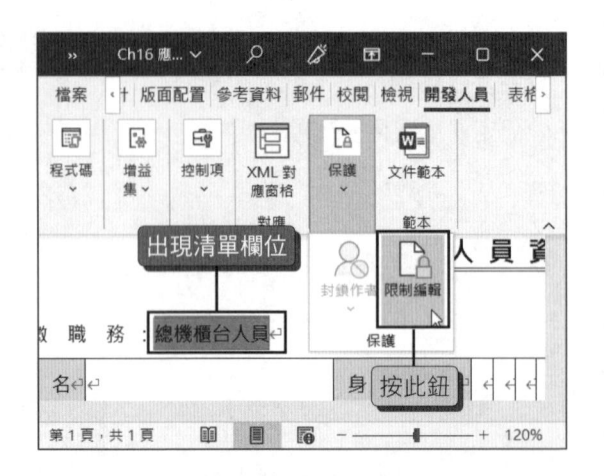

15 開啟「限制編輯」工作窗格，勾選第 2 項「文件中僅允許此類型的編輯方式」，並按下清單鈕選擇「填寫表單」，設定完畢按下「是，開始強制保護」鈕。

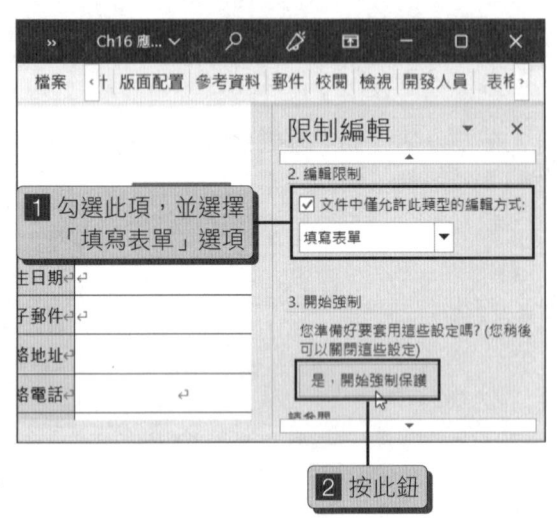

16 開啟「開始強制保護」對話方塊，可以不輸入密碼，直接按下「確定」鈕。

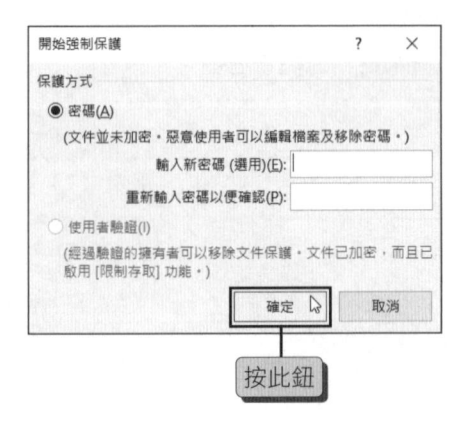

17 當文件受到限制編輯後,「應徵職務」欄位則會出現下拉式清單選項。如果想要再次編輯文件,只要按下「限制編輯」工作窗格中的「停止保護」鈕,若有設定密碼者,會出現「輸入密碼」對話方塊;若是要關閉「限制編輯」工作窗格,只要按下工作窗格右上角的「關閉」鈕,或是再執行一次「限制編輯」指令。

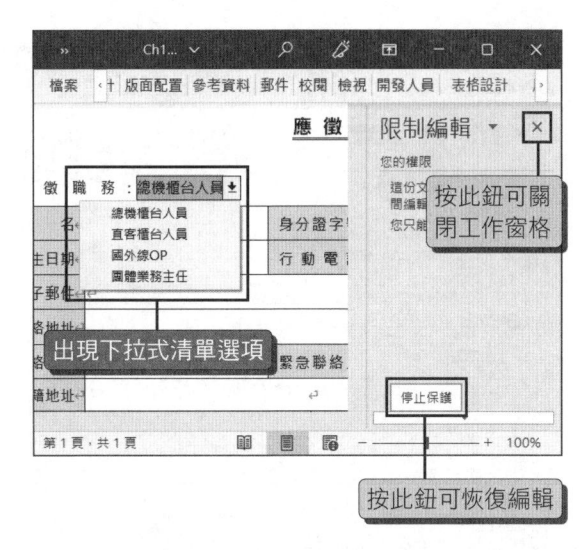

出現下拉式清單選項
按此鈕可關閉工作窗格
按此鈕可恢復編輯

18 有時候開啟受保護的文件時,檢視模式會自動切換到「閱讀模式」,如果想要重新編輯文件,只需要按下「檢視」功能索引標籤,執行「編輯文件」指令,或是在視窗下方狀態列上,按下 「整頁模式」圖示鈕,再解除「限制編輯」即可。

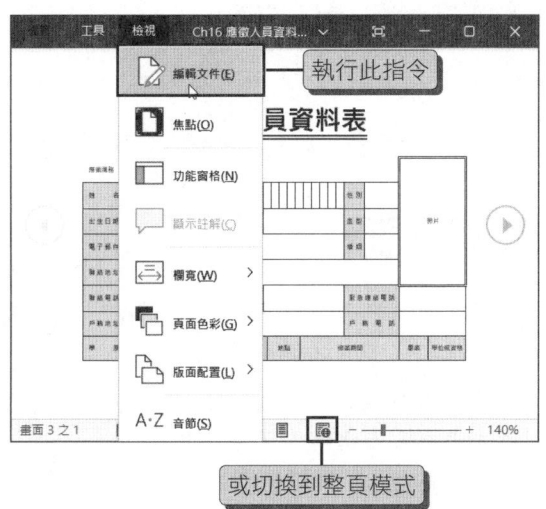

執行此指令
或切換到整頁模式

單元 17　應徵人員面試記錄表

範例檔案：PART 2\Ch17 應徵人員面試記錄表

公司在大學徵才時，往往會安排同一天進行統一面試，有時候安排面試的應徵者並不會出席，因此人事管理人員只需要針對來公司應徵的人員進行登記製作成記錄表，以便徵才活動結束時寄發通知單。

範例步驟

1. 雖然使用插入表格很方便，但有時候對於需要的欄位還沒有概念時，實在不知道要插入「?x?」的表格，沒關係用手繪表格的方式，邊畫邊想吧！在這之前，先開啟 Word 程式新增空白的文件，執行「版面配置\方向\橫向」指令，將文件變成橫向。

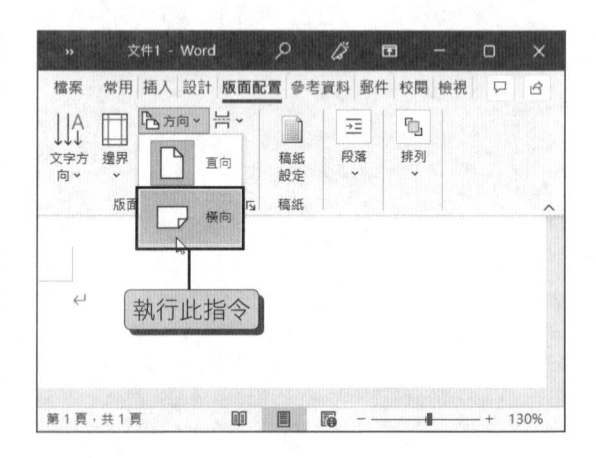

單元 17　應徵人員面試記錄表 | *129*

2 由於對表格內容還沒有概念，因此將邊界縮小，爭取更多的編輯空間。執行「版面配置\邊界\窄」指令。

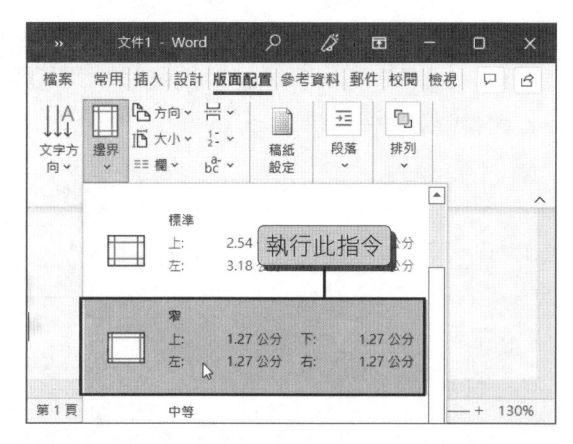

3 接著執行「插入\表格\手繪表格」指令，開始繪製表格。

4 此時游標會變成 ∅ 符號，將游標移到文件左上邊界位置，按住滑鼠左鍵，拖曳繪製一個儲存格。

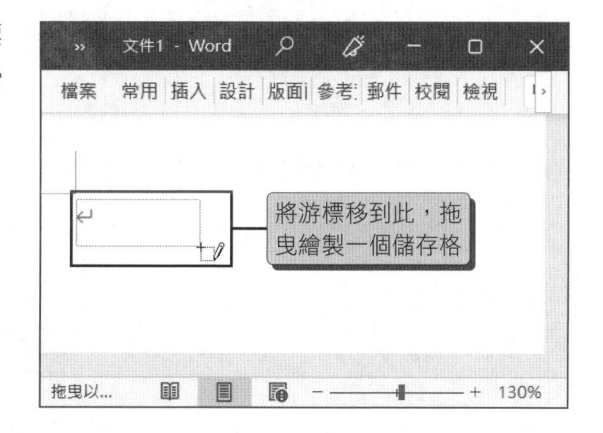

5 直接在儲存格中輸入文字「日期」，接著連接著日期儲存格，繼續繪製下一個儲存格。

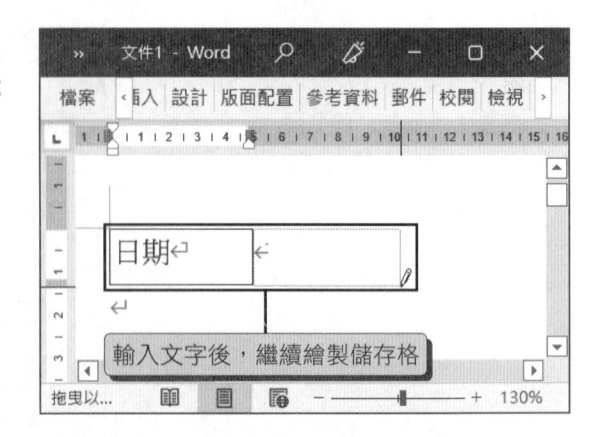

6 在儲存格中輸入文字「時間」，接著繼續繪製下一個儲存格「應徵職稱」、「姓名」、「稱謂」、「連絡電話」、「地址」和「錄取否」欄位，可依據需要輸入文字的長度，繪製不同欄寬的儲存格。再次執行「插入 \ 表格 \ 手繪表格」指令，結束繪製表格。

7 繪製完表格標題後，不可免俗的還是要設定相關格式。選取整列標題儲存格，執行「表格工具 \ 版面配置 \ 對齊方式 \ 對齊中央」指令。

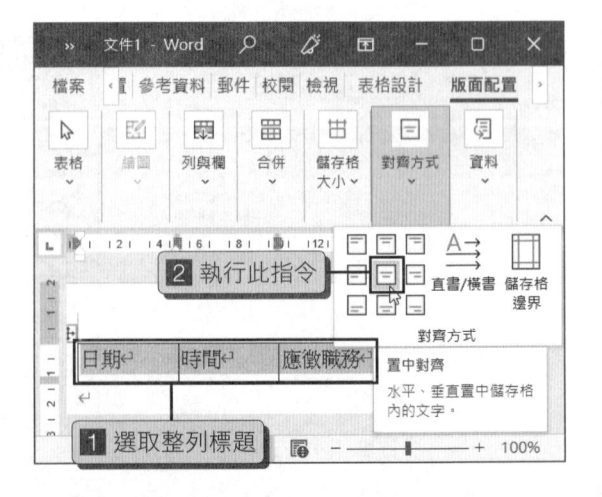

8 需要新增資料時，就將游標移到表格下緣，當出現 ⊕ 符號時，按下此符號則可新增空白列，每按一下即可插入一行。

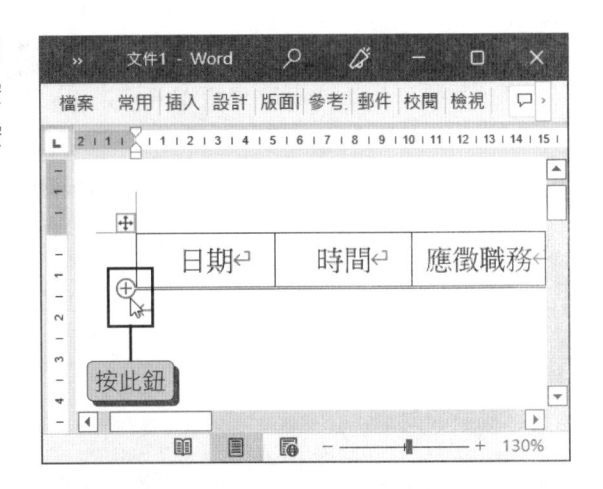

9 由於面試記錄表會被當成資料庫使用，因此不適合直接在表格上方加上表格名稱，不過可以利用頁首功能，達成這個目標。執行「插入＼頁首及頁尾＼頁首＼編輯頁首」指令。

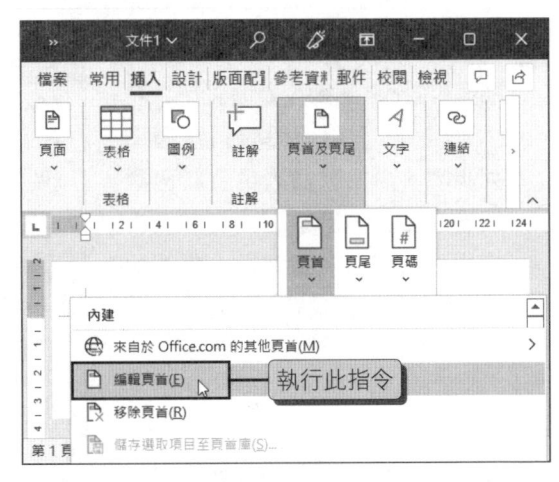

10 直接在頁首處輸入文字「應徵人員面試記錄表」，將字型大小改成「18」，並且在段落中選擇「置中對齊」對齊方式。

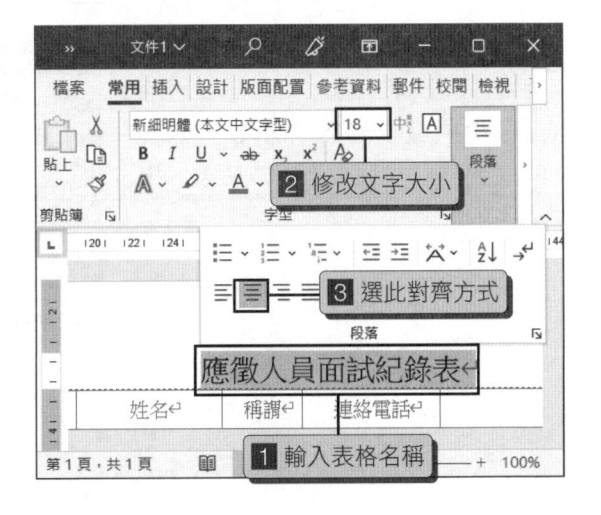

11 接著切換到「頁首及頁尾」功能索引標籤，按下「關閉頁首及頁尾」鈕，結束設定頁首及頁尾。

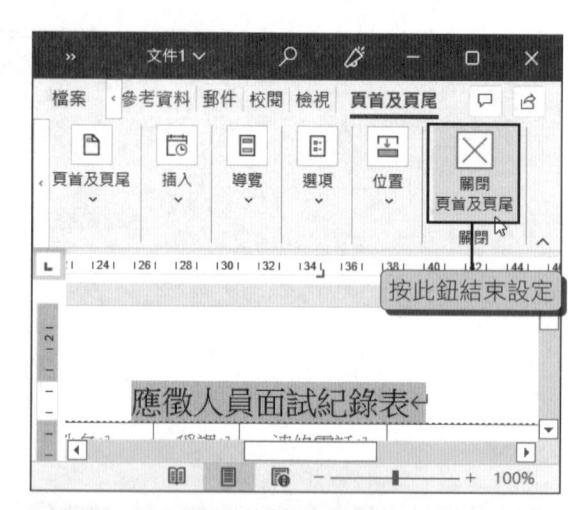

12 陸續有人前來面試，請開啟範例檔案「Ch17 應徵人員面試記錄表(1).docx」，利用假設資料繼續下列步驟。由於應徵人員資料已經超過第二頁，但第二頁沒有表格標題可供辨識，請執行「版面配置\資料\重複標題列」指令。

13 當我們在記錄資料時，一定是按照時間序來記錄。如果想要將應徵相同職稱的人排序在一起，只要執行「版面配置\資料\排序」指令。

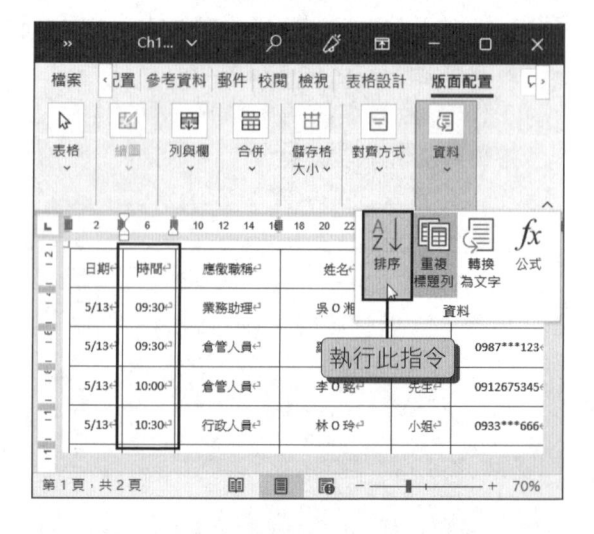

14 開啟「排序」對話方塊，在第一階按下清單鈕，改選「應徵職稱」表格標題。

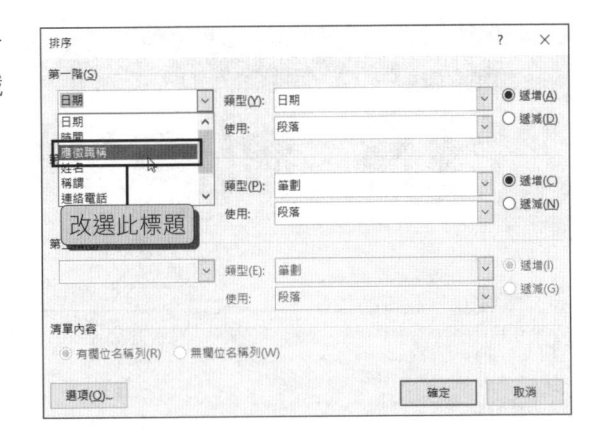

15 繼續設定依照「筆劃」遞增排序，按「確定」鈕。

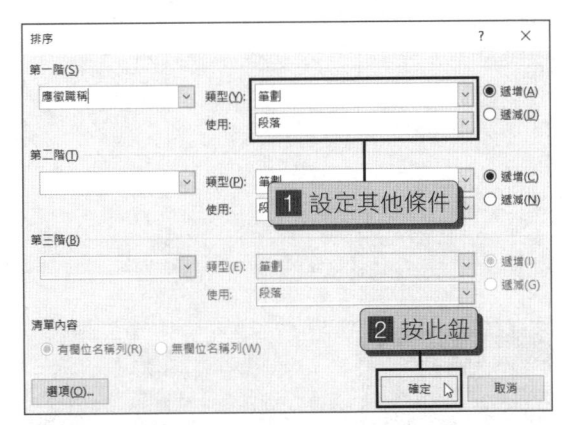

16 資料依照「應徵職稱」的筆劃，遞增重新排序。

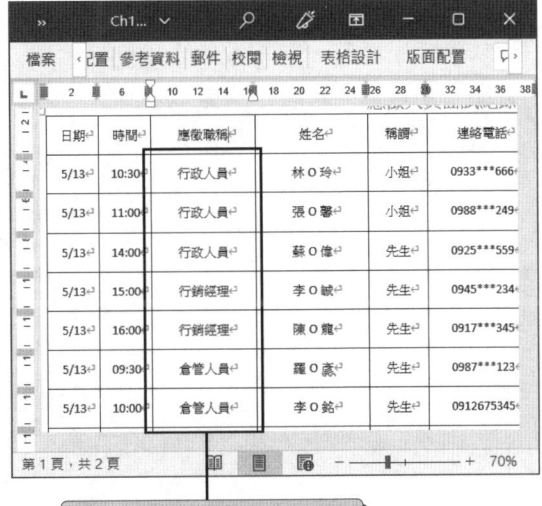

範例檔案：PART 2\Ch18 淘汰通知單

單元 18 淘汰通知單

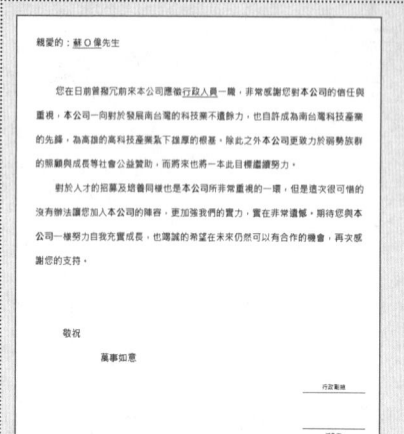

公司徵才活動告一段落，當然是幾家歡樂幾家愁，整理完應徵者應徵資料後，準備要寄發淘汰通知書給那些沒有錄取的應徵者。

範例步驟

1 請先開啟範例檔案「Ch18 淘汰通知單(1).docx」，切換回「郵件」功能索引標籤，在「啟動合併列印」功能區中，按下「選取收件者」清單鈕，執行「使用現有清單」指令。

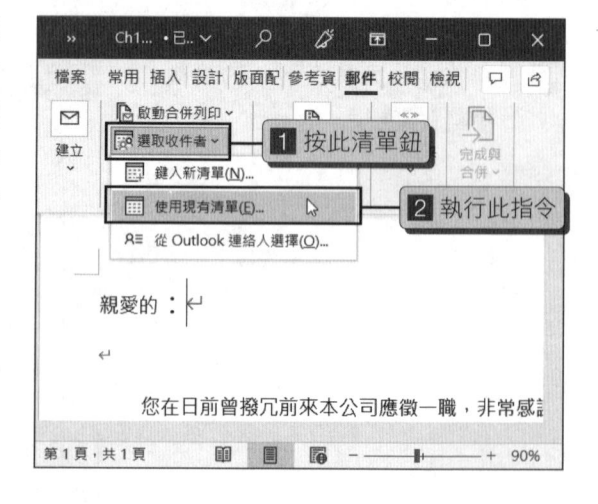

① 按此清單鈕
② 執行此指令

單元 18　淘汰通知單 | *135*

2　開啟「選取資料來源」對話方塊，選擇範例檔案中的「Ch17 應徵人員面試紀錄表.docx」檔案，按下「開啟」鈕。

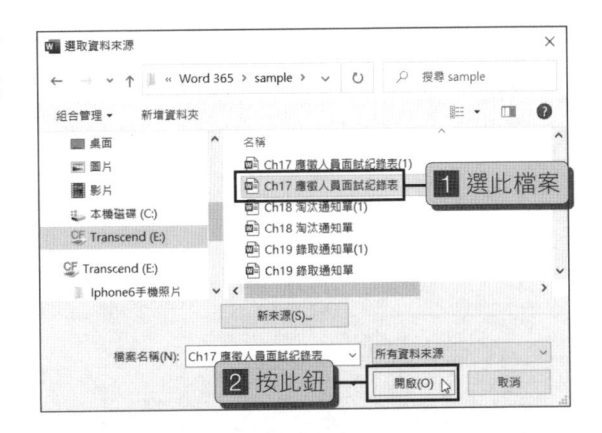

3　將編輯插入點移到「親愛的」後方，切換到「郵件」功能索引標籤，在「書寫與插入功能變數」功能區中，按下「插入合併欄位」清單鈕，選擇插入「姓名」合併欄位。

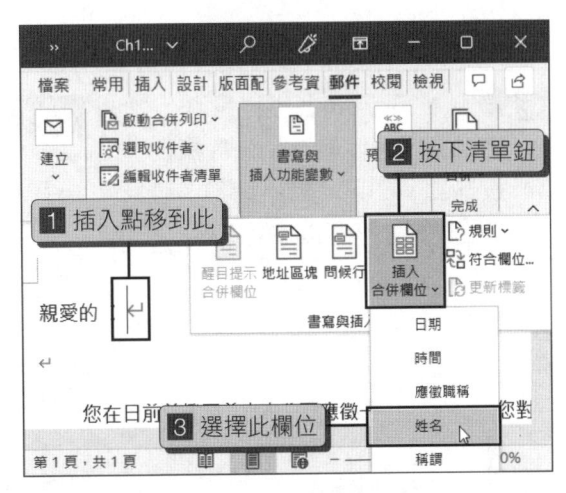

4　「親愛的」後插入「姓名」合併欄位，緊接著再插入「稱謂」合併欄位。

5 將編輯插入點移到「應徵」後方，選擇插入「應徵職務」合併欄位。

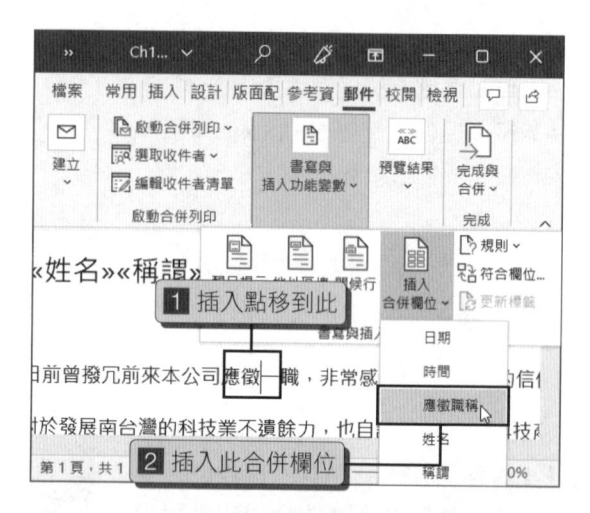

6 按住鍵盤【Ctrl】鍵，選取「姓名」及「應徵職稱」合併欄位，按下 U「常用\字型\底線」鈕，讓合併的文字可以加上底線。

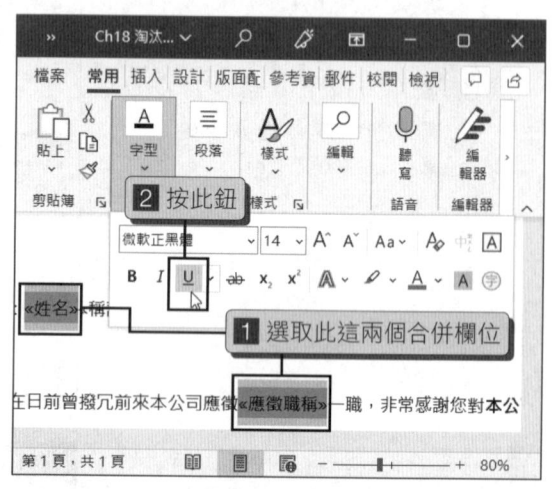

7 插入合併欄位後開始要篩選來源資料，切換回「郵件」功能索引標籤，在「啟動合併列印」功能區中，執行「編輯收件者清單」指令。

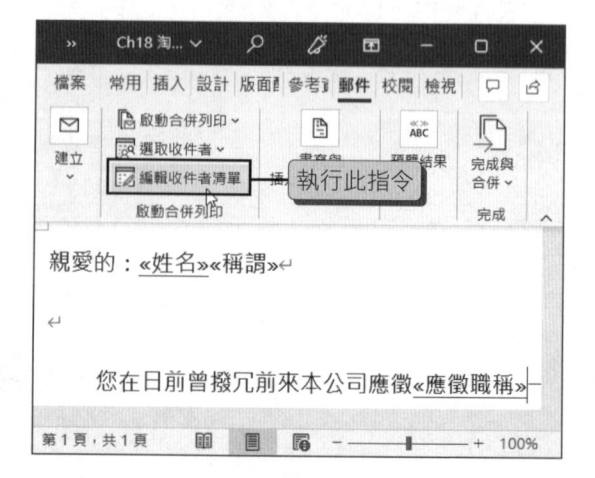

單元 18　淘汰通知單 | **137**

8 開啟「合併列印收件者」對話方塊，按下「篩選」鈕。

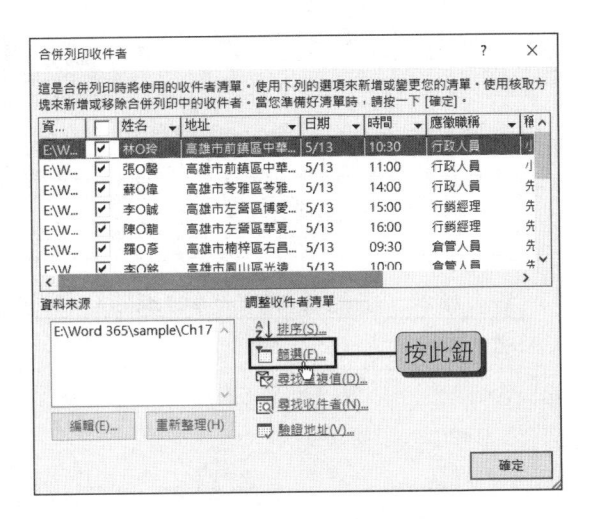

9 另外開啟「查詢選項」對話方塊，設定篩選條件：欄位為「錄取」、邏輯比對為「等於」、比對值為空白，也就是篩選錄取欄位中沒有註記的資料，按下「確定」鈕。

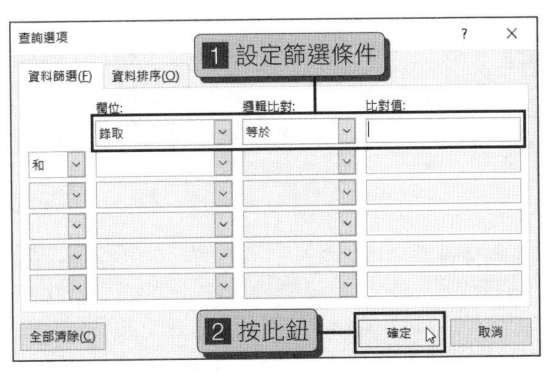

10 回到「合併列印收件者」對話方塊，按下「確定」鈕完成資料篩選。

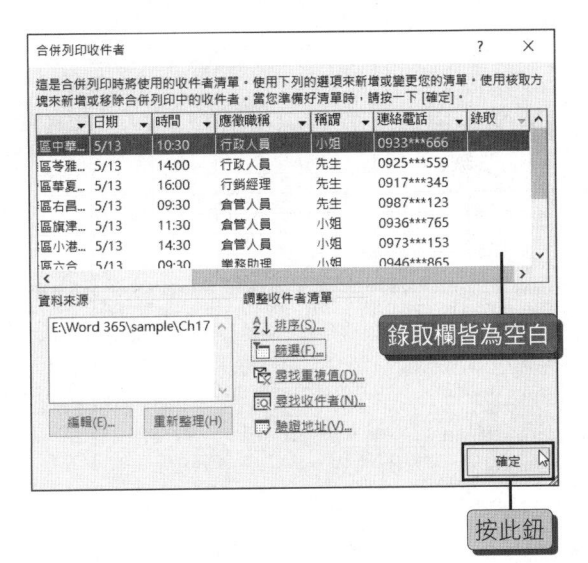

11 在開始進行合併之前,還要再編輯一下文件,要在文件底部加上人事主管簽名的位置。將編輯插入點移到文件尾端,切換到「插入」功能索引標籤,在「文字」功能區中,按下「簽名欄」清單鈕,執行「Microsoft Office 簽名欄」指令。

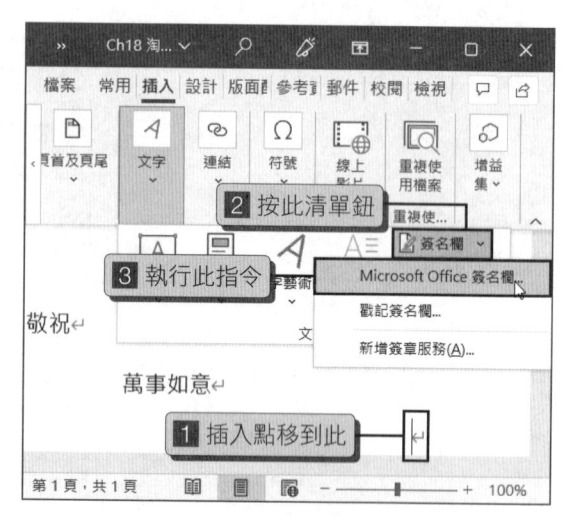

12 開啟「簽章設定」對話方塊,輸入建議簽章者「潘O宇」及職稱「行政副總」,按「確定」鈕。

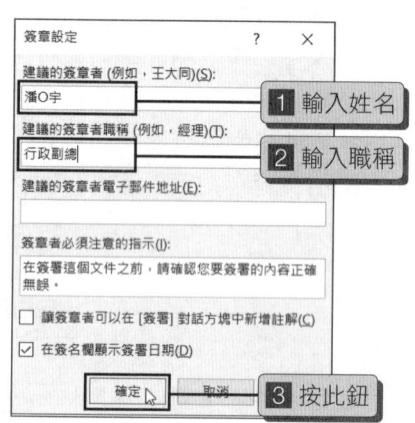

13 文件中插入簽名欄位方塊,在「常用\段落」功能區中,按下「靠右對齊」鈕,讓簽名方塊靠文件右邊界對齊。

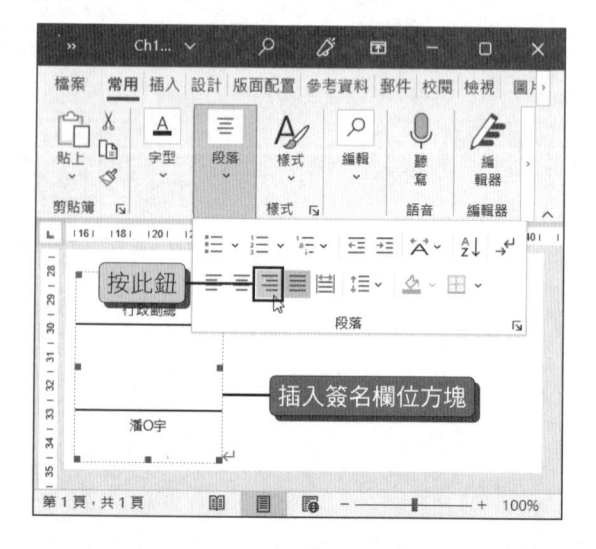

單元 18　淘汰通知單 | *139*

14 接下來開始合併列印,請切換到「郵件」功能索引標籤,按下「完成與合併」清單鈕,執行「編輯個別文件」指令。

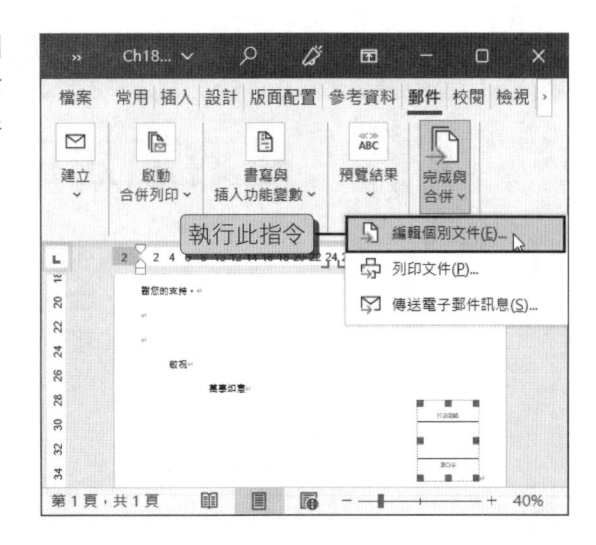

15 開啟「合併到新文件」對話方塊,選擇「全部」,按「確定」鈕。

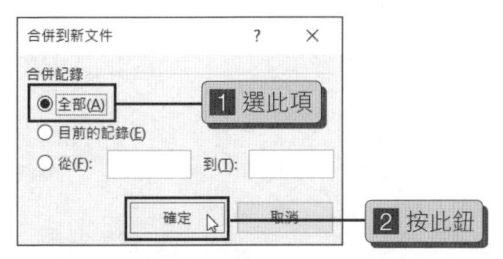

16 合併成新文件,再次逐一確認是否有錯誤,若全部無誤,則可列印出來,經過主管簽章後,就可以寄出給應徵者。

140 | PART 2　人事管理篇

範例檔案：PART 2\Ch19 錄取通知單

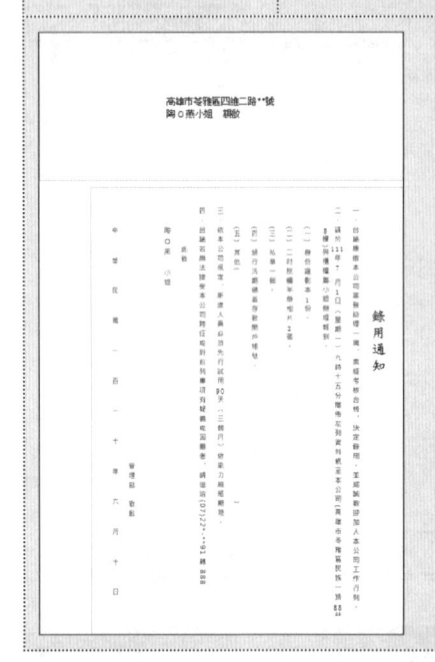

單元 19　錄取通知單

錄取通知單中除了恭喜應徵者順利獲得工作機會外，當然還要載明其他報到相關事項，如報到日期、報到日應準備的文件…等，好讓錄取者可以提早準備。

範例步驟

1 請先開啟範例檔案「Ch19 錄取通知單(1).docx」，選取「111」文字，切換到「常用」功能索引標籤，在「段落」功能區中，按下「亞洲配置方式」清單鈕，執行「橫向文字」指令。

2 開啟「橫向文字」對話方塊,勾選「調整於一行」選項,按「確定」鈕。

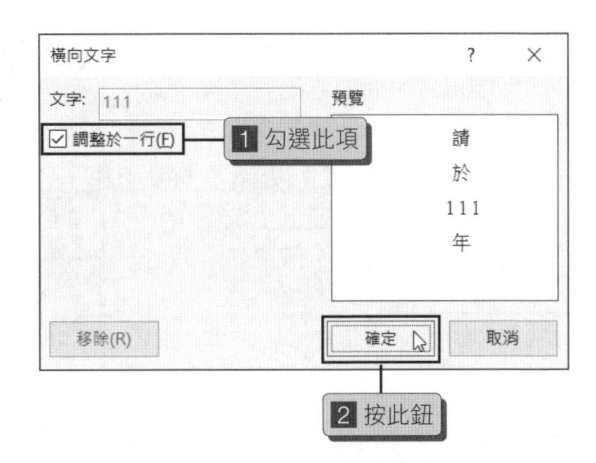

3 數字轉向成橫向文字。由於本範例是利用表格框線製作成文件框線的效果,若要將框線取消,可以將表格設定「無框線」樣式,或是直接轉換成一般文字文件,先切換到「表格設計」後方的「版面配置」功能索引標籤,在「資料」功能區中,執行「轉換為文字」指令。

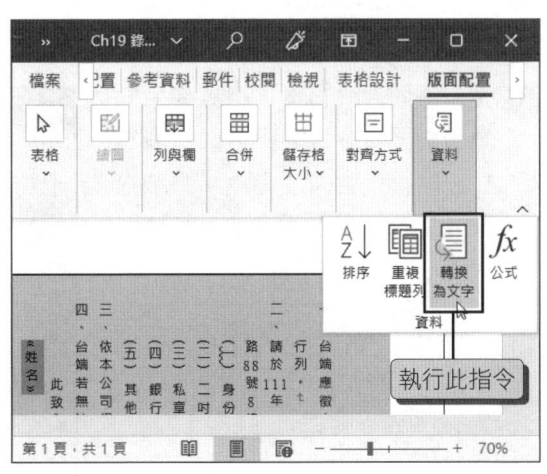

4 開啟「表格轉換為文字」對話方塊,由於本範例為「1x1」的表格,因此無須理會其他選項,直接按「確定」鈕。

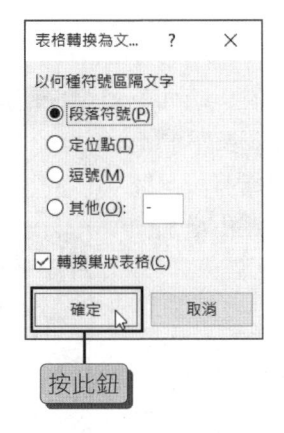

5 表格內文字轉換成一般文字，但文字書寫方向與紙張方向被改成橫向顯示，因此要修正回來。切換到「版面配置」功能索引標籤，在「版面設定」功能區中，按下「文字方向」清單鈕，執行「垂直」指令。

6 文字方向改成直向，但紙張方向為橫向。接著按下「方向」清單鈕，執行「直向」指令，將紙張改成直向。

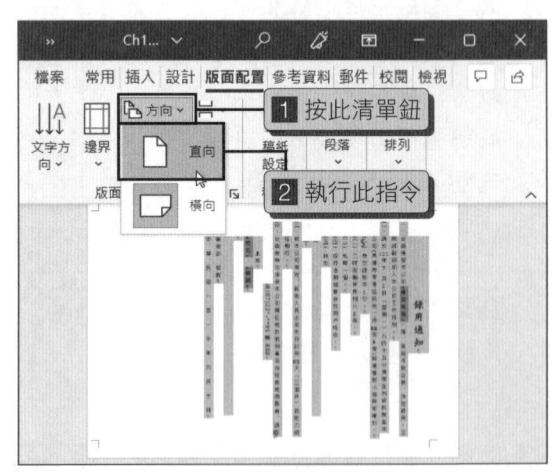

7 選取全部內容文字，在「版面配置\段落」功能區中，按下間距「前」的調整鈕，繼續將段落間距調整為「0.5 行」，藉由增加間距讓內容感覺更豐富。

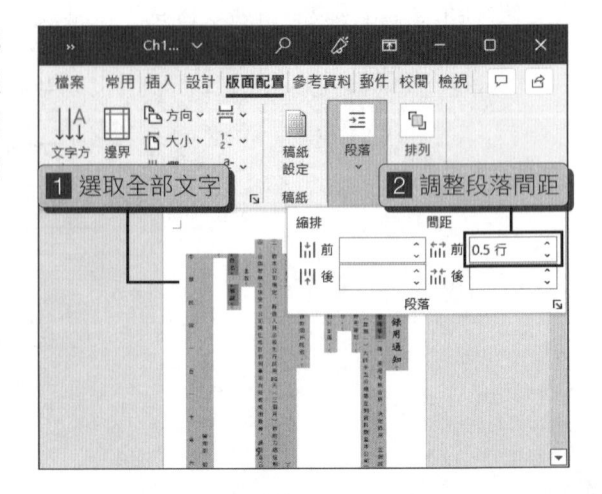

8 主要文件都設定完成後，開始進行合併錄取者名單，製作個人的錄取通知。切換到「郵件」功能索引標籤，在「啟動合併列印」功能區中，執行「編輯收件者清單」指令。

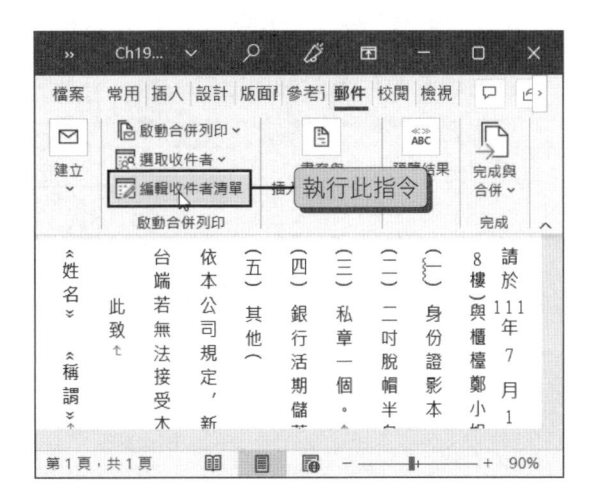

9 開啟「合併列印收件者」對話方塊，資料來源為 Ch17 應徵人員面試記錄表檔案，按下「篩選」鈕。

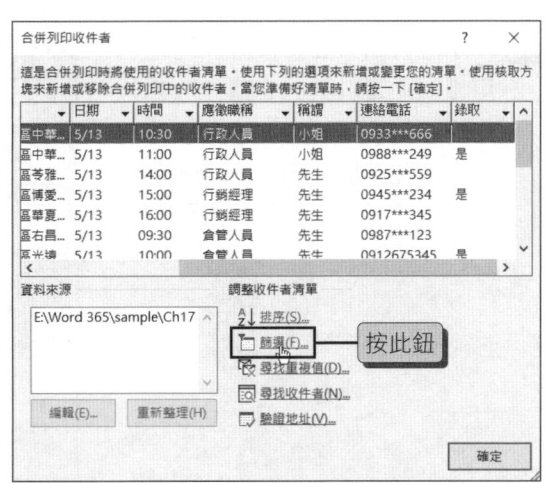

10 開啟「查詢選項」對話方塊，在「資料篩選」標籤中，設定欄位為「錄取」、邏輯比對為「等於」、比對值為「是」，設定完成按「確定」鈕。

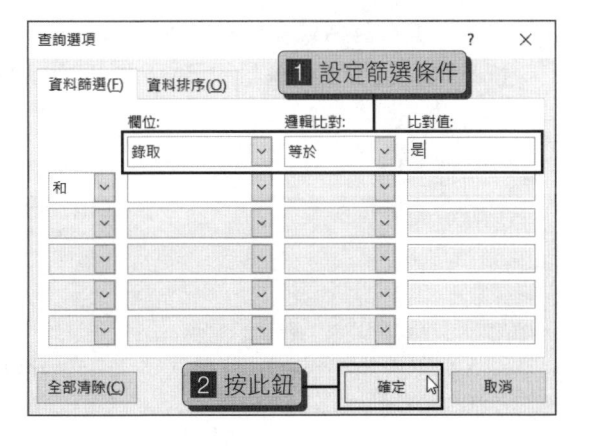

11 回到開啟「合併列印收件者」對話方塊，收件者清單僅顯示有錄取者的資料，確認後按下「確定」鈕。

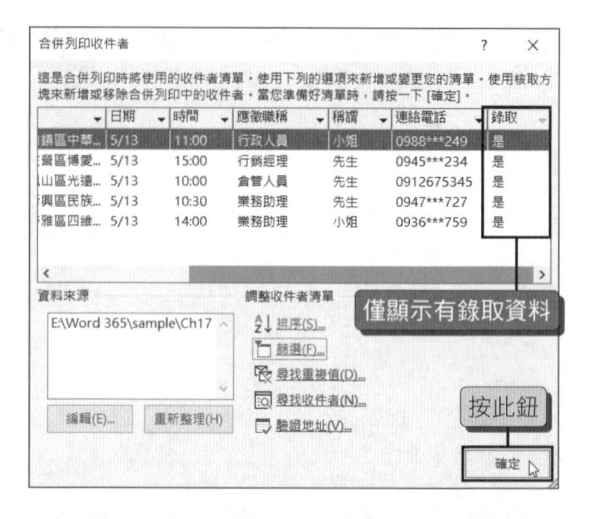

12 先別急著列印合併文件，可以利用相同的資料條件，建立收件人的信封。在「郵件\建立」功能區中，執行建立「信封」指令。

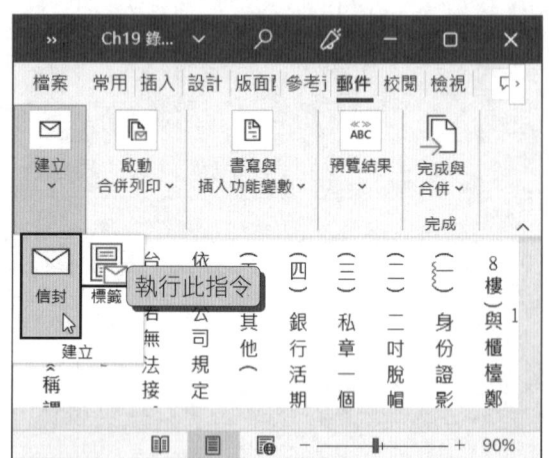

13 開啟「信封及標籤」對話方塊，按下「選項」鈕選擇信封的尺寸。

14 另外開啟「信封選項」對話方塊，按下「信封大小」清單鈕，選擇「Size 10」信封尺寸，按「確定」鈕。

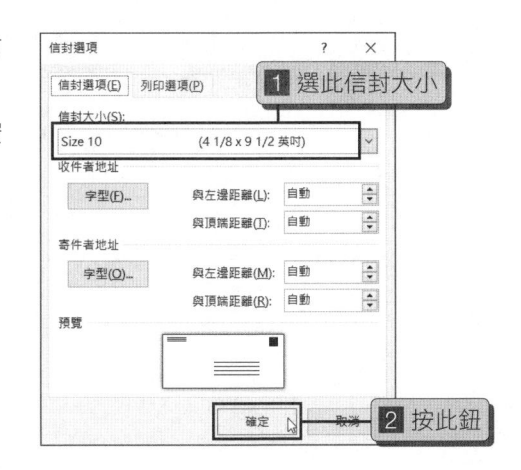

15 回到「信封及標籤」對話方塊，通常公司的信封都會先印製好寄件人（公司）的資訊，因此勾選「省略」寄件人地址，按下「新增至文件」鈕。

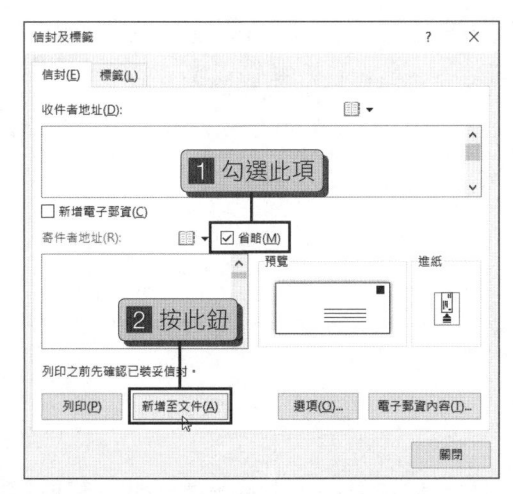

16 在剛才的合併文件新增一頁，並自動設定好信封的尺寸及版面配置位置。在信封文件中插入「地址」、「姓名」和「稱謂」等合併欄位，並修改信封文字大小為「16」。

17 在執行合併之前,可以先在「郵件\預覽結果」功能區中,按下「預覽結果」鈕,則可立即看到合併後的結果。

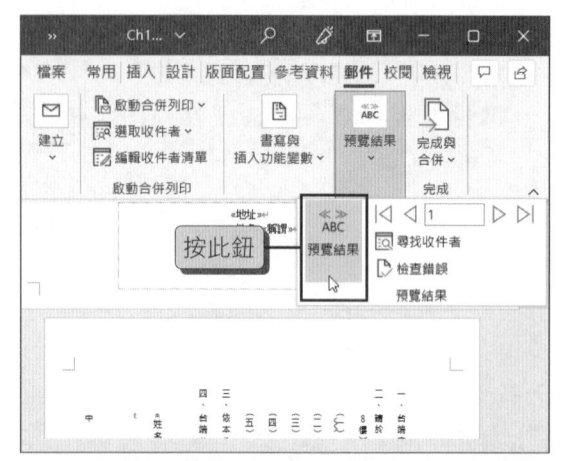

18 預覽結果沒問題後,則可在「郵件\完成與合併」功能區中,執行「列印文件」的工作。

19 但是信封和紙張大小不一樣要如何一次列印呢?當然要分開印啊!不妨利用列印設定功能,先列印奇數頁的信封,再列印偶數頁的 A4 紙張內容。

範例檔案：PART 2\Ch20 職前訓練規劃表

單元 20 職前訓練規劃表

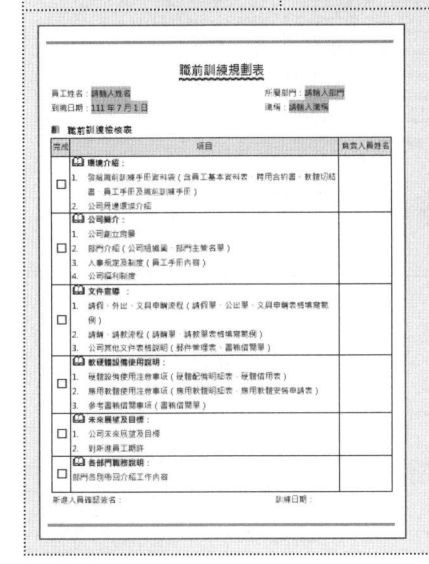

公司來了新進員工，總是有一連串的職前訓練工作，認識公司環境、公司制度介紹、各項規定提醒，免不了還有主管對新進人員的期許，這些工作該由誰負責，不妨製作成職前訓練規劃表，用來檢核職前訓練完成的進度。

範例步驟

1 請先開啟範例檔案「Ch20 職前訓練規劃表(1).docx」，本章將介紹項目符號的應用及基本的表單功能。先由編輯插入點移到「環境介紹」前方，切換到「常用」功能索引標籤，在「段落」功能區中，按下「項目符號」清單鈕，執行「定義新的項目符號」指令。

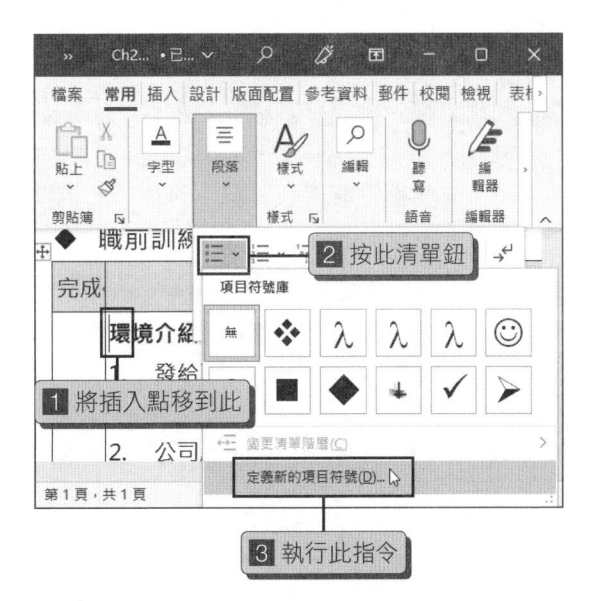

2 開啟「定義新的項目符號」對話方塊，按下「符號」鈕，選擇新的符號。

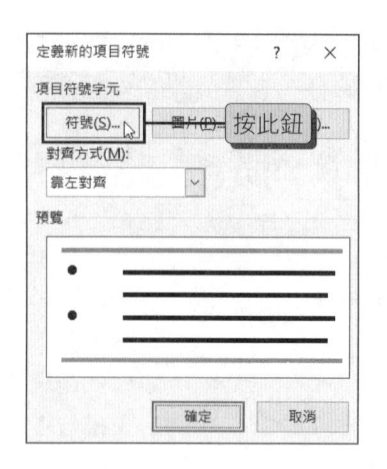

3 開啟「符號」對話方塊，選擇 📖 書本符號（Wingdings38），按下「確定」鈕，回到「定義新的項目符號」對話方塊。

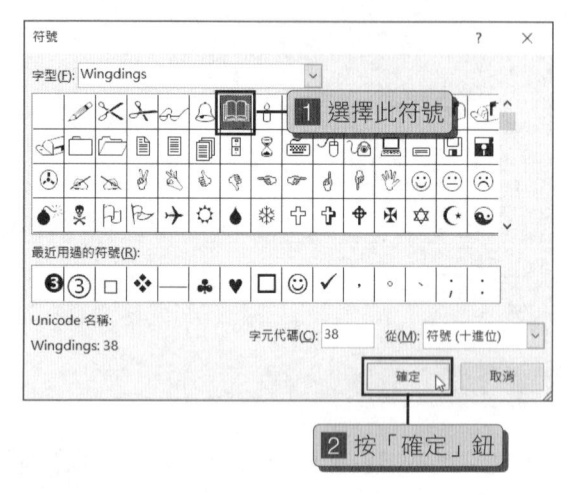

4 預覽窗格中出現書本樣式的項目符號。由於預設的符號比字型小，若要讓符號明顯一些，可以按下「字型」鈕來調整。

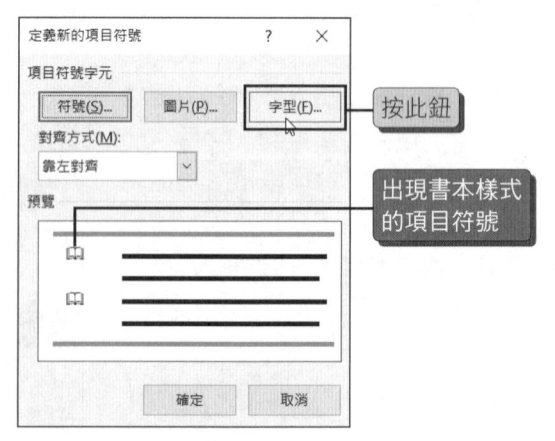

5 另外開啟「字型」對話方塊，在「大小」處選擇「16」，按「確定」鈕回到「定義新的項目符號」對話方塊。

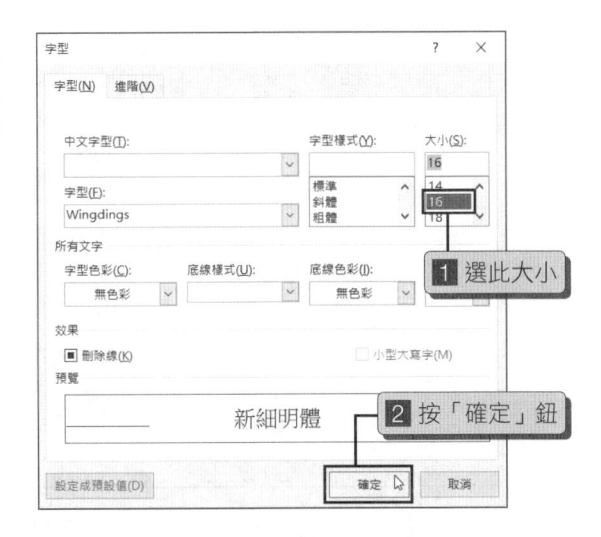

6 最後按下「確定」鈕，完成定義新的項目符號。

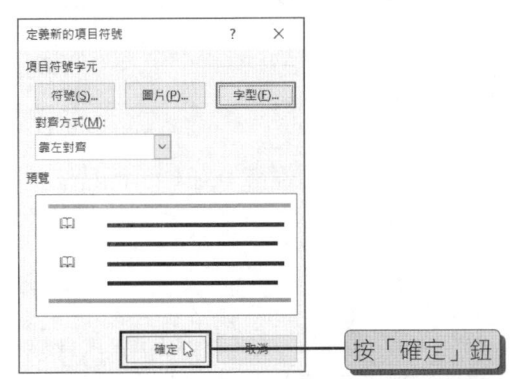

7 「環境介紹」前方出現書本的項目符號，下方的標題只要按下「項目符號」圖示鈕則會自動套用新增的項目符號。除了預設符號之外，圖片也可以成為項目符號，將編輯插入點移到「職前訓練檢核表」前方位置，再次按下 ≡˅「項目符號」清單鈕，執行「定義新的項目符號」指令。

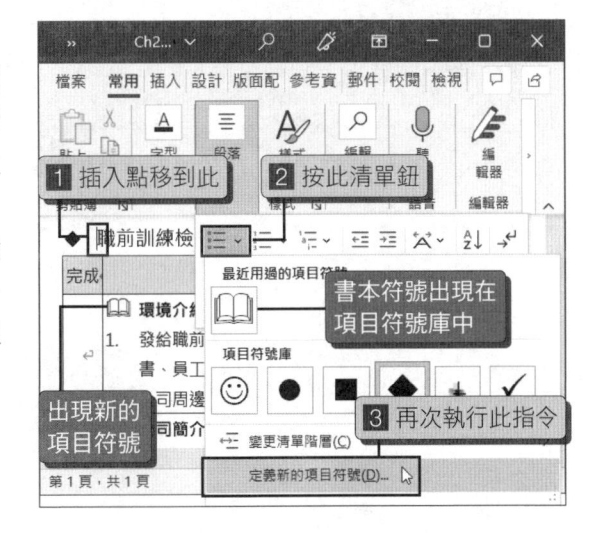

8 開啟「定義新的項目符號」對話方塊，按下「圖片」鈕，選擇圖片成為新的項目符號。

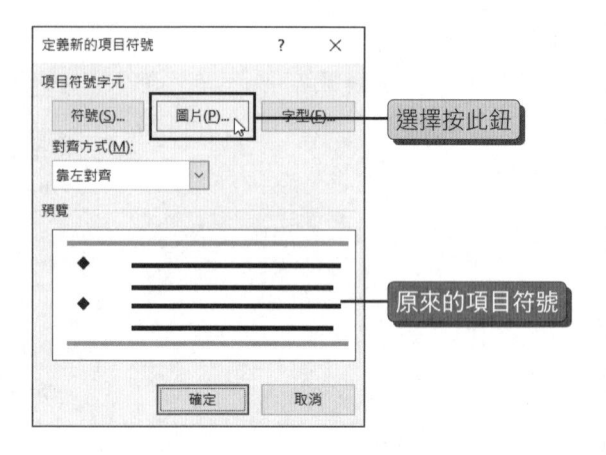

9 開啟「插入圖片」工作視窗，選擇「從檔案」作為圖片的來源。

10 開啟「插入圖片」對話方塊，選擇範例檔案中的「範例圖檔」資料夾，選擇「項目符號1」圖片，按下「插入」鈕。

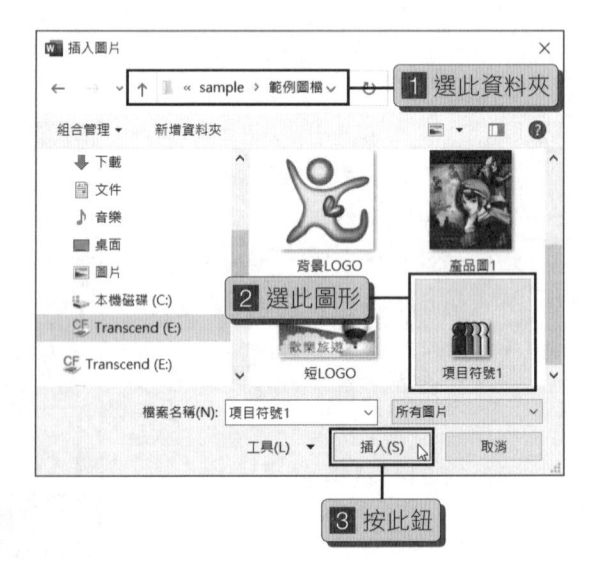

11 回到「定義新的項目符號」對話方塊，預覽窗格中顯示新的圖片項目符號。按下「確定」鈕完成圖片項目符號設定。

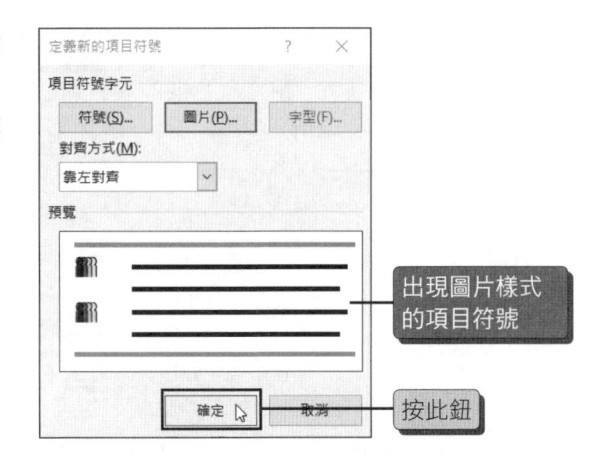

12 新圖片符號取代原有的項目符號，接著將各項目加上象徵完成的勾選的方塊。將編輯插入點移到「完成」下方的空白儲存格中，切換到「插入」功能索引標籤，在「符號」功能區中，按下「符號」清單鈕，執行「其他符號」指令。

13 開啟「符號」對話方塊，選擇☐方塊符號（Wingdings168），按下「插入」鈕，此時「符號」對話方塊不會自動關閉，但是原本「取消」鈕會變成「關閉」鈕，按下「關閉」鈕則可關閉對話方塊。

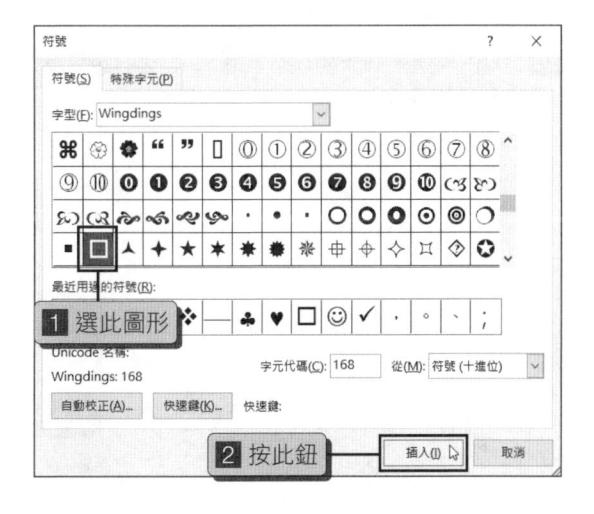

14 選取剛插入的方塊，按下「常用 \ 字型 \ 字型大小」旁的清單鈕，將方塊符號大小改成「20」。

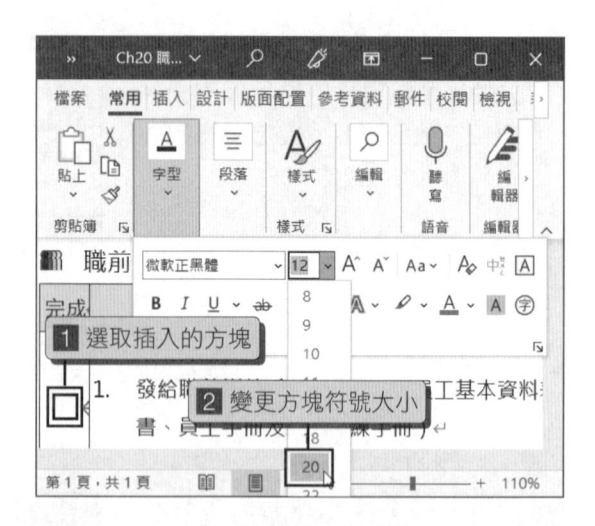

15 接著要利用表單功能設計輸入文字的欄位。將編輯插入點移到「員工姓名：」後方，切換到「開發人員」功能索引標籤，在「控制項」功能區中，按下「舊版工具」旁的清單鈕，執行「文字欄位」指令。

16 出現未設定屬性的文字欄位，立刻按下「開發人員 \ 控制項 \ 控制項 \ 屬性」鈕，開始設定欄位屬性。

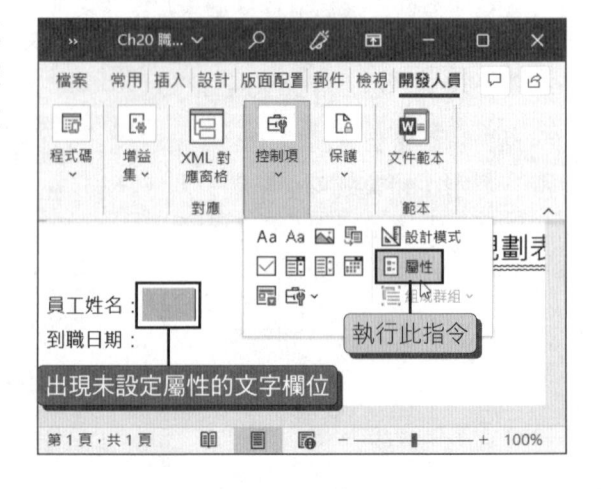

單元 20　職前訓練規劃表 | *153*

17 開啟「文字表單欄位選項」對話方塊。選擇預設的「一般文字」類型，在「預設文字」空白處輸入文字「請輸入姓名」，可輸入姓名的「最大長度」選擇「10」，設定完畢按下「確定」鈕。

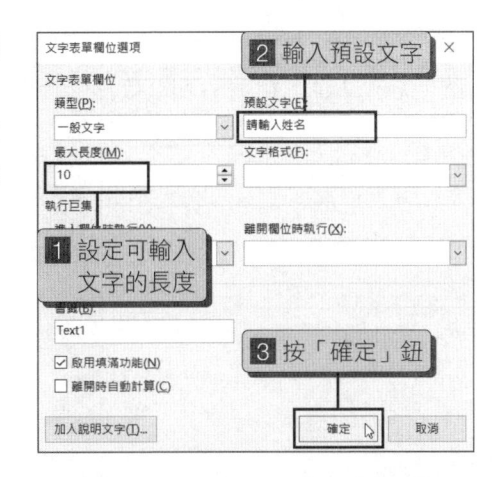

18 「員工姓名」的文字欄位設定完成，依照相同步驟完成「所屬部門」及「職稱」的文字欄位設定。先在「到職日期」插入「文字欄位」表單控制項，按下「控制項屬性」圖示鈕，另外設定日期屬性。

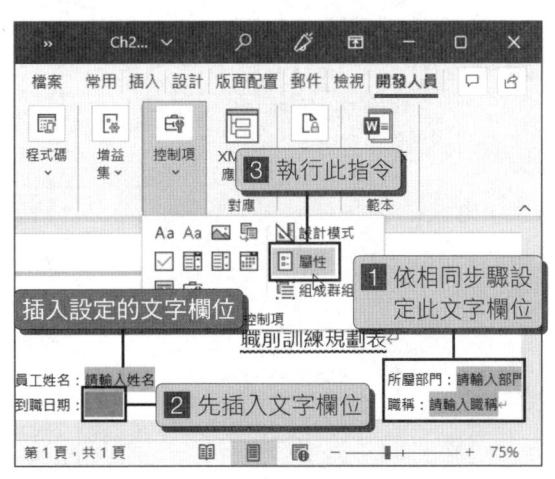

19 再次開啟「文字表單欄位選項」對話方塊，按下「一般文字」類型旁的清單鈕，選擇「日期」類型。

20 接著按下「日期格式」類型旁的清單鈕,選擇「e年M月d日」的格式。

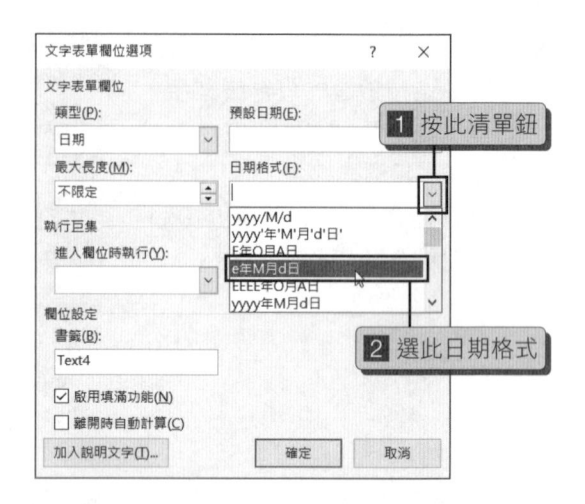

21 最後輸入預設日期「111年7月1日」,確認所有屬性設定完畢,按下「確定」鈕。

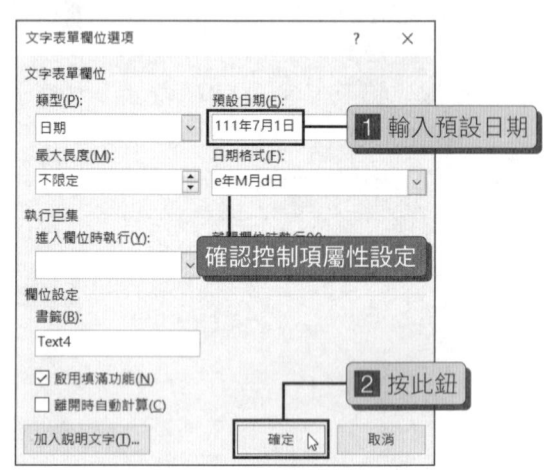

22 執行「開發人員\保護\限制編輯」指令,在「限制編輯」工作窗格中,勾選第2項並選擇允許「填寫表單」類型的編輯方式,然後按下「是,開始強制保護」鈕。

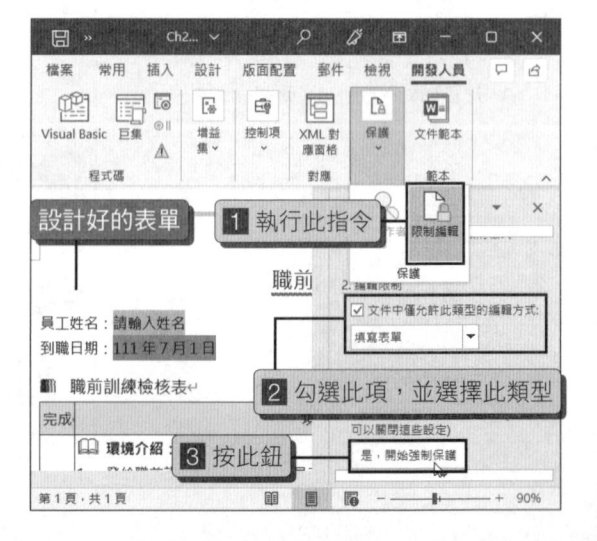

單元 20　職前訓練規劃表 | *155*

23 開啟「開始強制保護」對話方塊，輸入密碼「0000」，按下「確定」鈕，就可以開始使用文件中的表單。

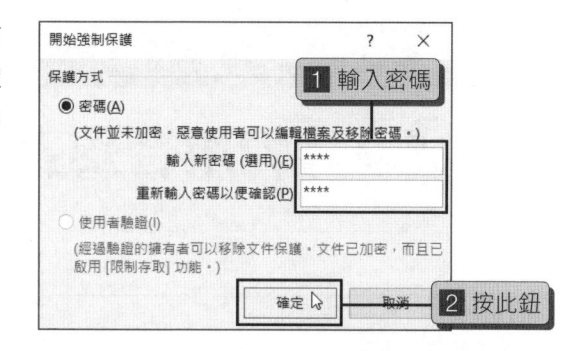

24 如果要再次進行表單設計工作或是文件中其他文字及表格的增修，都要先解除保護之後才能進行。只要按下「限制編輯」工作窗格中的「停止保護」鈕。

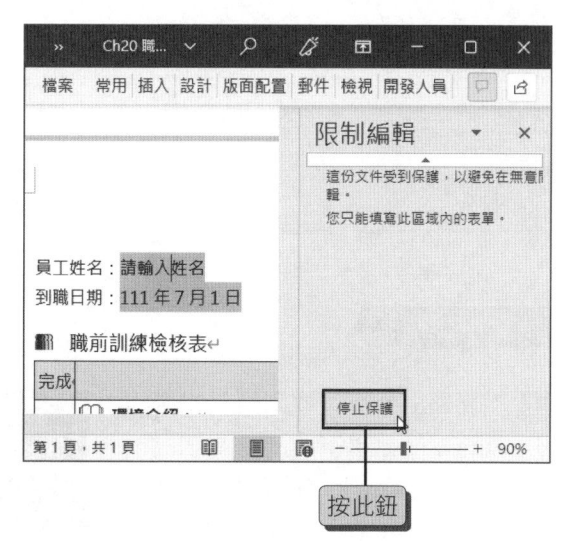

25 此時會開啟「解除文件保護」對話方塊，輸入剛設定的密碼「0000」，按下「確定」鈕，就可以重新編輯文件。

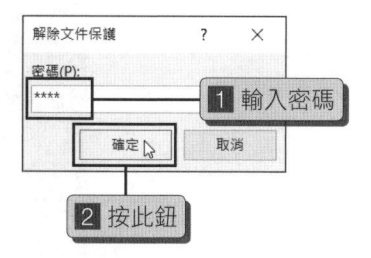

單元 21 聘用合約書

範例檔案：PART 2\Ch21 聘用合約書

通過面試的新進職員，在進入公司工作就職之前，要替他們準備好需要填寫的相關文件，聘用合約書大致就是明訂試用期間應遵守的相關規範，事前告知以免日後有所爭議。

範例步驟

1 從網路上都可以找到類似的合約書範本，如果下載的是文字檔，要如何快速的轉換成 Word 文件，請先開啟 Word 程式，按下「開啟」鈕。

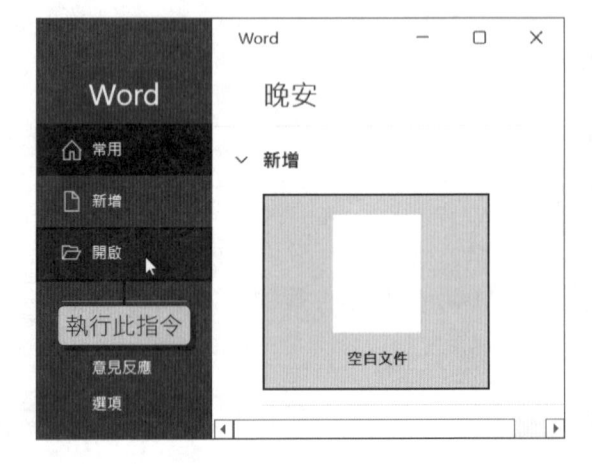

2 切換到「開啟」工作視窗，執行「瀏覽」指令，可以選擇文件所在的資料夾。

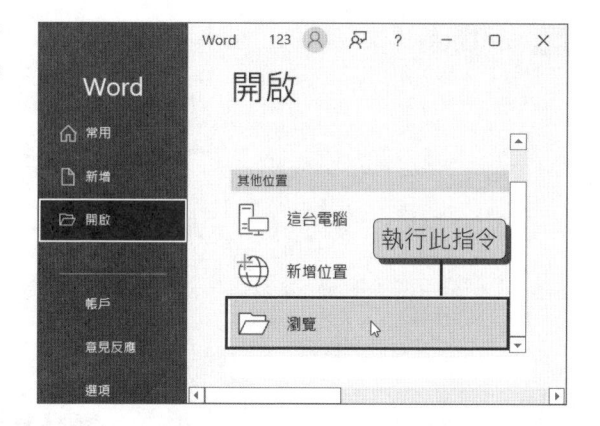

3 開啟「開啟舊檔」對話方塊，選擇範例檔案，按下檔案格式「所有檔案」清單鈕，重新選擇「文字檔」。

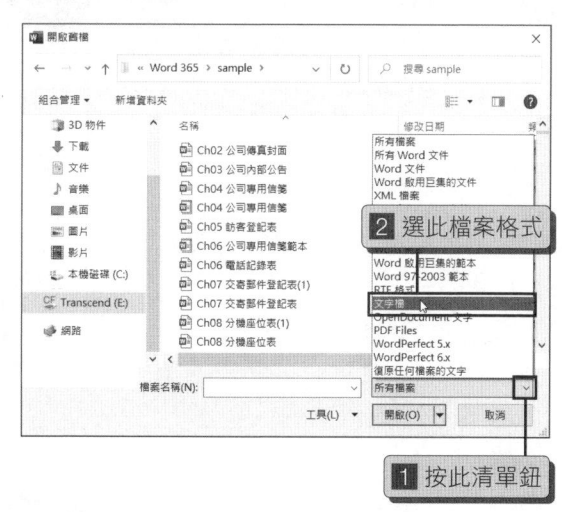

4 選擇「Ch21 聘用合約書(1).txt」檔案，按下「開啟」鈕。

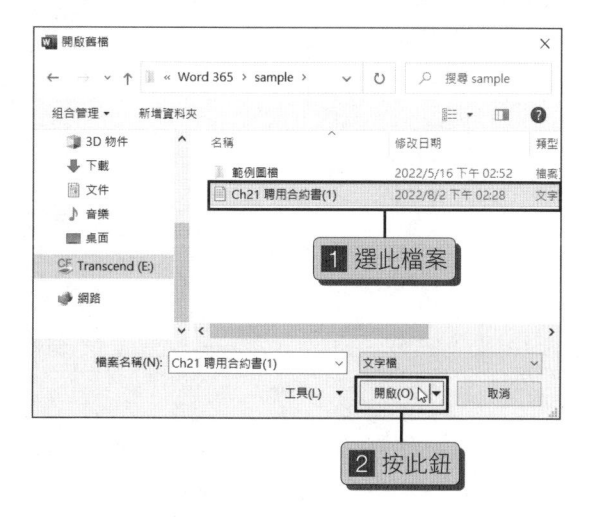

5 使用預設的文字編碼，按下「確定」鈕。

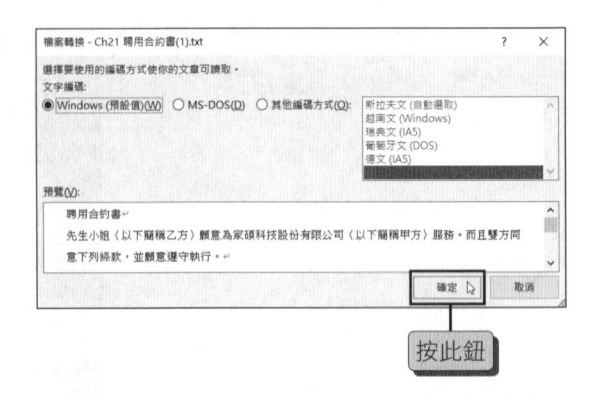

6 文字檔被開啟在 Word 程式中，沒有設定任何格式。請先執行「常用\編輯\選取\全選」指令，選取全部文字。

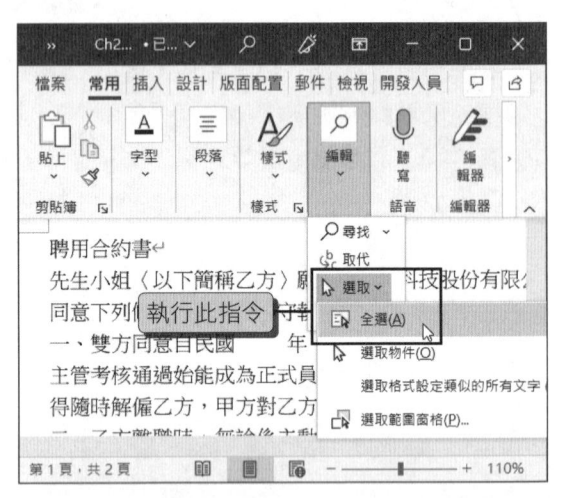

7 選取全部文字後，首先修改字型為「微軟正黑體」。

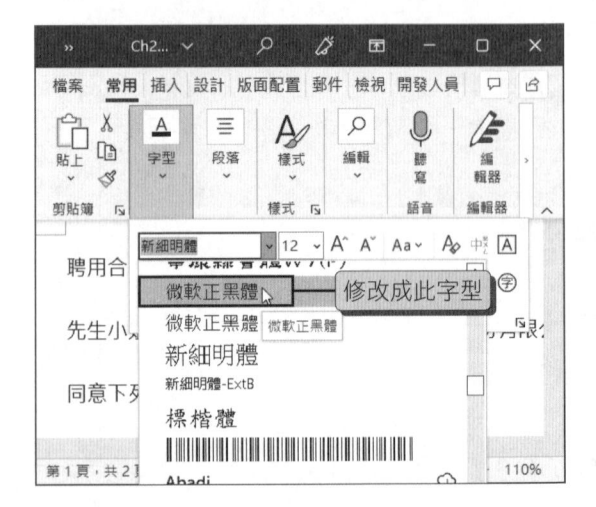

8. 變更字型後，受限於字型間距的關係，總頁數暴增至 4 頁。按下 「常用 \ 段落 \ 行距與段落間距」清單鈕，執行「行距選項」指令。

9. 開啟「段落」對話方塊，取消勾選「文件格線被設定時，貼齊格線」，並設定行距為「固定行高」，行高設定為「18 點」，設定完成按「確定」鈕。

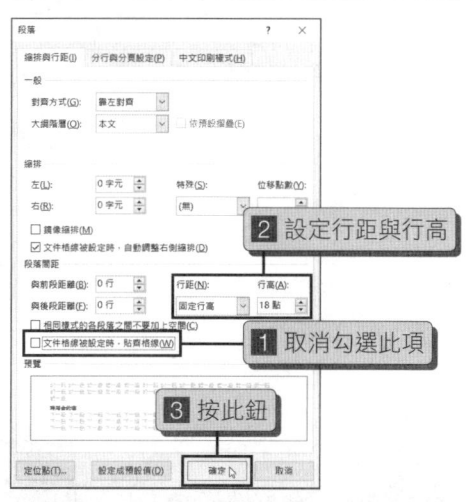

10. 接著設定局部文字格式，選取文件標題「聘用合約書」文字，變更字型大小為「22」，選擇「置中對齊」方式，按下 「行距與段落間距」清單鈕，重新選擇「1.0」單行間距。

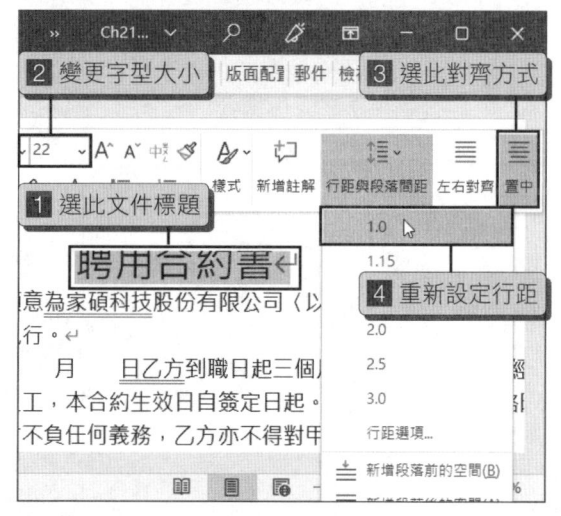

11 先在「先生小姐」文字前方加上空格約 5 字元（按鍵盤空白鍵 10 下），接著選取「先生小姐」文字，修改字型大小為「24」，按下 ▲ 「亞洲配置方式」清單鈕，選擇執行「組排文字」指令。

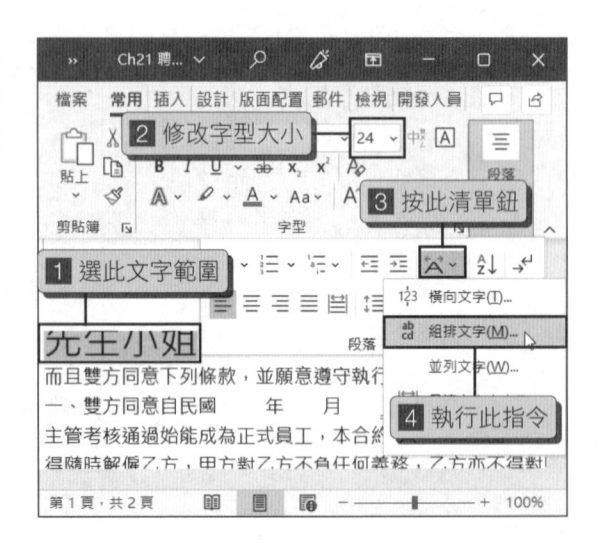

12 開啟「組排文字」對話方塊，不必再修改字型大小，直接按「確定」鈕。

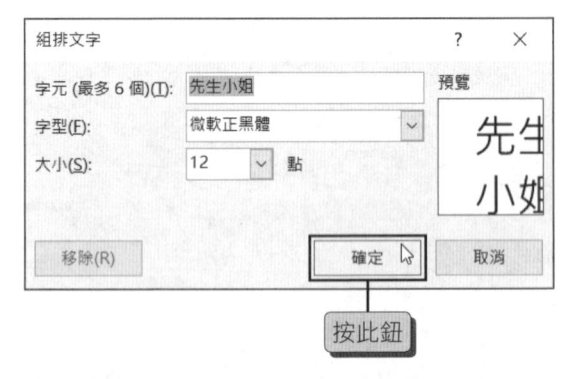

13 由於組排文字會比一般文字高，因此按下「行距與段落間距」清單鈕，重新選擇「1.0」單行間距，讓文字都能顯現。

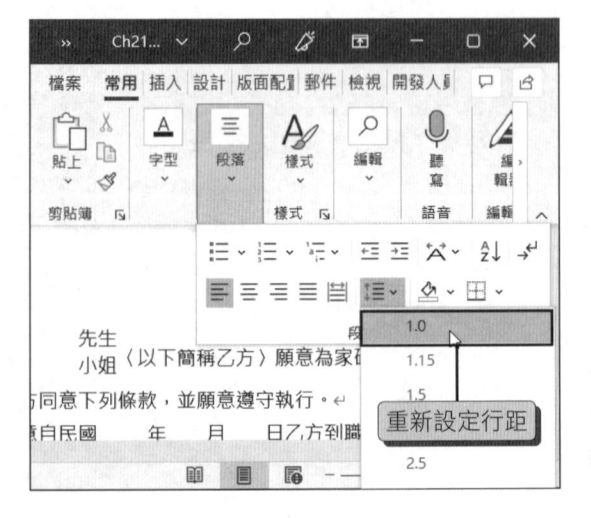

14 在進行其他格式設定前，先執行「儲存檔案」指令，將文字檔轉存為 Word 檔案。

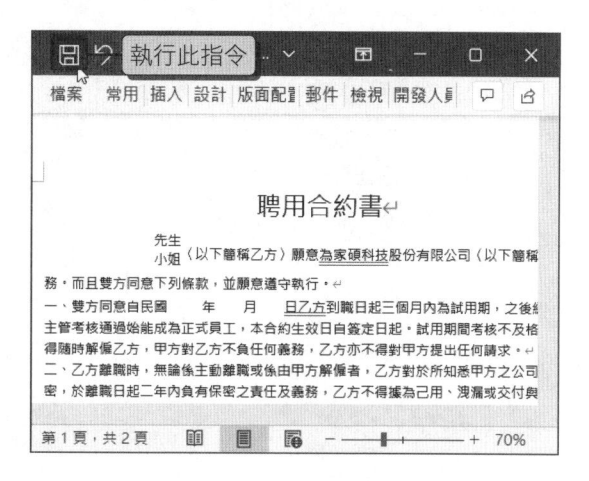

15 選擇「否」，另外儲存成 Word 檔案格式。

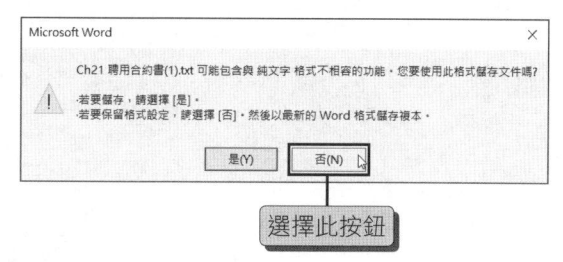

16 開啟「另存新檔」對話方塊，選擇要儲存的資料夾，輸入檔案名稱「Ch21 聘用合約書 (2)」，按「儲存」鈕。

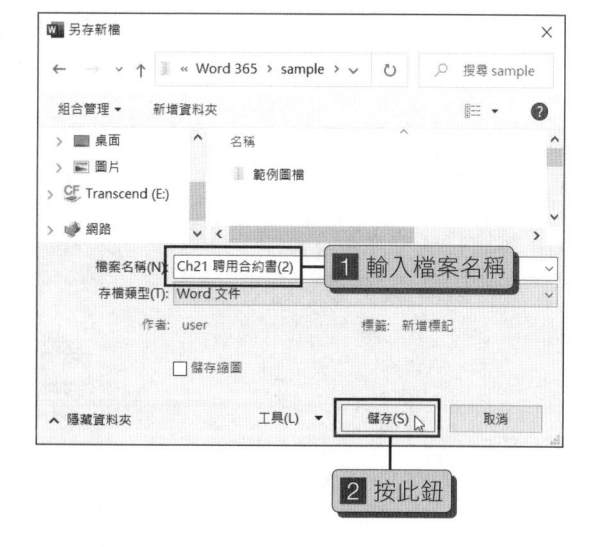

17 請延續上一步驟或另外開啟「Ch21 聘用合約書(2).docx」，選取「編號一」標號一整段文字，在「常用 \ 段落」功能區中，按下 ≡ 、「編號」清單鈕，執行「定義新的編號格式」指令。

18 開啟「定義新的編號格式」對話方塊，按下「編號樣式」清單鈕，選擇「一, 二, 三 (繁)...」數字樣式。

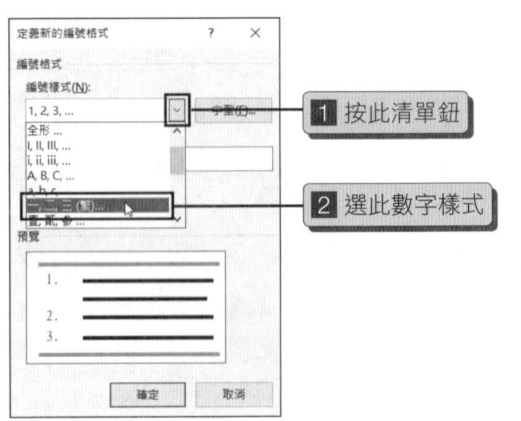

19 編號格式中會顯示選擇的編號樣式，將編號格式數字後方的「.」改成「、」，讓編號格式修改成「一、」，按「確定」鈕。

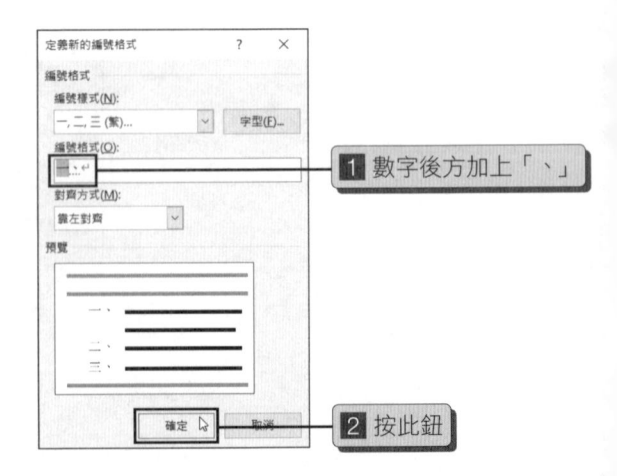

20 原先編號一前方出現新設定的編號樣式，將原有的編號刪除，留下自動編號。按住鍵盤【Ctrl】鍵，選取原有編號二～編號十四範圍文字，但不要選取其他編號樣式，如（一）或1、的文字內容，按下「編號」清單鈕，選擇套用剛設定的編號樣式。

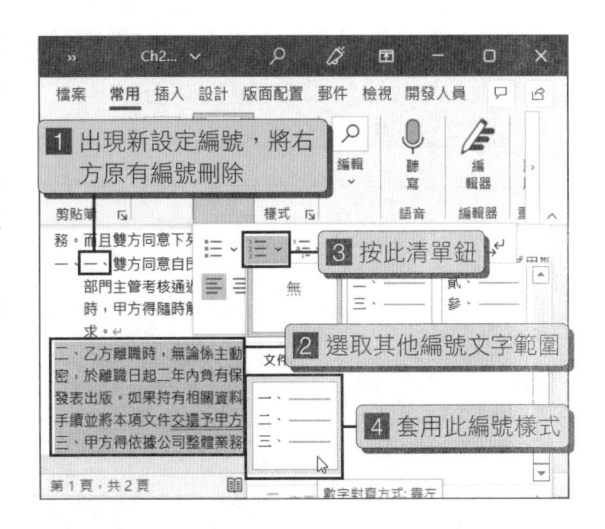

21 自動重新編號，按滑鼠右鍵開啟快顯功能表，執行「繼續編號」指令，讓編號接續上一個，並將舊有編號刪除。

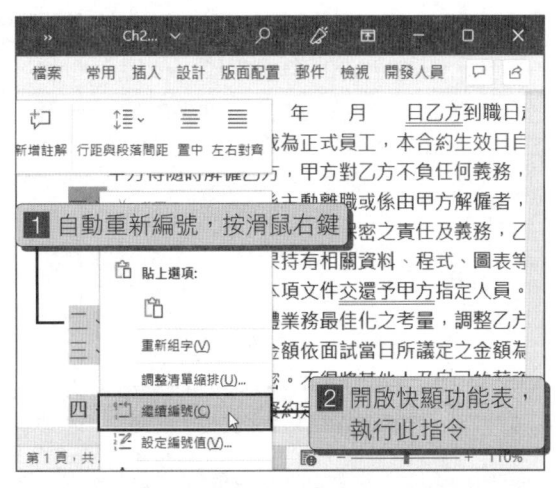

22 選取編號五下方第二層編號（一）～（四）文字範圍，按住尺規上的「靠左縮排」符號，向右拖曳到約「2」位置，讓第二層編號縮排與文字對齊。

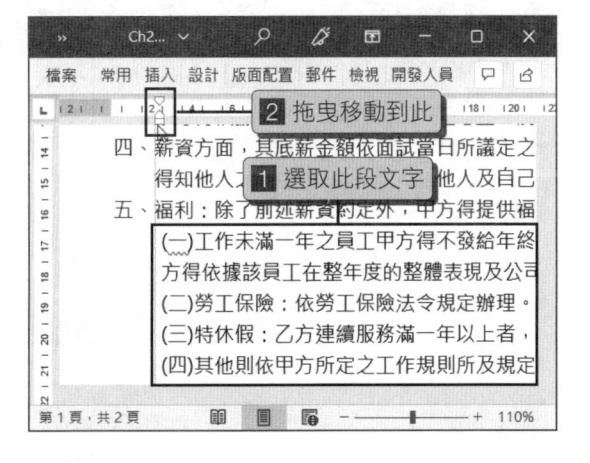

23 將編輯插入點移到「編號十」文字最後方，執行「版面配置 \ 分隔設定 \ 分頁符號」指令。

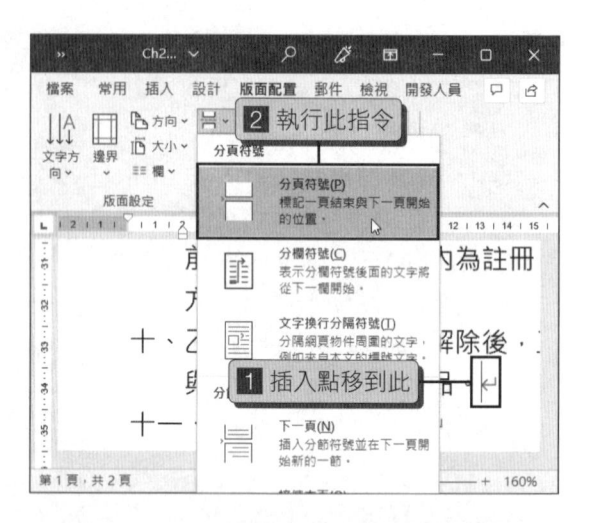

24 編號十一開始被強迫移到第二頁，刪除空白的編號之後，依照步驟 22 的方法，調整其他階層編號的對齊位置。

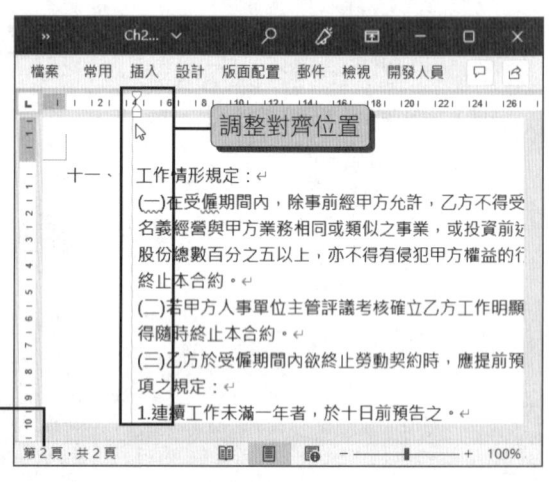

25 最後將編輯插入點移到最後一行日期部分，在「常用 \ 段落」功能區中，執行 📄「分散對齊」指令，讓文字平均分散在頁寬。

單元 22　在職證明書 | 165

範例檔案：PART 2\Ch22 在職證明書

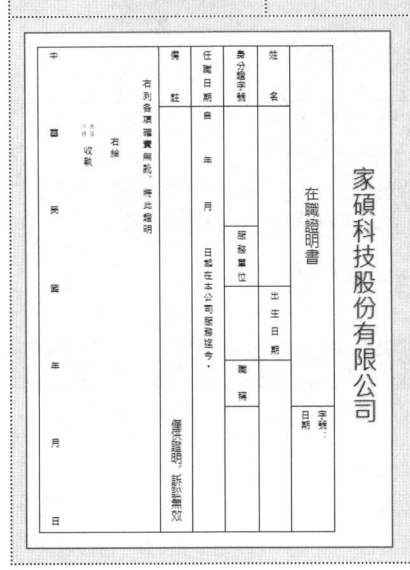

單元 22 在職證明書

員工在公司以外的場所，如果想要申請會員卡或信用卡時，承辦單位有時候會要求提供有公司用印的在職證明書，雖然現在多數會以公司服務證或薪資轉帳證明代替，但是還是有一些單位會需要提供此份證明文件。

範例步驟

1. 大部分表格都以橫式的方式呈現，若要製作直式的表格可就有一些難度，請開啟 Word 程式，新增一份空白文件。切換到「插入」功能索引標籤，按下「表格」清單鈕，選擇插入「7x8」表格範圍，由於直式表格分割儲存格容易錯亂，建議列數可以多預備，到時再以合併儲存格的方式處理。

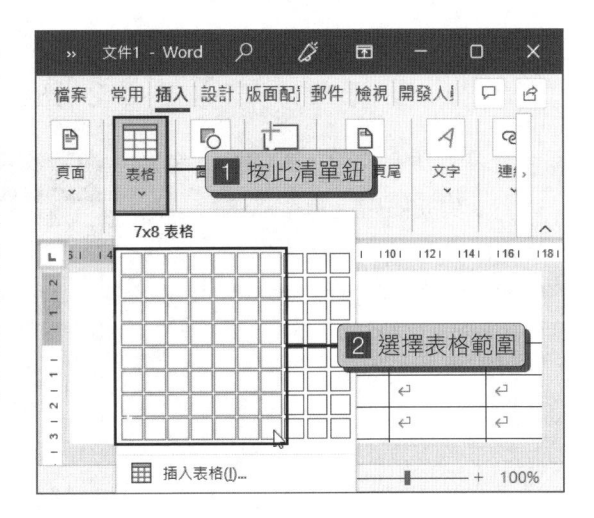

   1 按此清單鈕
   2 選擇表格範圍

2 按下表格左上角的 ⊞ 符號選取整張表格，在「版面配置\對齊方式」功能區中，執行「直書/橫書」指令，將表格內文字設定為直書。

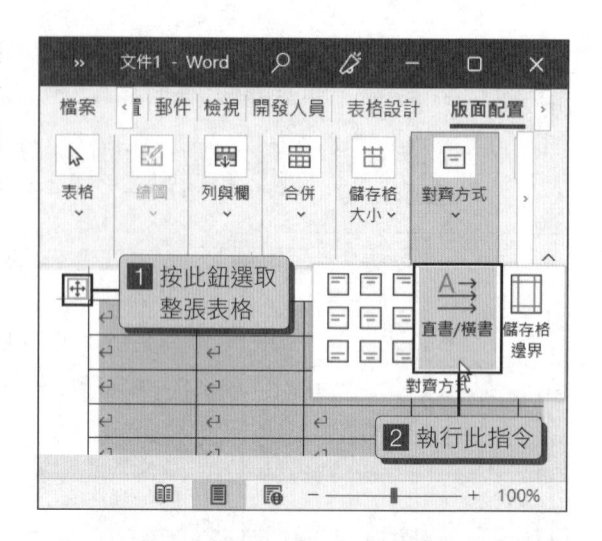

3 將游標移到最後一列下框線位置，當游標圖案變成 ÷ 符號，按住滑鼠左鍵，拖曳調整最後一列列高到接近下邊界，但不要讓文件超過到第 2 頁。

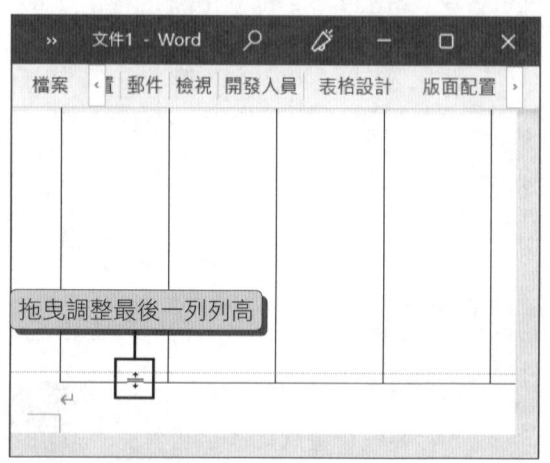

4 最後在「版面配置\儲存格大小」功能區中，執行「平均分配列高」指令，準備工作完成了，開始設計表格內容。

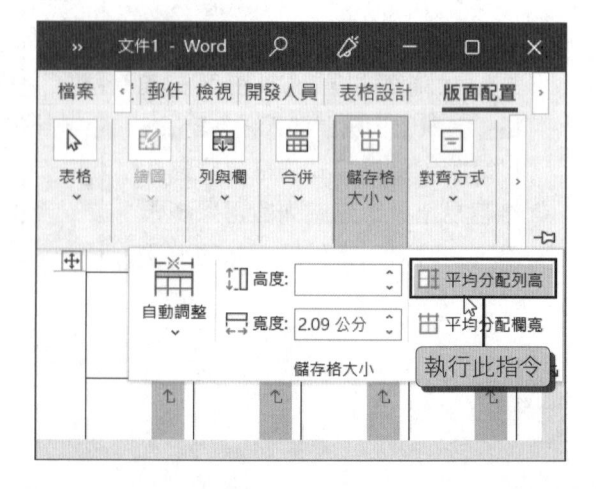

5 請開啟範例檔案「Ch22 在職證明書(1).docx」，本範例已將文字格式及大部分儲存格式設定完成。選取「字號日期」及下方儲存格範圍，在「版面配置＼合併」功能區中，執行「合併儲存格」指令。

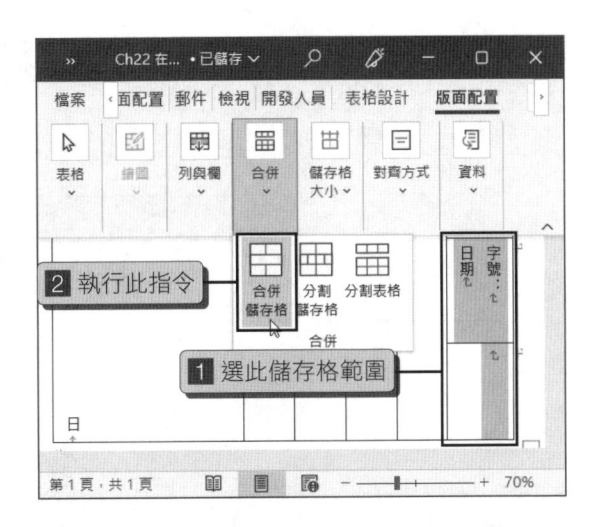

6 選取上方標題文字儲存格範圍，在「版面配置＼對齊方式」功能區中，按下 圖「置中上下對齊」圖示鈕。

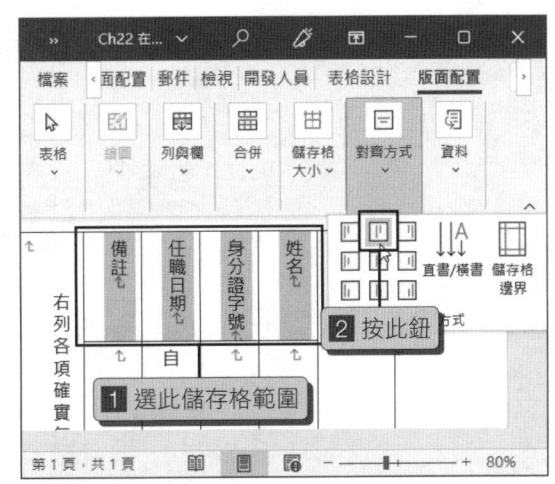

7 表格標題文字水平置中對齊，但垂直靠上對齊。繼續選取這些儲存格範圍，切換到「常用」功能索引標籤，在「段落」功能區中，按下 圖「分散對齊」鈕。

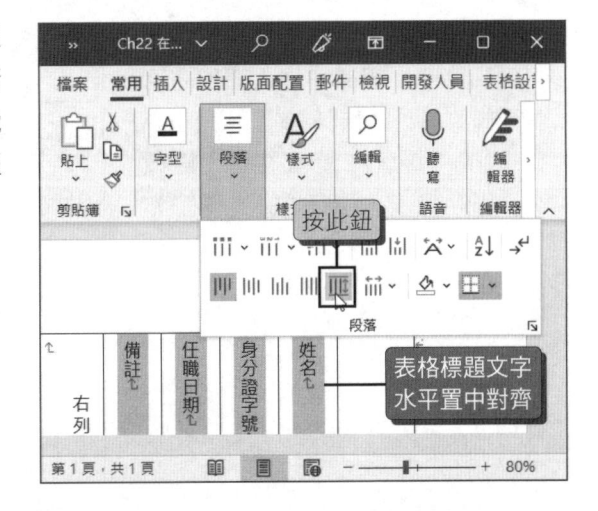

8. 接著切換到「插入」功能索引標籤，按下「圖案」清單鈕，執行插入 ▷「垂直文字方塊」指令。

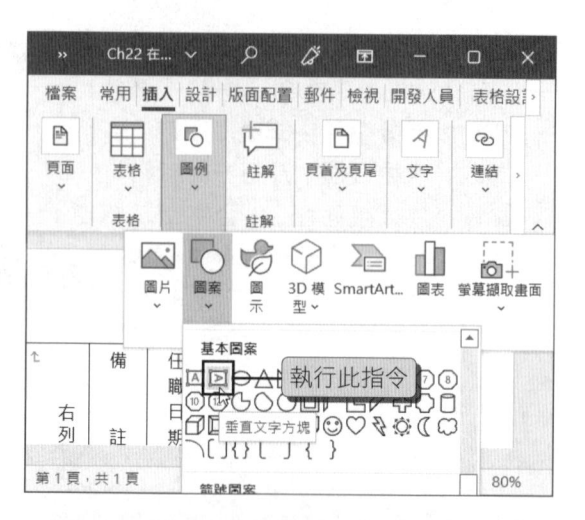

9. 使用拖曳的方式，在備註欄下方繪製垂直文字方塊。

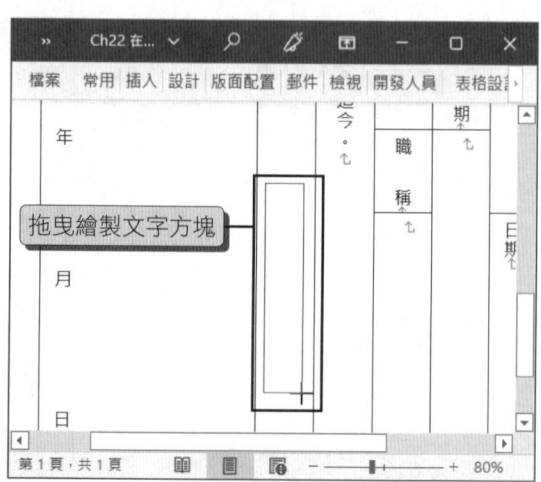

10. 在文字方塊中輸入「僅供證明，訴訟無效」字樣，輸入完成將字型修改成「微軟正黑體」，大小為「16」；接著按滑鼠右鍵，開啟快顯功能表，執行「設定圖形格式」指令。

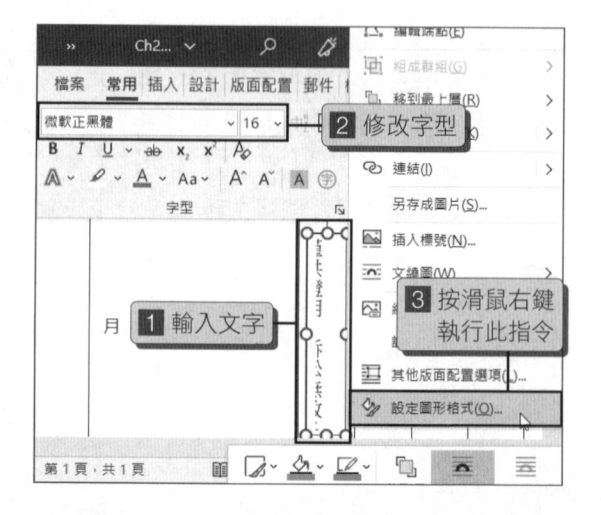

單元 22　在職證明書 | 169

11 開啟「設定圖形格式」工作窗格，按下「文字選項」的 「版面配置與內容」鈕，調整文字方塊邊界為左邊界「0 公分」、右邊界「0 公分」。

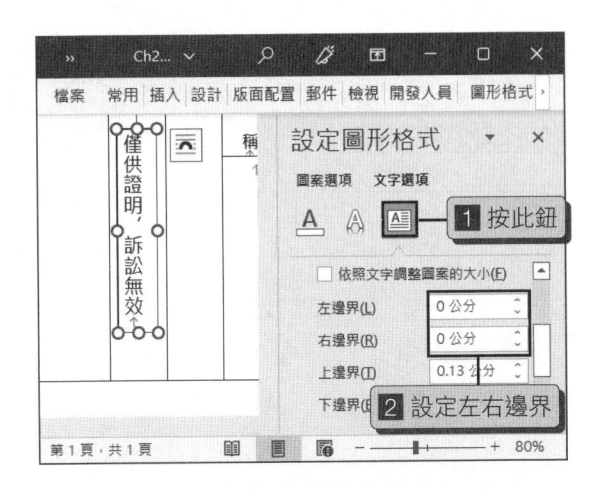

12 按下「圖案選項」的 「填滿與線條」鈕，在「線條」下選擇「無線條」選項，按下工作窗格右上方 ✕「關閉」鈕，可關閉工作窗格。

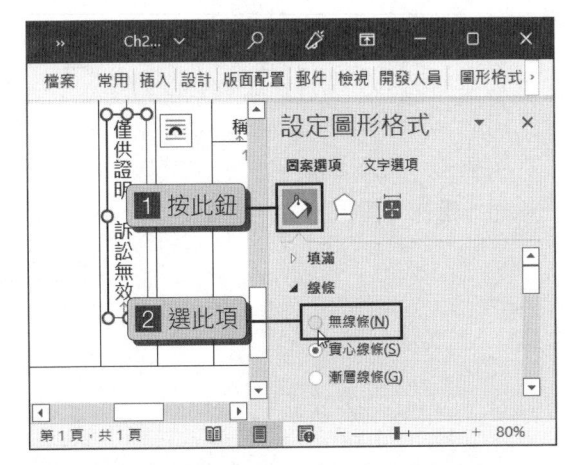

13 最後將按住垂直文字方塊上方的控制鈕，調整大小及位置到備註欄的底端。

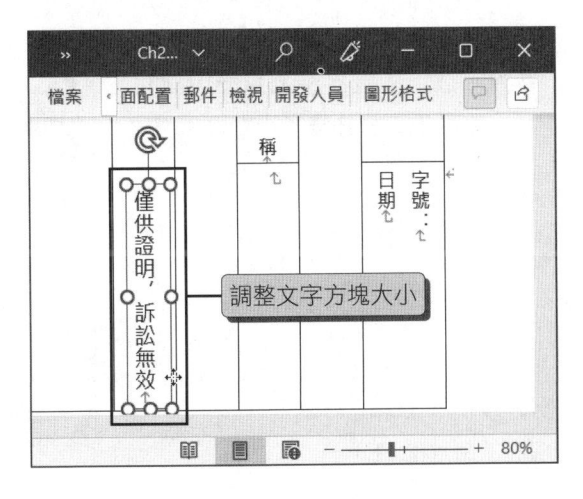

14 切換到「插入」功能索引標籤，在「文字」功能區中，按下「文字藝術師」清單鈕，選擇「填滿-黑色，文字色彩1，陰影」樣式。

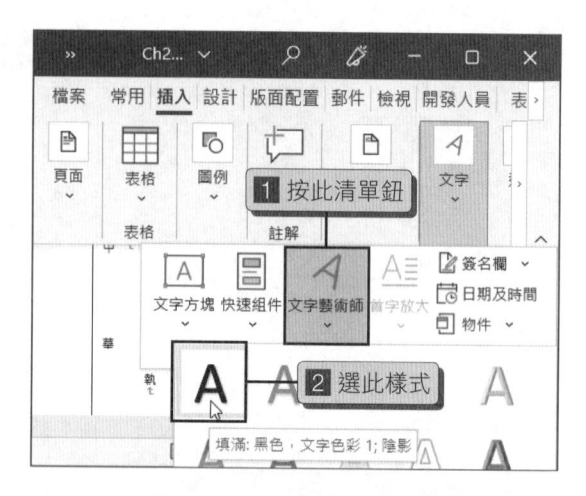

15 在預設的文字藝術師方塊中輸入公司名稱「家碩科技股份有限公司」，切換到「圖形格式」功能索引標籤，按下「文字方向」清單鈕，選擇「垂直」文字方向。

16 切換到「版面配置」功能索引標籤，按下「邊界」清單鈕，執行「自訂邊界」指令。

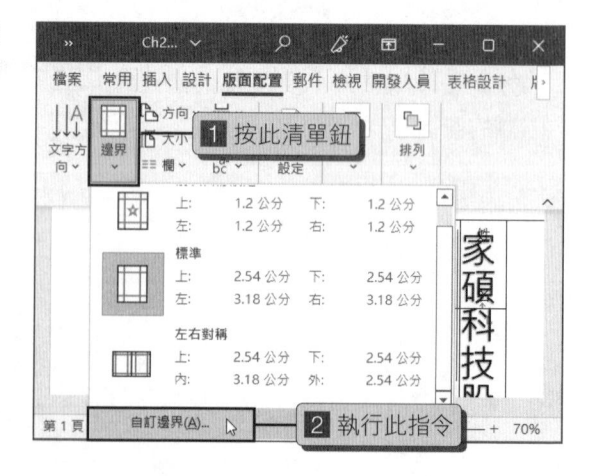

17 開啟「版面設定」對話方塊，設定左邊界為「2 公分」、右邊界為「4 公分」，設定完成按「確定」鈕。

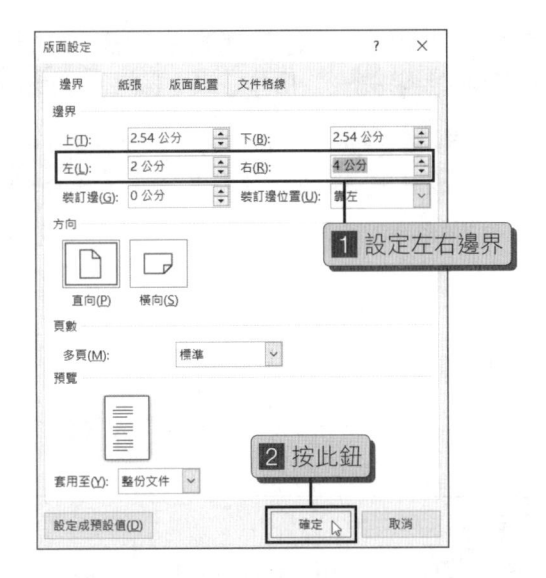

18 最後將公司名稱的文字方塊調整到適當位置即可。

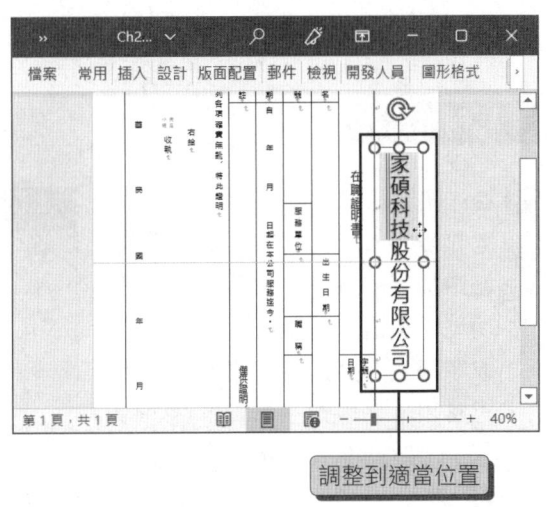

單元 23 人評會考核表

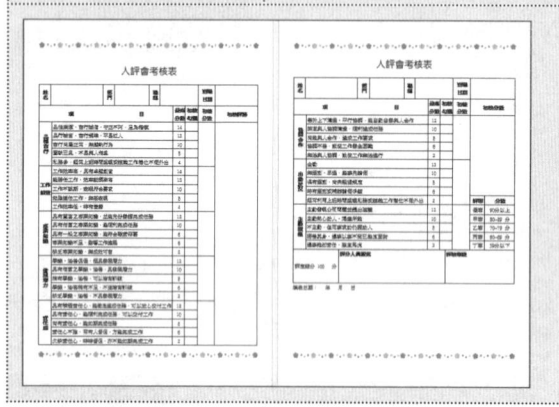

範例檔案：PART 2\Ch23 人評會考核表

人評會考核員工需要有固定的評鑑標準，因此不妨將考核的項目內容製作成表單，方便讓評審委員可以使用勾選的方式進行考核，最後再加總成績評鑑。

範例步驟

1 請先開啟範例檔案「Ch23 人評會考核表(1).docx」，本章要介紹表格中文字的編排方式及其他表格功能。先選取「項目」文字，選取時不要選到段落符號，切換到「常用」功能索引標籤，在「段落」功能區中，執行「分散對齊」指令。

1 選取表格內文字
2 執行此指令

2 開啟「最適文字大小」對話方塊，在新文字寬度處調整寬度到「15字元」，按「確定」鈕回到編輯視窗。

3 原本2字元寬度的文字變寬成15字元寬。接著選取「初核分數」文字，在「常用\段落」功能區中，按下 「亞洲配置方式」清單鈕，執行「組排文字」指令。

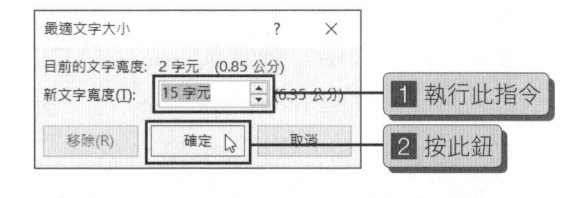

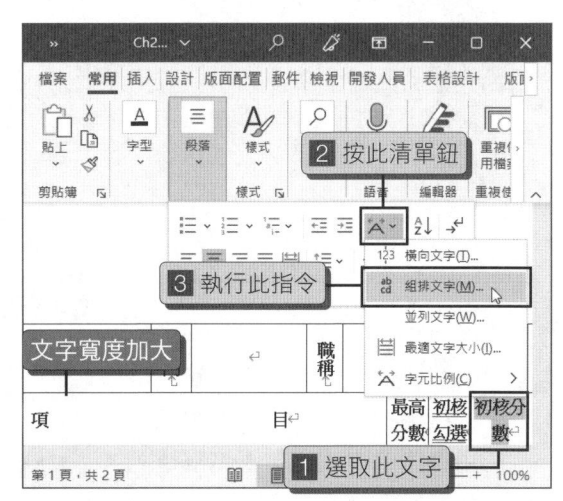

4 開啟「組排文字」對話方塊，將大小由「6」點改成「12」點，以維持原有字型大小，設定完成按「確定」鈕。

5 繼續選取「品德言行」文字，切換到「表格設計」後方的「版面配置」功能索引標籤，在「對齊方式」功能區中，按下「直書/橫書」鈕，將文字由橫書轉換成直書。

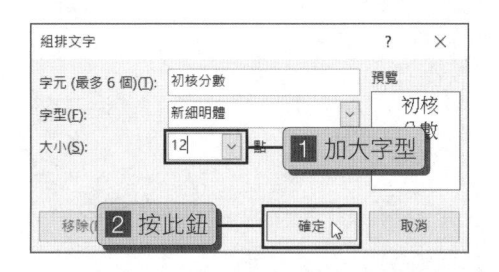

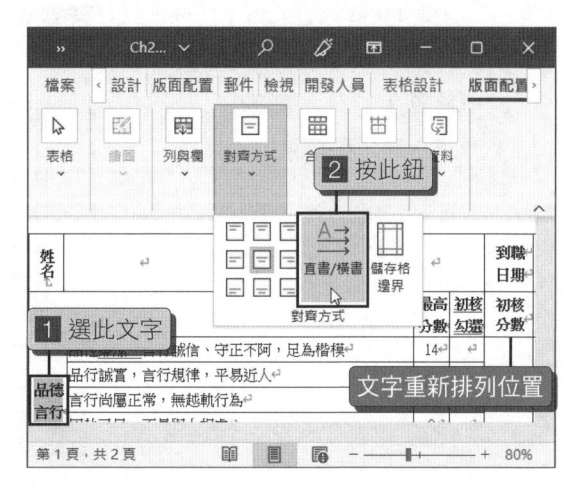

6 將下方考核項目標題都改為直書。由於考核項目分成不同類別，原有的細框線無法立刻分辨，因此建議使用較粗的框線，將同類別的區域加上粗外框線。切換到「表格設計」功能索引標籤，在「框線」功能區中，按下「框線樣式」清單鈕，選擇「實心單線 1 1\2pt」樣式。

7 此時游標符號會變成 ✎「複製框線」符號，在要加粗的框線上，使用點選的方式繪製表格框線，也可以使用拖曳的方式繪製同欄或同列的表格框線。

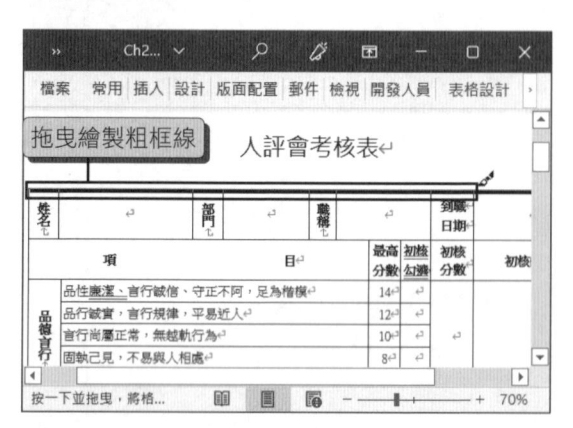

8 當游標還是 ✎ 符號時，可以持續繪製框線，全部繪製完畢後，將游標移到表格外的編輯區，按一下滑鼠左鍵即可結束。

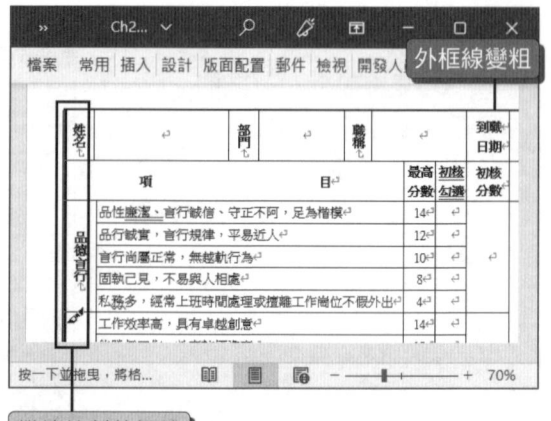

9 選取前 3 列表格標題,切換到「常用」功能索引標籤,在「剪貼簿」功能區中,執行「複製」指令。

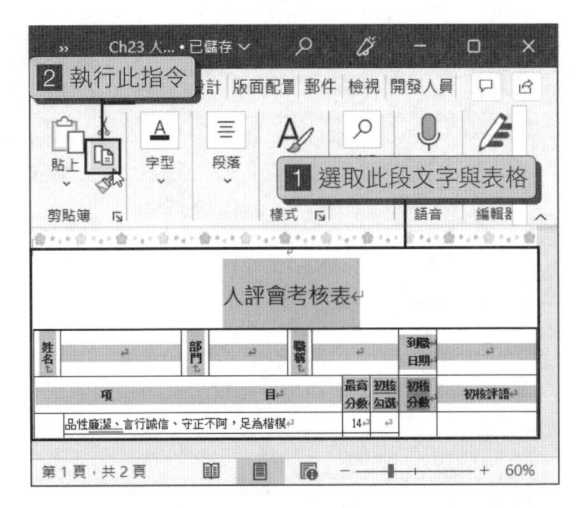

10 將游標插入點移到第 2 頁第一列表格位置,切換到「版面配置」功能索引標籤,在「合併」功能區中,執行「分割表格」指令。

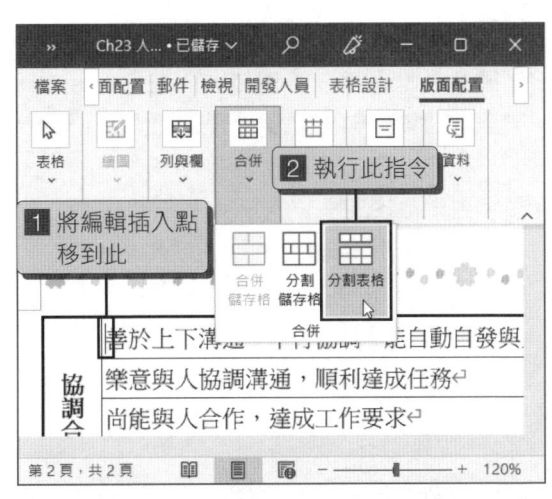

11 此時表格被一分為二,兩個表格中間出現編輯插入點。在此插入點位置執行「常用\剪貼簿\貼上」指令。

12 剛被複製的表格列被貼到第 2 頁的位置，但是屬於與第 1 頁的表格是相同的一個。在編輯插入點位置，按下鍵盤【Del】鍵，再將第 1 頁表格與第 2 頁表格合而為一。

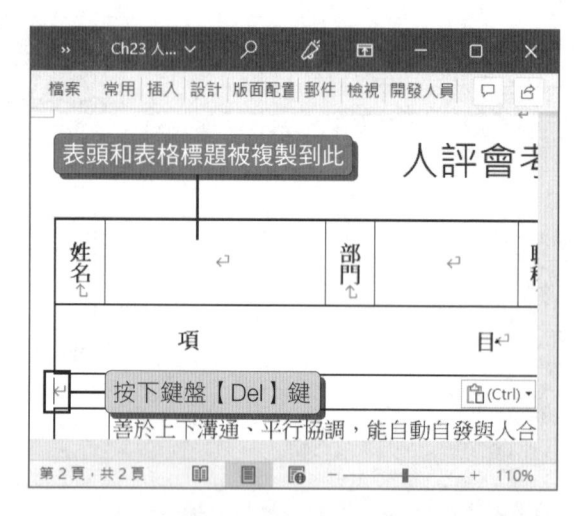

13 由於第 1 頁標題「初核評語」在第 2 頁是不存在的欄位，而是要以「初核分數」頂替。反白選取「初核分數」文字，直接拖曳文字到「初核評語」前方。

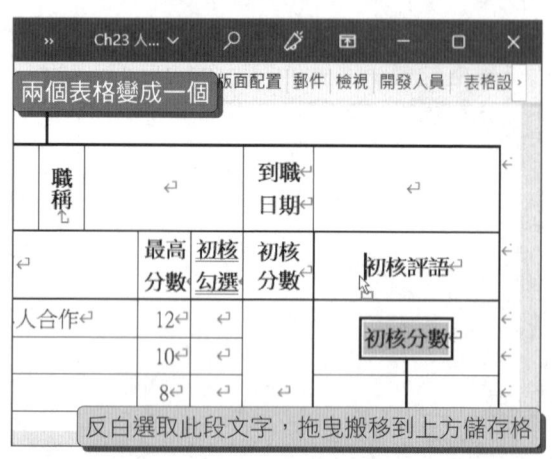

14 再將「初核評語」文字刪除。選取「初核分數」下方 2 個儲存格，切換到「版面配置」功能索引標籤，執行「合併儲存格」指令。

單元 23　人評會考核表 | 177

15 表格設計得差不多了，按下「檔案」功能索引標籤，準備進行列印工作。

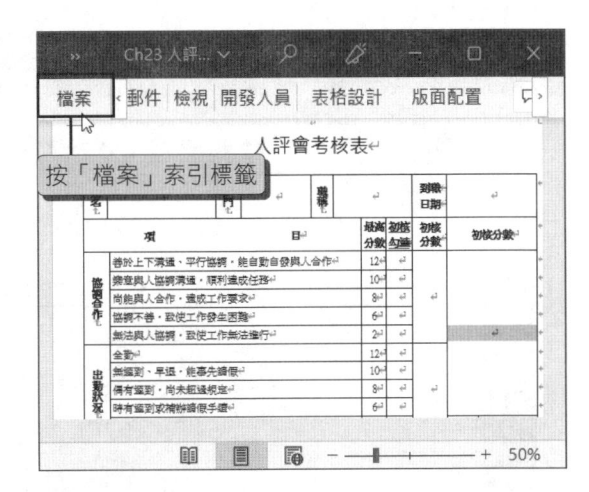

16 切換到「列印」索引標籤，按下「單面列印」旁的清單鈕，重新選擇「手動雙面列印」選項。

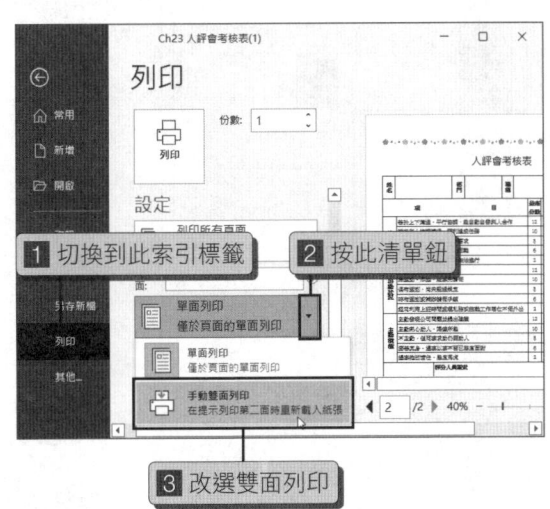

17 最後依據要考核的人數，選擇列印的「份數」，按下「列印」鈕即可進行手動雙面列印。

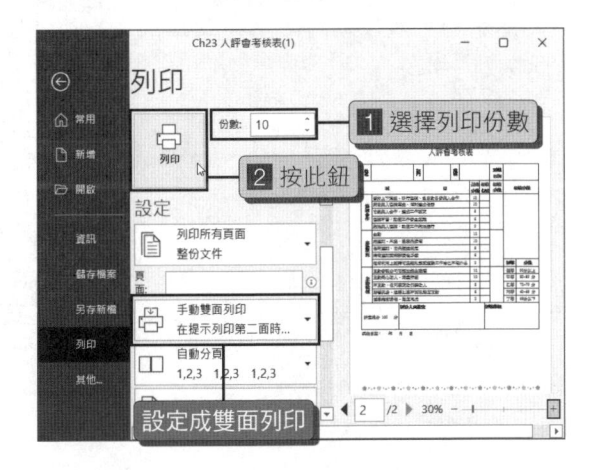

單元 24 留職停薪申請書

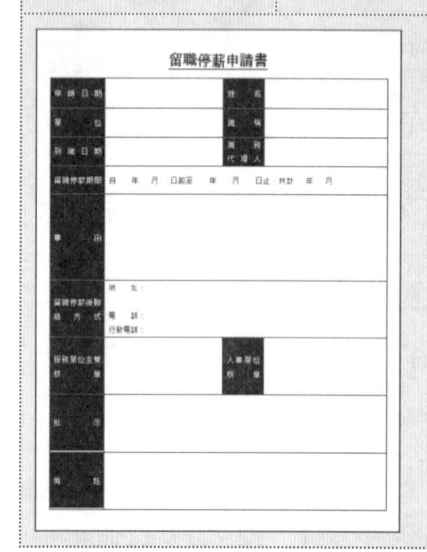

範例檔案：PART 2\Ch24 留職停薪申請書

工作了一段時間有時候會想要再進修，或者婦女懷孕需要在家長期休息，這時候就可以向公司申請留職停薪，大部分的公司只要員工申請事由合理，又有備用人力可以支援的狀況下，都會鼓勵員工申請留職停薪進行再進修。

範例步驟

1 請先開啟範例檔案「Ch24 留職停薪申請書(1).docx」，選擇前六行標題文字，按下「插入＼表格」清單鈕，選擇執行「文字轉換為表格」指令。

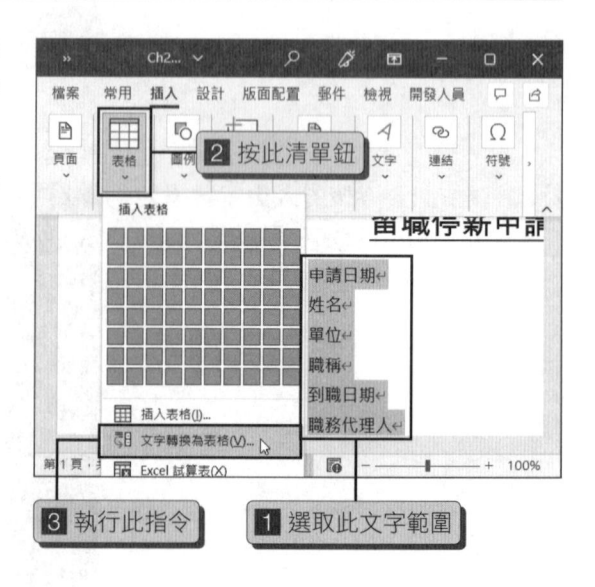

2 按此清單鈕
3 執行此指令
1 選取此文字範圍

單元 24　留職停薪申請書 | 179

2 開啟「文字轉換為表格」對話方塊，選擇「欄數」為「2 欄」，按下「確定」鈕。

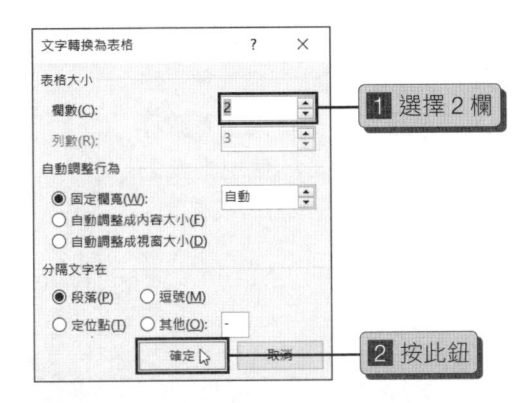

3 前六行文字轉換成 2 欄 3 列的表格。選擇表格後的 3 行文字，按下「插入＼表格」清單鈕，再次執行「文字轉換為表格」指令。

4 再次開啟「文字轉換為表格」對話方塊，這次使用預設的設定值，直接按「確定」鈕。

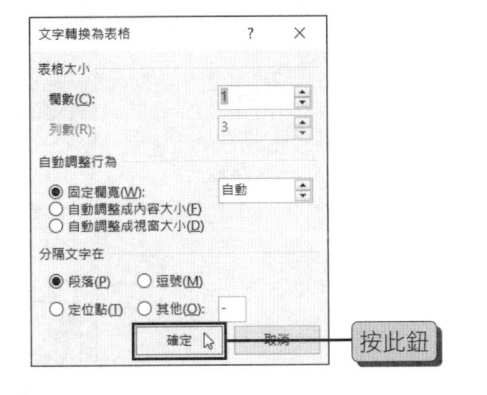

5 文字轉換成 1 欄 3 列的表格。接著執行「版面配置\手繪表格」指令，當游標變成 ✏ 符號，將游標移到申請日期後方，使用拖曳的方式繪製直線，藉以分隔表格。

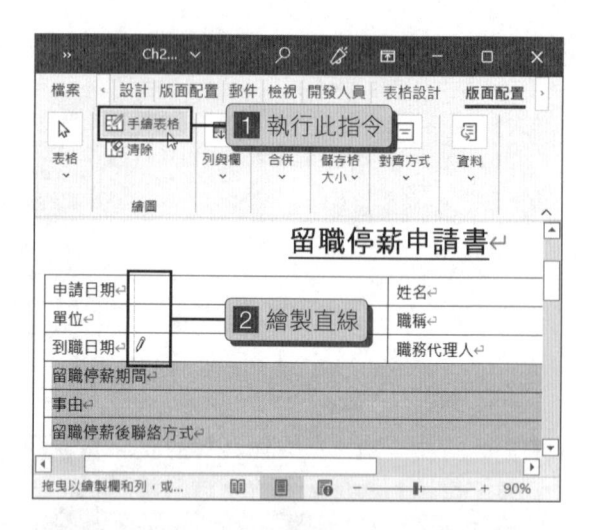

6 表格被分成兩欄。接著在姓名後方再繪製一條直線，分割後 3 列表格，繪製完畢，再次執行「手繪表格」指令，結束手繪表格。

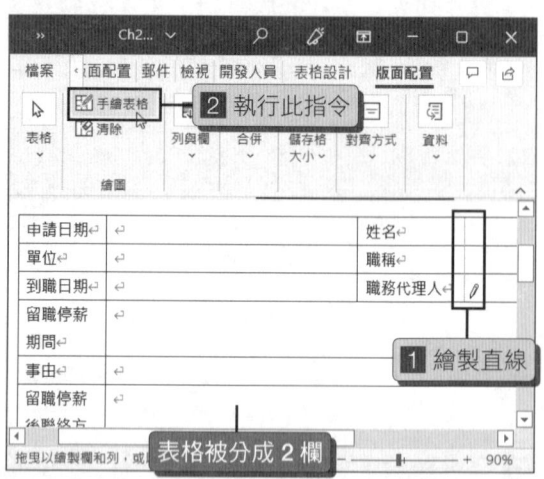

7 選取「地址」~「行動電話」3 行文字，拖曳移動文字到「留職停薪後聯絡方式」後方儲存格中。

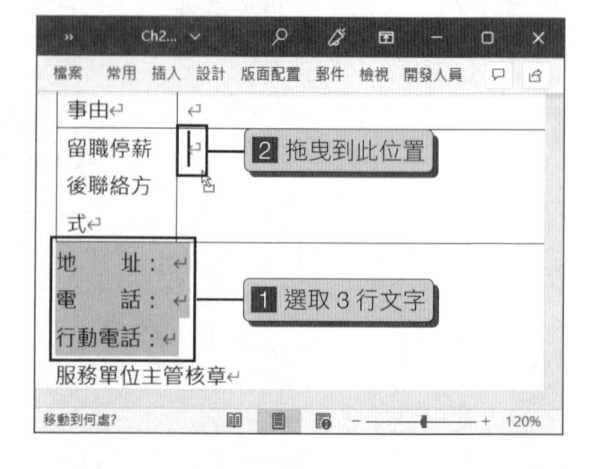

單元 24　留職停薪申請書 | *181*

8 接著依照上述步驟方法，將其他文字也轉換成表格。

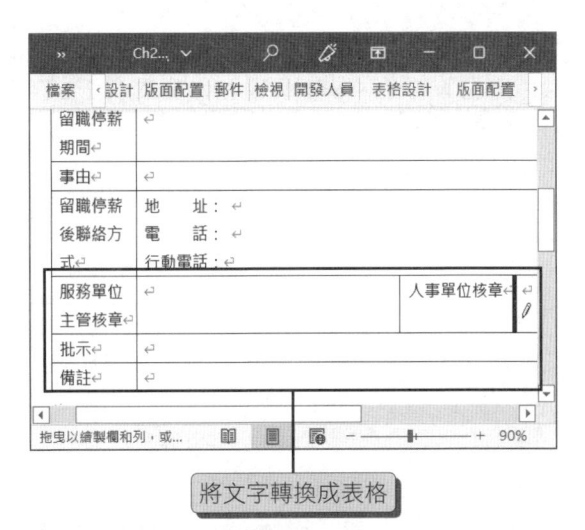

將文字轉換成表格

9 請先開啟範例檔案「Ch24 留職停薪申請書(2).docx」，繼續下列步驟。選取前 4 列儲存格範圍，按滑鼠右鍵開啟快顯功能表，執行「表格內容」指令。

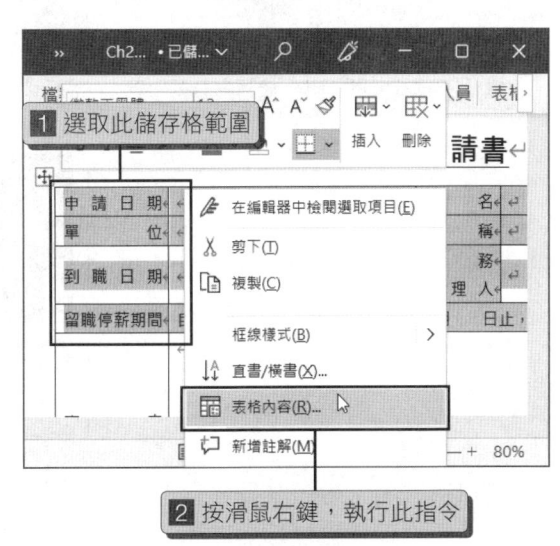

1 選取此儲存格範圍
2 按滑鼠右鍵，執行此指令

10 開啟「表格內容」對話方塊，切換到「列」標籤，勾選「指定高度」並設定高度為「1.5 公分」，選擇列高為「最小高度」，設定完畢按「確定」鈕。

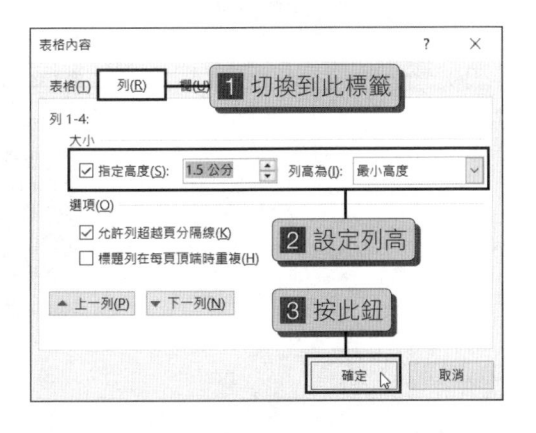

1 切換到此標籤
2 設定列高
3 按此鈕

11 將游標移到第一欄上方，當游標變成 ↓ 符號，按下滑鼠左鍵選取整欄。

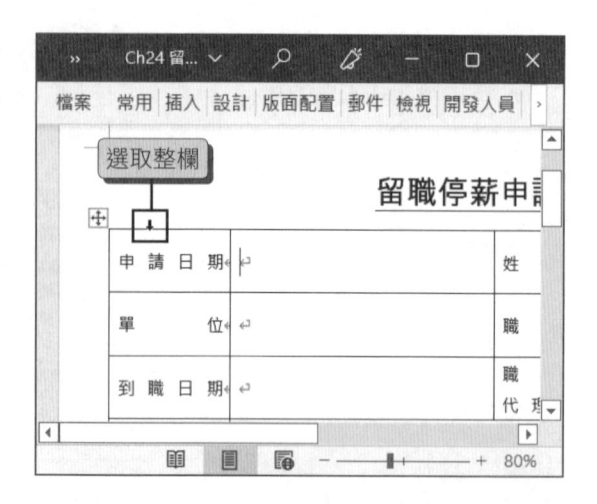

12 按滑鼠右鍵開啟快顯功能表，按下「填滿色彩」清單鈕，選擇「藍灰色, 文字2, 較深 50%」。

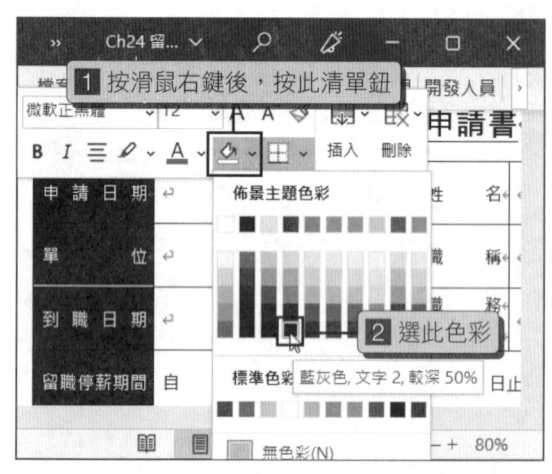

13 選取「姓名」等第 3 欄儲存格，按滑鼠右鍵開啟快顯功能表，按下「填滿色彩」鈕，即可套用上一個色彩設定。

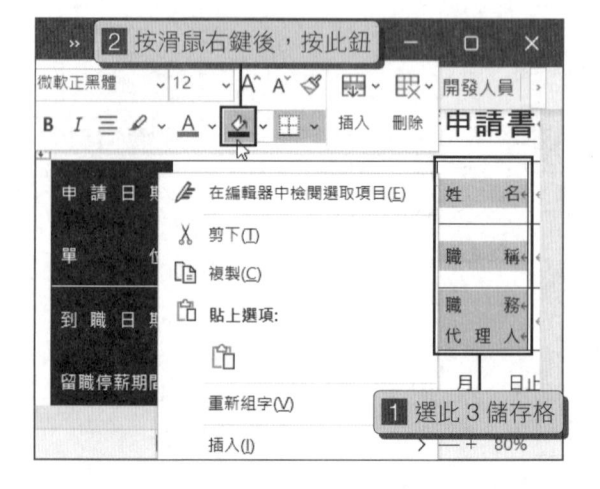

單元 24　留職停薪申請書 | 183

14 按下表格左上角 ⊞ 符號，選取整張表格，按滑鼠右鍵開啟快顯功能表，按下 ⊞ ﹀「框線」清單鈕，執行「框線及網底」指令。

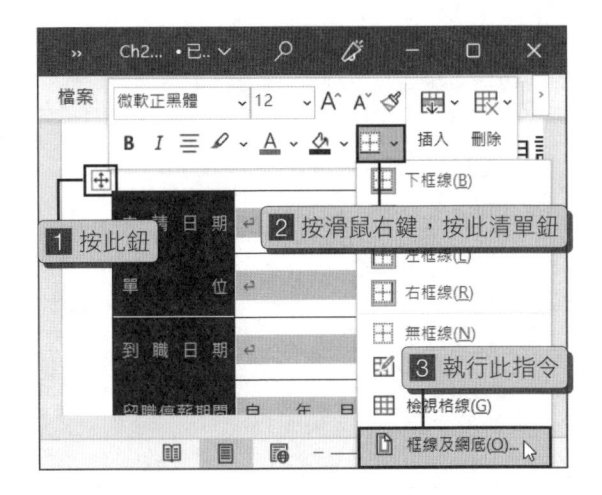

15 開啟「框線及網底」對話方塊，先按下「格線」鈕，按下色彩清單鈕，選擇「藍色，輔色 1，較深 25%」框線色彩。

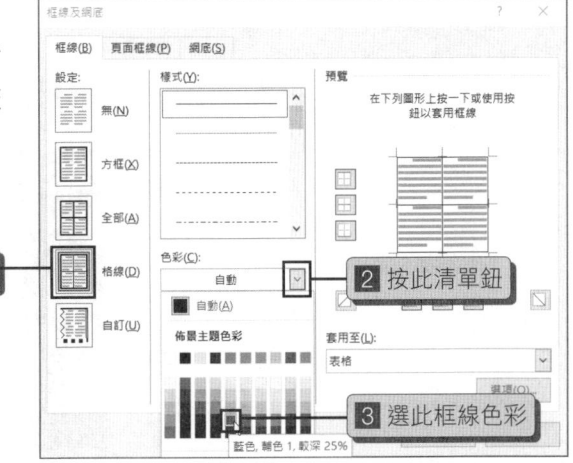

16 繼續按下「寬」清單鈕，選擇「2 1\4pt」框線寬度，這個寬度的框線只會套用到外框線。

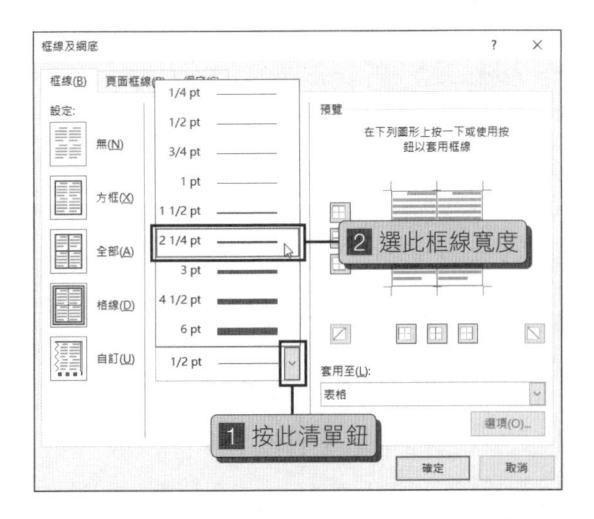

17 預覽設定的框線樣式，沒有問題後按「確定」鈕。

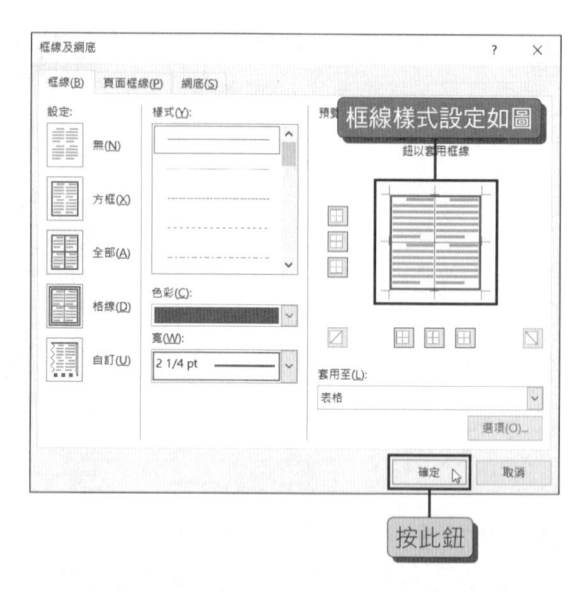

18 最後將「人事單位核章」儲存格欄位套用相關設定即可。

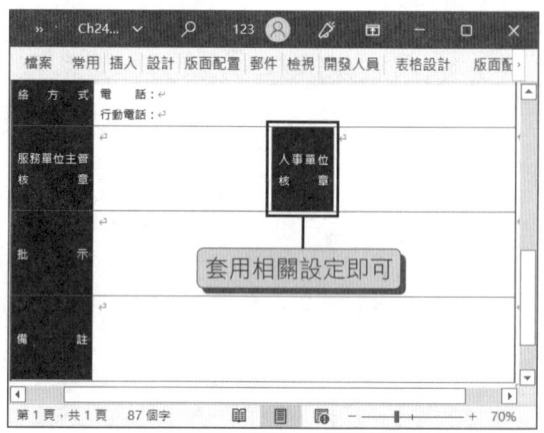

單元 25　離職申請書

範例檔案：PART 2\Ch25 離職申請書

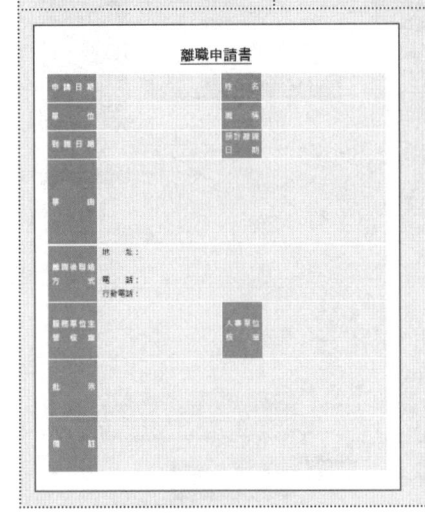

離職申請書和留職停薪申請書大同小異，只是留職停薪需要註明留職期間及代理人，而離職申請書則是要有預計離職日期，好讓部門及人事單位安排交接事宜，其他程序大致相同。

範例步驟

1 請先開啟範例檔案「Ch24 留職停薪申請書.docx」，沒錯！就是將留職停薪申請書修改成離職申請書。選取表首名稱中的「留職停薪」文字，在「常用\編輯」功能區中，執行「尋找」指令。

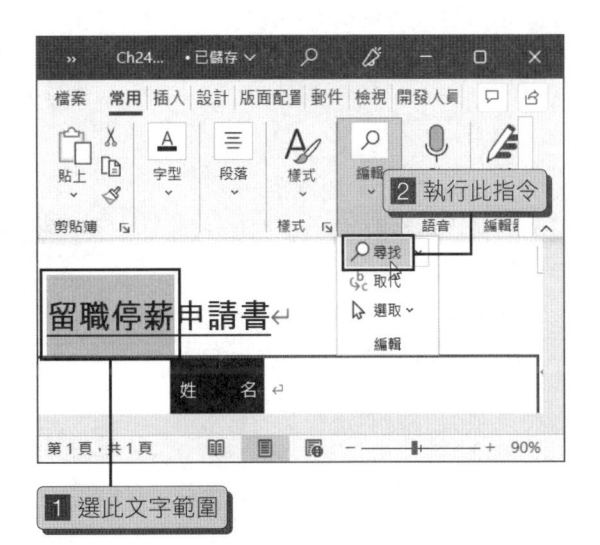

2 開啟「導覽」工作窗格，其中顯示尋找的結果共 3 筆。按下「留職停薪」旁的清單鈕，執行「取代」指令。

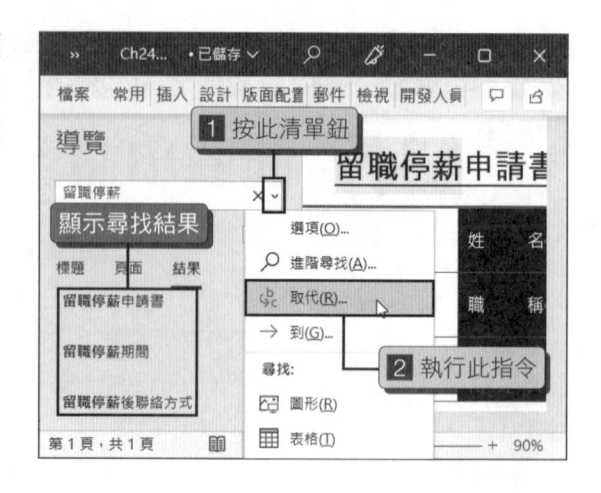

3 開啟「尋找及取代」對話方塊，自動輸入尋找目標為「留職停薪」，輸入取代為「離職」字樣，按下「全部取代」鈕。

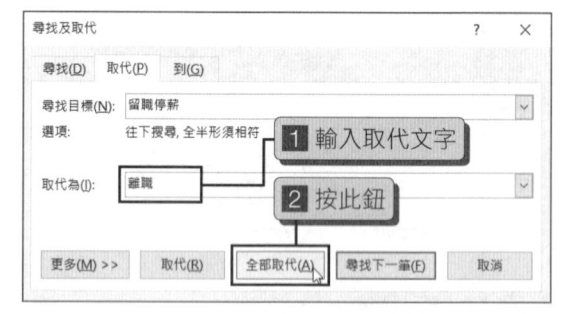

4 顯示提示訊息告知已經取代 3 筆資料，直接按「確定」鈕。

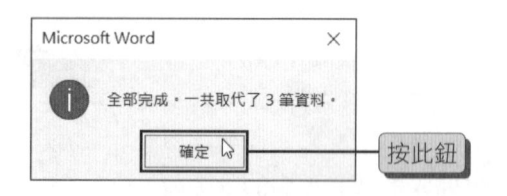

5 回到「尋找及取代」對話方塊，按下「關閉」鈕關閉對話方塊。文件中的文字已經被替換成「離職」字樣，最後按下工作窗格右上方的 ✕「關閉」鈕，關閉工作窗格。

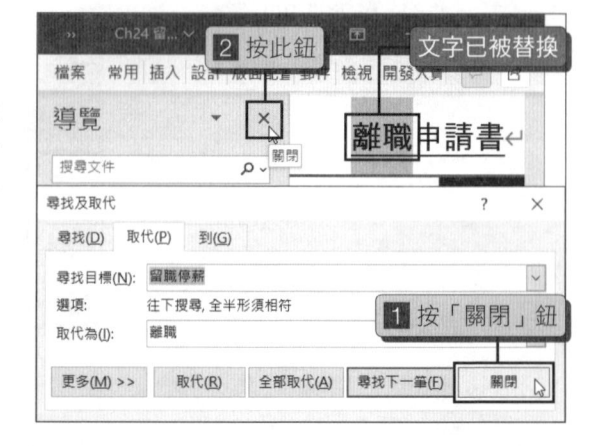

6 選取儲存格文字「職務代理人」，在「常用\剪貼簿」功能區中，執行「剪下」指令。

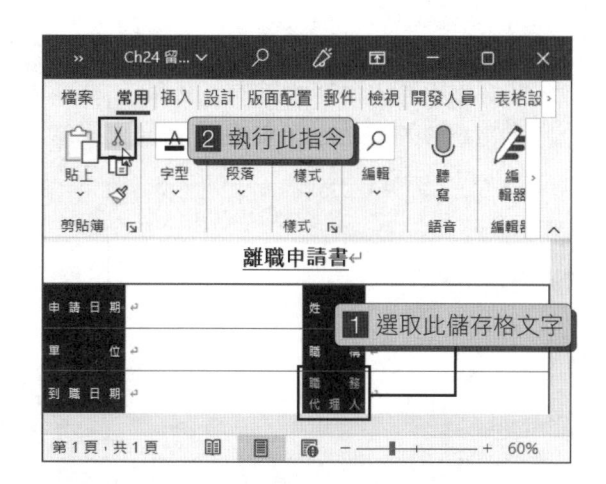

7 在刪除文字的儲存格中重新輸入文字「預計離職日期」。選取整列「離職日期」，切換到「版面配置」功能索引標籤，在「列與欄」功能區中，按下「刪除」清單鈕，執行「刪除列」指令。

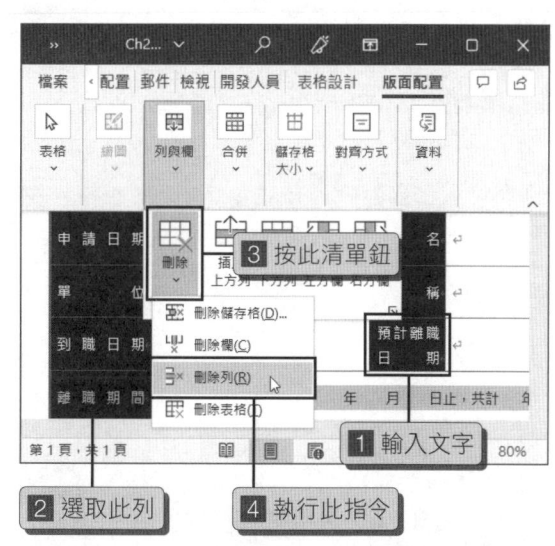

8 切換到「表格設計」功能索引標籤，在「表格樣式選項」功能區中，取消勾選表格樣式選項，只勾選「首欄」選項。設定完成後，在「表格樣式」功能區中，按下 ▽「其他表格樣式」清單鈕。

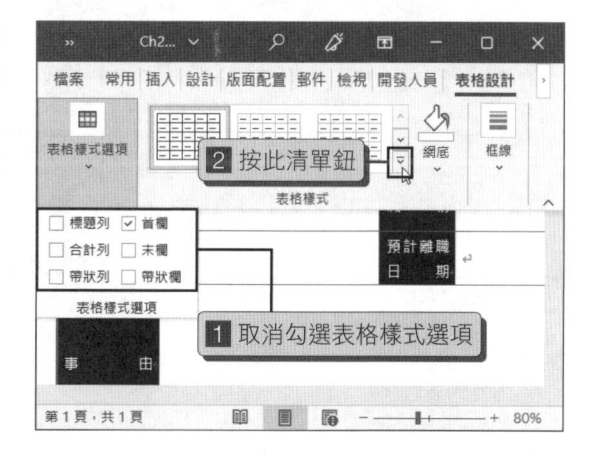

9 此時表格樣式會因為勾選表格樣式選項不同,而有所差異。選擇「格線表格 5 深色,輔色 2」樣式。

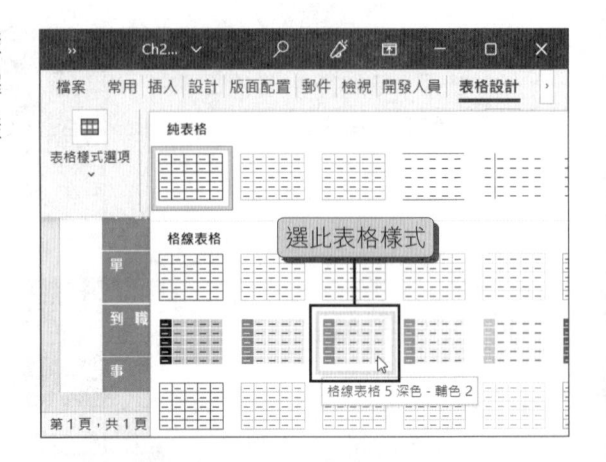

10 表格套用新的樣式,選取首欄,按下 ☲「版面配置\對齊方式\置中對齊」圖示鈕。

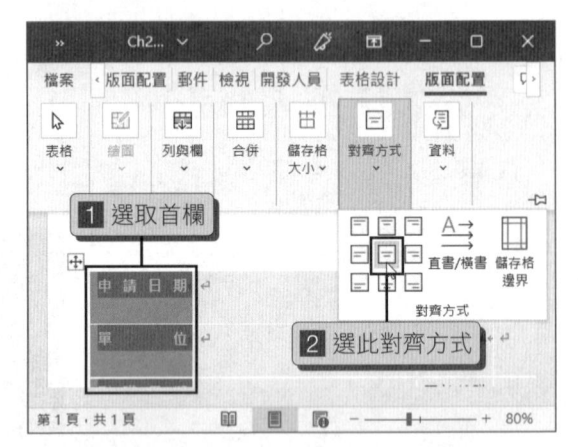

11 繼續切換到「常用」功能索引標籤,按下 ☷「分散對齊」指令。

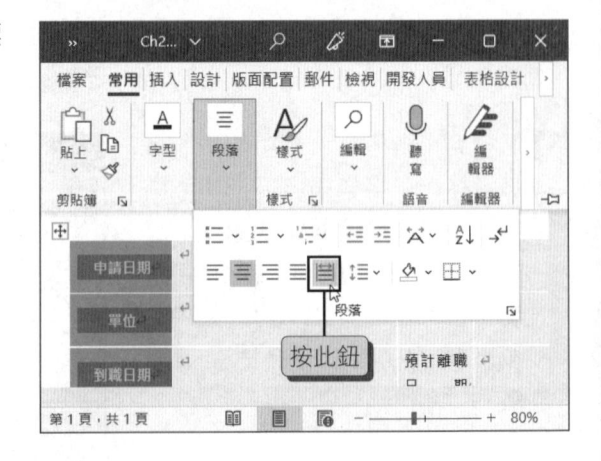

12 由於表格樣式只會套用在首欄標題儲存格，其他欄的標題就要手動變更，選取其他標題儲存格，按下「表格設計\網底」清單鈕，選擇「橙色,輔色6」色彩。

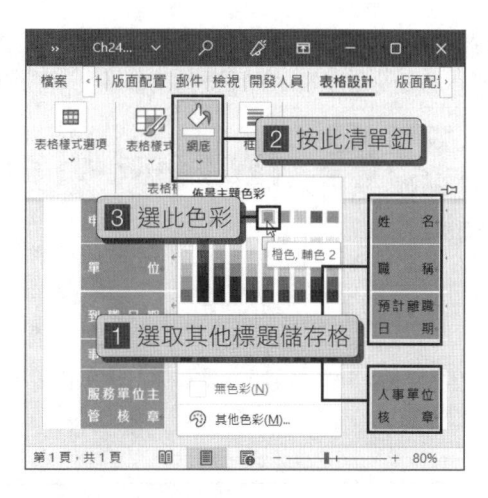

13 繼續按下 A～「常用\字型色彩」清單鈕，選擇「白色」字型色彩。

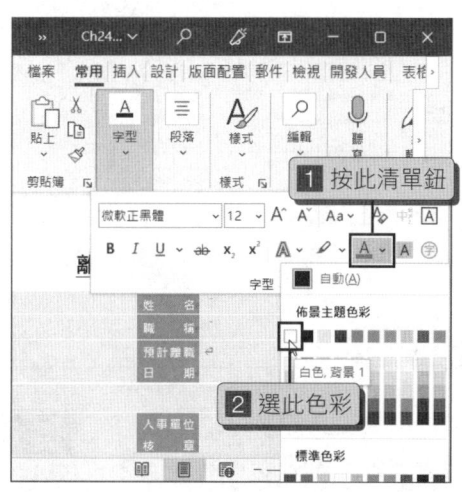

14 若不連續儲存格無法一起設定對齊方式，可以分別選取儲存格範圍，依步驟 10~11 修改儲存格文字對齊方式即可。

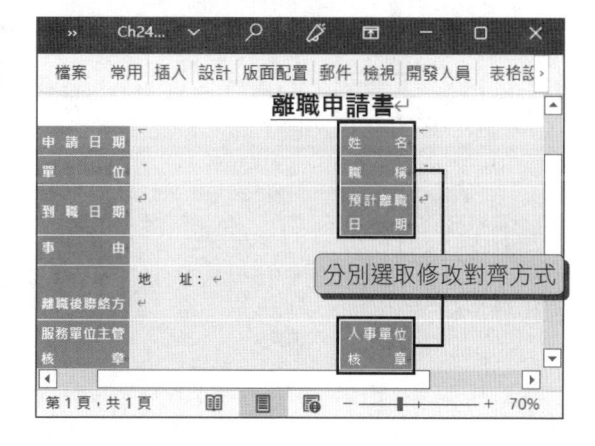

單元 26 離職證明書

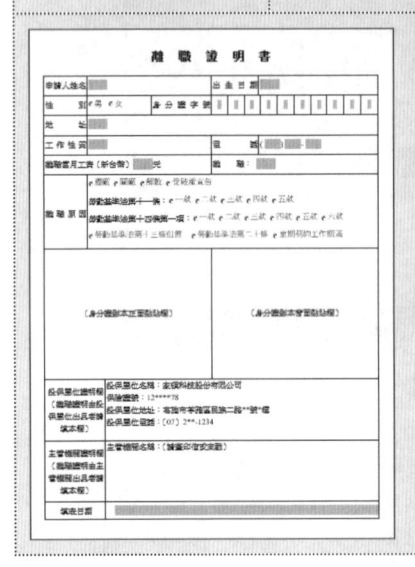

範例檔案：PART 2\Ch26 離職證明書

員工離職有分自願離職和非自願離職兩種，但是如果要申請非自願離職的失業津貼，就必須使用勞保局適用的離職證明書，因此不妨直接將官方版本的離職證明書，修改作為公司的人事文件。

範例步驟

1 製作表單的工具除了可以新增到功能表列外，還可以新增到快速存取工具列上，請先開啟範例檔案「Ch26 離職證明書(1).docx」，按下快速工具列上的 ▼ 清單鈕，執行「其他命令」指令。

1 按此清單鈕

2 執行此指令

單元 26　離職證明書 | **191**

2 開啟「Word 選項」對話方塊，在「快速存取工具列」標籤項下，再由此選擇命令清單鈕選擇「[開發人員]索引標籤」，選取「控制項」命令，按下「新增」鈕。

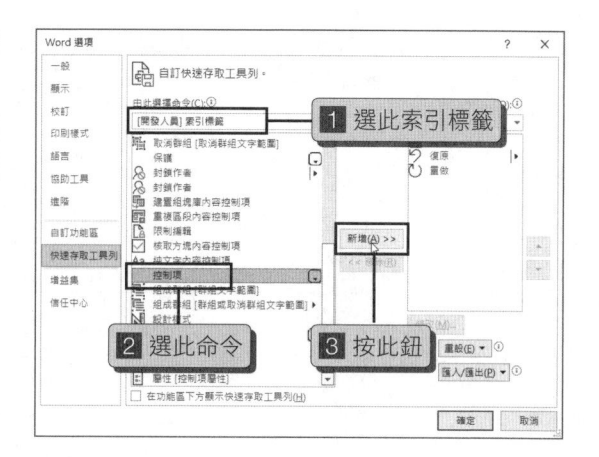

3 命令新增到自訂快速存取工具列，確認後按「確定」鈕。

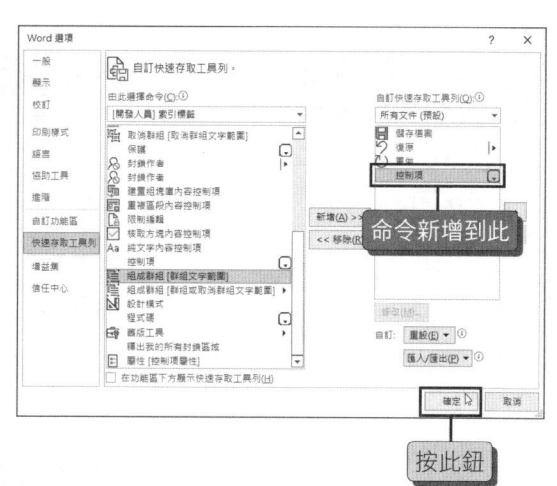

4 快速存取工具列上出現控制項圖示鈕。按下 「控制項」圖示鈕，按 「舊版工具」清單鈕，選擇 「選項按鈕」控制項製作單選鈕。

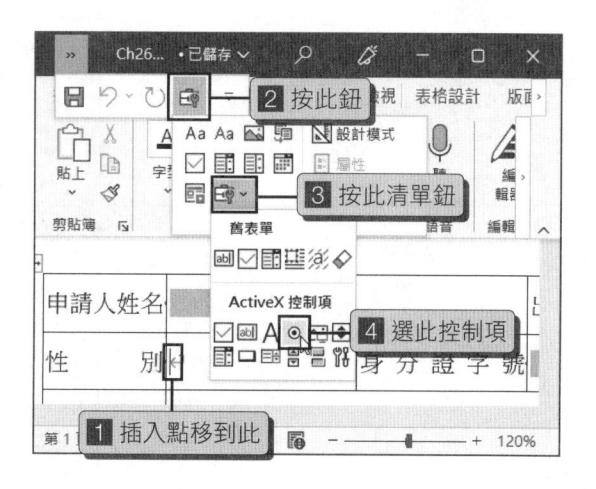

5 選擇按鈕選項物件，按滑鼠右鍵開啟快顯功能表，執行「按鈕選項 物件\編輯」指令。

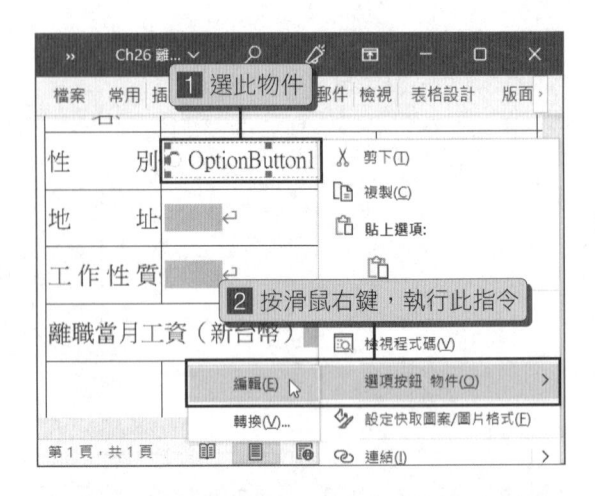

6 在物件中輸入文字「男」，然後調整物件大小到適當位置。

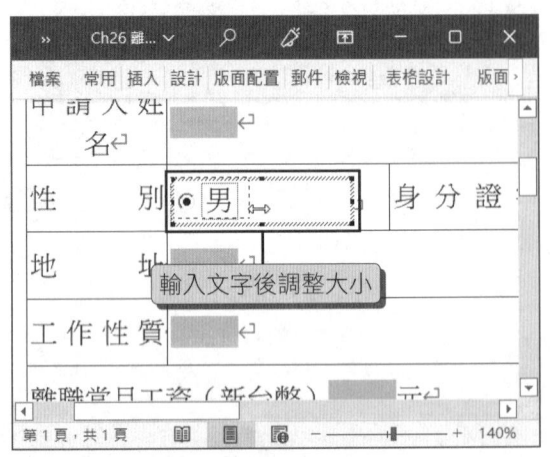

7 繼續選取按鈕選項物件，按下「控制項」圖示鈕，執行「屬性」指令。

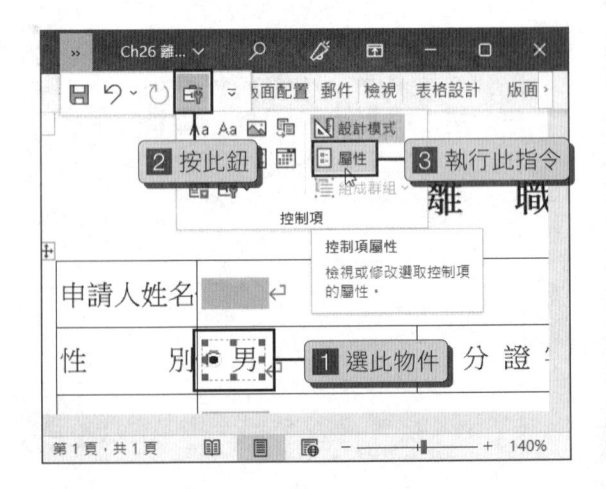

單元 26　離職證明書 | 193

8 開啟「屬性」對話方塊，在「GroupName」中輸入群組名稱「性別」，按下 ✕「關閉」鈕。若不小心 ⦿ 已選取，可在「Value」處改成「False」則可恢復 ○ 未選取狀態。

1 輸入文字
2 按此鈕

9 按住鍵盤【Ctrl】鍵，拖曳複製按鈕物件到右方。

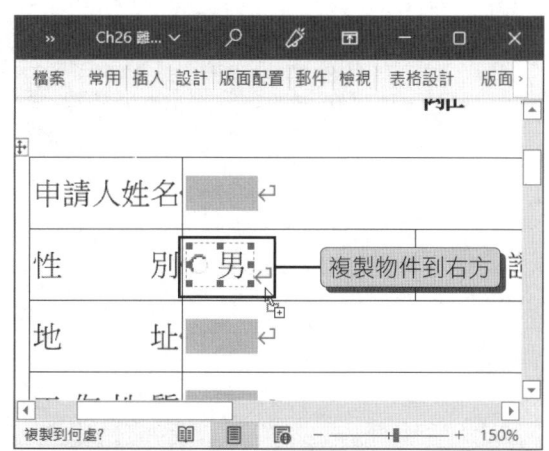

複製物件到右方

10 選取複製的按鈕物件，按滑鼠右鍵開啟快顯功能表，執行「內容」指令。

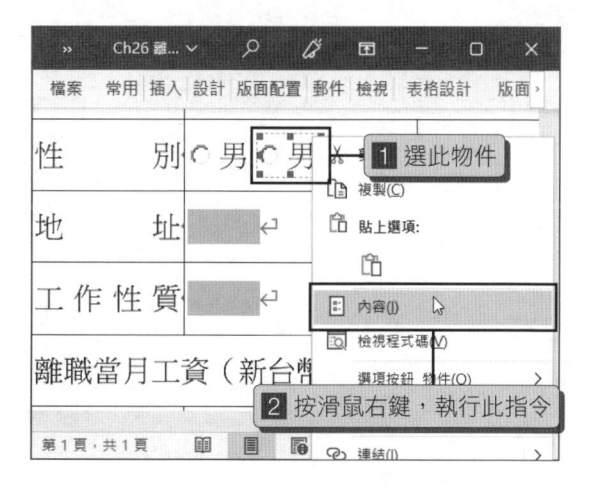

1 選此物件
2 按滑鼠右鍵，執行此指令

11 開啟「屬性」對話方塊，在「Caption」處修改選項性別為「女」，修改完後按 ×「關閉」鈕。

12 選擇「出生日期」後方的文字欄位，按下「控制項」圖示鈕，執行「屬性」指令。

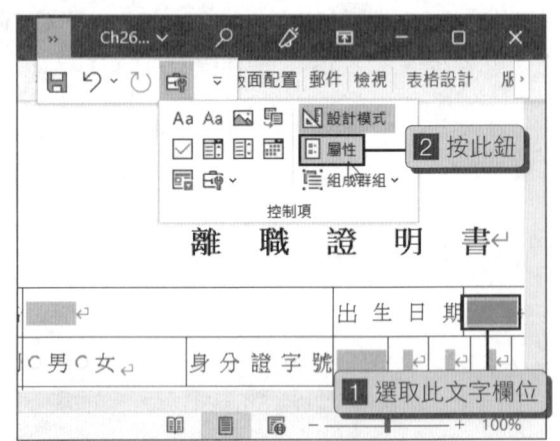

13 開啟「文字表單欄位選項」對話方塊，選擇「日期」文字欄位類型，按下日期格式清單鈕，選擇「e年M月d日」，按下「確定」鈕。

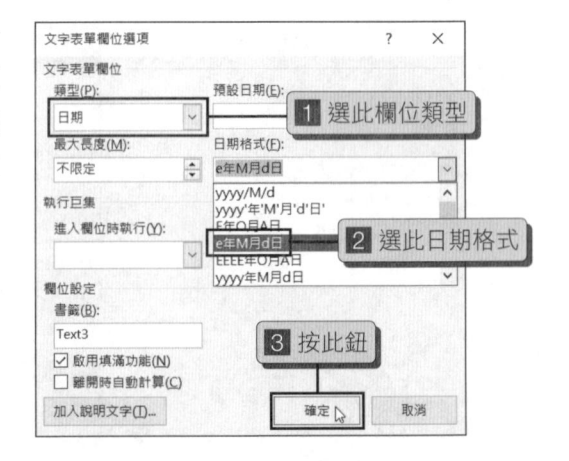

14 選擇「身分證字號」後方的文字欄位，執行「屬性」指令，開啟「文字表單欄位選項」對話方塊，設定文字欄位最大長度為「1」，按下文字格式清單鈕，選擇「第一個字母大寫」，按下「確定」鈕。

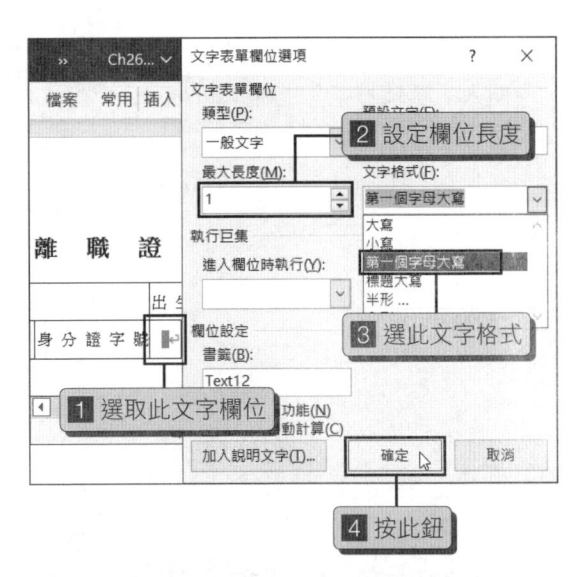

15 選擇「薪資」後方的文字欄位，執行「屬性」指令，開啟「文字表單欄位選項」對話方塊，選擇「數字」文字欄位類型，先選擇「NT$#,##0.00」數字格式，再選取小數位數部分「.00」，按下鍵盤【Del】鍵。

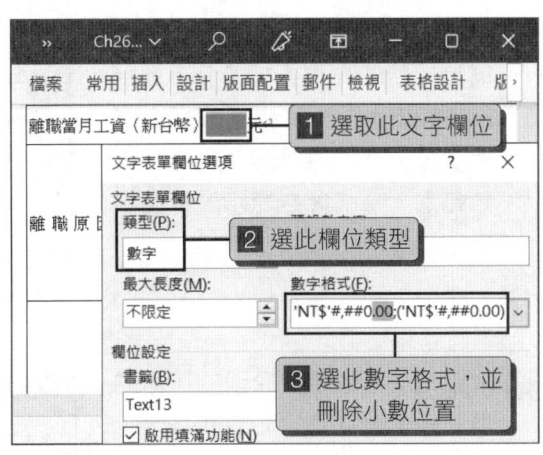

16 繼續將後方括號內的小數位置也一併刪除，接著按「確定」鈕。

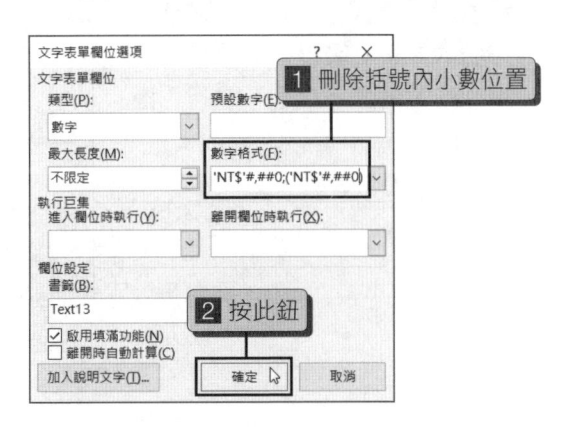

17 先在「離職原因」後方儲存格，插入「選項按鈕」控制項，接著執行「屬性」指令。

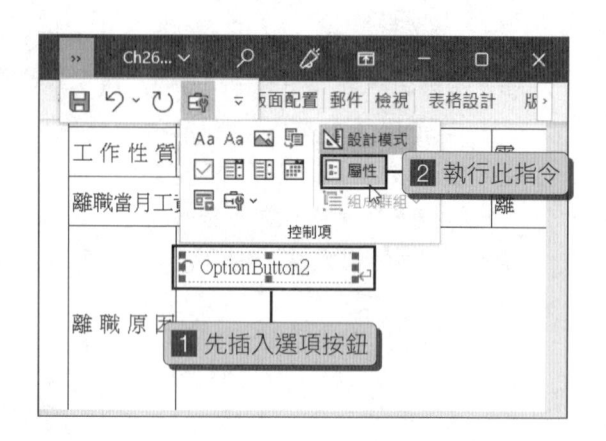

18 開啟「屬性」對話方塊，在「Caption」輸入選項名稱為「遷廠」，在「GroupName」中輸入群組名稱為「原因」，接著修改選項按鈕的高度「18.6」為寬度為「39.6」後，完成後按下「關閉」鈕。(高度和寬度只需輸入大致範圍，系統會自動修改後面小數點)

19 繼續完成其他離職原因的按鈕選項，記得屬性中的「GroupName」都要是「原因」，才能達到單選按鈕的效果。最後選取「填表日期」後方的文字欄位，執行「屬性」指令。

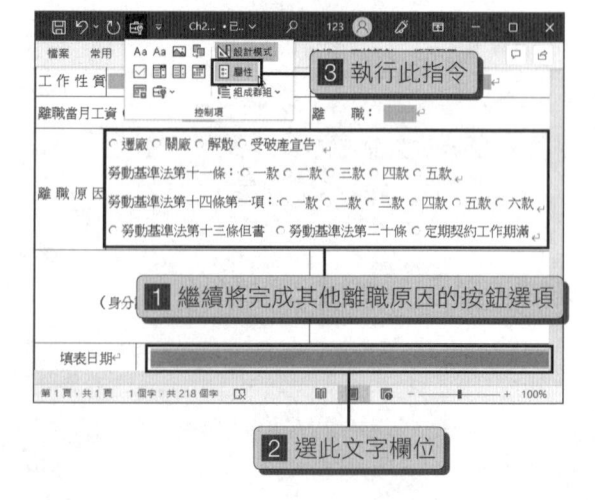

20 開啟「文字表單欄位選項」對話方塊，選擇「日期」類型，並選擇「EE年O月A日」日期格式，設定完成按下「確定」鈕。

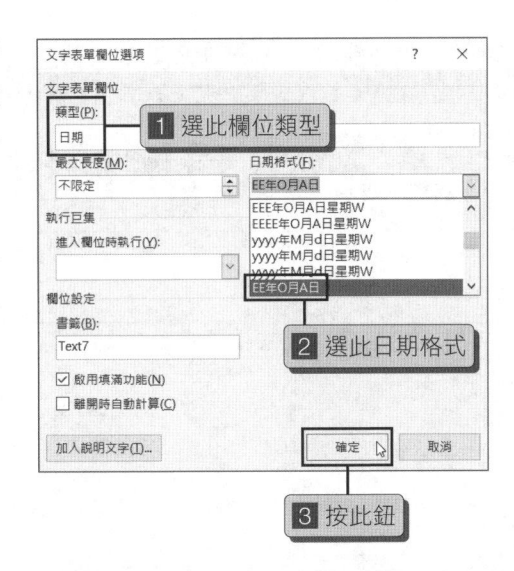

21 所有表單欄位都製作完成後，別忘了要執行「校閱\保護\限制編輯」指令，將表單文件設定成保護狀態才能正常使用。

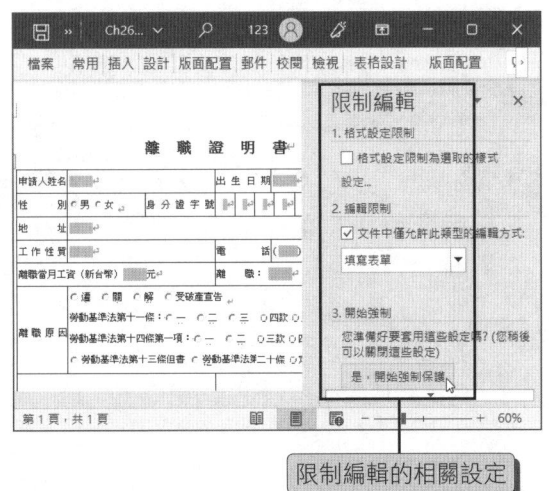

198 | PART 2 人事管理篇

範例檔案：PART 2\Ch27 人員增補申請表

單元 27 人員增補申請表

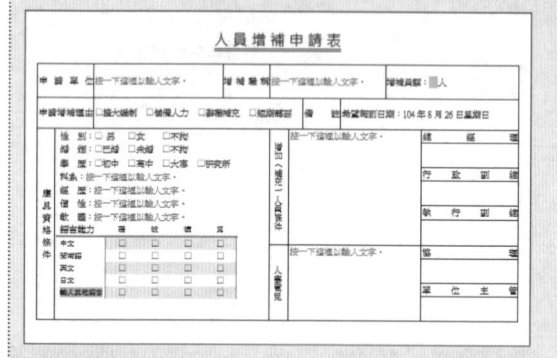

遇到有員工離職、退休或是需要短期人力支援特定專案，各部門都需要向長官提出人力需求，待主管通過後，即可交由人事單位代為登報或是在人力銀行刊登徵才資訊，因此各部門需要填寫人員增補申請表，註明所需人才的基本條件。

範例步驟

1 請先開啟範例檔案「Ch27 人員增補申請表(1).docx」，將編輯插入點移到「軟體」下方，切換到「開發人員」功能索引標籤，在「控制項」功能區中，執行「建置組塊庫內容控制項」指令。

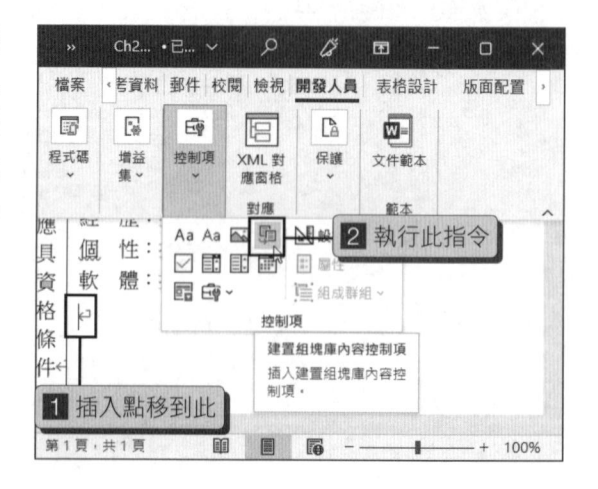

1 插入點移到此
2 執行此指令

單元 27 人員增補申請表 | 199

2 插入快速組件的控制項物件，按下控制項的「屬性」鈕。

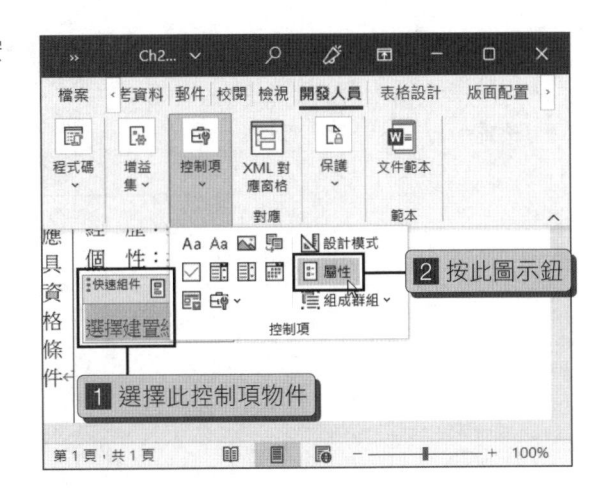

3 開啟「內容控制項屬性」對話方塊，按下「文件建置組塊內容」項下，「圖庫」旁的「快速組件」清單鈕，重新選擇為「表格」。

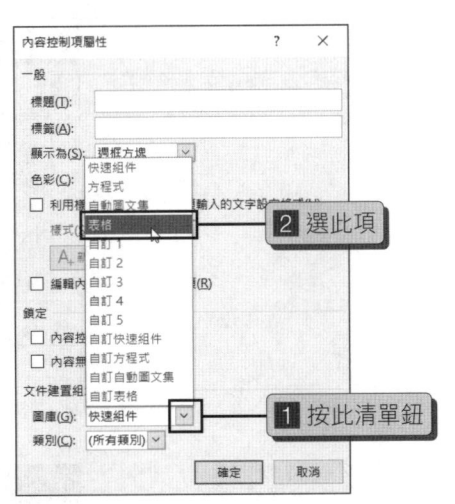

4 繼續在標題處輸入文字「語言能力」後，按下「確定」鈕。

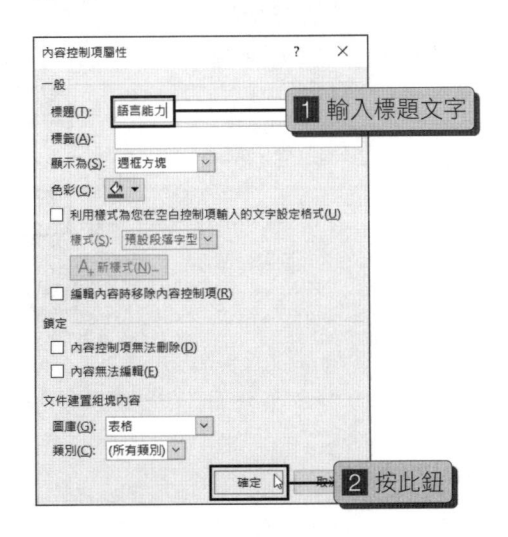

5 按下「語文能力」標題旁的 圖、智慧清單鈕，選擇「矩陣」表格樣式。

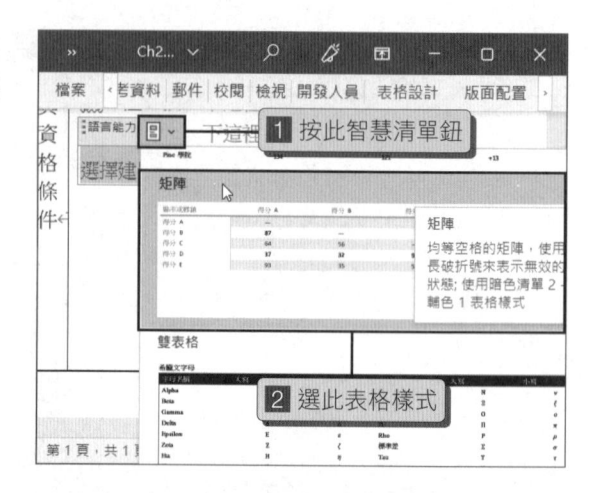

6 選擇表格內所有儲存格，按下鍵盤【Del】鍵，將內容文字全部清除。

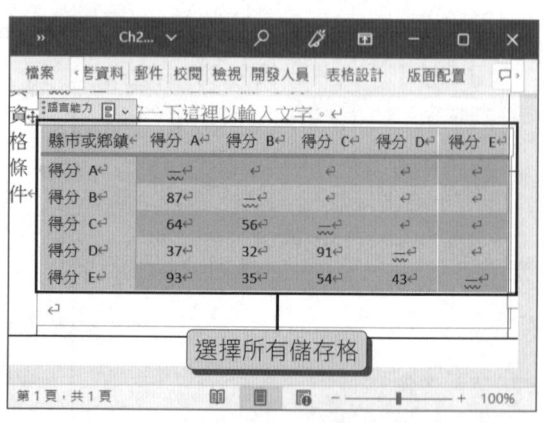

7 重新輸入表格標題欄與標題列文字（如圖），將游標移到最後一欄上方，按下滑鼠左鍵選取整欄。

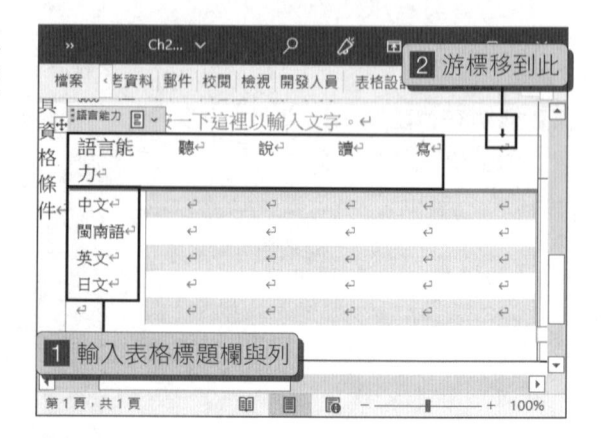

8 選取整欄後，按滑鼠右鍵開啟快顯功能表，執行「刪除欄」指令，將多餘的整欄刪除。

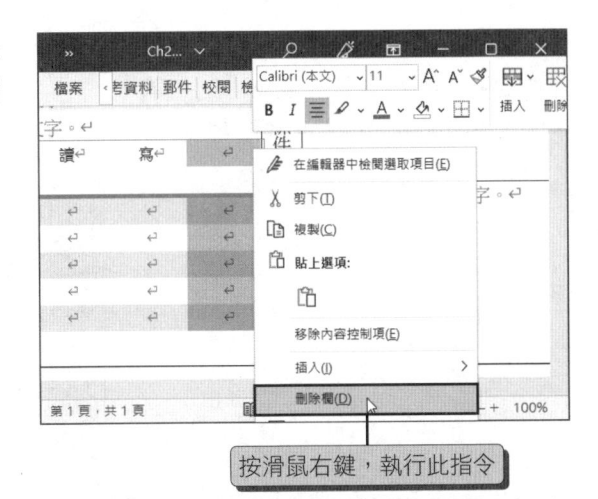

9 將編輯插入點移到「日文」下方的儲存格中，按下「舊版工具」清單鈕，選擇插入「文字欄位（表單控制項）」。

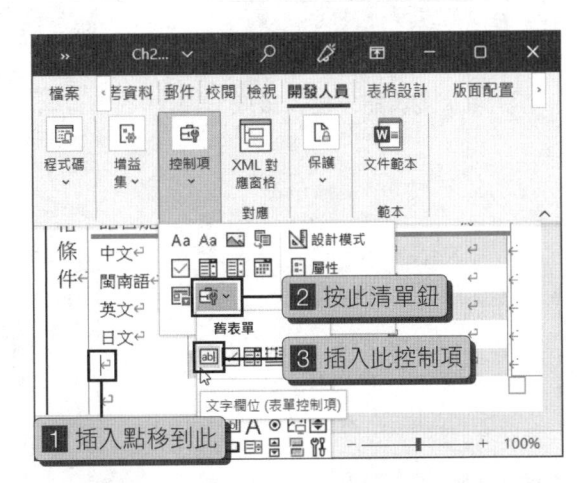

10 選取新插入的文字欄位控制項，按滑鼠右鍵開啟快顯功能表，執行「屬性」指令。

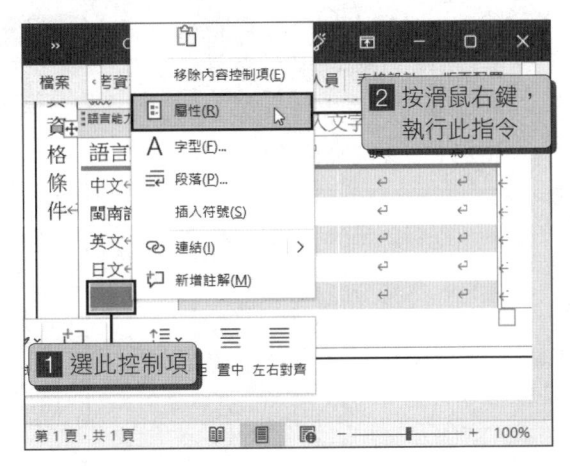

11 開啟「文字表單欄位選項」對話方塊，輸入最大長度為「6」，輸入預設文字「輸入其他語言」，按下「確定」鈕完成設定屬性。

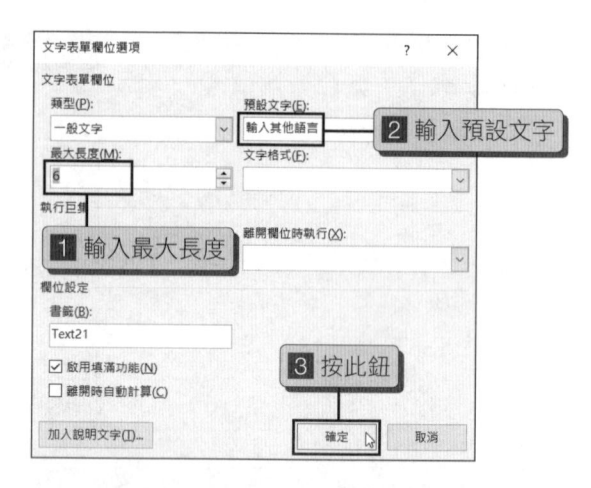

12 將編輯插入點移到「聽」下方儲存格，按下 ☑「核取方塊內容控制項」圖示鈕，插入核取方塊。

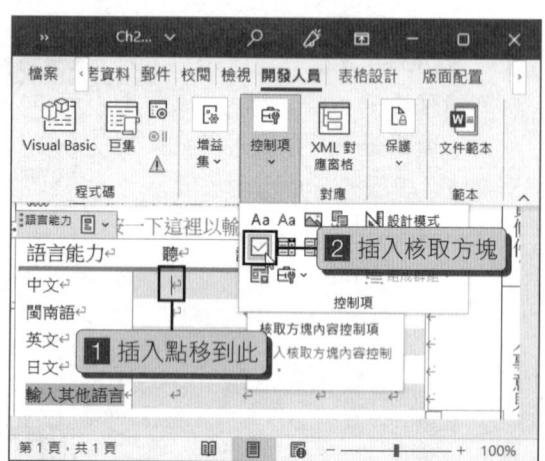

13 將表格內所有儲存格都插入核取方塊。表單製作完成，別忘了執行「開發人員 / 限制編輯」指令，設定相關保護條件即可使用。

3 業務行銷篇

28	產品報價單
29	市場調查問卷
30	英文商業書信
31	買賣合約書
32	行銷企劃書
33	專案企劃書
34	單張廣告設計
35	產品使用手冊
36	客戶摸彩券樣張
37	滿意回函卡
38	寄發 VIP 貴賓卡
39	產品資訊月刊
40	顧客關懷卡片

單元 28　產品報價單

範例檔案：PART 3\Ch28 產品報價單

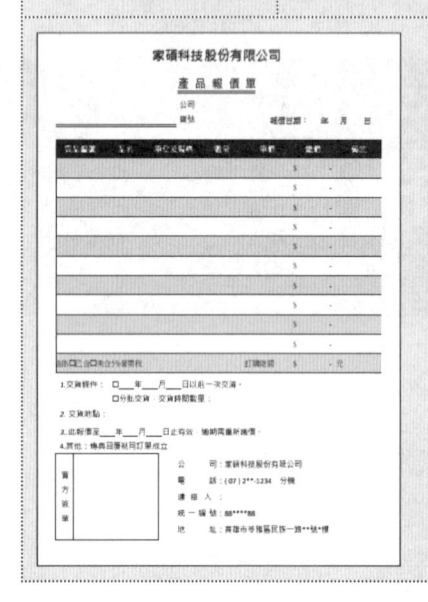

業務人員平時會將公司產品型錄交給客戶做參考，等到客戶有需求就會要求給予報價單方便比價，而業務人員也會根據不同的客戶給予不同的折扣，但產品價格隨時都有可能波動，因此在報價單上需要註明報價的有效期限，以免影響公司獲利。

範例步驟

1 請先開啟範例檔案「Ch28 產品報價單(1).docx」，將編輯插入點移到公司下方，按下「插入\表格」清單鈕，執行「Excel 試算表」指令。

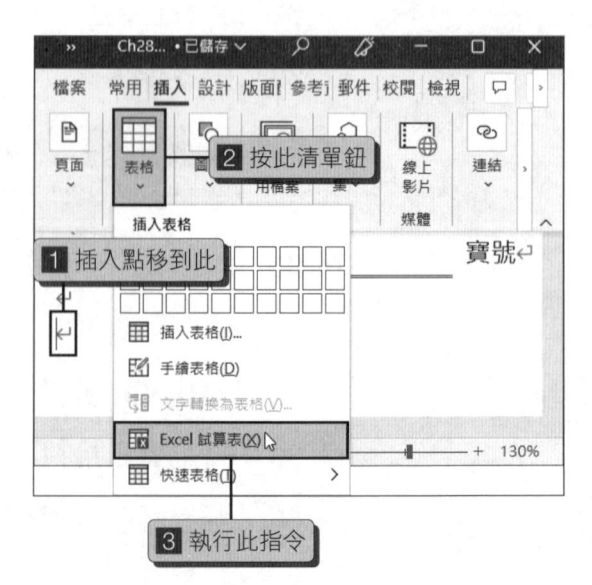

2 Word 文件中插入 Excel 表格，分別在 A1:G1 儲存格中輸入欄位標題「貨品編號」、「品名」、「單位及規格」、「數量」、「單價」、「總價」及「備註」。接著調整 Excel 表格要顯示的範圍大小，按下 Excel 表格下方的控制點，當游標變成 ↕ 符號，按住滑鼠左鍵向下方拖曳約 2 列儲存格高度，整個表格顯示範圍為 A1:G12。

3 按一下欄與列交叉 位置，選取整個 Excel 工作表。將游標移到欄 A 和欄 B 交界處，當游標變成 ✥ 符號，按住滑鼠左鍵，向右拖曳調整欄寬到 99 像素。

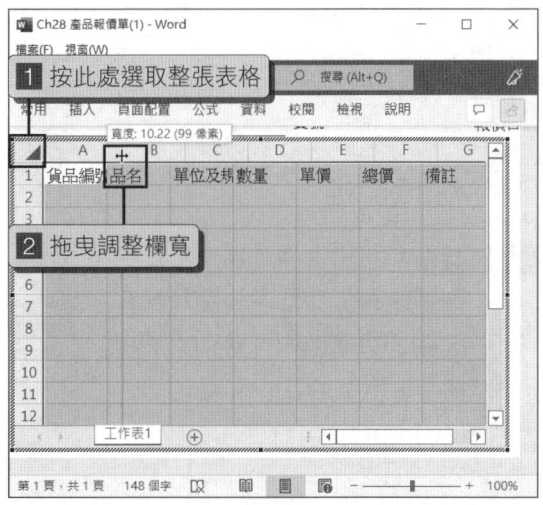

4 將游標移到列 1 和列 2 交界處，當游標變成 ✥ 符號，按住滑鼠左鍵，向下拖曳調整列高到 42 像素。

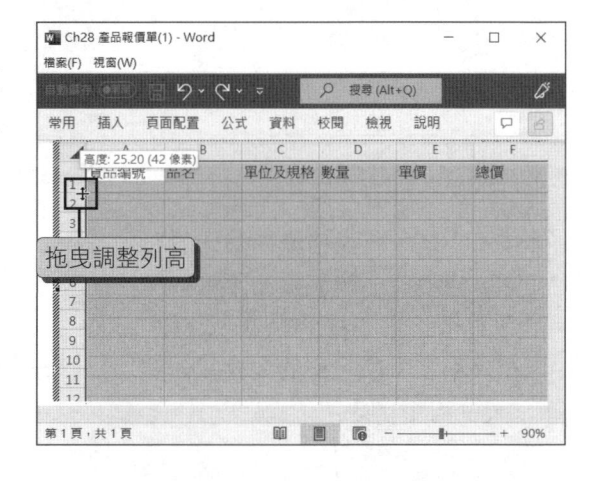

5 選取 A1:G12 儲存格範圍，切換到「常用」功能索引標籤，在「樣式」功能區中，按下「格式化為表格」清單鈕，選擇「白色，表格樣式中等深淺 1」。

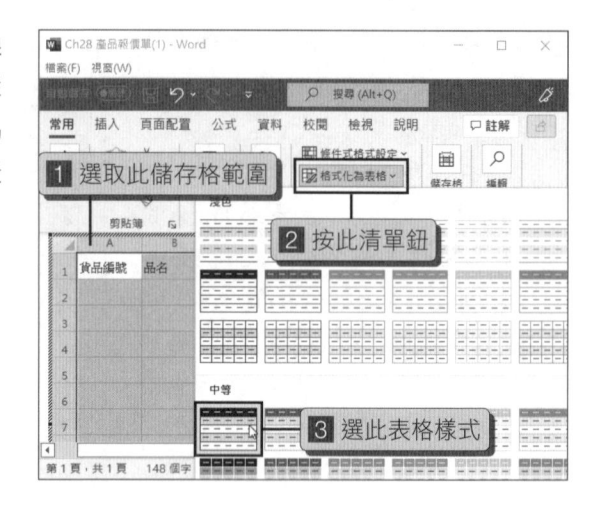

6 開啟「格式化為表格」對話方塊，勾選「我的表格有標題」選項，按下「確定」鈕，如此一來就不用大費周章的替儲存格逐一塗上顏色。

7 當表格套用指定樣式後，切換到「表格設計」功能索引標籤，在「工具」功能區中，執行「轉換為範圍」指令。

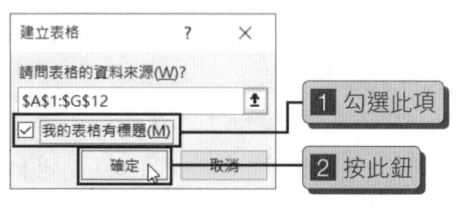

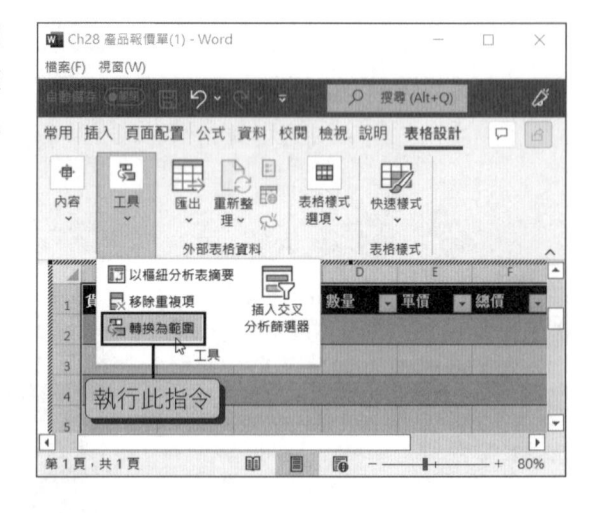

8 按下「是」將表格轉換回一般範圍，轉換成一般表格後，就不用受到格式化表格的牽制。（格式化表格和一般表格的差異請參閱 Excel 相關說明）

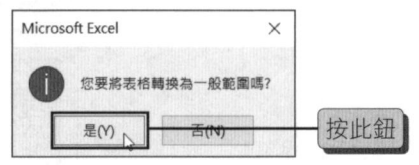

單元 28　產品報價單 | 207

9. 選取 A1:G1 儲存格範圍，在「常用\對齊方式」功能區中，按下 ☰「置中」圖示鈕，將標題文字置中對齊。

10. 選取 A12:D12 儲存格範圍，在「常用\對齊方式」功能區中，執行「跨欄置中」指令，並在合併後的儲存格中輸入「以下訂購價格係□已含□未含 5% 營業稅」文字。

11. 先分別在 E12 及 G12 儲存格輸入「訂購總額」及「元」文字，接著選取 F12 儲存格，在「公式\函數庫」功能區中，按下「自動加總」清單鈕，執行「加總」指令。

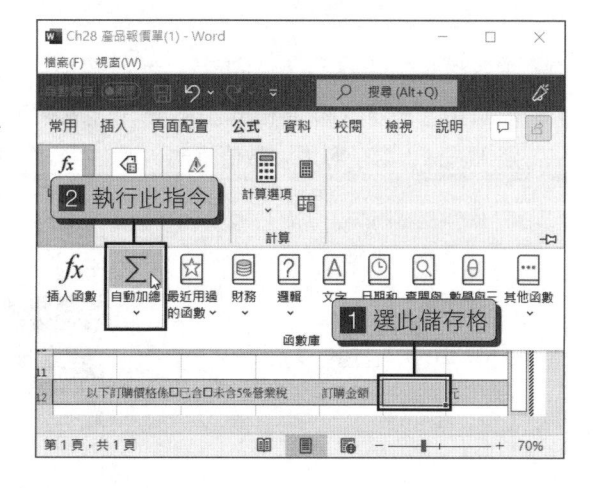

12 選取加總範圍「F2:F11」儲存格，使完整公式為「=SUM(F2:F11)」，按下資料編輯列上的 ✓「確定」鈕完成公式。

13 選取 F2 儲存格，輸入公式為「=D2*E2」，並將公式複製到 F3:F11 儲存格。

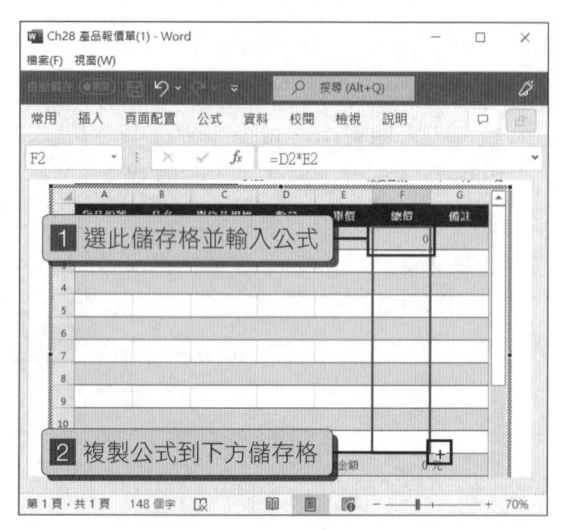

14 選取整欄 F，在「常用\數值」功能區中，按下「數值格式」清單鈕，選擇「會計專用」數值格式。

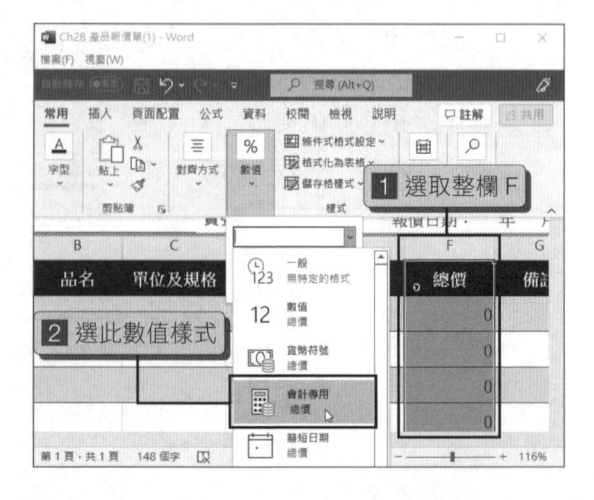

15 由於預設會計專用數值格式有 2 位小數位數，因此按下 「減少小數位數」鈕 2 次，讓數值顯示為整數。

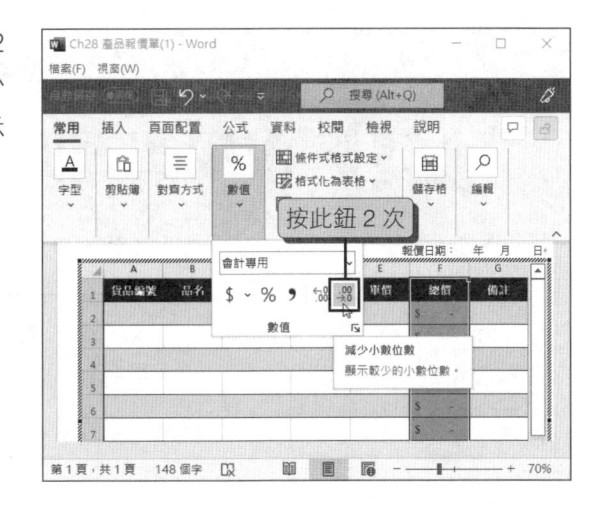

16 完成 Excel 表格後，先確認表格範圍完全顯示在圖文框中後，將游標移到文件其他位置，按一下滑鼠左鍵，即可結束建立 Excel 表格。若要編輯 Excel 表格內容，只需將游標移到 Excel 表格上方，快按滑鼠 2 下即可。

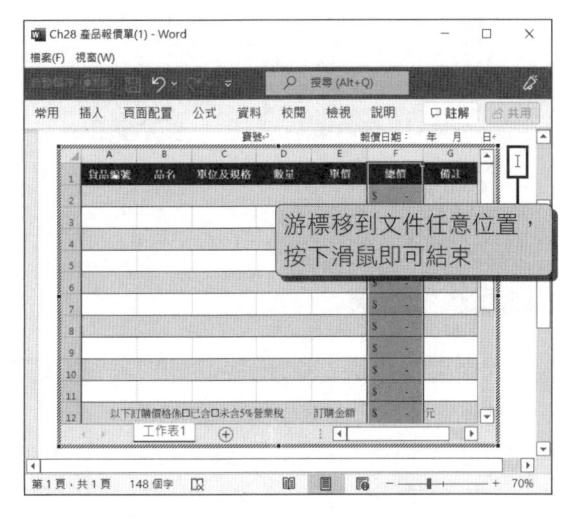

單元 29　市場調查問卷

範例檔案：PART 3\Ch29 市場調查問卷

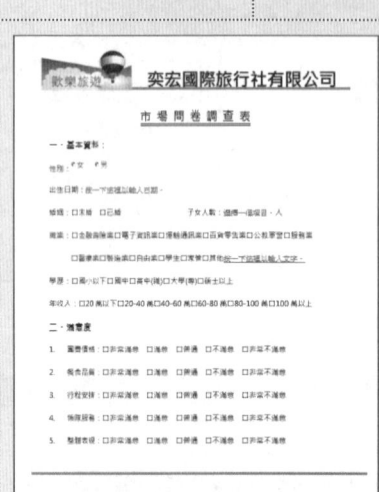

不論是商業行為或是研究報告，為了讓提出來的理論有實際的數據支持，往往都採用問卷調查的方式來收集資料，因此 Word 也針對這個部分提供專業的支援。

範例步驟

1 本章主要介紹表單功能的使用，請先開啟範例檔案中的「Ch29 市場調查問卷(1).docx」，將編輯插入點移到「性別」後方，切換到「開發人員」功能索引標籤，在「控制項」功能區中，按「舊版工具」清單鈕，選擇執行「選項按鈕」指令。

1 編輯插入點移到此
2 按此清單鈕
3 執行此指令

2 文件中插入選項按鈕，按滑鼠右鍵開啟快顯功能表，執行「選項按鈕 物件\編輯」指令。

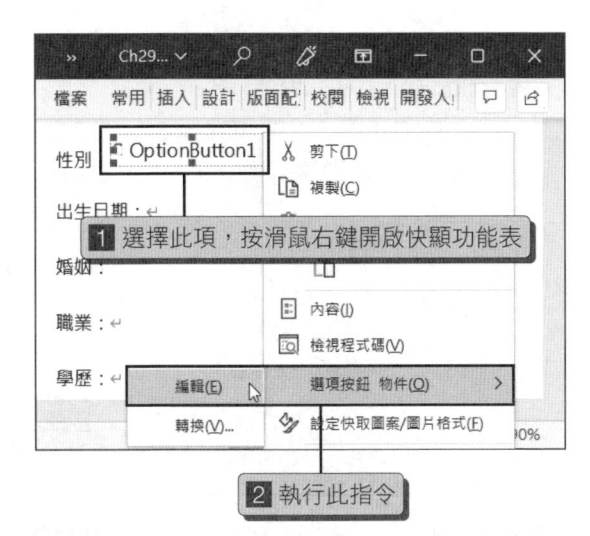

3 在選項按鈕方塊中輸入性別「女」，輸入完按住外框控制點，調整方塊大小。

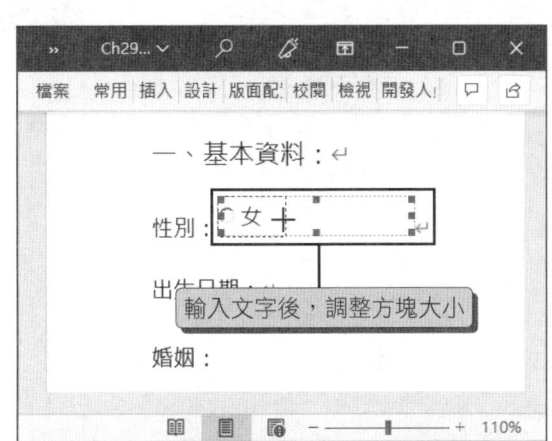

4 複製選項按鈕方塊到右方，準備修改文字成為性別「男」。真糟糕！在複製選項按鈕後，不小心按到單選鈕，該如何是好？重新選取選項按鈕方塊，在「開發人員\控制項」功能區中，執行「屬性」指令。

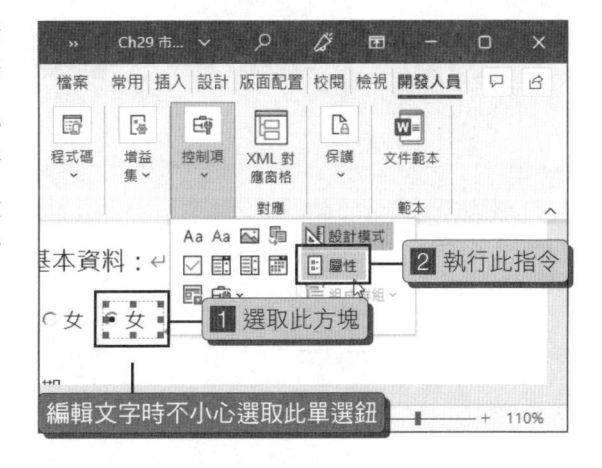

5 開啟「屬性」對話方塊，先在 Caption 中輸入「男」，接著在 Value 處將 True 改成「False」，按下右上角的「關閉」鈕。

6 單選鈕恢復未選取的狀態。將編輯插入點移到「出生日期」後方，同樣在「開發人員＼控制項」功能區中，執行 📅「日期選擇器內容控制項」指令。

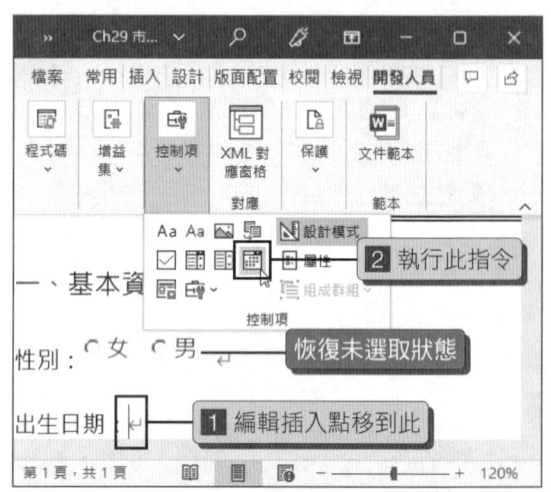

7 文件中插入日期控制方塊，繼續執行「屬性」指令。

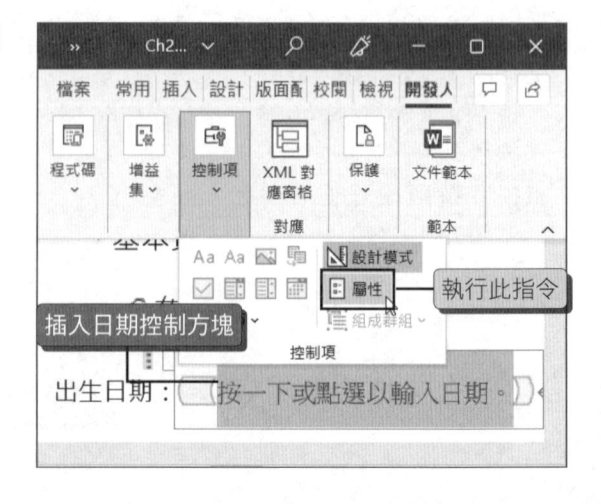

單元 29 市場調查問卷 | 213

8 開啟「內容控制項屬性」對話方塊，在「月曆類型」中選擇「中華民國曆」，顯示日期格式中選擇「e年M月d日」格式，按下「確定」鈕。

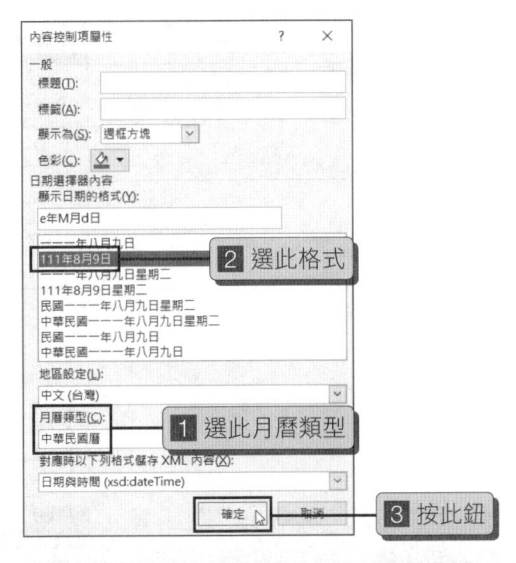

9 日期控制方塊好像沒甚麼變化？在「開發人員\控制項」功能區中，執行「設計模式」指令，暫時關掉設計模式再來看看。

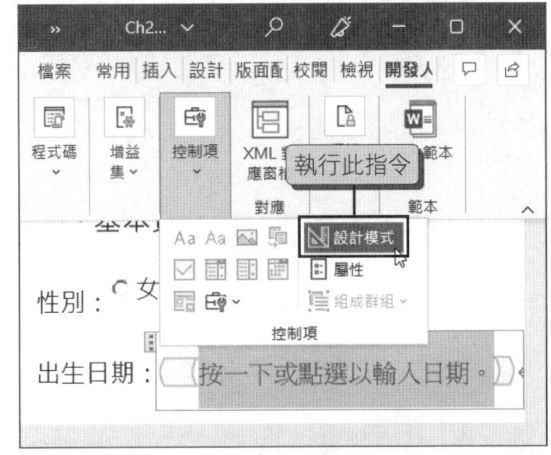

10 此時日期方塊旁邊會出現下拉式清單鈕，按下此清單鈕，則會顯示日期選擇器。

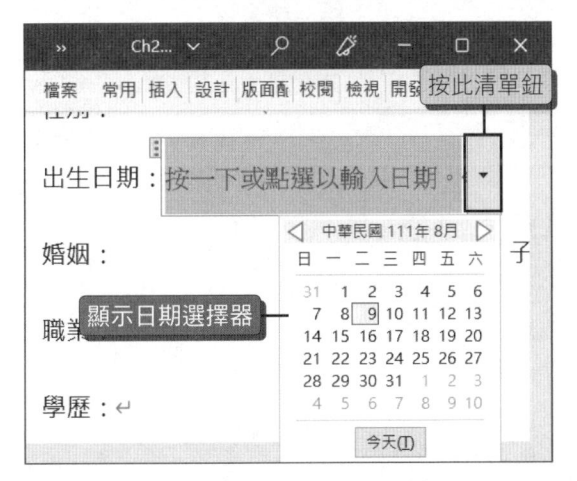

11 將編輯插入點移到「子女人數」後方，再次按下「設計模式」指令，恢復設計模式，然後執行 📋「下拉式方塊內容控制項」指令。

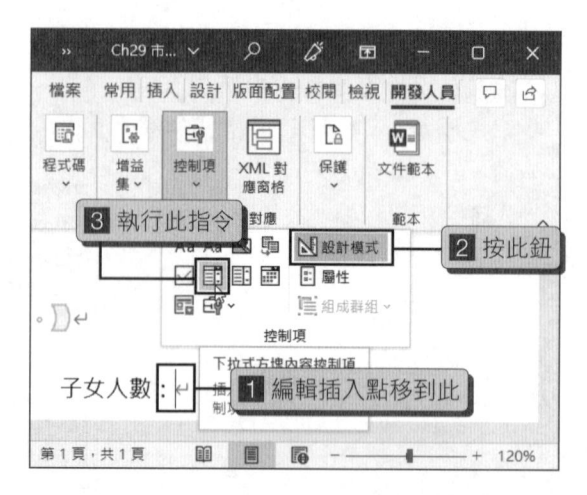

12 出現清單方塊，先在方塊後方輸入文字「人」，再選取清單方塊，執行「屬性」指令。

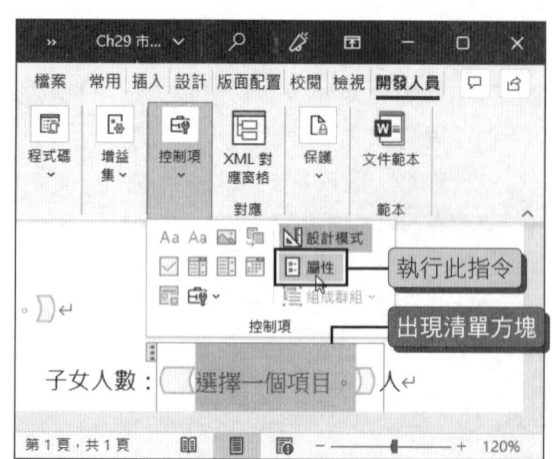

13 開啟「內容控制項屬性」對話方塊，在下拉式清單內容中按「新增」鈕。

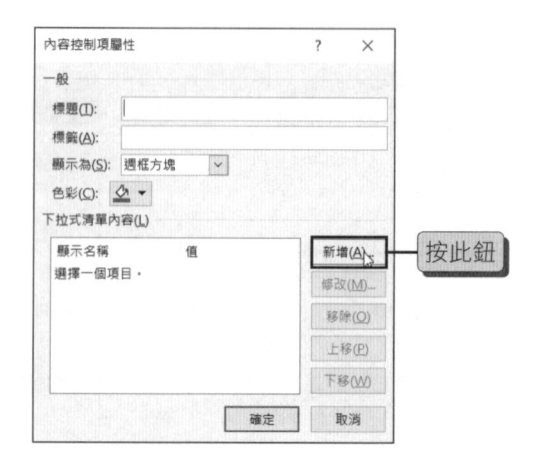

單元 29　市場調查問卷 | *215*

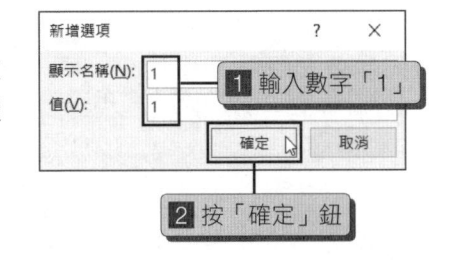

14 另外開啟「新增選項」對話方塊，在顯示名稱中輸入數字「1」，數值處也會自動顯示「1」，按「確定」鈕。

15 回到開啟「內容控制項屬性」對話方塊，重複「新增」步驟陸續加入其他清單內容，新增完畢後，按下「確定」鈕。

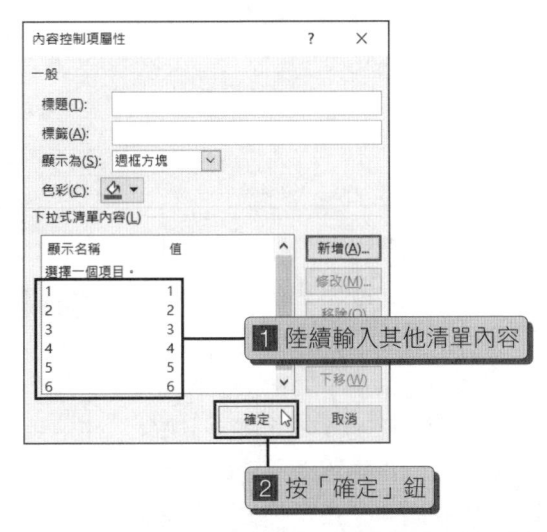

16 關掉「設計模式」後，清單方塊換出現下拉式清單鈕，按下清單鈕則會出現剛輸入的清單內容。

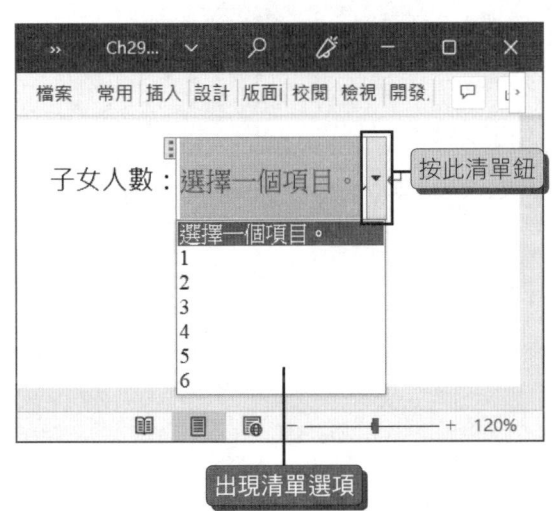

17 陸續在其他項目設計對應的核取方塊，請先開啟範例檔案中的「Ch29 市場調查問卷(2).docx」，繼續最後一個步驟。將編輯插入點移到「職業」項目下的「其他」核取方塊後方，執行 Aa「純文字內容控制項」指令，插入可輸入文字的文字方塊。

18 插入可輸入文字的控制項方塊，反白選此文字方塊的預設文字，切換到「常用」功能索引標籤，按下 U「底線」鈕，將文字加上底線看起來更專業。別忘了執行「限制編輯」指令，讓控制項物件活起來喔！

單元 30　英文商業書信 | *217*

單元 30　英文商業書信

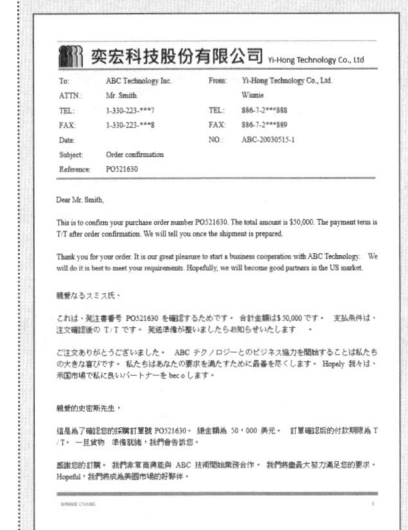

說到書寫英文書信，許多人都會十分頭疼，深怕自己拼字錯誤百出、貽笑大方。不過 Word 可以當私人英文祕書，幫忙檢查拼字及文法的錯誤。

範例步驟

1. 請先開啟範例檔案「Ch30 英文商業書信(1).docx」，文中有一些拼字錯誤的地方，會顯示紅色波浪狀底線。將編輯插入點移到紅色波浪底線「meete」位置，按滑鼠右鍵會顯示建議單字選項，選取建議單字「meet」。

   ① 插入點移到此
   ② 按滑鼠右鍵點選建議單字

2 如果覺得這樣一個一個點選有些麻煩，切換到「校閱」功能索引標籤，在「校訂」功能區中，執行「編輯器」指令。

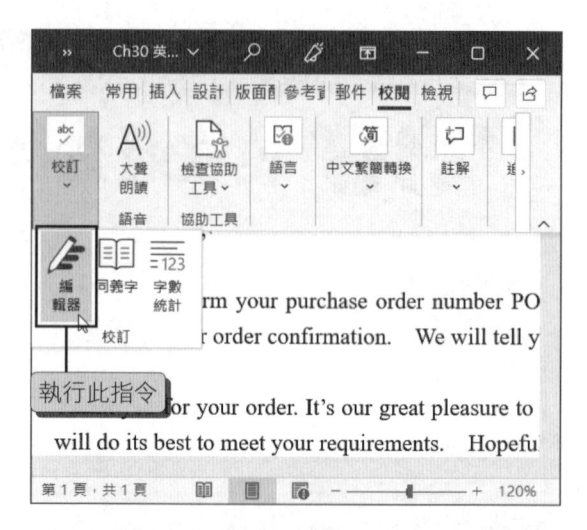

執行此指令

3 此時會開啟「編輯器」工作窗格，工作窗格中會顯示目前整份文件的完整度分數 55%，下面有針對有疑問的拼字、標點符號及文法，標示詳細位置及建議修改方式。先選擇拼字檢查的錯誤。

選擇拼字檢查

4 直接選擇建議單字更正。

顯示拼字錯誤位置

選擇建議單字

單元 30 英文商業書信 | *219*

5 編輯器分數提高了一些，接下來看一下文法有錯誤的部分。

6 顯示文法錯誤的位置，選擇建議的用法。逐一將窗格中所列的錯誤檢視一遍。

7 當文件中所有錯誤都修改完成之後，就會跳出訊息方塊。直接按「確定」鈕就完成拼字及文法的檢查。

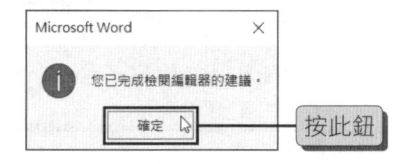

8 此時編輯器分數就會達到100%。但不是每份文件都需要這麼嚴格的標準，按下編輯器分數下方的清單鈕，可以選擇文件的嚴謹性。

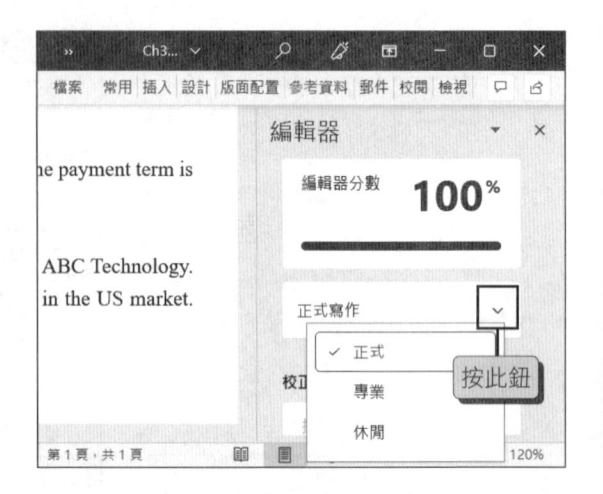

9 有時候口語的單字不太適合用在正式書信，臨時有想不起來有甚麼其他單字可以替代，將編輯插入點移到「ready」單字中，執行「同義字」指令。

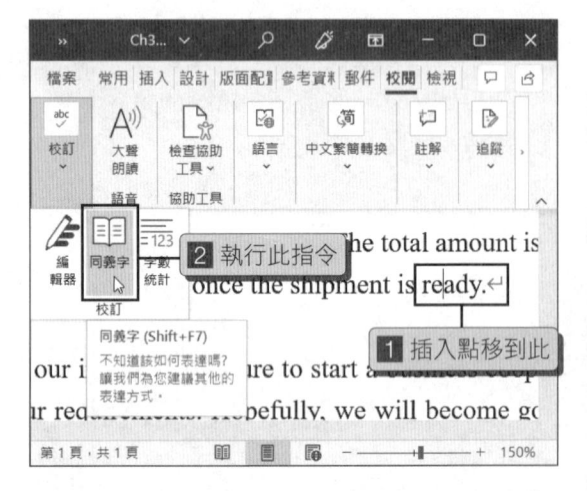

10 開啟「同義字」工作窗格，顯示意思相同的單字選項。如果還不是很確定選項中的單字詞性可以替換，按下想要的選項單字旁的清單鈕，選擇「複製」指令。

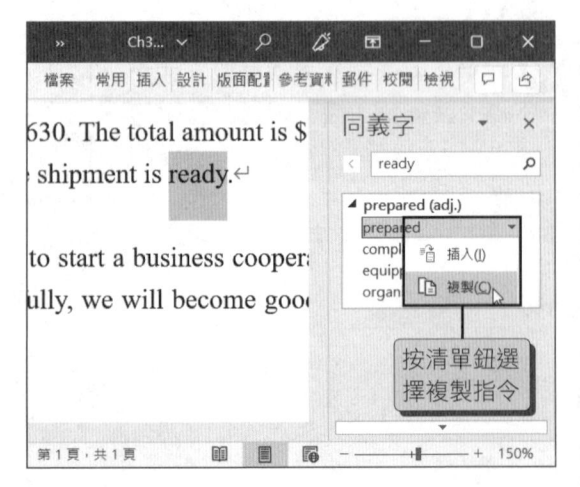

11 另外在「校閱\語言」功能區中，按下「翻譯」清單鈕，執行「翻譯選取範圍」指令。

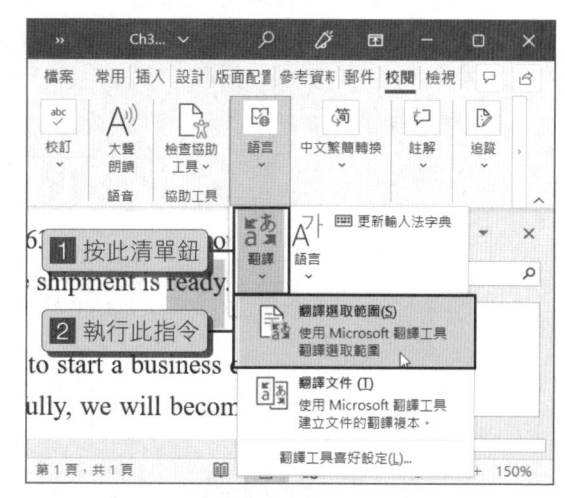

1 按此清單鈕
2 執行此指令

12 另外再開啟「翻譯工具」工作窗格，選取搜尋目標中的單字，按滑鼠右鍵開啟快顯功能表，執行「貼上」指令。

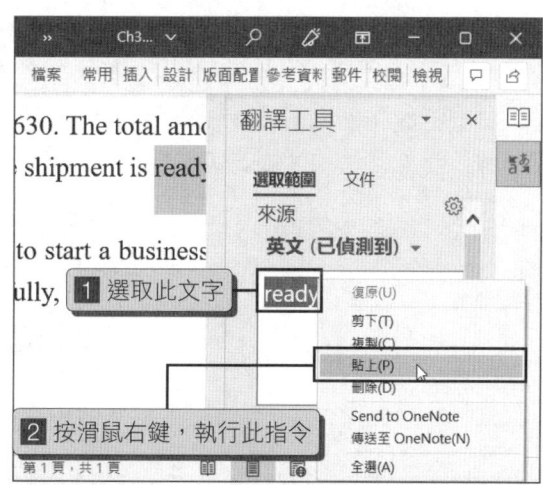

1 選取此文字
2 按滑鼠右鍵，執行此指令

13 另外會開啟「翻譯工具」工作窗格，顯示單字的解釋說明。若確定要修改，可按下窗格旁的 「同義字」索引標籤，切換工作窗格。

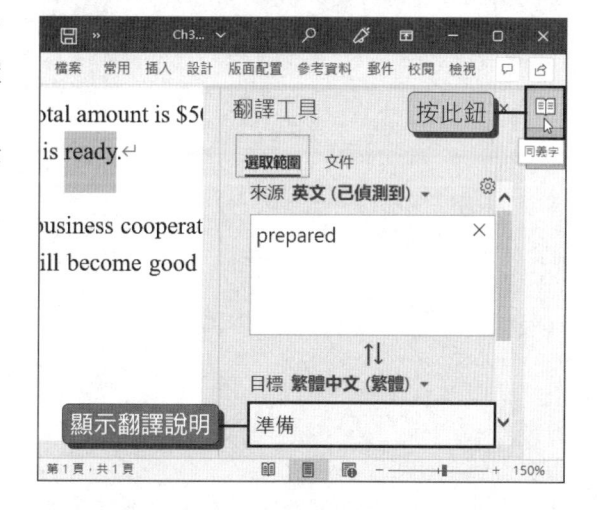

按此鈕
顯示翻譯說明

14 回到「同義字」工作窗格，按下該單字旁的清單鈕，選擇「插入」指令即可變更。

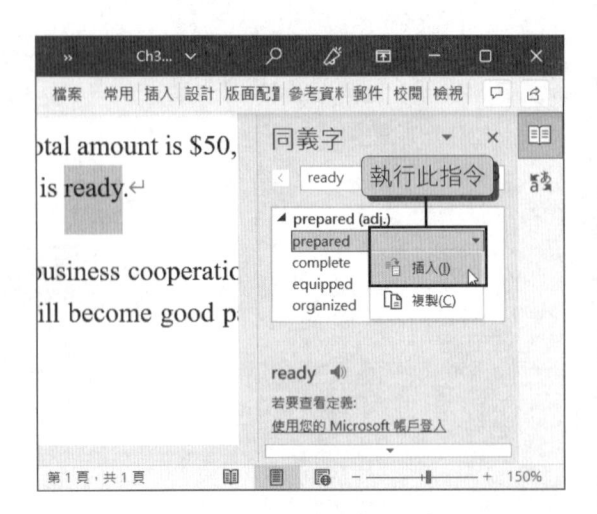

15 如果想要翻譯整篇文件，可再按下 「翻譯工具」索引標籤，切換回「翻譯工具」工作窗格，選擇「文件」標籤，執行「翻譯」指令。

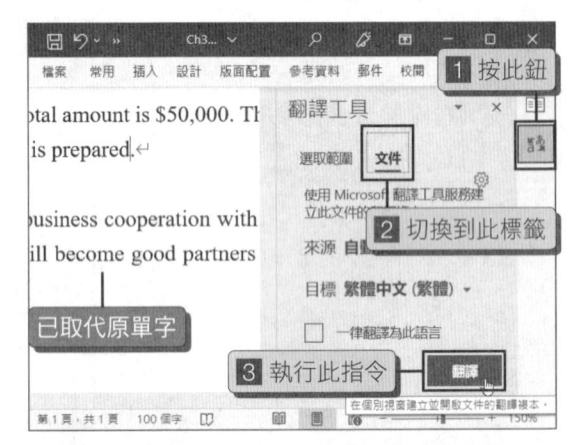

16 當翻譯完成會另外開啟 Word 文件顯示翻譯的結果。

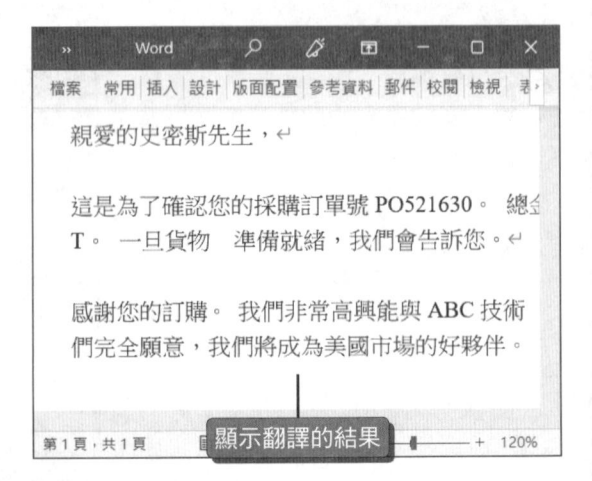

17 除了預設的中英文翻譯外，還可以選擇其他語言。在「翻譯工具」工作窗格中，按下「目標」旁的清單鈕，將語言選項改成「日文」。

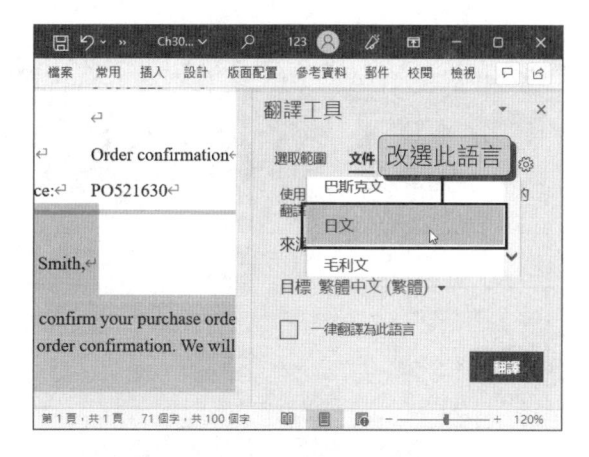

18 萬事俱全只要按下「翻譯」鈕。

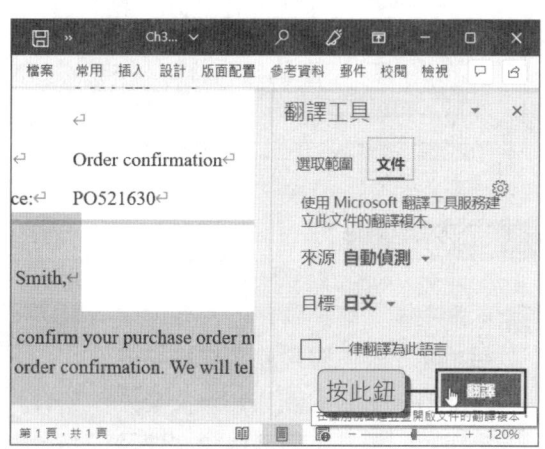

19 Word 幫你將文件翻譯成日文。

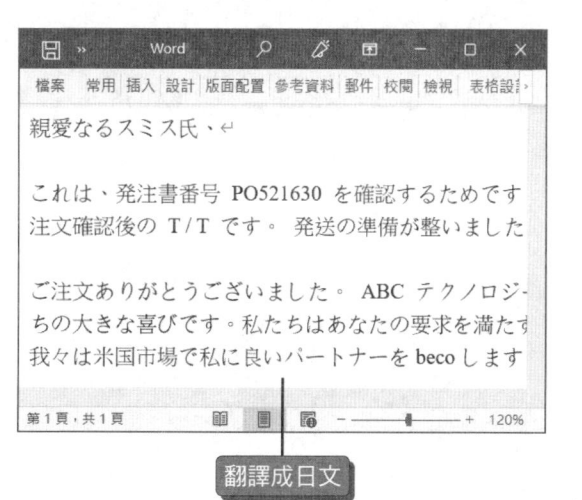

範例檔案：PART 3\Ch31 買賣合約書

單元 31 買賣合約書

「無紙化」的辦公環境，是現代人所追求的一個目標，但是有些文件，像合約書之類的文件，經常你來我往的要修改很多次，其實只要善用網路資源和追蹤修訂功能，就可以讓辦公室的紙張用量大幅減少。

範例步驟

1 本章主要介紹追蹤修訂及保護文件功能，請先開啟範例檔案中的「Ch31 買賣合約書(1).docx」，首先設定限制範圍，用來保護文件及記錄修改資料。切換到「校閱」功能索引標籤，在「保護」功能區中，執行「限制編輯」指令。

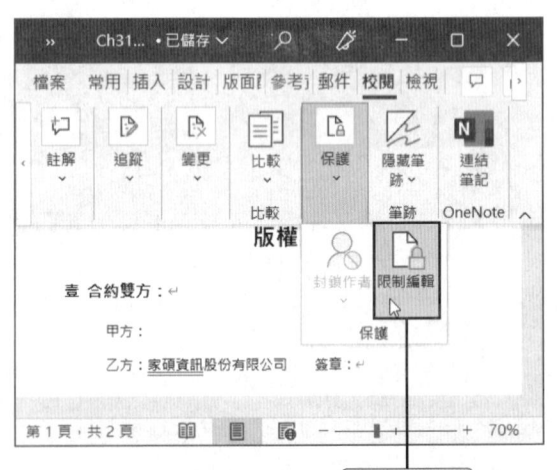

執行此指令

2 開啟「限制編輯」工作窗格，在第 2 項勾選「文件中僅允許此類型的編輯方式」，並按下清單選項鈕，選擇「追蹤修訂」方式，然後按下「是，開始強制保護」鈕。

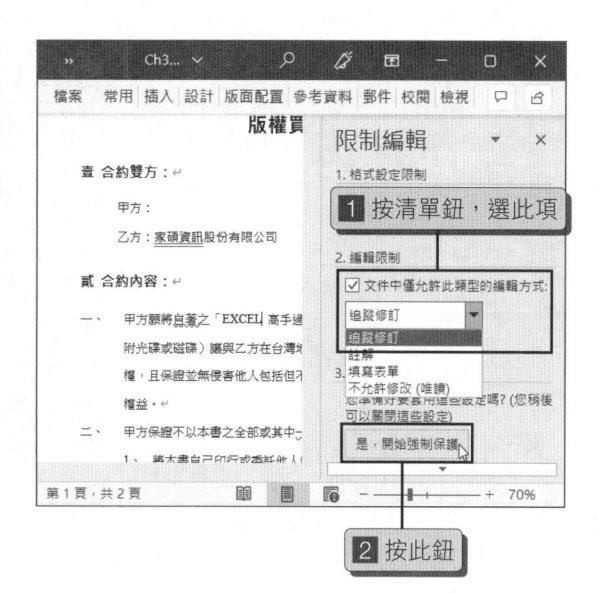

3 開啟「開始強制保護」對話方塊，輸入限制編輯密碼「1234」，再輸入一次確認密碼「1234」，輸入完按下「確定」鈕。

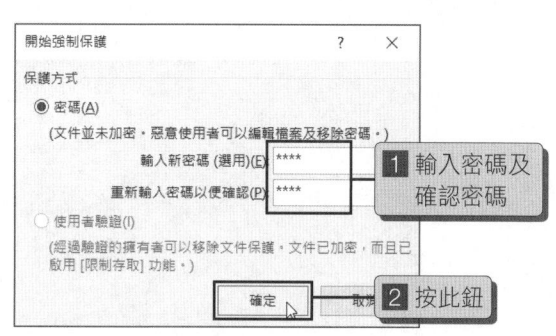

4 限制編輯設定完成，接下來要設定保護檔案密碼。「限制編輯」與「檔案保護」功能不相同，「限制編輯」可讓使用者開啟文件來進行修訂，但「檔案保護」可限制使用者開啟檔案，或進行僅能讀取而不能寫入的「唯讀」保護。按下「檔案」功能索引標籤。

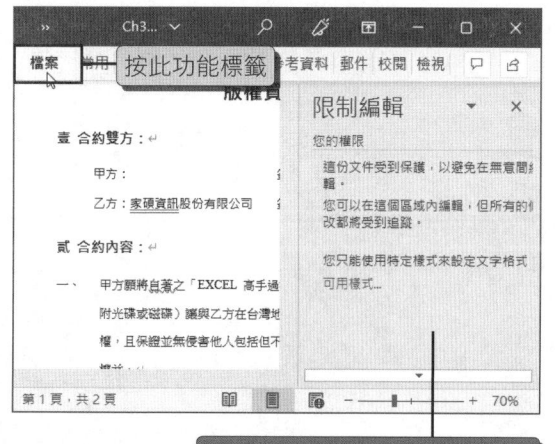

5 先切換到「另存新檔」索引標籤，選擇「瀏覽」開啟另存新檔對話方塊選擇要儲存的資料夾。

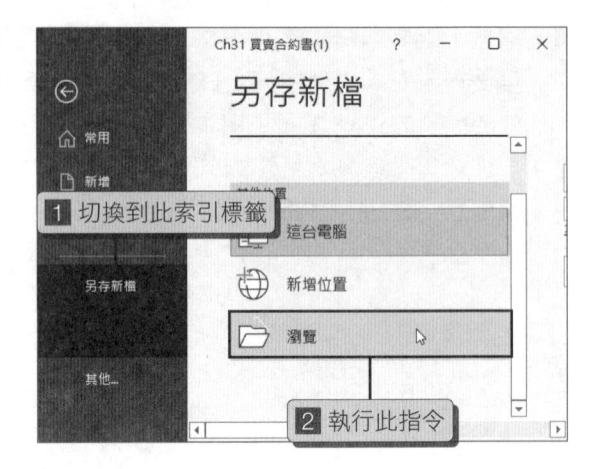

6 開啟「另存新檔」對話方塊，按下「工具」旁清單鈕，選擇「一般選項」項目。

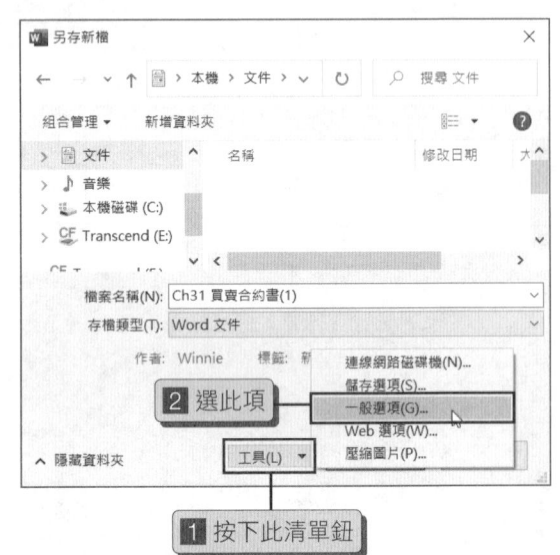

7 另外開啟「一般選項」對話方塊，分別輸入保護密碼「1234」和輸入防寫密碼「5678」，輸入完成按「確定」鈕。

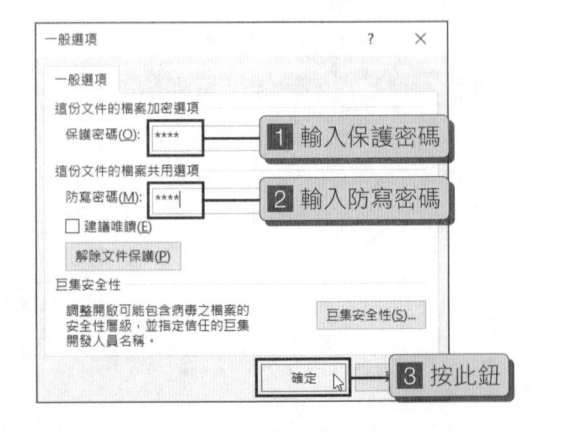

單元 31　買賣合約書 | 227

8 會另外開啟「確認密碼」對話方塊，再次輸入保護密碼「1234」，輸入完成按「確定」鈕。

9 又會另外開啟「確認密碼」對話方塊，這次要再次和輸入防寫密碼「5678」，輸入完成按「確定」鈕。

10 經過層層密碼輸入後，回到「另存新檔」對話方塊，另外輸入檔案名稱後，按「儲存」鈕完成檔案保護密碼設定。

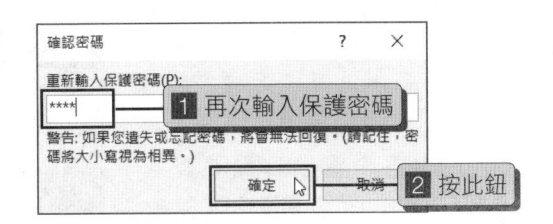

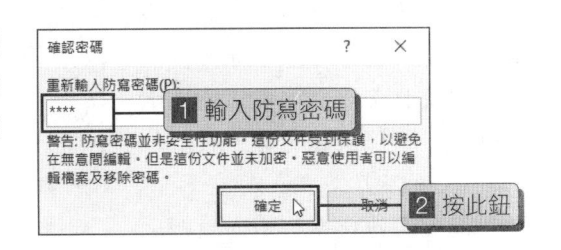

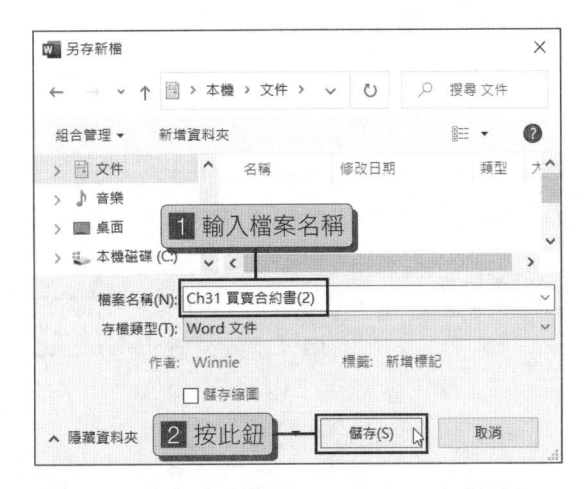

11 文件保護工作都已經設定完成，可以開始在文件中輸入要和其他使用者溝通的文字訊息。選取書名「Office 高手過招 50 招」文字，切換到「插入」功能索引標籤，執行「註解」指令。

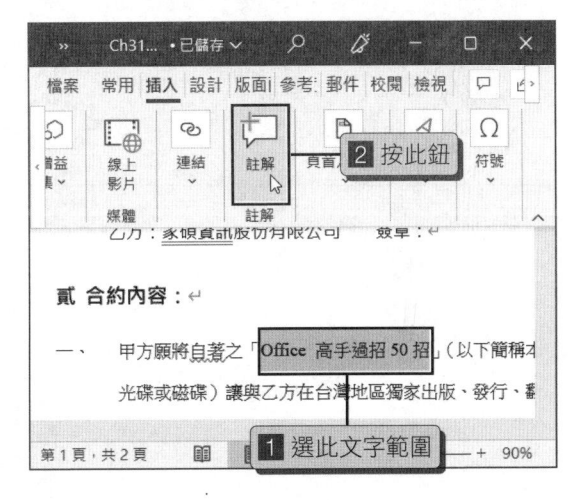

12 書名處會顯示註解提示，右邊界處會出現註解的文字方塊，其中預設顯示作者名稱，直接輸入要寫入的文字「書名有需要變更嗎？」，然後按下 ➤「張貼註解」鈕，還可以再輸入其他註解後，按下「儲存檔案」鈕。接下來就讓文件去旅行，可以透過電子郵件、內部網路分享、雲端分享、儲存裝置傳輸…等各種方法，將檔案傳送給相關人員檢視修改。傳輸過程別忘了密碼也要告知相關人員，否則檔案無法開啟喔！

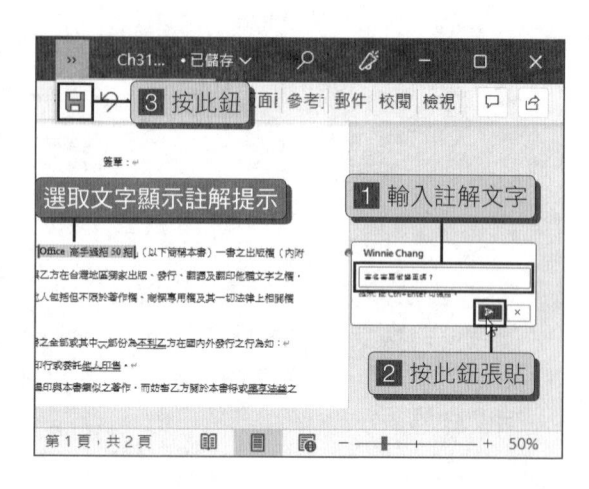

13 假設文件經過其他成員檢視修改後回來，請先開啟範例檔案中的「Ch31 買賣合約書(2).docx」。開啟文件之前，最先跳出來的是「密碼」對話方塊，請輸入設定的文件保護密碼「1234」，輸入完按下「確定」鈕。

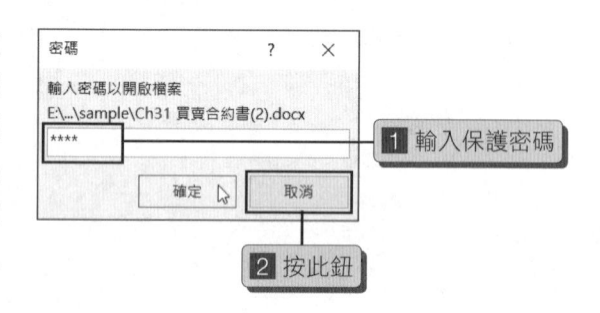

14 又跳出「密碼」對話方塊，這次請輸入文件防寫密碼「5678」，輸入完按下「確定」鈕。

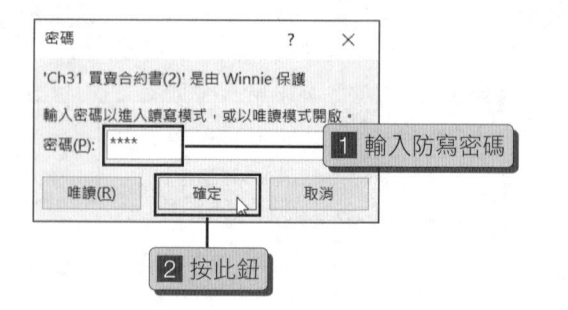

15 要接受或拒絕相關修訂之前,必須先解除「限制編輯」的保護,先執行「校閱\保護\限制編輯」指令,開啟「限制編輯」工作窗格,按下「停止保護」鈕。

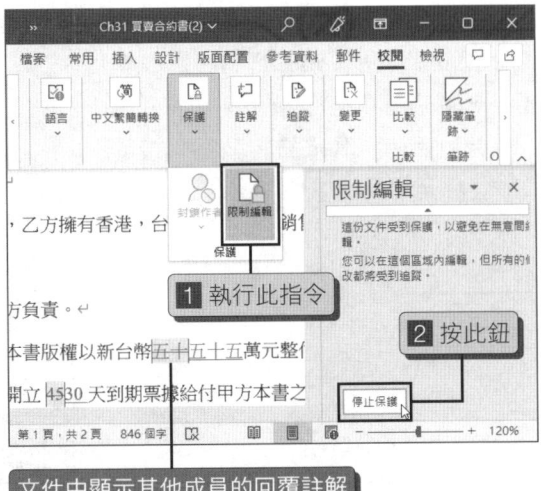

文件中顯示其他成員的回覆註解

16 開啟「解除文件保護」對話方塊,輸入保護密碼「1234」,按下「確定」鈕取消保護文件。

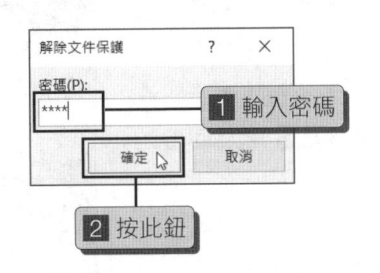

17 想要知道有哪些人做了何種修正,最快的方法就是讓所有修訂列表顯示。按下「校閱\追蹤\檢閱窗格」清單鈕,執行「垂直檢閱窗格」指令。

18 編輯視窗中開啟「修訂」工作窗格，顯示所有修訂內容。點選第一項修訂內容，按下「校閱＼變更＼接受」清單鈕，執行「接受並移至下一個」指令。

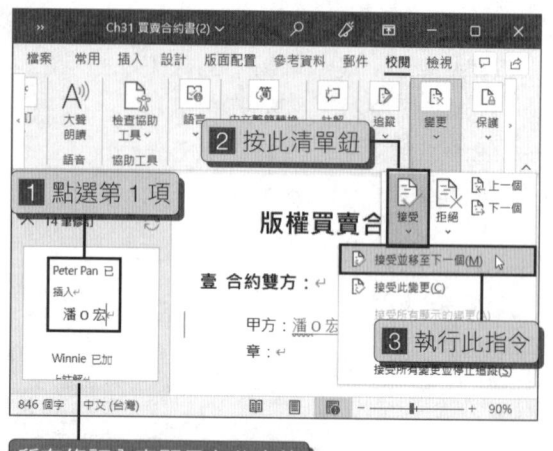

19 自動移到第 2 個修訂處，是有關註解及回覆的文字，按下「校閱＼註解＼刪除」清單鈕，執行「刪除」指令，會刪除註解及回覆的文字。

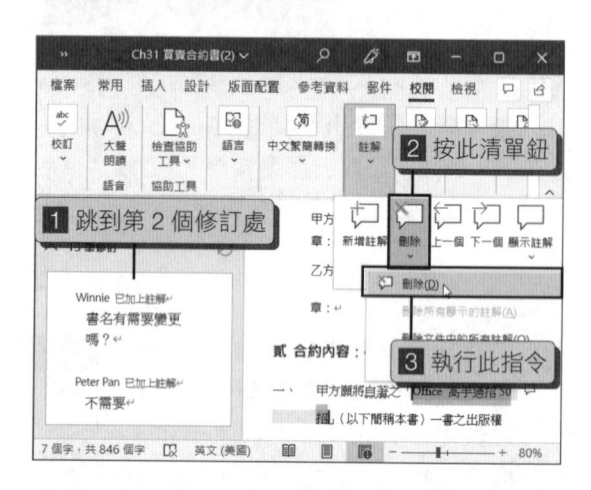

20 這一個是金額的部分有作修訂並加上註解說明文字。如果確定不要修改，執行「校閱＼變更＼拒絕＼拒絕並移至下一個」指令。

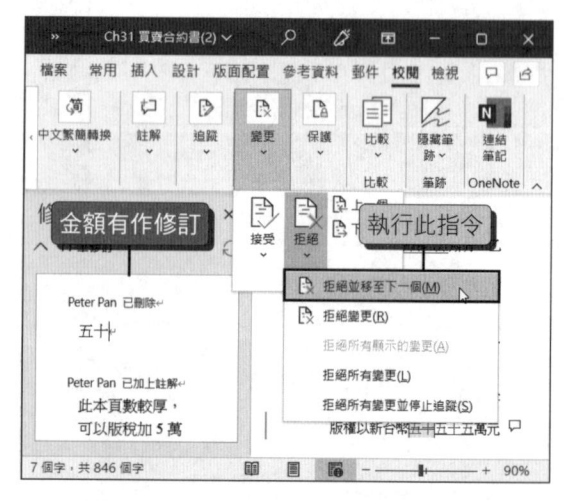

21 使用者可以一個一個慢慢檢視並決定是否修訂，也可以完全聽從主管的建議，一次接受所有的修訂，請按下「校閱 \ 變更 \ 接受」清單鈕，執行「接受所有變更並停止追蹤」指令，然後就可以存檔、列印，準備簽約了！

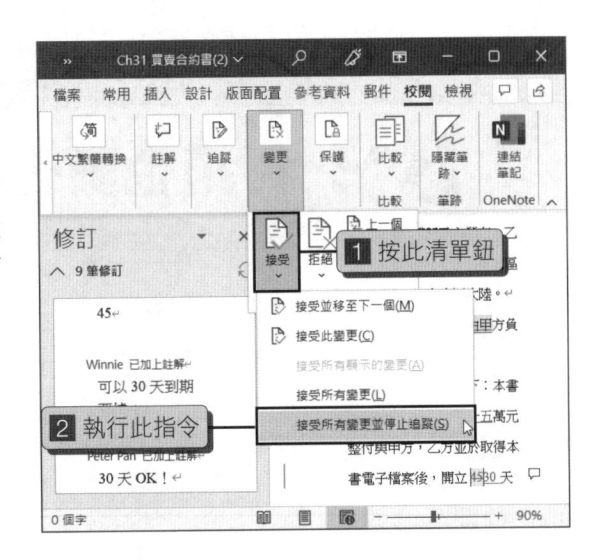

範例檔案：PART 3\Ch32 行銷企劃書

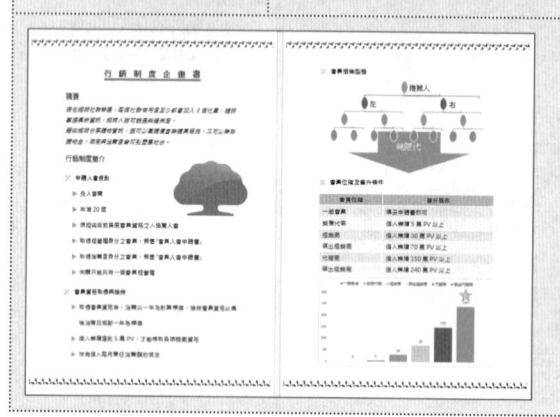

單元 32 行銷企劃書

有許多銷售生活日用品的公司，都會以消費即是賺錢的方式吸引消費者加入會員，購買產品越多就可以賺取更多的紅利回饋，召集親朋好友一起團購也可增加額外的獎金，若是讓親友一起加入會員還可以抽取佣金。

範例步驟

1 請先開啟範例檔案「Ch32 行銷企劃書(1).docx」，將編輯插入點移到第 2 頁表格下方，切換到「插入」功能索引標籤，在「圖例」功能區中，執行「圖表」指令。

1 插入點移到此

2 執行此指令

單元 32　行銷企劃書 | *233*

2 開啟「插入圖表」對話方塊，選擇「直條圖」類別下的「群組直條圖」，按下「確定」鈕。

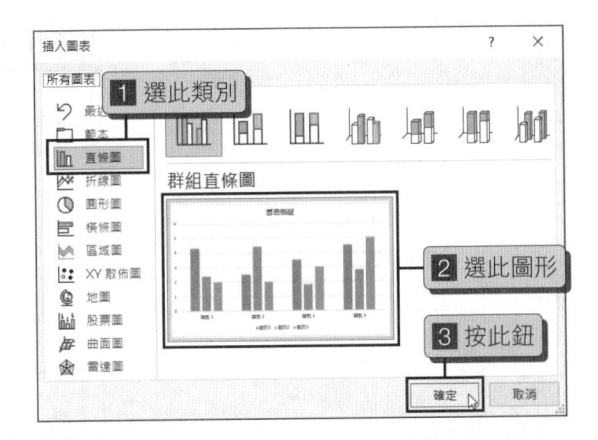

3 選取工作表中所有預設數值的儲存格，按下鍵盤【Del】鍵，將所有資料刪除。

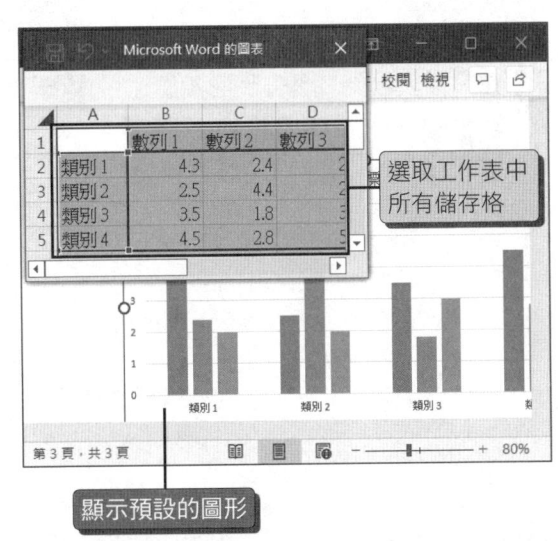

4 依照文件內的表格內容，將資料數值重新填寫到工作表中。特別注意表格範圍要修正成 A1:G2 儲存格，將游標移到 D5 儲存格右下角位置，當游標符號變成 ↘，按住滑鼠左鍵拖曳到 G2 儲存格位置，按下工作表右上方關閉鈕。

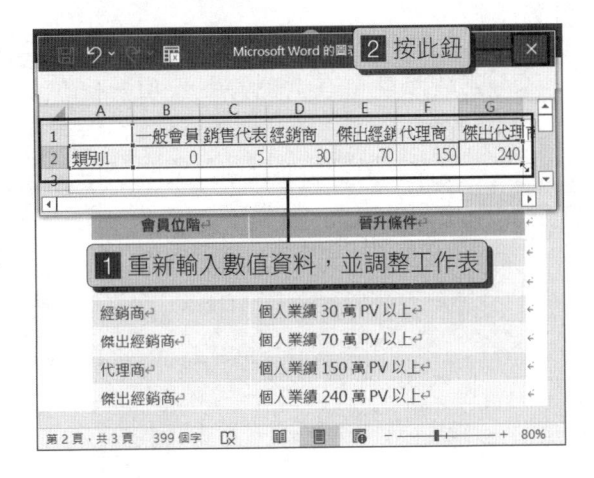

5 圖表依照資料表內容重新繪製，切換到「圖表設計」右方的「格式」功能索引標籤，在「大小」功能區中，修改圖表大小為高度：「7.2」公分、寬度：「14.5」公分，讓圖表移到第二頁。

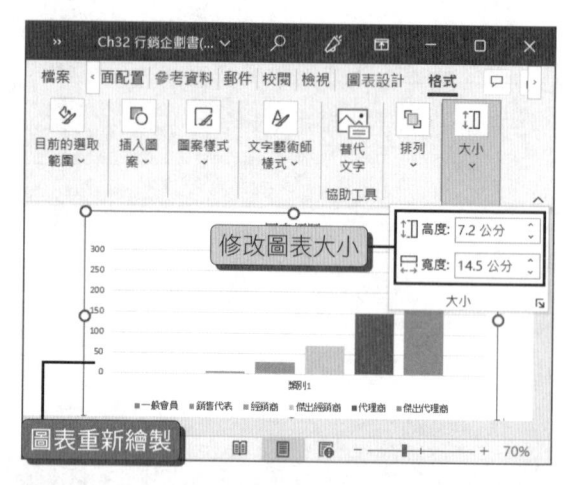

6 在「圖表設計\圖表版面配置」功能區中，按下「快速版面配置」清單鈕，選擇「版面配置2」樣式。

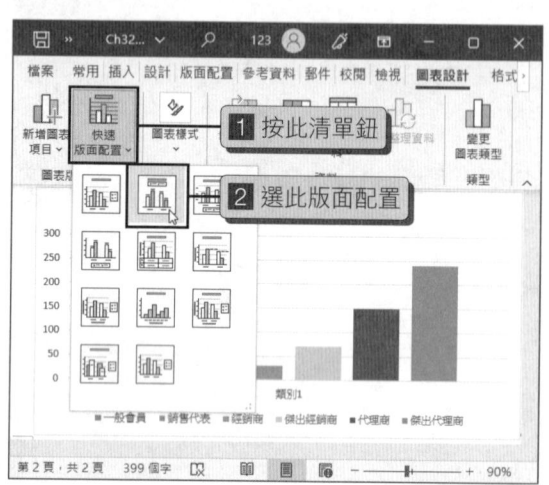

7 快速套用版面配置樣式後，還有一些細節就要在「新增圖表項目」中增減。繼續在「圖表設計\圖表版面配置」功能區中，按下「新增圖表項目\座標軸」清單鈕，選擇顯示「主垂直」座標軸。

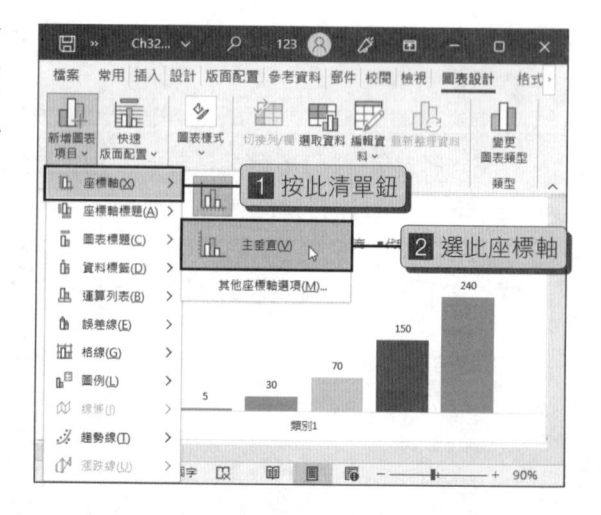

單元 32　行銷企劃書 | *235*

8 繼續按下「新增圖表項目\圖表標題」清單鈕，選擇「無」顯示圖表標題。

9 直接在圖表中，選擇水平座標軸標題，按下鍵盤【Del】鍵，將標題刪除。

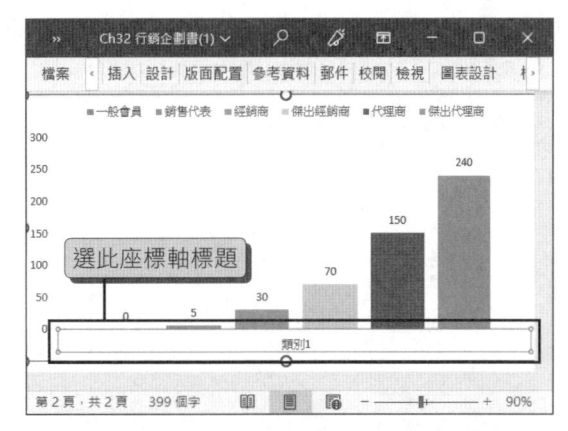

10 圖表繪製完成，接著在圖表上加上一些圖案。切換到「插入」功能索引標籤，按下「圖例\圖案」清單鈕，選擇「五角星形」圖案。

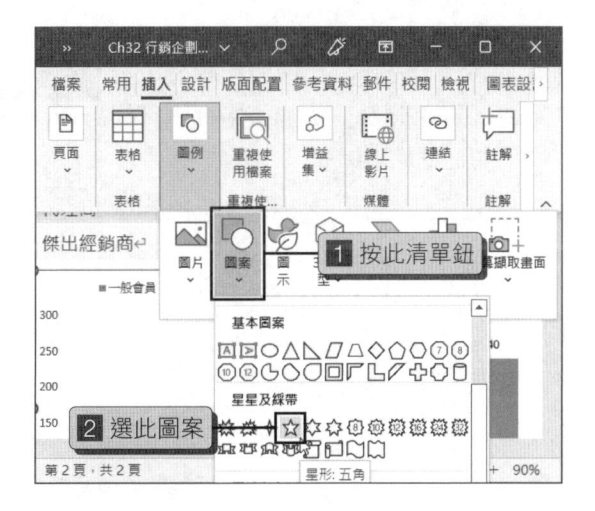

11 在綠色資料條上方拖曳繪製星形,在「圖形格式\大小」功能區中,修改圖案為「1 公分」長寬的圖形。

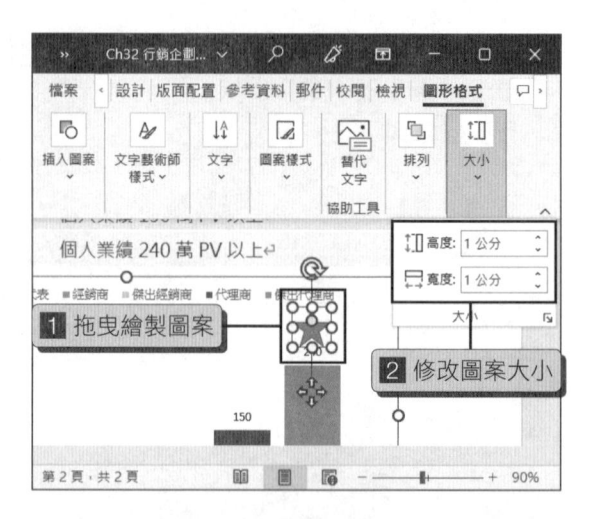

12 在「圖案樣式」功能區中,按清單鈕,選擇「色彩填滿 金色,輔色 4」圖案樣式。

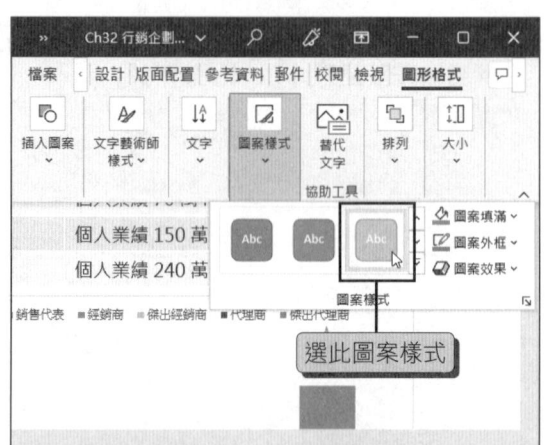

13 切換到「設計」功能索引標籤,在「頁面背景」功能區中,執行「頁面框線」指令。

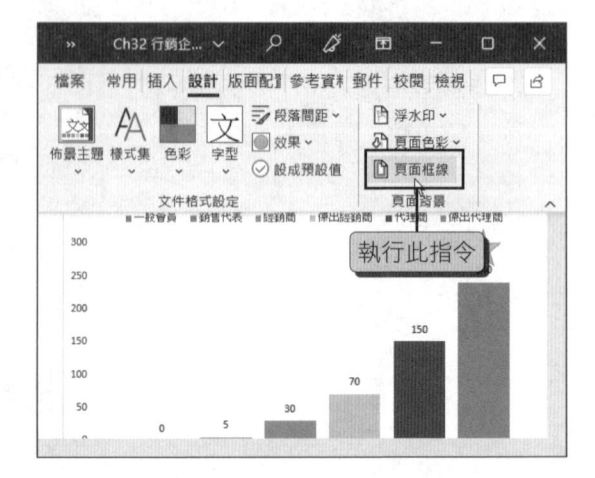

14 開啟「框線及網底」對話方塊，切換到「頁面框線」索引標籤，按下「花邊」清單鈕，選擇圖示花邊。

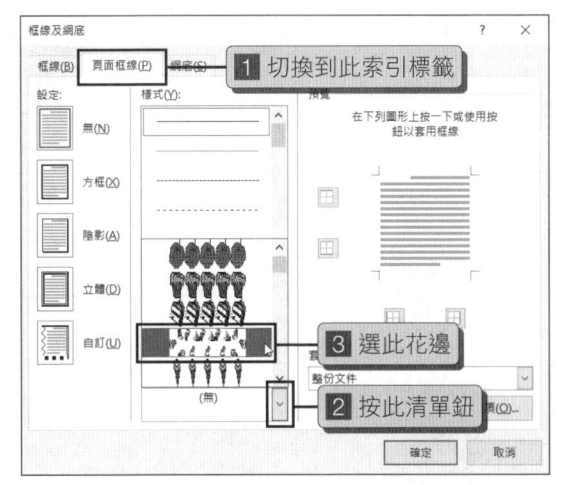

15 調整花邊的寬度為「16 點」，按下 「左框線」鈕，取消顯示左框線。

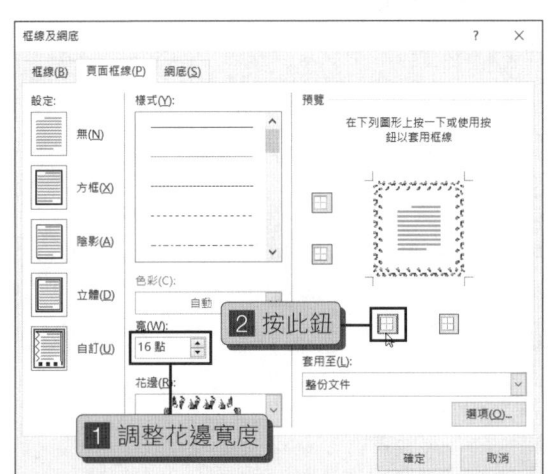

16 再按下 「右框線」鈕，取消顯示右框線，讓花邊只顯示上下框線，確認框線樣式後，按「確定」鈕。

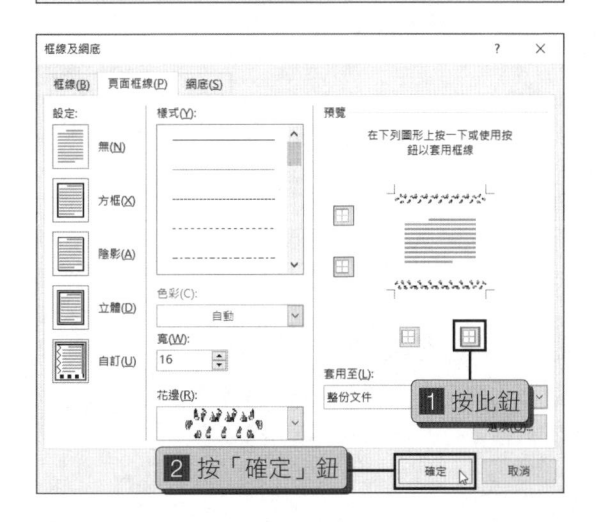

17 顯示指定樣式的花邊框線。

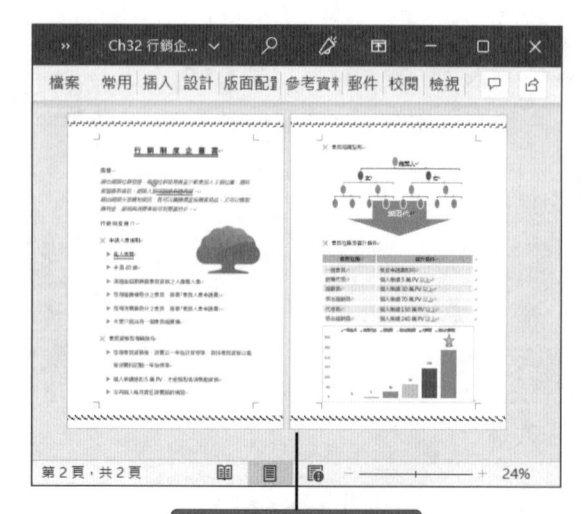

顯示指定樣式頁面框線

單元 33　專案企劃書 | *239*

> 範例檔案：PART 3\Ch33 專案企劃書

單元 33 專案企劃書

進行大型專案或業務合作時，製作一份專業的企劃書可以協助客戶快速了解合作內容，及相關的利益與前景，並評估合作案所需的必要資訊。一份好的企劃書，不僅可以讓客戶留下好的印象，更可以加快敲定訂單的時程。

範例步驟

1 請先開啟範例檔案「Ch33 專案企劃書(1).docx」，對於文件中有需要修改的特定名詞，只需要在「常用\編輯」功能區中，執行「取代」指令。

執行此指令

需要改掉的名詞

2 開啟「尋找及取代」對話方塊，在「取代」索引標籤中，分別輸入尋找目標「Z-Cam」和取代為「Web-Cam」，按下「全部取代」鈕。

3 此時會跳出「從頭搜尋」的訊息方塊，按下「是」鈕可以從頭再搜尋取代一次。如果已經確定全部完成也可按「否」鈕。

4 另外顯示「全部完成，一共取代19筆資料」的訊息方塊，按下「確定」鈕關閉訊息方塊。回到「尋找及取代」對話方塊，按下「關閉」鈕結束「尋找及取代」工作。

5 接著為專案企劃書設計封面，切換到「插入」功能索引標籤，按下「封面頁」清單鈕，選擇「移動」封面樣式。

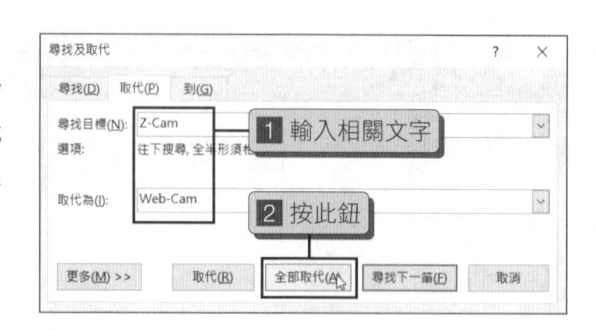

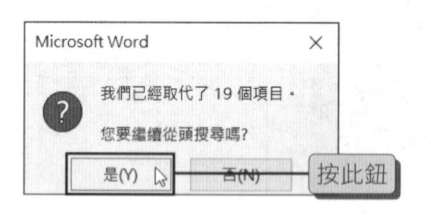

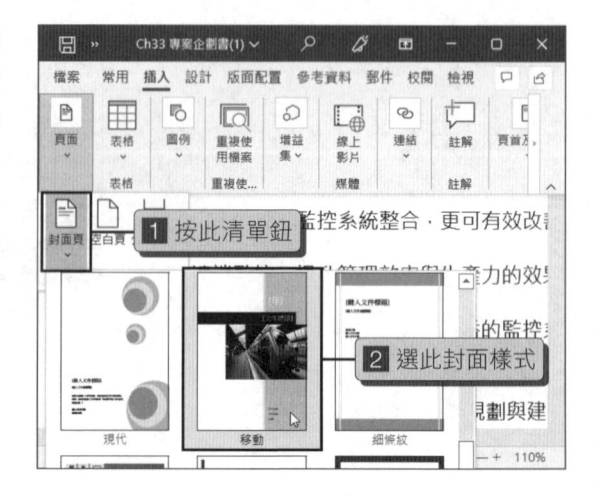

6 選定樣式的封面頁插入到文件第一頁，按下年份「年」旁的清單鈕，選擇製作文案的日期（假設是 2022/5/30）。

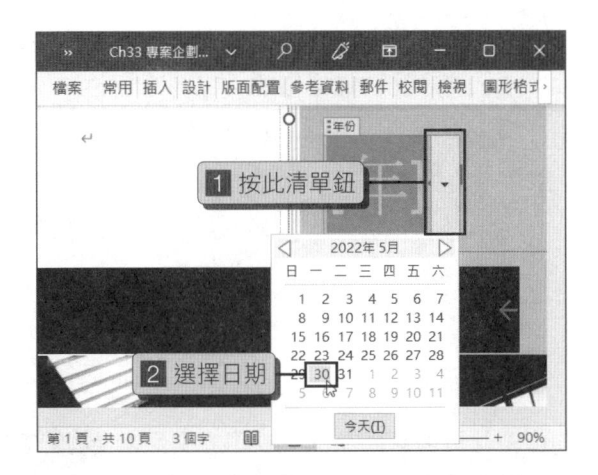

7 雖然是選擇日期，但是在此僅會顯示年份，但下方會顯示詳細日期。在黑色文字方塊中輸入文案標題「數位監控系統專案企畫書」。

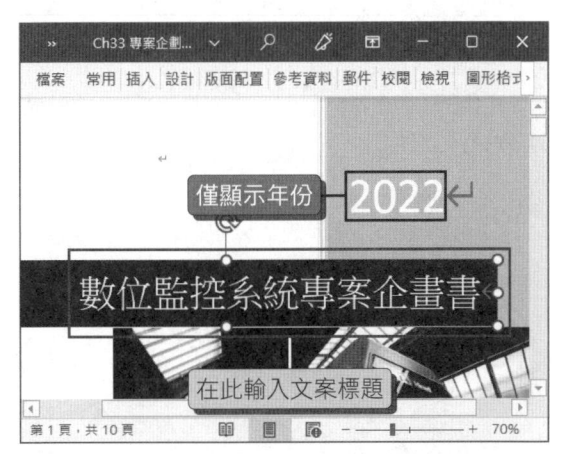

8 選取圖片物件，按滑鼠右鍵開啟快顯功能表，執行「變更圖片\此裝置」指令。

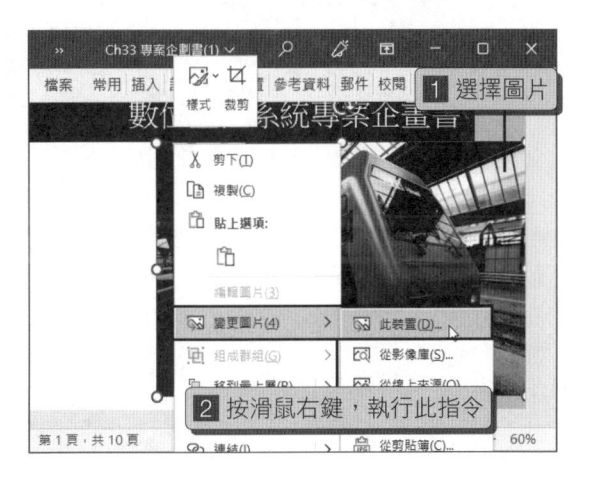

9 另外開啟「插入圖片」對話方塊，開啟範例檔案中的「範例圖檔」資料夾，選擇「產品圖 2」圖片，按「插入」鈕。

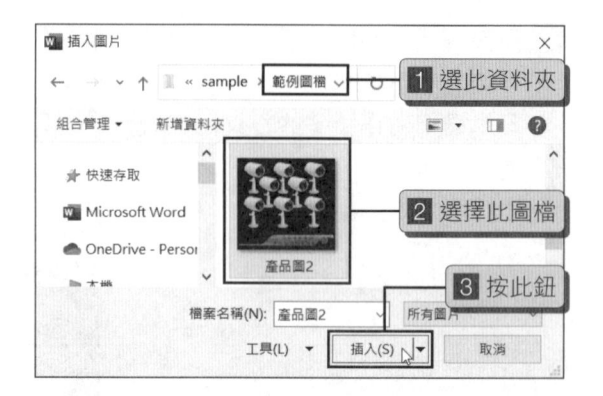

10 圖片更換新產品圖，在下方文字方塊輸入其他如公司名稱…等其他資訊。

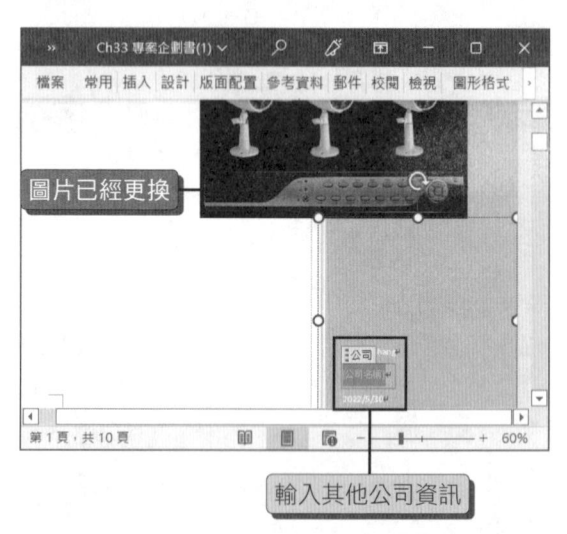

11 編輯插入點移到第 2 頁，切換到「設計」功能索引標籤，在「頁面背景」功能區中，執行「頁面框線」指令。

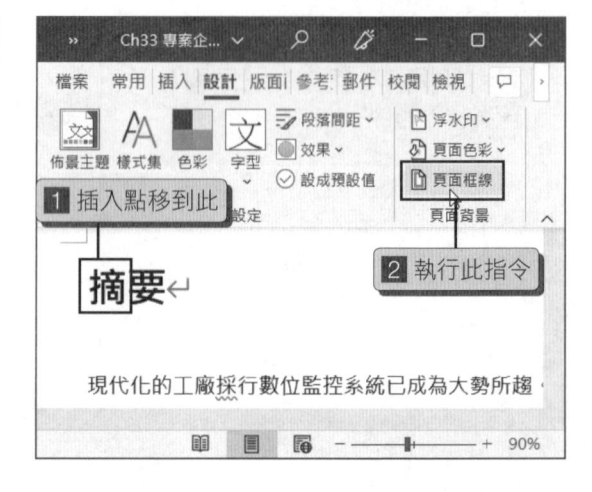

12 開啟「框線及網底」對話方塊，並自動切換到「頁面框線」索引標籤，先選擇「星形」花邊框線，按下「確定」鈕套用在整份文件中。

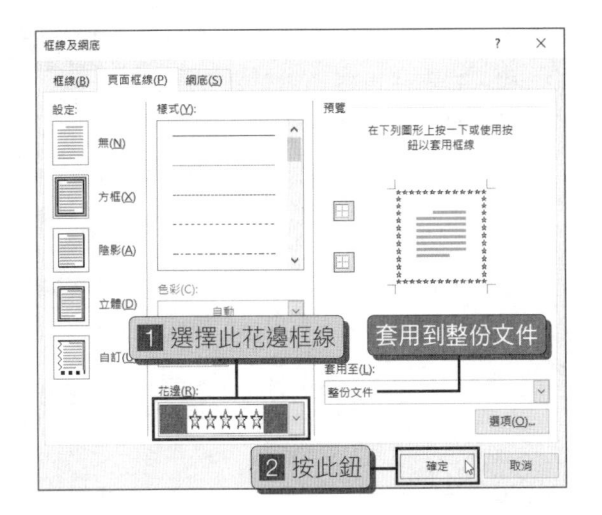

13 由於封面頁也會套用到頁面框線，因此再次執行「頁面框線」指令，開啟「框線及網底」對話方塊，按下「套用在整份文件」旁的清單鈕，選擇「此節，除了第一頁」選項。

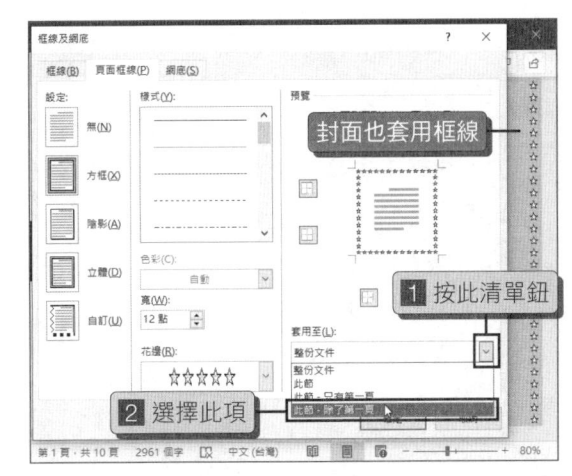

14 其他設定維持不變，按「確定」鈕，如此一來除封面頁外，其他頁面皆會套用相同花邊框線。

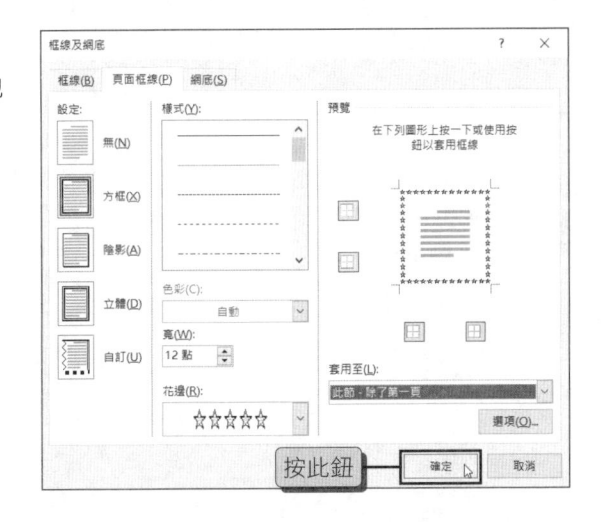

15 在「插入\頁首及頁尾」功能區中，按下「頁碼」清單鈕，選擇「頁碼底端」類別中的「圓角矩形2」樣式，在文件底端中央插入頁碼。

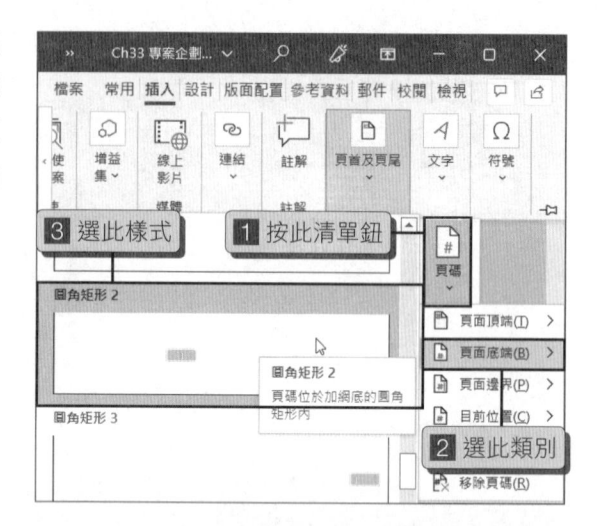

16 文件底端出現指定樣式的頁碼，切換到「頁首及頁尾」功能索引標籤，在「關閉」功能區中，按下「關閉頁首及頁尾」鈕，結束設定工作。

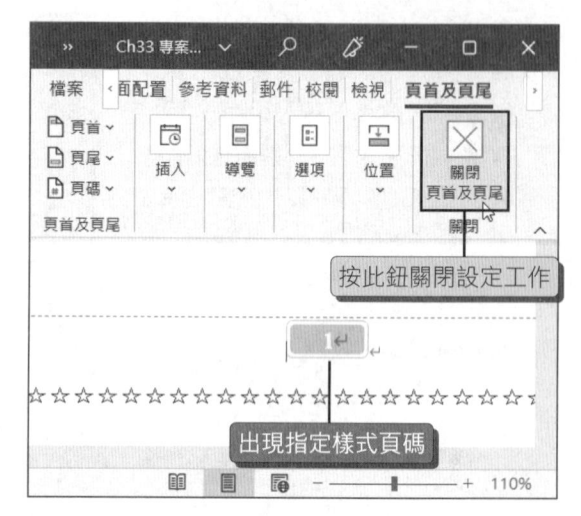

單元 34　單張廣告設計 | 245

範例檔案：PART 3\Ch34 單張廣告設計

單元 34　單張廣告設計

別以為圖片眾多的廣告傳單就一定要使用專業的軟體才能製作，只要準備好圖片及宣傳文稿，使用 Word 也能製作出專業的廣告傳單。

範例步驟

1. 本範例主要應用文字藝術師及版面設計功能，製作出廣告傳單，請先開啟範例檔案中的「Ch34 單張廣告設計(1).docx」，先執行「插入 \ 圖片 \ 此裝置」指令。

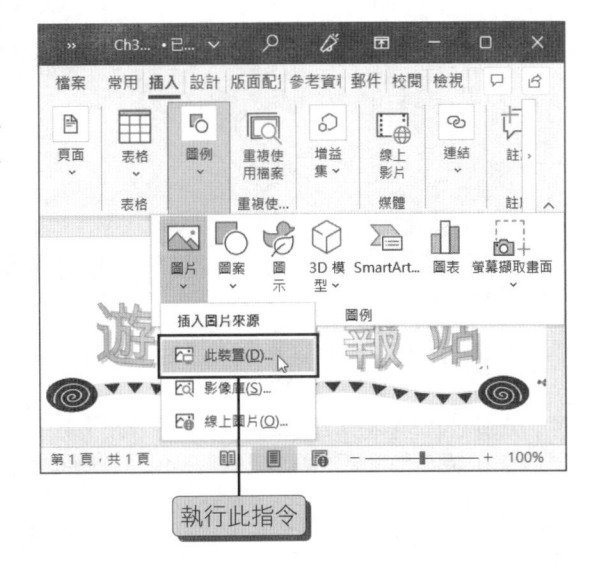

執行此指令

2 開啟「插入圖片」對話方塊,選擇範例檔案中「範例圖檔」資料夾,選取「產品圖 1」圖片檔,按「插入」鈕。

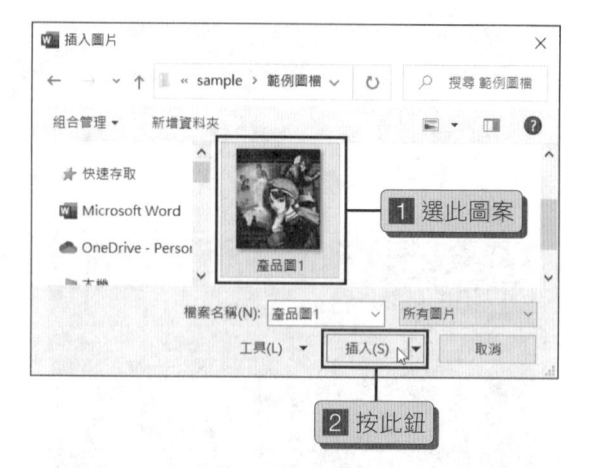

3 接著按下「圖片格式 \ 位置」清單鈕,選擇將圖片移到文件「右下方矩形文繞圖」位置。

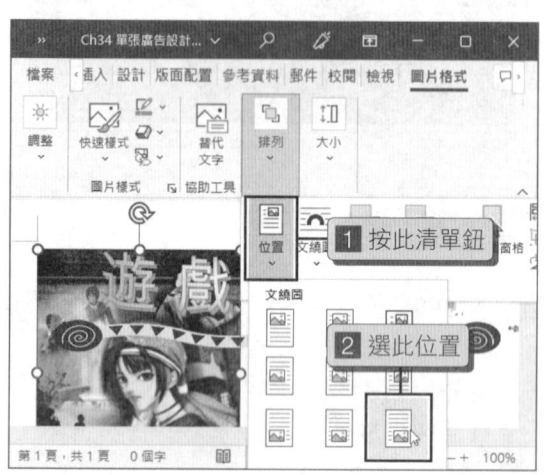

4 繼續選取此圖片,按下「圖片格式 \ 圖片效果」清單鈕,選擇「光暈」效果類型,套用「橙色,強調色 2,8pt, 光暈」效果樣式。

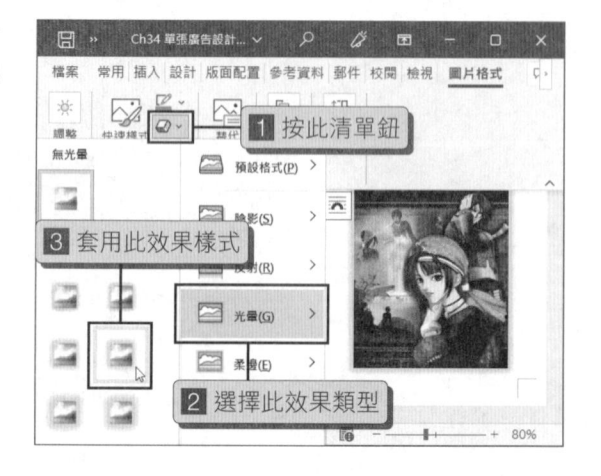

5 圖片效果設定後，效果不是很明顯，那就變更背景底色。切換到「設計」功能索引標籤，在「頁面背景」功能區中，按下「頁面色彩」清單鈕，選擇標準色彩「深藍」色。

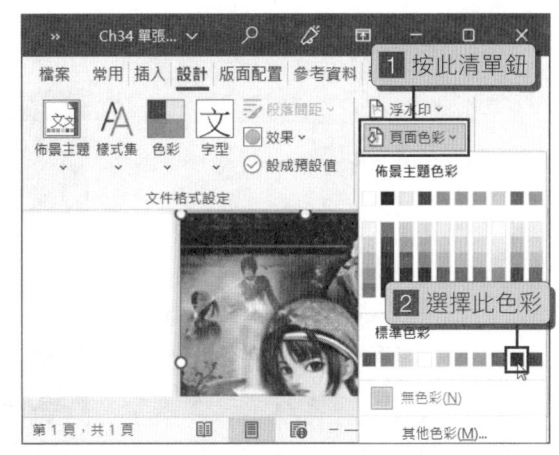

6 背景顏色變成深藍色。接著切換到「插入」功能索引標籤，在「文字」功能區中，按下「文字藝術師」清單鈕，選擇「填滿,淺灰,背景色彩2,內陰影」樣式。

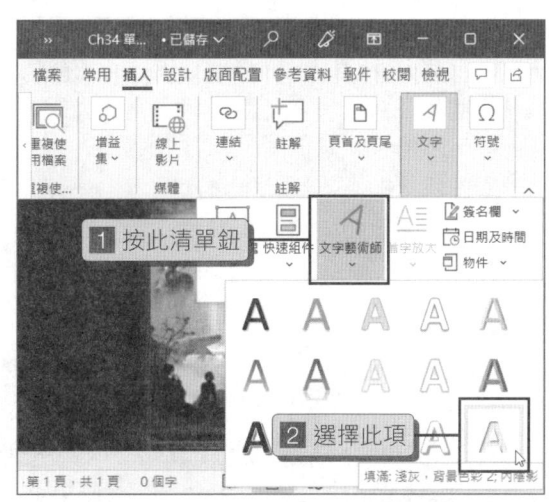

7 文件中插入文字藝術師文字方塊，先修改字型為「微軟正黑體」，再直接輸入產品名稱「巴冷公主」。

8 選取文字藝術師方塊，使用拖曳的方式將方塊圖案移到文件下方中央位置。

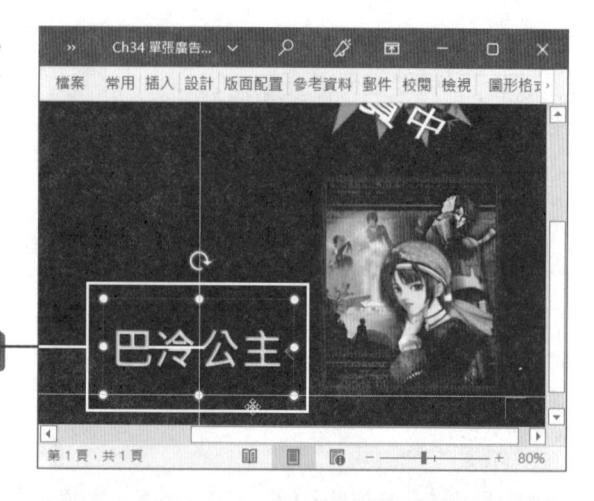

出現文字藝術師文字方塊

9 接著按住鍵盤【Ctrl】鍵，使用拖曳的方式複製文字藝術師方塊到左方位置。選取新的文字藝術師方塊，按下「圖形格式\文字效果」清單鈕，選擇「轉換」類型，選擇「梯形（向右）」樣式。

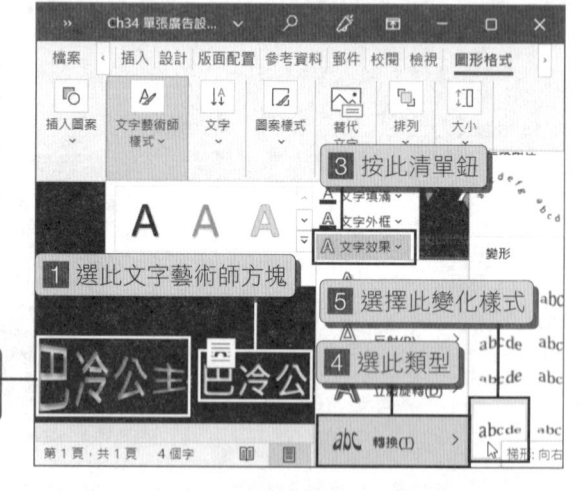

1 選此文字藝術師方塊
2 拖曳複製文字藝術師方塊到此
3 按此清單鈕
4 選此類型
5 選擇此變化樣式

10 選取文件中央的文字藝術師方塊，按下「圖形格式\文字效果」清單鈕，選擇「反射」類型，選擇「半反射,相連」樣式。

1 選此文字藝術師方塊
文字藝術師套用新樣式
2 按此清單鈕
3 選此類型
4 選擇此變化樣式

11 文字方塊不僅只是可以加入文字的矩形，Word 還替文字方塊設計一些帶有圖案的樣式，讓文字方塊充滿設計感。立刻切換到「插入」功能索引標籤，在「文字」功能區中，按下「文字方塊」清單鈕，選擇「切割線引述」樣式。

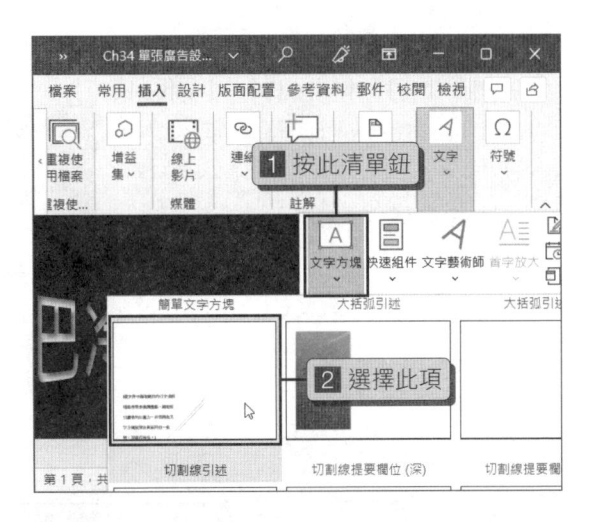

1 按此清單鈕
2 選擇此項

12 文件中插入文字方塊，選取此方塊按滑鼠右鍵，開啟快顯功能表，執行「組成群組 \ 取消群組」指令。

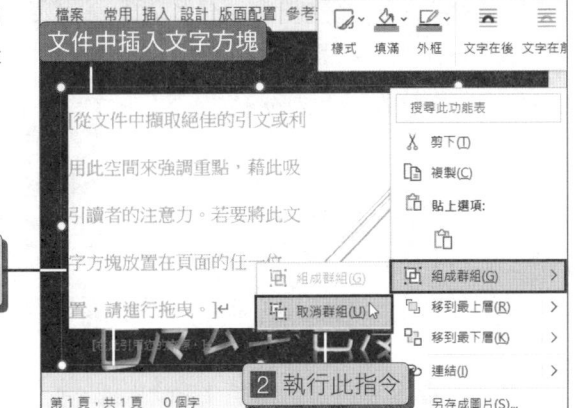

1 選此文字方塊，按滑鼠右鍵，開啟快顯功能表
2 執行此指令

13 文字方塊群組被取消後，被分成 3 個部分，原始的文字方塊、白色矩形圖案及斜線圖案。選取白色矩形圖案，按下鍵盤【Del】鍵刪除白色矩形部分。

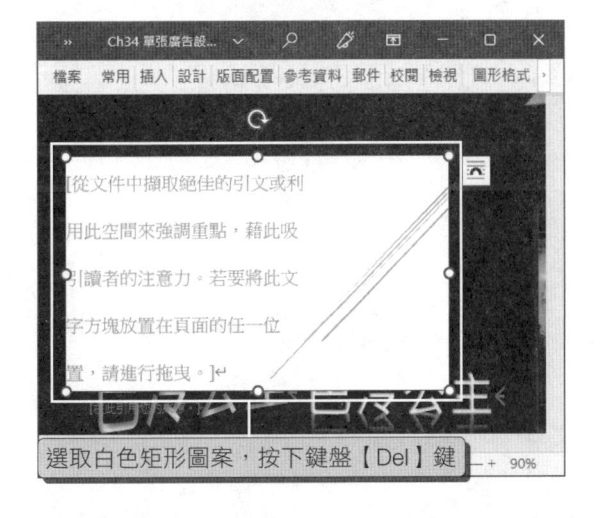

選取白色矩形圖案，按下鍵盤【Del】鍵

14 接著在文字方塊中輸入宣傳文稿的文件，請開啟範例檔案中的「Ch34 單張廣告設計(2).docx」，已經在文字方塊中輸入文字。最後調整斜線角度與位置即可。

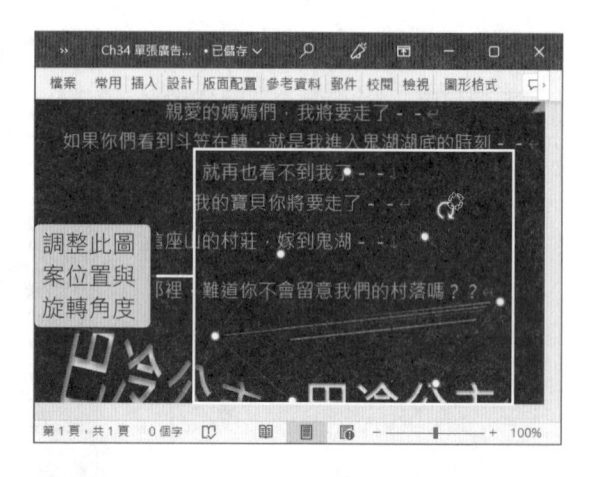

15 執行「檔案\列印」指令，預覽列印怎麼是白色的底色？因為「頁面色彩」功能僅限於螢幕顯示，使用者可以選擇「深藍色」的紙張進行列印，可以節省墨水。

16 若要連底色一起直接列印，只要插入與頁面相同大小的矩形圖案，圖案填滿選擇「深藍」色、圖案外框選擇「無外框」，最後執行「圖形格式\排列\下移一層\置於文字之後」指令，再進行列印即可。

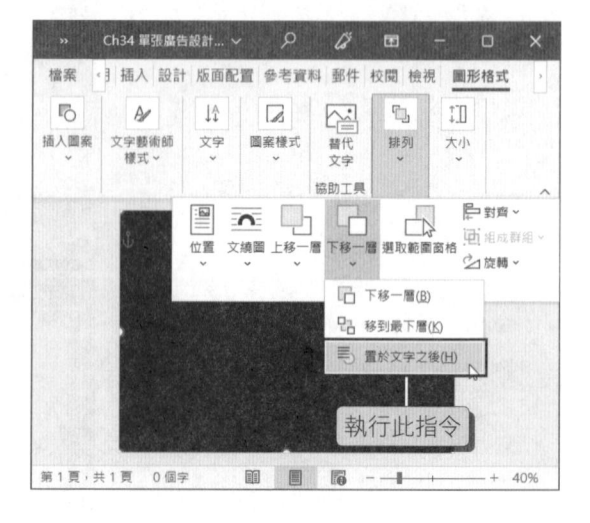

單元 35 產品使用手冊

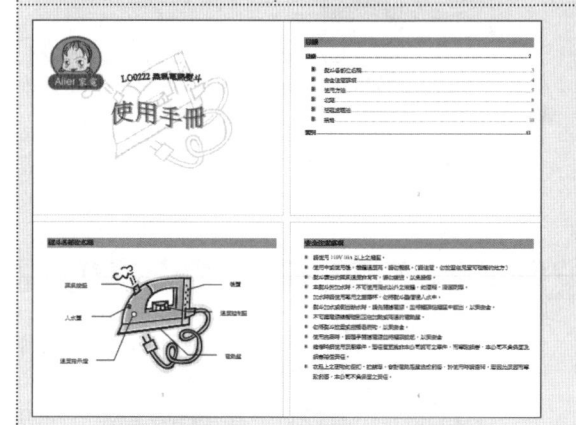

範例檔案：PART 3\Ch35 產品使用手冊

製作產品使用手冊的用意在讓使用者操作時，能夠快速地認識產品特性，並依照規則正確的使用，以免發生不可預期的意外。

範例步驟

1 請先開啟範例檔案「Ch35 產品使用手冊(1).docx」，先將文件檢視模式切換到大綱模式，切換到「檢視」功能索引標籤，在「檢視」功能區中，執行「大綱模式」指令。

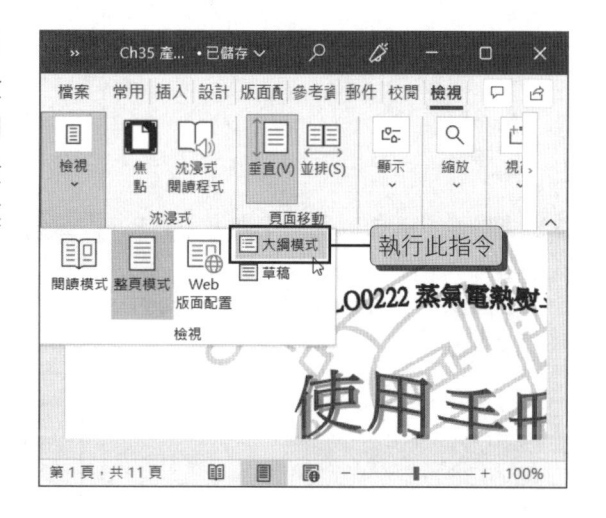

執行此指令

2 選擇主要標題文字，按下「本文」旁清單鈕，選擇「階層 2」，以便製作目錄。

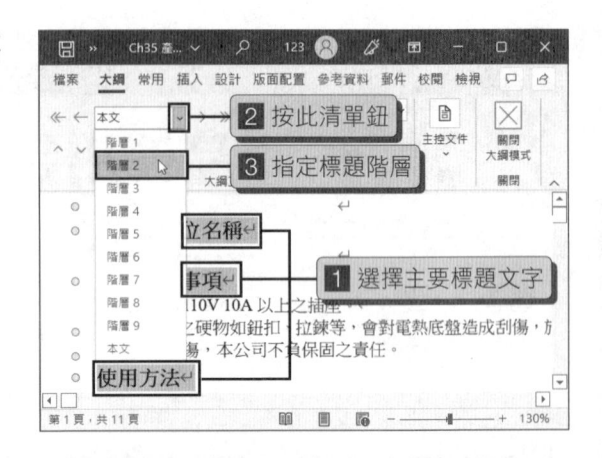

3 選擇次要標題文字（斜體字），按下「本文」旁清單鈕，選擇「階層 3」，以便製作索引。

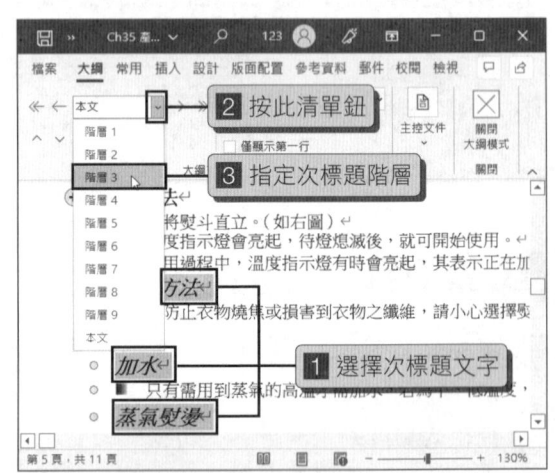

4 將目錄及索引設定為「階層 1」，階層 1~3 設定內容如圖。按下「關閉大綱檢視」鈕，回到整頁檢視模式。

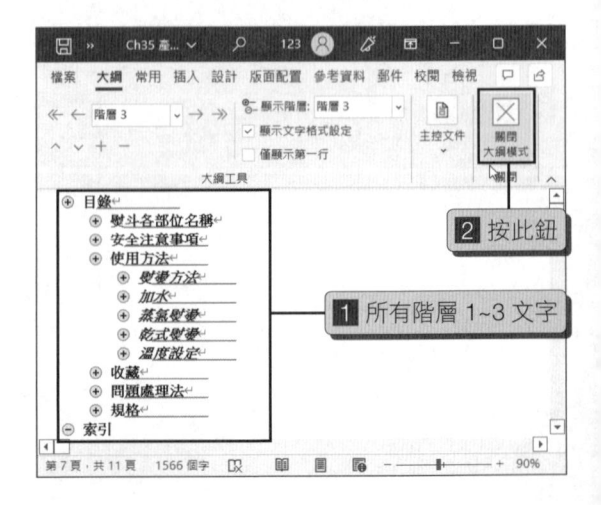

單元 35　產品使用手冊 | 253

5 將編輯插入點移到第 2 頁目錄標題下方，切換到「參考資料」功能索引標籤，按「目錄」清單鈕，選擇執行「自訂目錄」指令。

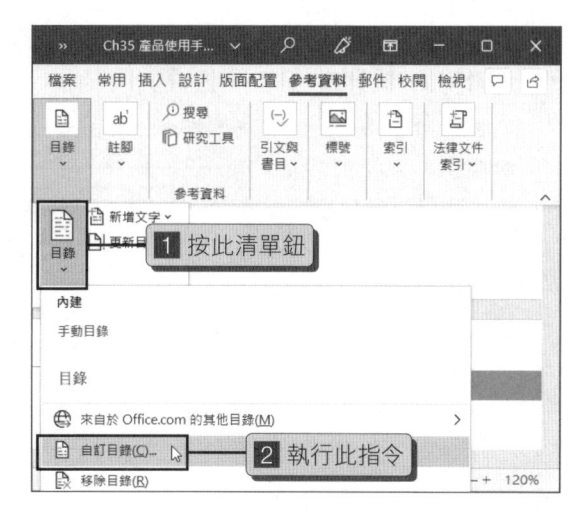

6 開啟「目錄」對話方塊，設定顯示階層為階層「2」，按下「確定」鈕。

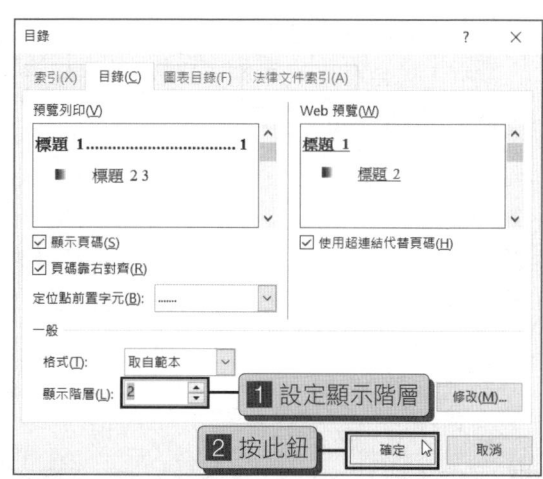

7 顯示設定的目錄在第 2 頁標題下方。

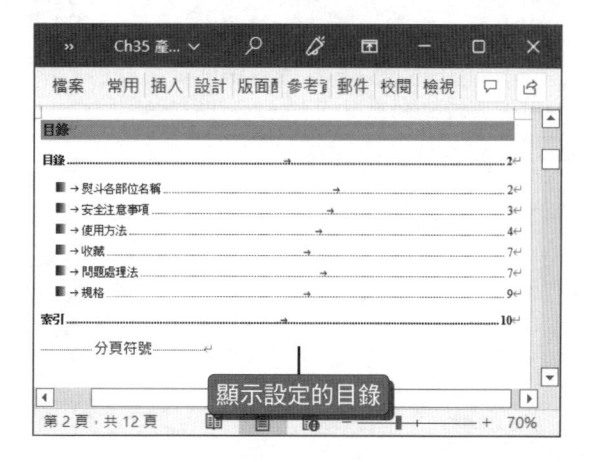

8 設定索引之前，必須先標註要加入索引的關鍵字。選取第五頁文字「熨燙方法」（階層3標題），切換到「參考資料」功能索引標籤，執行「項目標記」指令。

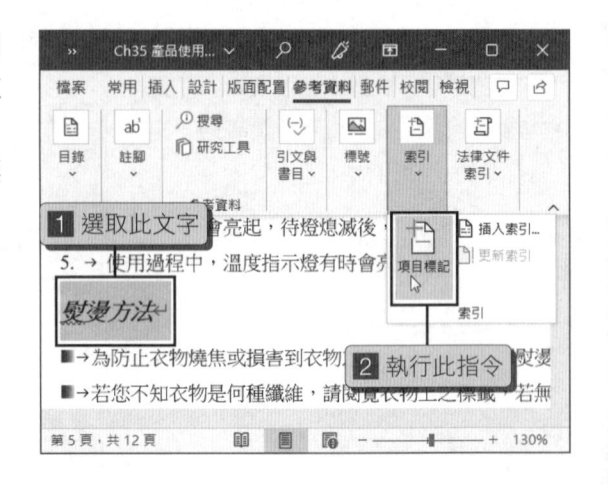

9 開啟「標記索引項目」對話方塊，主要項目中會出現剛選取的文字，並自動出現標題（注音部分），其他項目不須更動，直接按下「標記」鈕。

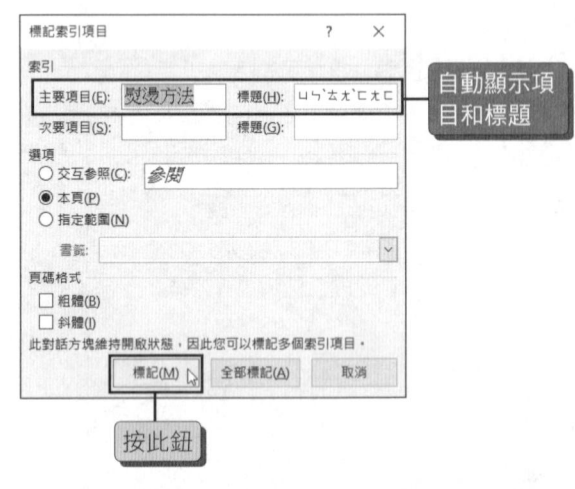

10 「熨燙方法」文字後方加上一串索引標題文字。暫時不關閉「標記索引項目」對話方塊，選取下一組要標註的文字「加水」，將游標移到主要項目位置，按一下滑鼠左鍵。

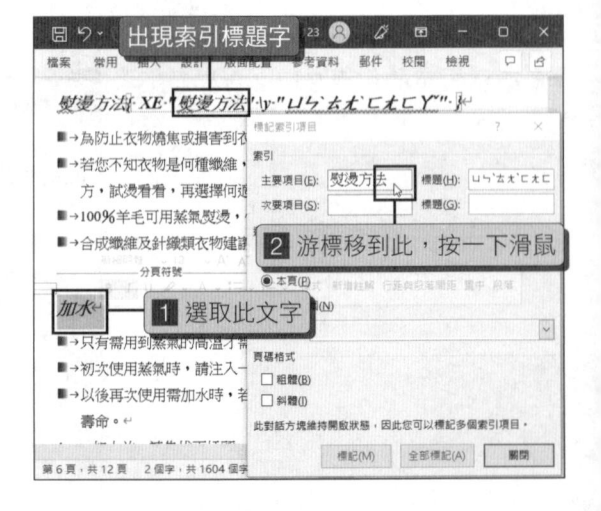

11 自動更新主要項目和標題。直接按下「標記」鈕，讓文字「加水」也顯示索引標題。當所有文字項目都完成標註後，按下「關閉」鈕。

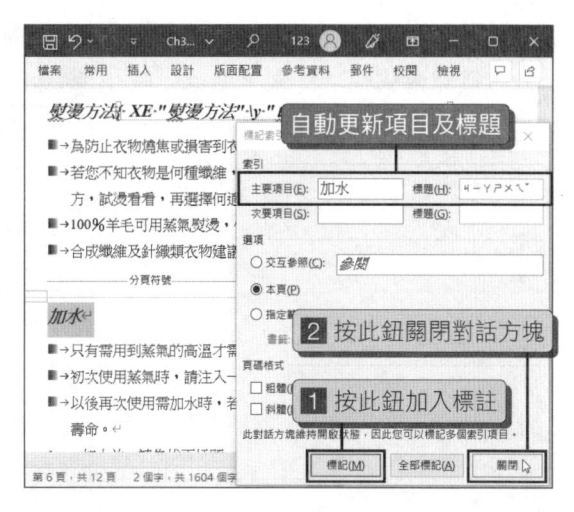

12 將編輯插入點移到第 12 頁索引標題下方，切換到「參考資料」功能索引標籤，執行「插入索引」指令。

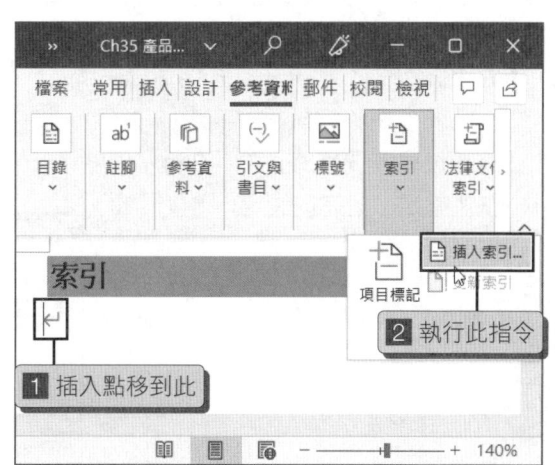

13 開啟「索引」對話方塊，先設定語言為「中文」，勾選「頁碼靠右對齊」選項，再按下格式「取自範本」旁清單鈕，重新選擇為「項目符號」，按下「確定」鈕。

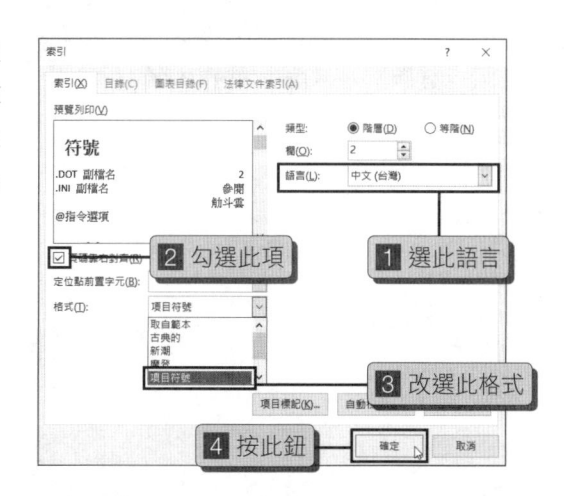

14 選取所有索引文字內容,按滑鼠右鍵開啟快顯功能表,執行「段落」指令。

15 開啟「段落」對話方塊,設定左右各縮排「1字元」,指定方式「凸排」位移點數「2字元」,並將前後段落間距修改為「0行」,按「確定」鈕完成設定。

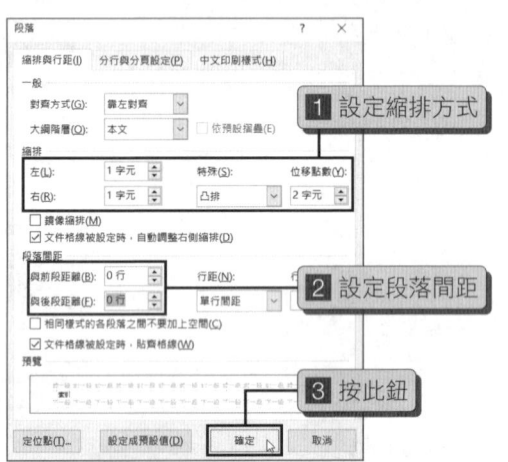

16 切換到「插入」功能索引標籤,按下「頁碼」清單鈕,選擇「帶狀」樣式。

17 第一頁自行設計的封面也會出現頁碼，切換到「頁首及頁尾」功能索引標籤，先設定頁首及頁尾距離頁緣的位置上下各「0.8 公分」，勾選「第一頁不同」選項。

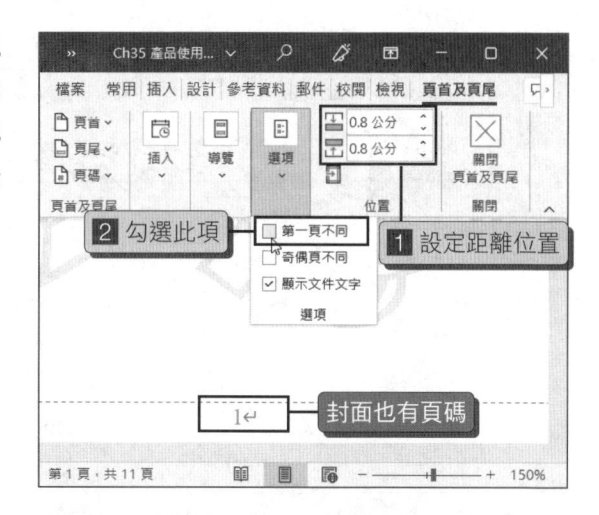

18 設定完成按下「關閉頁首及頁尾」鈕即可。

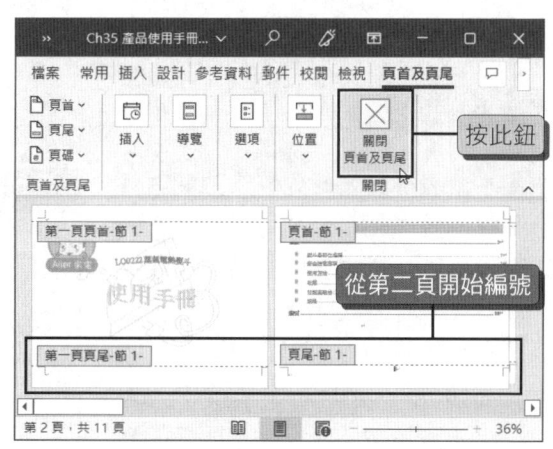

258 | PART 3 業務行銷篇

> 範例檔案：PART 3\Ch36 客戶摸彩券樣張

單元 36 客戶摸彩券樣張

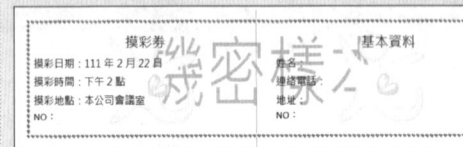

摸彩券		基本資料	
摸彩日期：111 年 2 月 22 日		姓名：	
摸彩時間：下午 2 點		連絡電話：	
摸彩地點：本公司會議室		地址：	
NO：		NO：	

對於規模不是很大的企業，偶爾想要舉辦抽獎活動，但是一次印刷摸彩券動輒三、五百張，實在既不經濟又不實惠。如果只想辦理小型的摸彩活動，可以使用 Word 來設計摸彩券，可以選擇印少許數量，用完再印，豈不是很方便。

範例步驟

1 本章將綜合一些簡單的功能，其實不用很複雜，就可以做精美的摸彩券。請先開啟空白的文件，首先設定紙張大小，切換到「版面配置」功能索引標籤，在「版面設定」功能區中，按下「大小」清單鈕，執行「其他紙張大小」指令。

1 按此清單鈕

2 執行此指令

2 開啟「版面設定」對話方塊，自動切換到「紙張」索引標籤，在紙張大小高度處輸入「5.8 公分」，寬度維持不變。接著按下「邊界」索引標籤，設定頁面邊界。

3 在「邊界」索引標籤中，分別將上、下、左、右邊界設定成「0.8 公分」。接著按下「版面配置」索引標籤，設定頁首頁尾與頁緣的距離。

4 在「版面配置」索引標籤中，設定頁首頁尾與頁緣的距離為「0.5 公分」，全部版面設定完成後，按「確定」鈕。

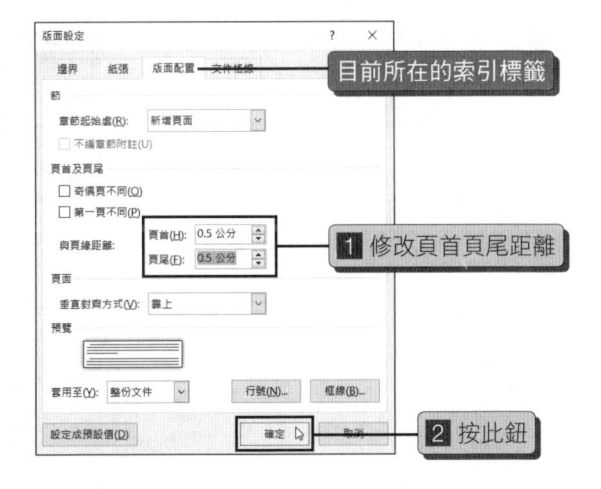

5 回到文件編輯視窗，編輯範圍明顯變小。在「版面配置\版面設定」功能區中，按下「欄」清單鈕，執行「二」指令，將文件設定成兩欄式編輯方式。

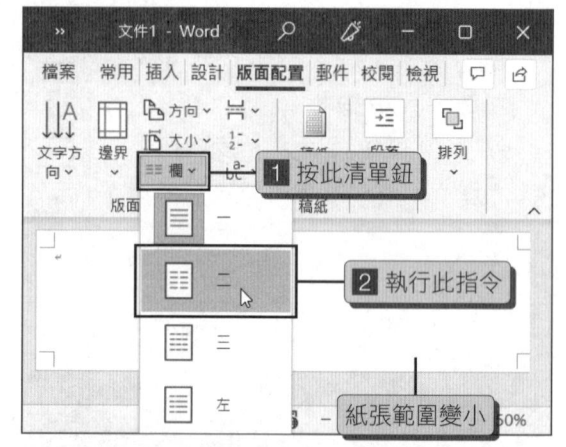

6 文件變成兩欄式編輯方式，開始進行文字編輯，請先開啟範例檔案中的「Ch36 客戶摸彩券樣張(1).docx」，繼續下列步驟。在「插入\圖例」功能區中，按下「圖案」清單鈕，執行「線條」指令，插入一條垂直線，作為兩聯之間的裁切線。

7 繪製一條垂直線條，並對齊頁面中央，按下「圖形格式\圖案外框」清單鈕，選擇外框色彩「白色，背景1，較深50%」；再按一次「圖形格式\圖案外框」清單鈕，選擇「虛線」類別，選擇「方點」樣式。

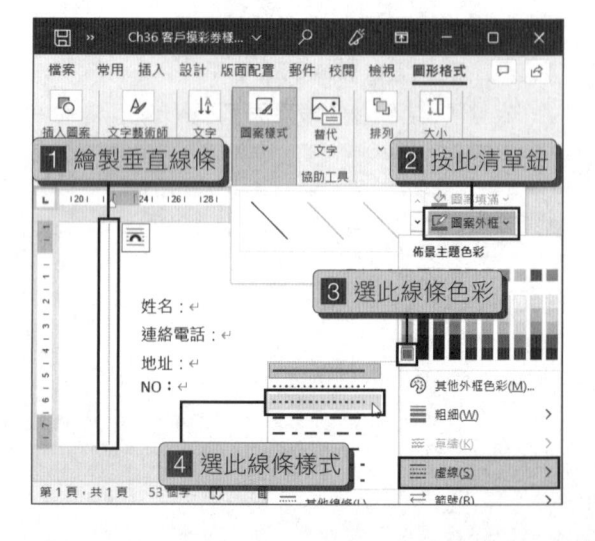

單元 36　客戶摸彩券樣張 | 261

8 接著為版面加些點綴的花邊，切換到「設計」功能索引標籤，執行「頁面框線」指令。

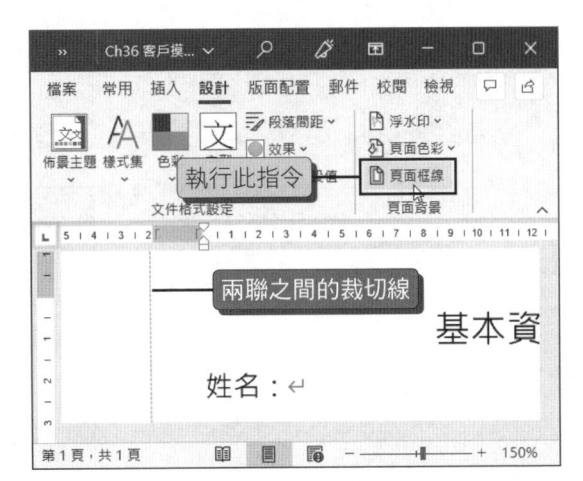

9 開啟「框線及網底」對話方塊，在「頁面框線」索引標籤下，按下「花邊」旁的清單鈕，選擇「愛心」圖樣。繼續調整框線寬度為「5 點」，按下「選項」鈕進行其他設定。

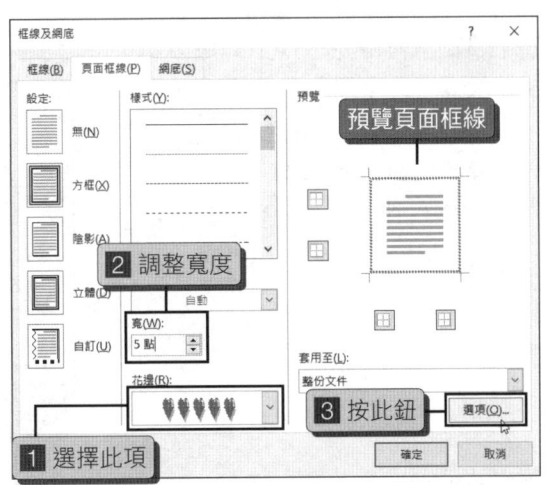

10 開啟「框線與網底選項」對話方塊，調整頁面框線距離頁面邊緣的距離，上、下為「15 點」，左、右為「12 點」，按下「確定」鈕回到上一步驟的「框線與網底」對話方塊，再按一次「確定」鈕結束頁面框線設定。

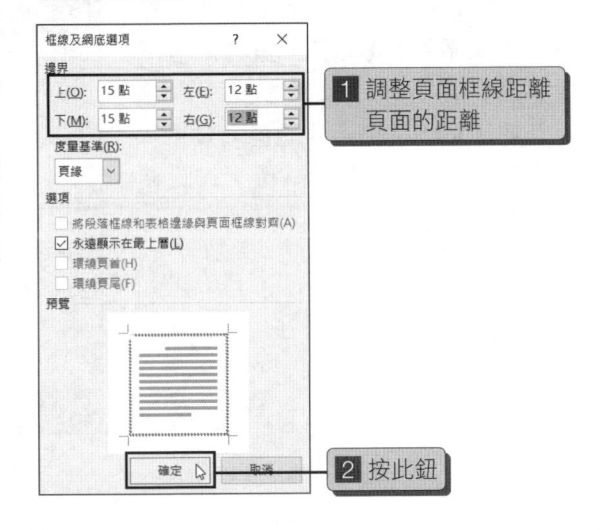

11 繼續在「設計」功能索引標籤，按下「浮水印」清單鈕，執行「自訂浮水印」指令。

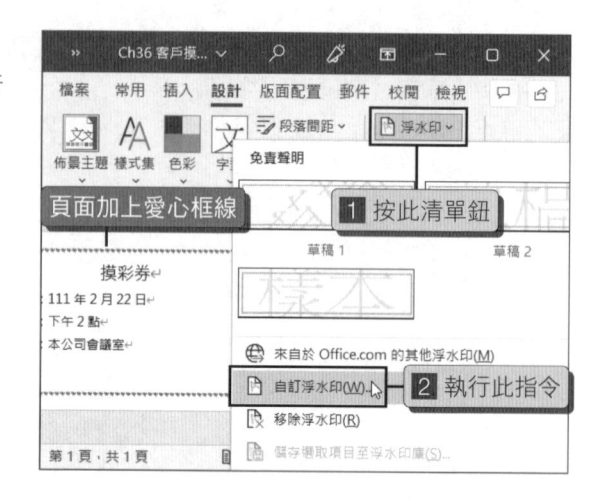

12 開啟「列印浮水印」對話方塊，選擇「文字浮水印」選項，在文字中自行輸入「機密樣本」、字型選擇「微軟正黑體」、大小選擇「72」，版面配置選擇「水平」選項，設定完成按「確定」鈕。

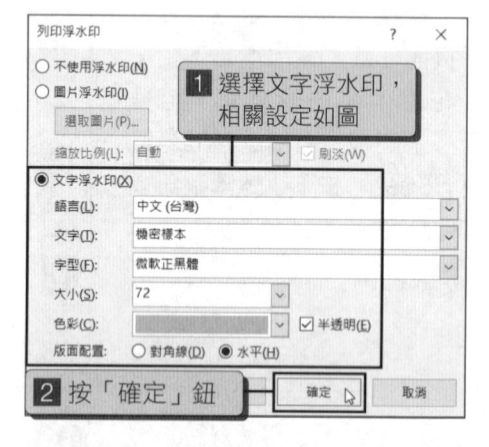

13 文件中央顯示文字浮水印。選擇了文字浮水印效果，就無法選擇圖片浮水印，如果想要兩者兼得，可以調整圖片的色彩效果，執行「插入\圖例\圖片\此裝置」指令。

單元 36　客戶摸彩券樣張 | 263

14 開啟「插入圖片」對話方塊，選擇範例檔案中的「範例圖檔」資料夾，選擇「背景LOGO」圖檔，按「插入」鈕。

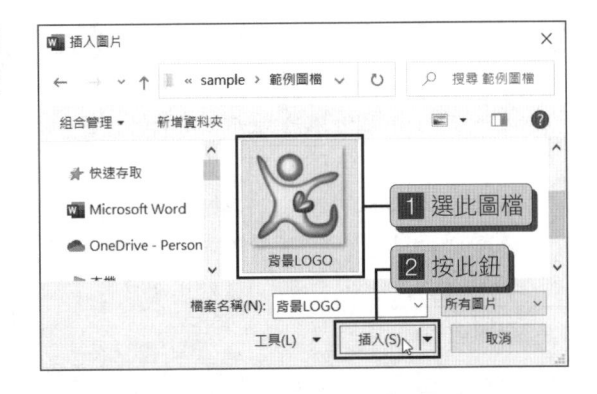

15 切換到「圖片格式\排列」功能區中，按下「文繞圖」清單鈕，執行「文字在前」指令。

16 繼續在「圖片格式\調整」功能區中，按下「色彩」清單鈕，選擇「刷淡」樣式。

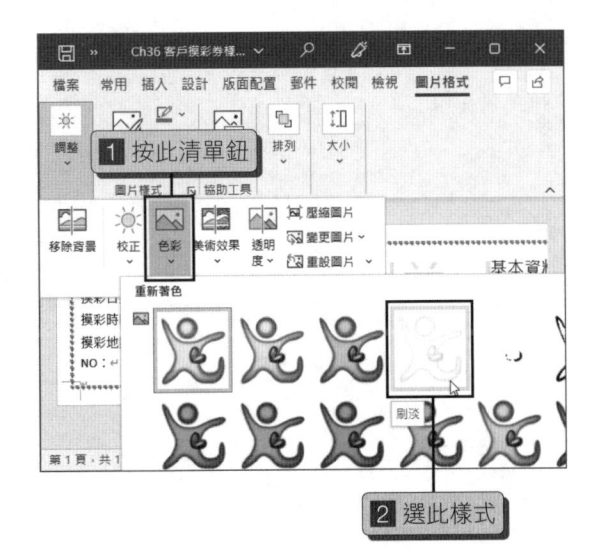

17 圖片也顯示類似浮水印效果，複製浮水印效果圖片到相對頁面位置。使用者也可以將圖片製作成浮水印，另外再插入文字方塊製造類似浮水印的效果；或是在頁首頁尾中製作類似浮水印效果也不錯，方法有很多種，看使用者如何自行應用。

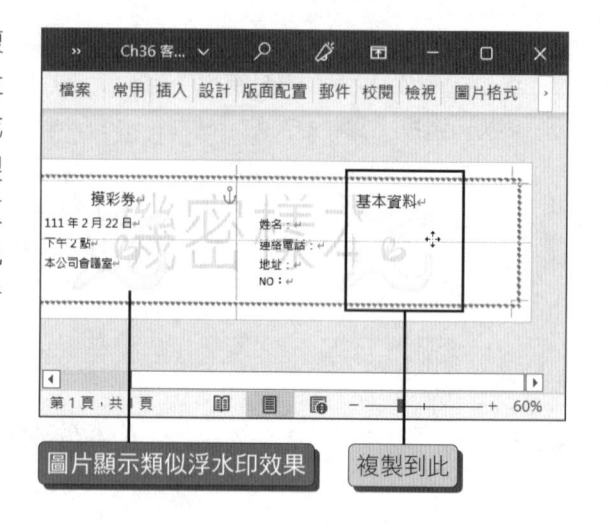

圖片顯示類似浮水印效果

複製到此

單元 37　滿意回函卡

範例檔案：PART 3\Ch37 滿意回函卡

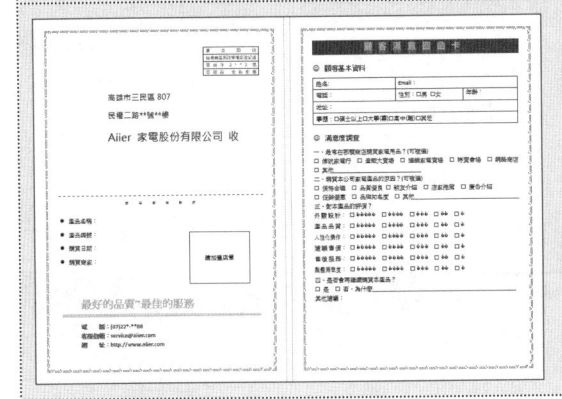

消費者購買公司產品都會附上滿意回函卡，一方面可以作為保固維修的依據，另一方面可以藉此收集消費者資料，作為開發或改善產品的參考，當然還可以寄發其他產品的相關優惠資訊，進一步行銷公司產品。

範例步驟

1. 請先開啟範例檔案「Ch37 滿意回函卡(1).docx」，將編輯插入點移到「高雄市」前方，按下「插入＼表格」清單鈕，選取「1x4」的表格範圍，在表格中另外新增表格。

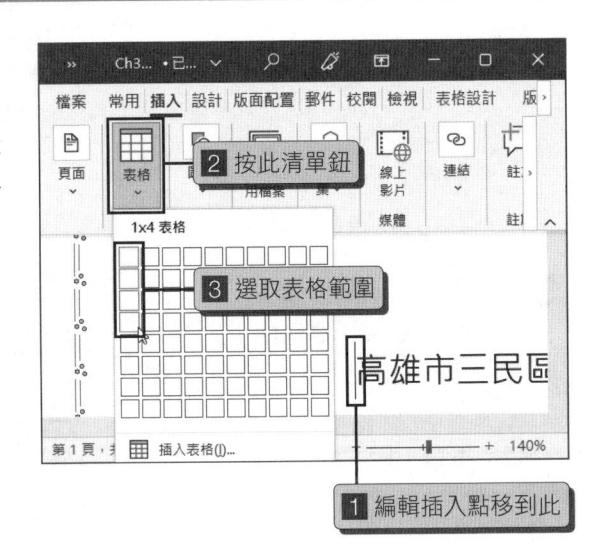

2 在新增表格中，輸入郵局核發的廣告回函字樣如圖。

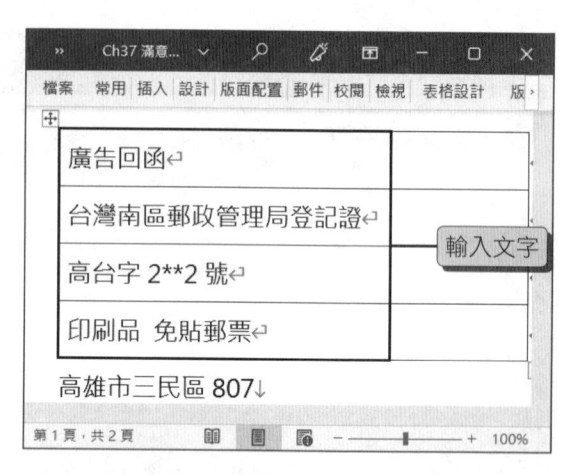

3 選取表格，切換到「常用」功能索引標籤，將表格內字型大小修改成「8」，接著按下「段落」功能區右下角的 ⌐ 展開鈕。

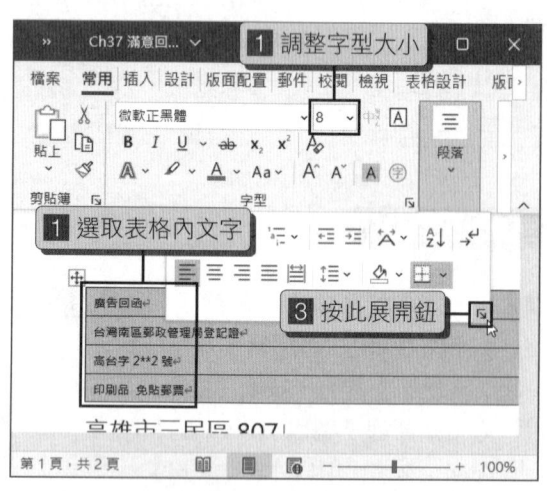

4 開啟「段落」對話方塊，在「縮排與行距」索引標籤中，對齊方式選擇「分散對齊」，取消勾選「文件格線被設定時，貼齊格線」選項，按「確定」鈕。

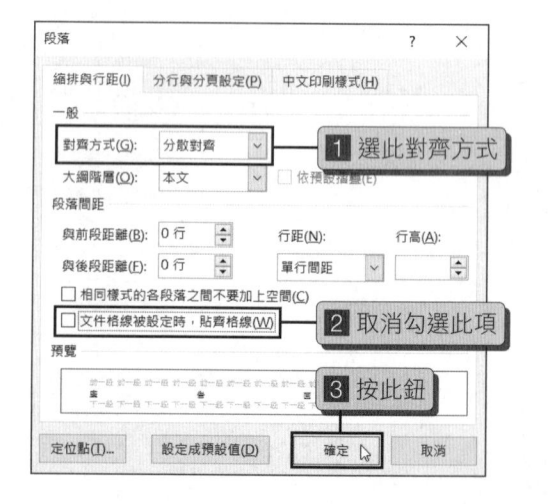

5 切換到「表格設計」右邊的「版面配置」功能索引標籤，將表格高度調整成「0.4 公分」、寬度調整成「4 公分」。

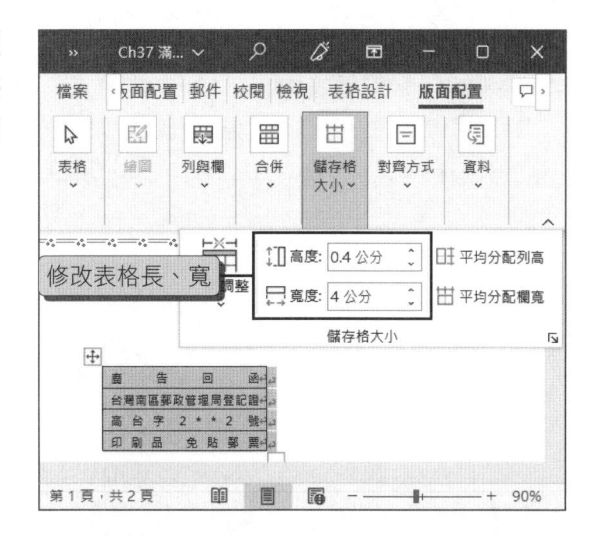

6 將游標移到表格左上角 ⊞ 符號位置，按住滑鼠左鍵，拖曳表格到文件右上方位置。

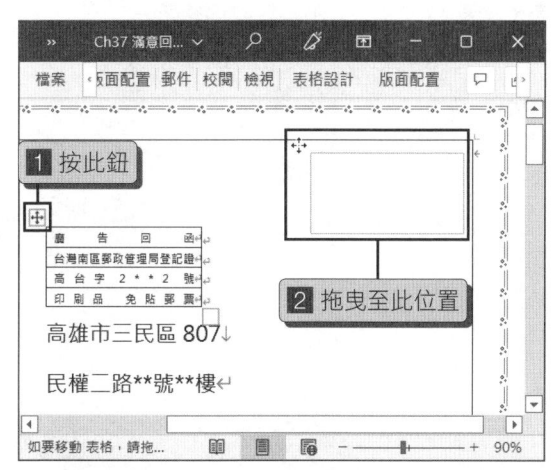

7 廣告回函的表格已經設定完成，接著選取頁面「1x2」的大表格，按滑鼠右鍵開啟快顯功能表，執行「框線及網底」指令。

8 開啟「框線及網底」對話方塊,在「框線」索引標籤中,選擇「虛線」框線樣式,再按下「無」框線的設定鈕。

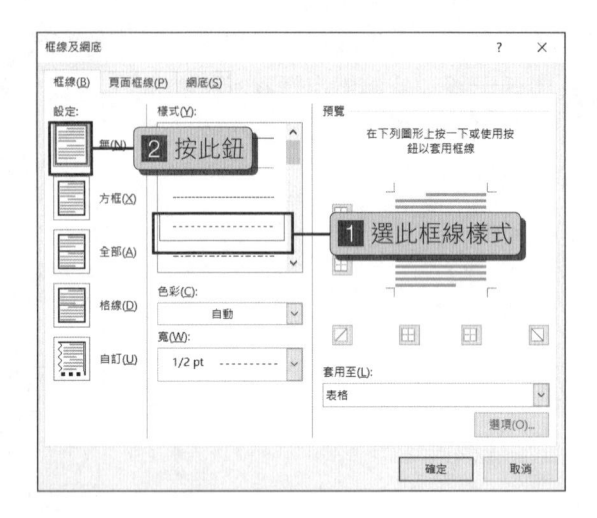

9 繼續在「預覽」區域中,按下「格線」鈕,讓表格只出現中央的格線,當作折疊線,按「確定」鈕完成設定。

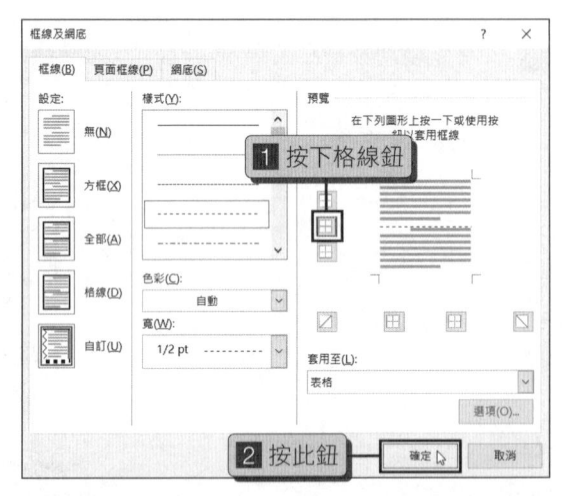

10 接著按下「插入\圖案」清單鈕,選擇插入「水平文字方塊」圖案。

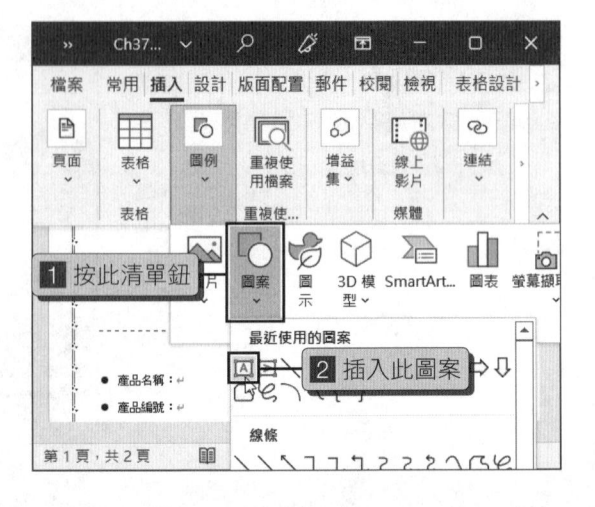

11 在虛線中央拖曳繪製水平文字方塊圖案。

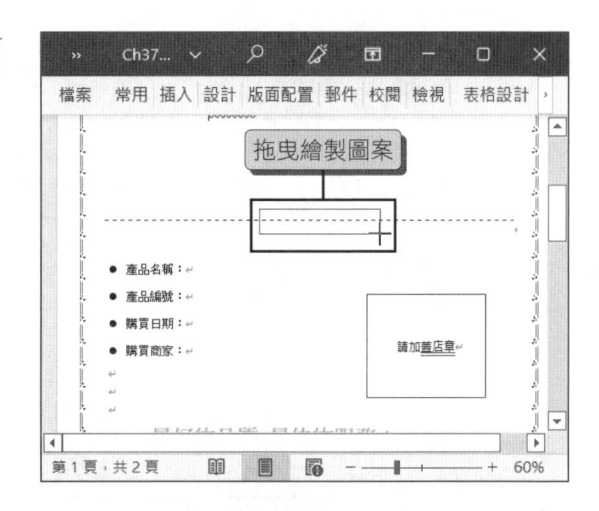

12 在文字方塊中輸入文字「請沿虛線對折」，將文字大小修改成「6」，並在段落中選擇 🔳「分散對齊」的水平對齊方式。

13 切換到「圖形格式」功能索引標籤，在「文字」功能區中，按下「對齊文字」清單鈕，選擇「中」的垂直對齊方式。

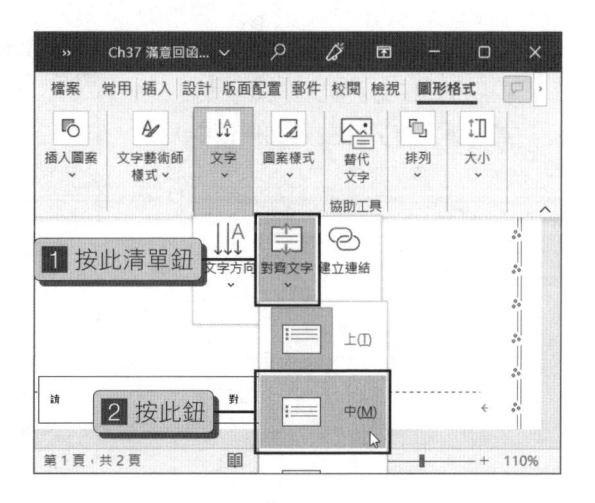

14 繼續按下「圖案填滿」清單鈕，選擇「無填滿」樣式。

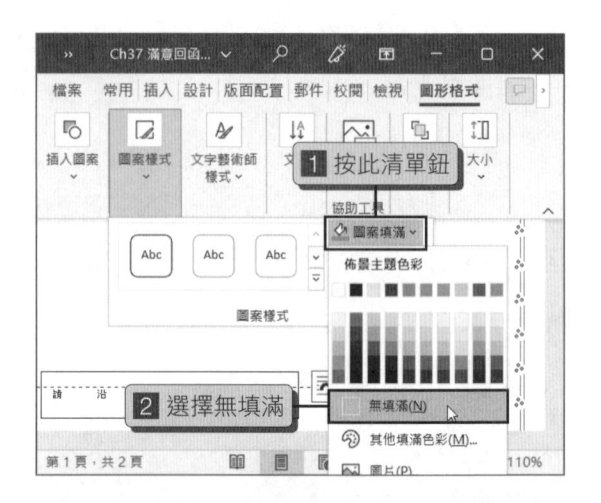

15 繼續按下「圖案外框」清單鈕，選擇「無外框」樣式。

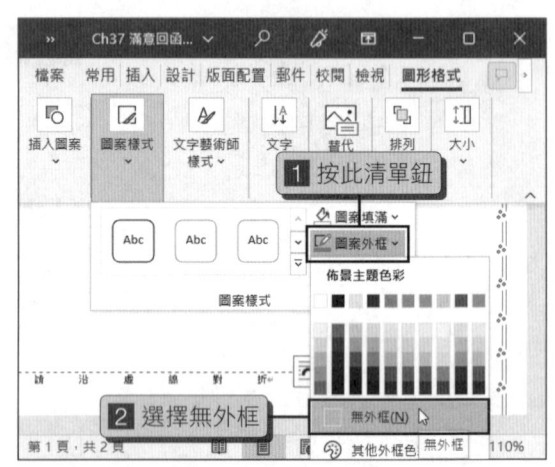

16 最後按下「位置」清單鈕，選擇「中間置中矩形文繞圖」對齊方式，讓文字方塊對齊文件正中央。

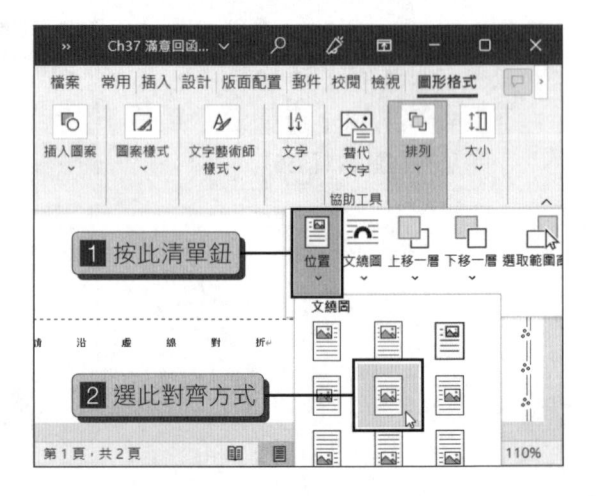

範例檔案：PART 3\Ch38 VIP 貴賓卡

單元 38　寄發 VIP 貴賓卡

越來越多的公司會發行 VIP 卡來鞏固既有的客源，也藉由貴賓卡的優惠活動，吸引更多的顧客，若是發行終身貴賓卡就沒有換卡的問題，若是有效期的貴賓卡，等待期限一到，就要準備寄發新的卡片。

範例步驟

1. 本範例主要介紹郵件功能，使用者可以在 Word 建立客戶資料，就可以輕鬆列印郵寄標籤。請先開啟 Word 程式並新增空白文件，切換到「郵件」功能索引標籤，在「啟動合併列印」功能區中，按下「選取收件者」清單鈕，執行「鍵入新清單」指令。

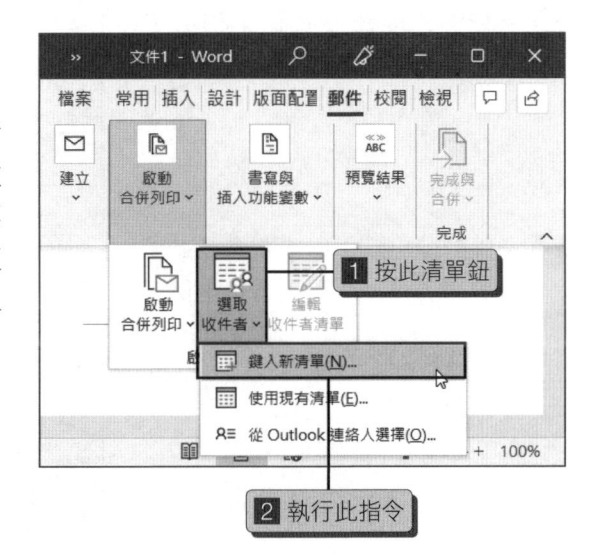

2 開啟「新增通訊清單」對話方塊，先按下「自訂欄位」鈕，修改欄位名稱以符合需求。

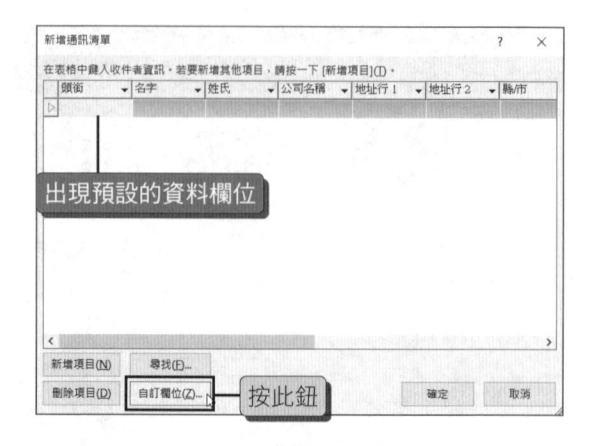

3 另外開啟「自訂通訊清單」對話方塊，其中會顯示目前所有的欄位名稱，先選取「頭銜」欄位，按「重新命名」鈕。

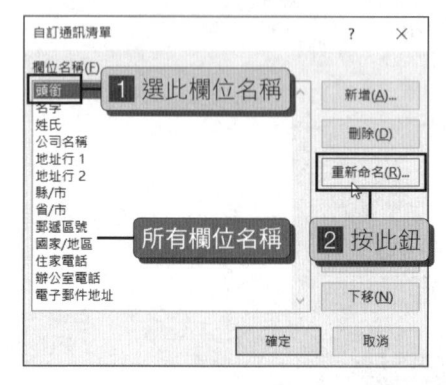

4 開啟「更改欄位名稱」對話方塊，輸入新的欄位名稱「稱謂」，按下「確定」鈕。

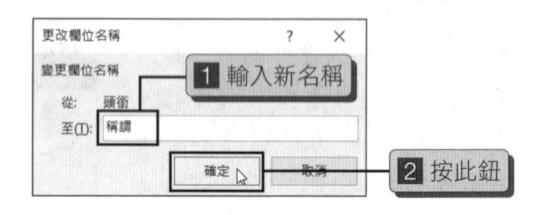

5 多餘的欄位除了用重新命名給予新的定義外，還可以直接刪除，選擇「公司名稱」欄位，按下「刪除」鈕。

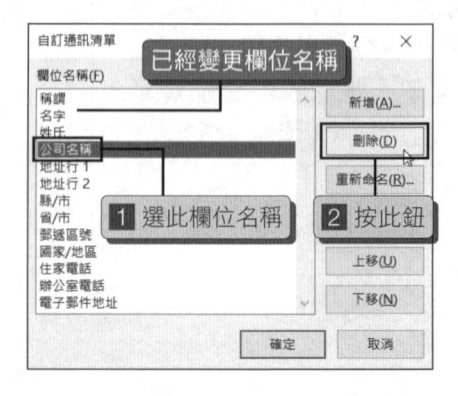

單元 38　寄發 VIP 貴賓卡 | 273

6 開啟確認對話方塊，由於目前尚未輸入任何資料，因此直接按「是」鈕。

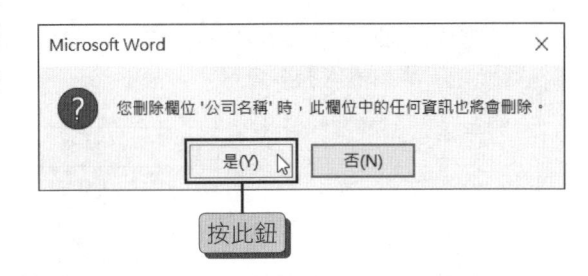

7 將多餘的欄位通通刪除後，若發現還要新增欄位，請按下「新增」鈕。

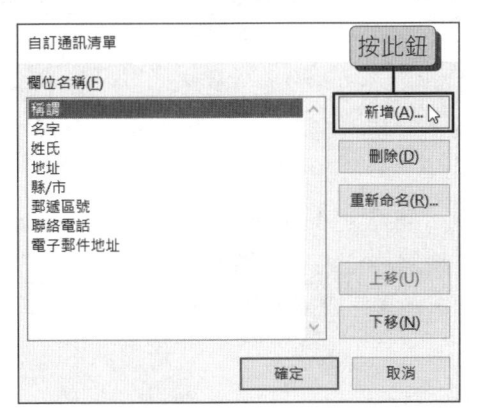

8 開啟「新增欄位」對話方塊，直接輸入新欄位名稱「行動電話」，按「確定」鈕。

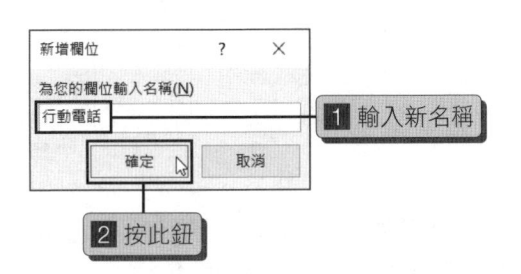

9 最後利用「上移」和「下移」鈕，將欄位名稱重新排序。選擇「行動電話」欄位名稱，按「下移」鈕 7 次，每按一次則會下移一個位置。

10 將所有欄位清單排序完畢，按「確定」鈕，開始輸入顧客資料。

調整排序如圖示

按此鈕

11 回到「新增通訊清單」對話方塊，按照欄位名稱位置輸入顧客資料，輸入完成按「確定」鈕。

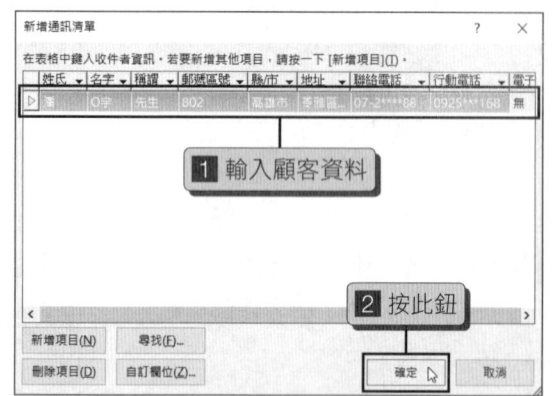

1 輸入顧客資料

2 按此鈕

12 此時會另外開啟「儲存通訊清單」對話方塊，並自動選擇預設的儲存資料夾。使用者也可以選擇其他資料夾儲存，輸入檔案名稱「VIP 名單」後，則可按下「儲存」鈕。

1 輸入檔案名稱

2 按此鈕

13 如果要另外新增其他顧客資料，只要執行「郵件 \ 啟動合併列印 \ 編輯收件者清單 \」指令。

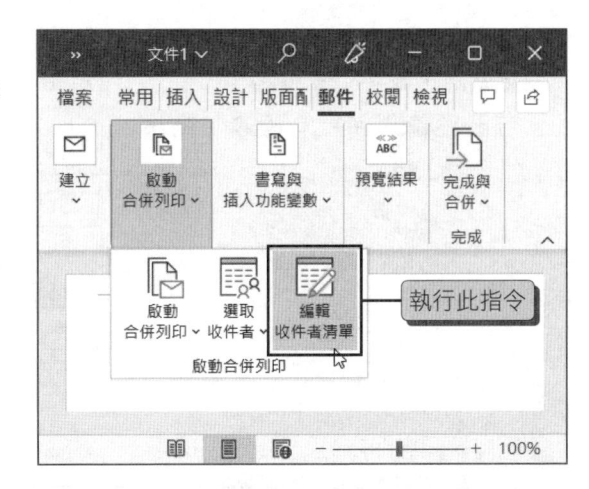

執行此指令

14 再次開啟「合併列印收件者」對話方塊，選取「Ch38 VIP 名單」資料來源，按「編輯」鈕。

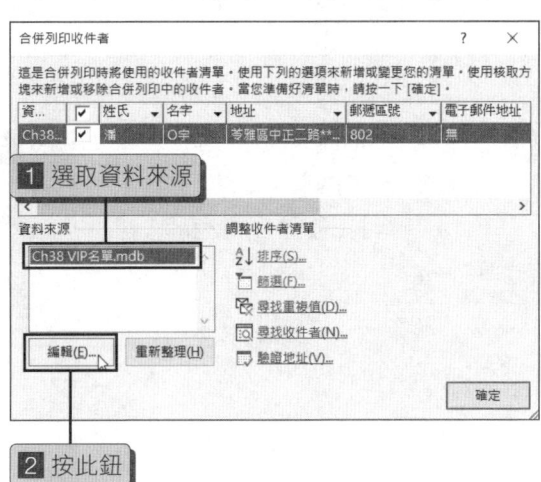

1 選取資料來源

2 按此鈕

15 對話方塊變成「編輯資料來源」，其中顯示的資料清單變成可編輯的模式，若要新增資料按下「新增項目」鈕。

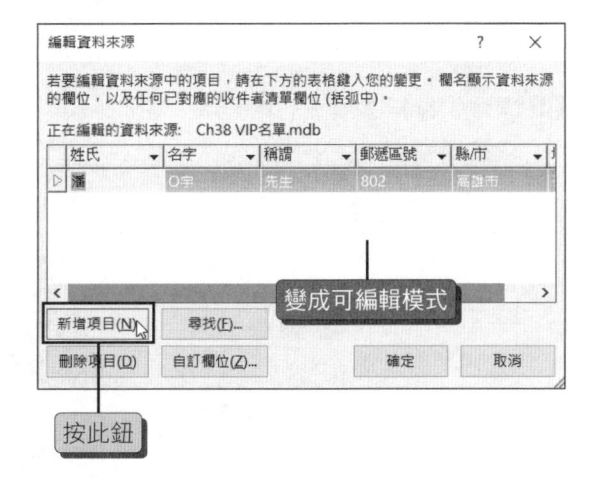

變成可編輯模式

按此鈕

16 輸入第二筆資料,若要新增第三筆資料,請按「新增項目」鈕;若已經輸入完所有資料,請按「確定」鈕。

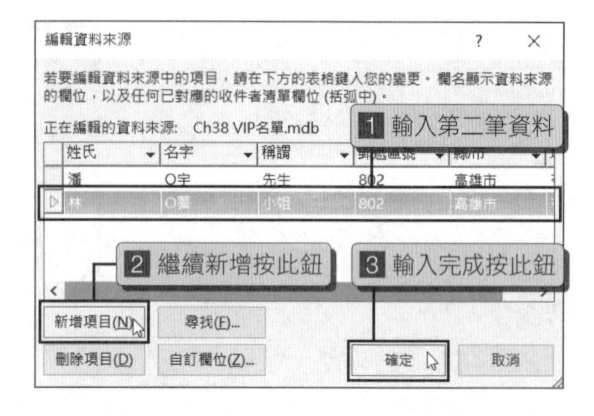

17 開啟確認對話方塊,選擇按「是」鈕,確認更新收件者清單資料。

18 當收件者清單都建立完畢,就可以開始進行標籤列印的工作。執行「郵件 \ 啟動合併列印 \ 標籤」指令。

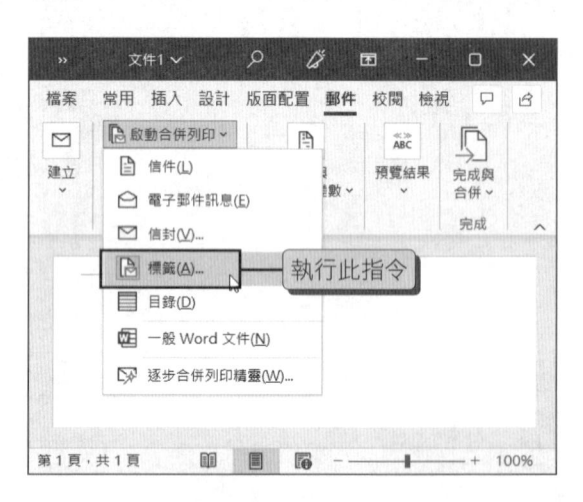

19 開啟「標籤選項」對話方塊,在標籤編號處選擇「北美規格」樣式,按下「確定」鈕。

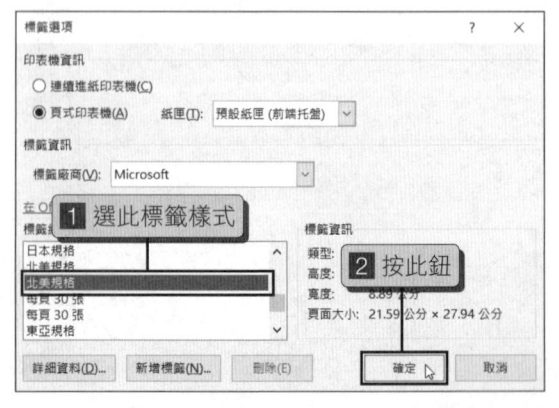

單元 38 寄發 VIP 貴賓卡 | 277

20 回到編輯視窗文件呈現無框線的表格型態，將編輯插入點移到的一個表格位置，按下「郵件\書寫與插入功能變數\插入合併欄位」清單鈕，選擇插入「郵遞區號」欄位名稱。

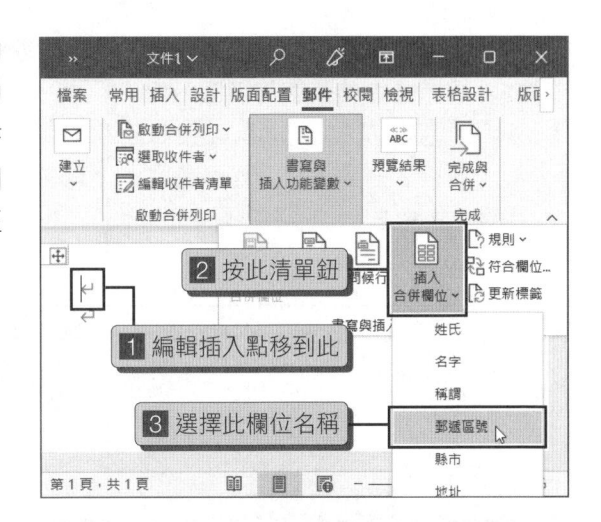

21 「郵遞區號」欄位名稱被插入於文件中，繼續按下「郵件\書寫與插入功能變數\插入合併欄位」清單鈕，選擇插入「縣市」欄位名稱。

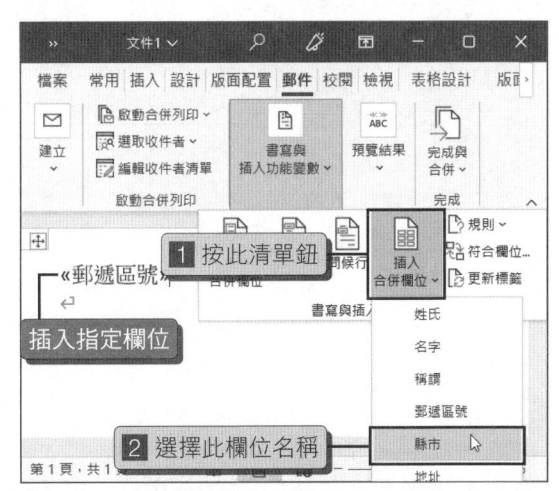

22 接著插入「地址」，換行後再插入「姓氏」、「名字」及「稱謂」，最後加上文字「收」，完成合併列印欄位設定。將游標移到表格上方，選取整張表格範圍，統一設定字型為「微軟正黑體」、大小為「14」。

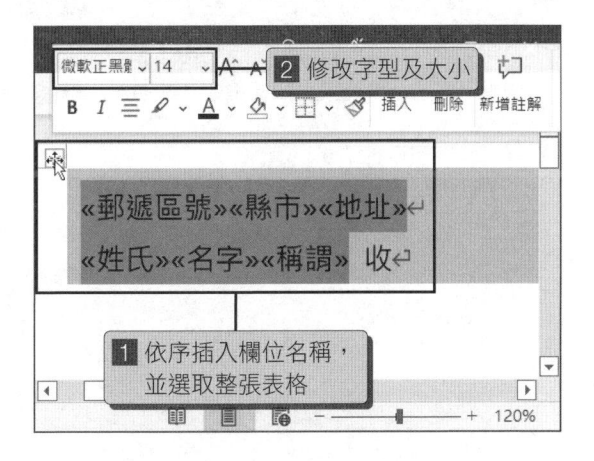

23 繼續設定整張表格文字的對齊方式。同樣選取整張表格範圍，切換到「版面配置」功能索引標籤，執行「對齊方式＼置中靠左對齊」指令。

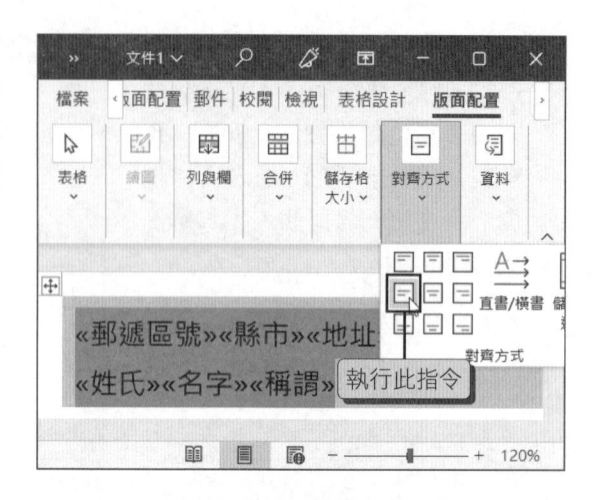

24 設定完整份標籤的格式後，切換回「郵件」功能索引標籤，執行「預覽結果」指令。

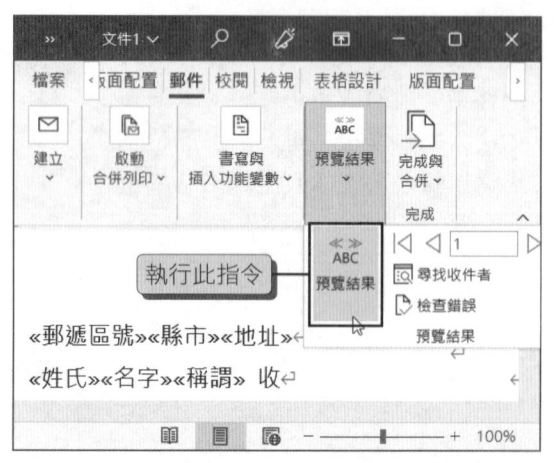

25 文件中顯示合併後的預覽結果，再次執行「郵件＼預覽結果」指令。但是一次只列印一張標籤實在浪費，透過設定功能變數可以一次列印所有記錄的標籤。

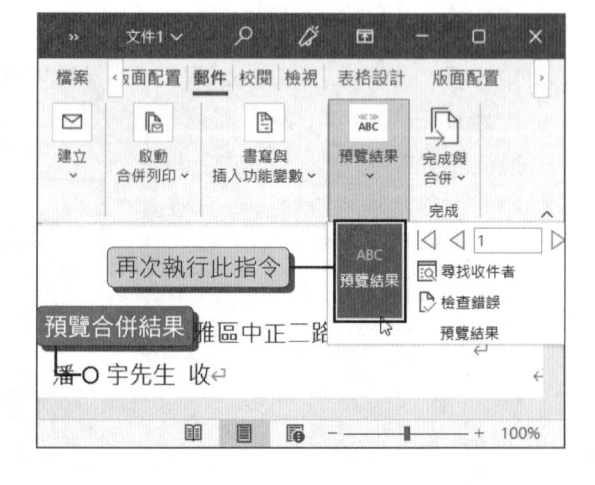

26 此時文件的其他儲存格會自動插入「«Next Record（下一筆紀錄）»」的功能變數。選取第一個儲存格的欄位名稱及文字，使用拖曳的方式，複製到右邊儲存格中，「«Next Record（下一筆紀錄）»」功能變數的後方。

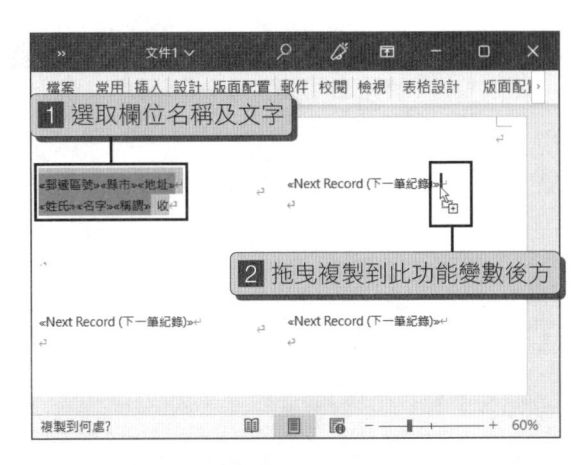

27 依照相同方式，複製第一個儲存格的欄位名稱到其他儲存格中，完成後執行「郵件\完成與合併\編輯個別文件」指令。

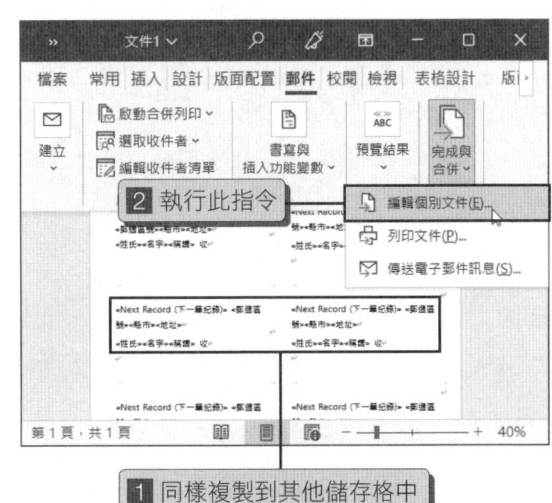

28 開啟「合併到新文件」對話方塊，選擇「全部」記錄，按「確定」鈕。

29 自動合併到名為「標籤1」的新文件中,使用者可以放入標籤專用紙,執行「列印」功能即可。

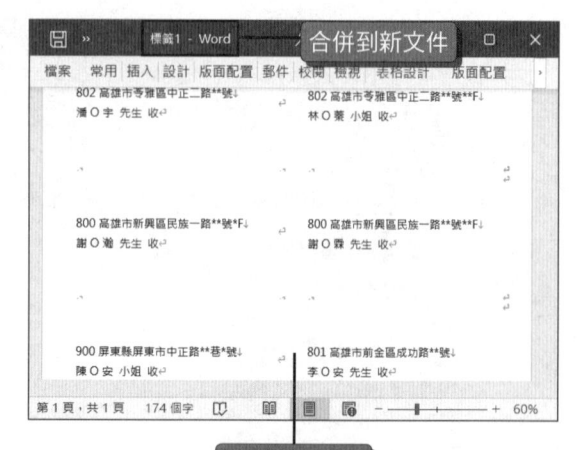

合併到新文件

合併後的結果

範例檔案：PART 3\Ch39 產品資訊月刊

單元 39 產品資訊月刊

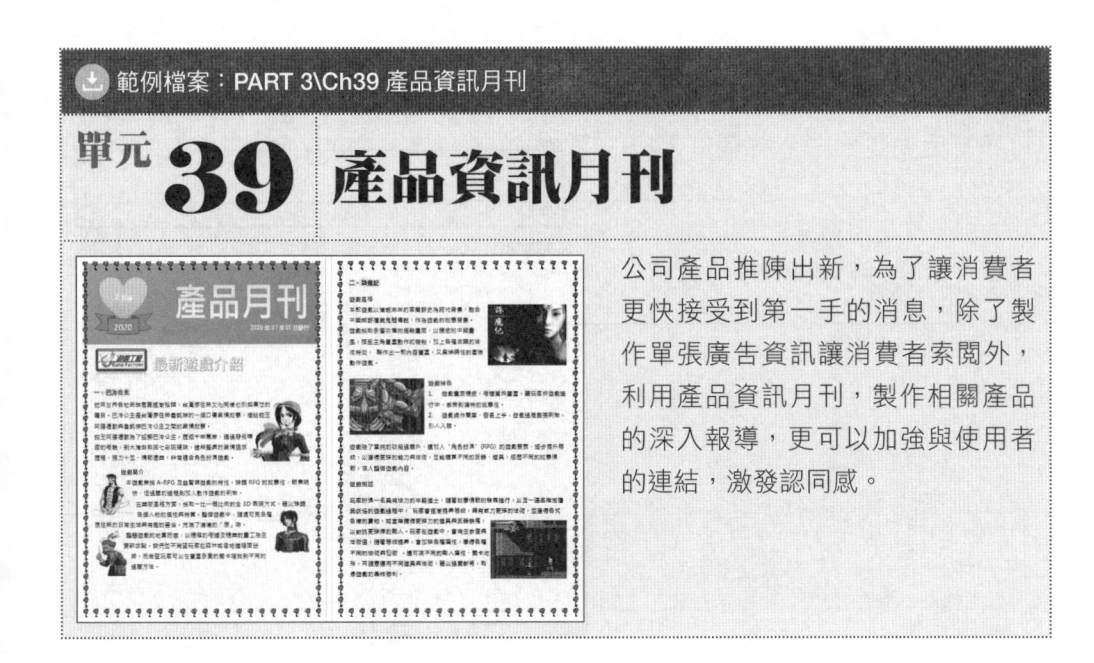

公司產品推陳出新，為了讓消費者更快接受到第一手的消息，除了製作單張廣告資訊讓消費者索閱外，利用產品資訊月刊，製作相關產品的深入報導，更可以加強與使用者的連結，激發認同感。

範例步驟

1. 請先開啟 Word 程式，新增空白文件。先切換到「版面配置」功能索引標籤，按下「版面設定」右下角的展開鈕，進行月刊的版面設定。

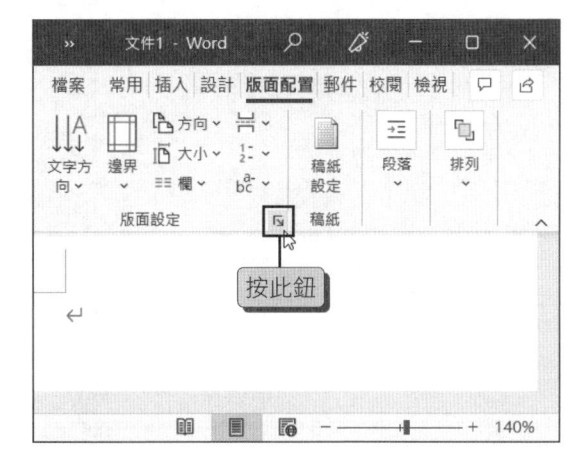

2 開啟「版面設定」對話方塊，首先在「邊界」索引標籤，設定邊界為上、下、左、右各為「1.5公分」；方向改為「橫向」的頁面方向；按下頁數旁的清單鈕，選擇多頁時套用「書籍對頁」方式。

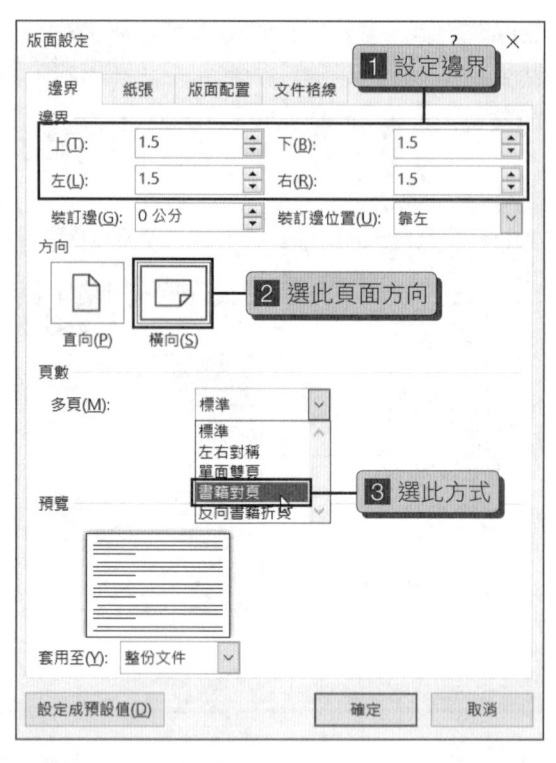

3 接著按下「每本手冊的張數」清單鈕，設定張數為「4」張。

4 切換到「紙張」索引標籤，按下「紙張大小」清單鈕，選擇「A3」紙張。按下「列印選項」鈕，進行列印背景設定。

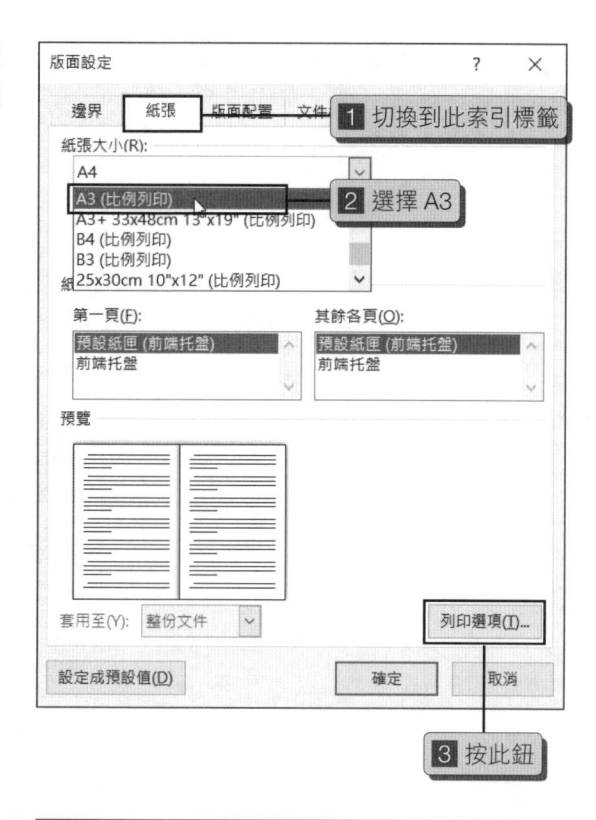

5 另外開啟「Word 選項」對話方塊，勾選「列印背景色彩及影像」項目，按「確定」鈕，如此一來「頁面色彩」就可以被列印出來。

6 回到「版面設定」對話方塊,切換到「版面配置」索引標籤,設定頁首及頁尾與頁緣距離為頁首「1.2 公分」、頁尾「1.5 公分」。

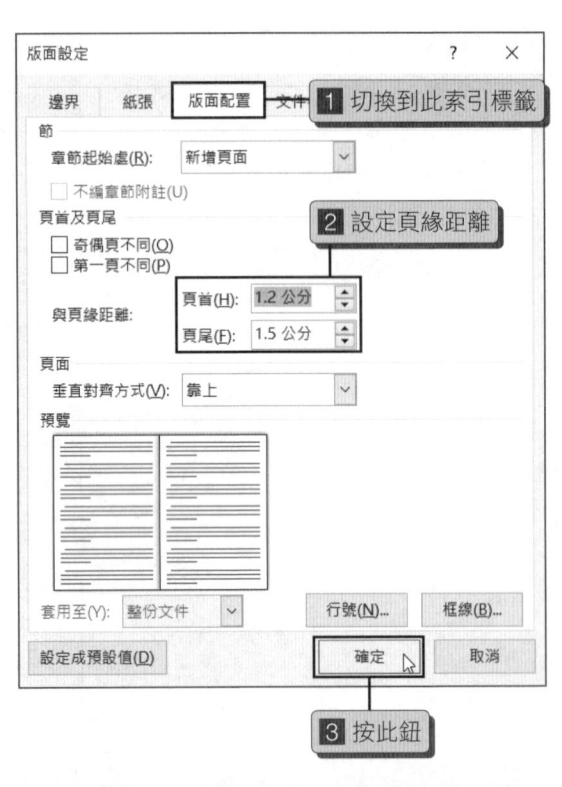

7 回到編輯視窗切換到「設計」功能索引標籤,按下「頁面色彩」清單鈕,執行「填滿效果」指令。

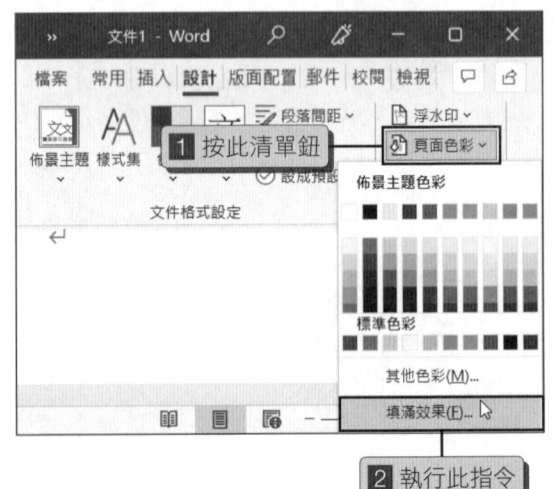

8 開啟「填滿效果」對話方塊，切換到「圖片」索引標籤，按下「選取圖片」鈕。

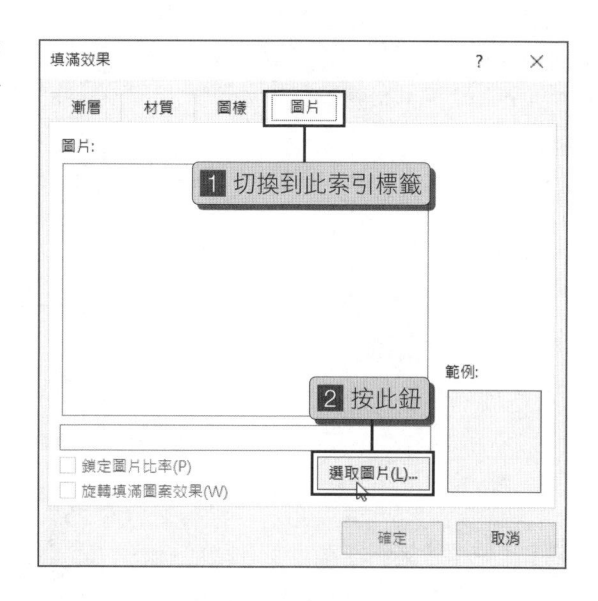

9 另外開啟「插入圖片」對話方塊，按下「從檔案 瀏覽」鈕。

10 開啟範例檔案中的「範例圖檔」資料夾，選擇「底圖」檔案，按下「插入」鈕。

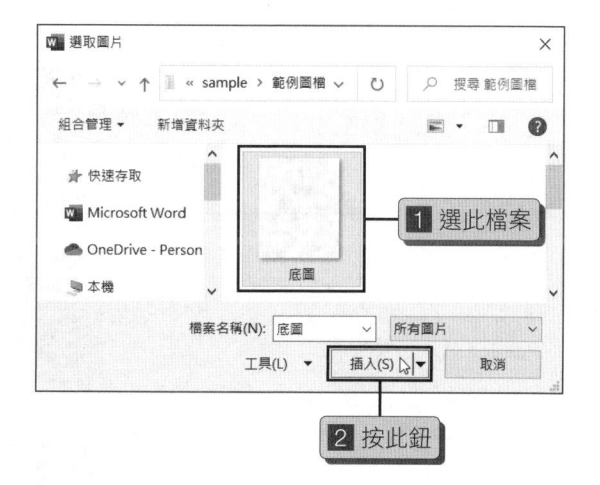

11 預覽窗格中顯示選取的圖片，按下「確定」鈕開啟製作月刊囉！

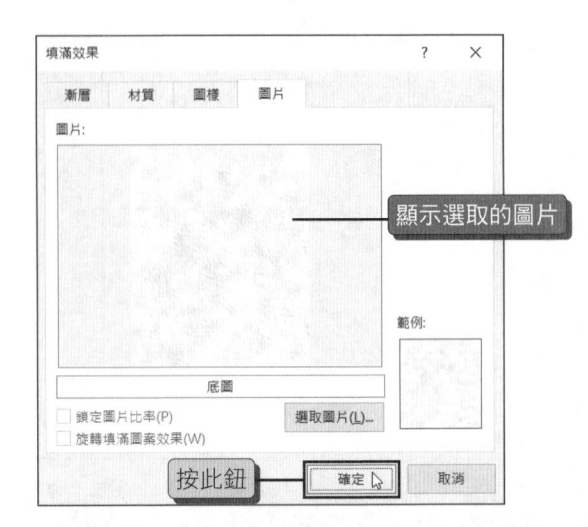

12 請先開啟範例檔案「Ch39 產品資訊月刊(1).docx」，選擇內文中「最新遊戲介紹」，按下 A「常用\文字效果與印刷樣式」清單鈕，選擇「填滿 - 白色, 外框 - 輔色 2, 強烈陰影 - 輔色 2」樣式。

13 一般內容文字也可以套用特殊效果。選取「遊戲工廠」圖片，在「圖片格式\快速樣式」功能區中，選擇「反射浮凸 - 白色」樣式。

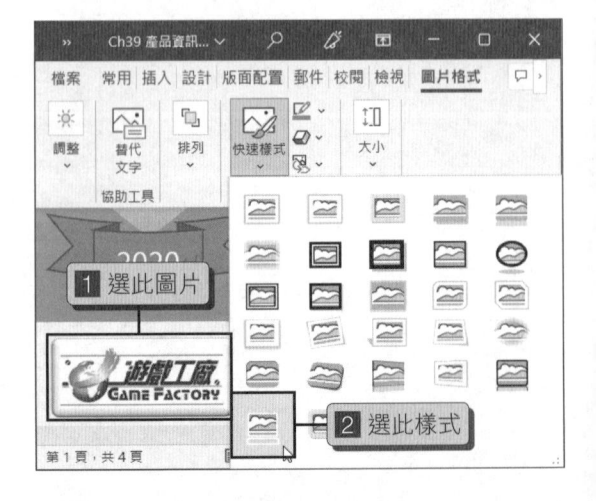

14 繼續按下「圖片格式\圖片框線」清單鈕，選擇「藍色, 輔色 5, 較深 25%」外框顏色，讓圖片效果更明顯。

15 選取「巴冷公主」圖片，執行「圖片格式\移除背景」指令。

16 由些圖片範圍會被當作背景移除，此時按下「標示區域以保留」鈕，此時游標會變成 ✏ 符號，將游標移到棍子位置，按下滑鼠左鍵。

17 此時棍子會顯示原有的圖樣，沿著棍子、手部及袖子標示保留區域，當顯示正確顏色時，表示該區域不會被當成背景移除。完成按下「保留變更」鈕，則可以正確的移除背景。

18 按下圖片旁的智慧標籤，重新選擇文繞圖方式為「穿透」樣式。

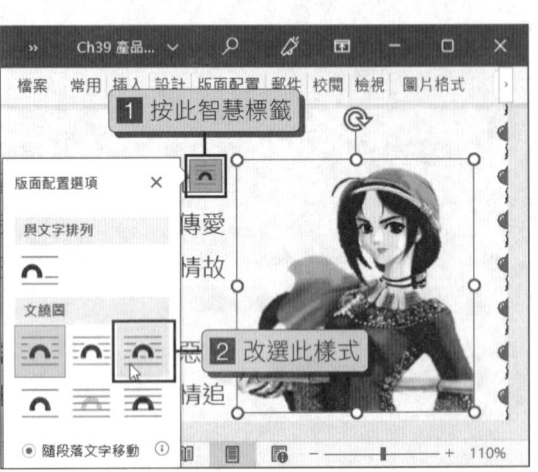

19 文字會繞著圖片穿透分布。接下來要準備進行列印，按下「檔案」功能索引標籤。

20 切換到「列印」功能區標籤，選擇「手動雙面列印」後，按下「列印」鈕。

21 Word 會將第 1 頁及第 4 頁列印成一張正面，而第 2 頁及第 3 頁列印成背面，如此對摺起來，剛好第 1 頁及第 4 頁為封面及封底，而第 2 頁及第 3 頁就成了內頁了。

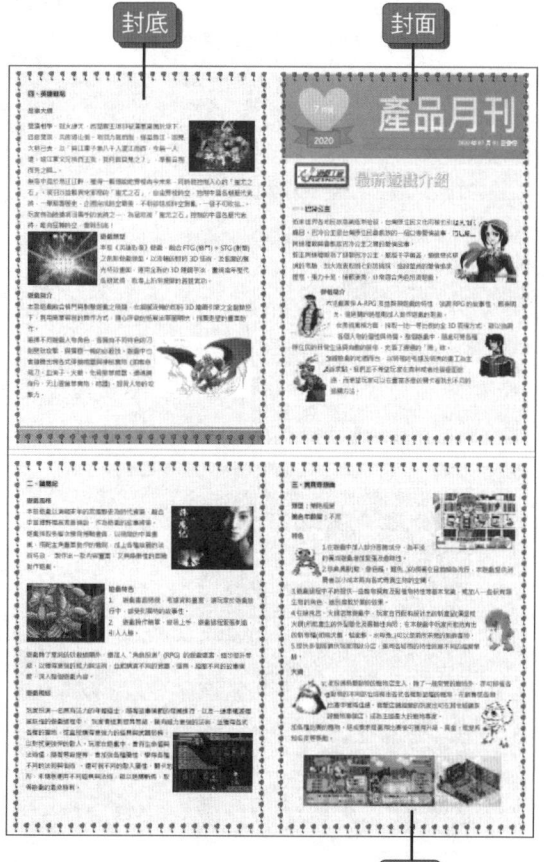

單元 40 顧客關懷卡片

範例檔案：PART 3\Ch40 顧客關懷卡片

無論要寄發邀請卡或是賀年卡，通常會先印製卡片，或是購買現成的卡片，很少會使用印表機一張一張的列印。如果想要體貼的將每一個顧客的姓名套印在卡片上，只好利用 Word 的合併列印功能。

範例步驟

1 本章主要介紹合併列印精靈的功能，除了整份顧客資料列印外，還可以進行特殊條件的篩選。假設已經印製好的卡片規格如圖，先用直尺將可編輯範圍測量出來，再依照卡片的規格，將紙張大小、邊界等版面配置設定出來。

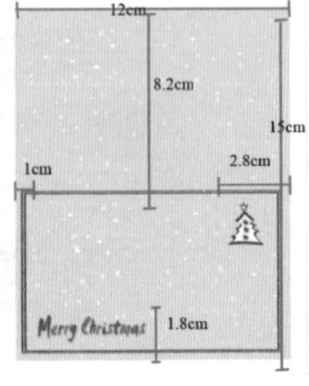

【卡片正反面】　　　　　【設定版面配置】

單元 40　顧客關懷卡片 | *291*

2 請先開啟「Ch40 顧客關懷卡片 (1).docx」，本範例已事先將版面設定完成，並在可編輯範圍中插入文字方塊，輸入相關卡片訊息。特別注意！實務應用操作時，不會有背景圖，版面設定的準確度十分重要，關係著合併列印後的結果。切換到「郵件」功能索引標籤，按下「啟動合併列印」清單鈕，執行「逐步合併列印精靈」指令。

3 開啟「合併列印」工作窗格，在「您目前使用哪種類型的文件？」選項中，選擇「信件」項目，按「下一步 - 開始文件」鈕，跟著合併列印精靈的步驟進行設定工作。

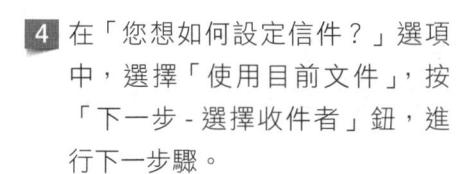

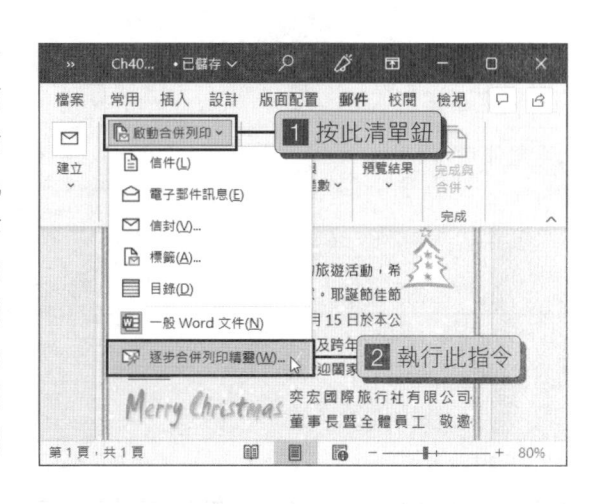

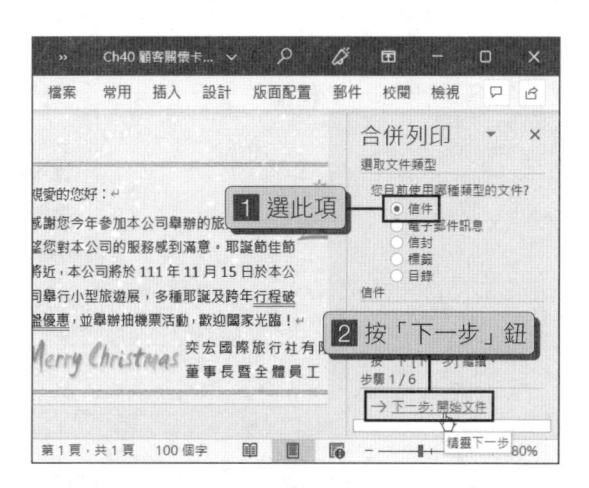

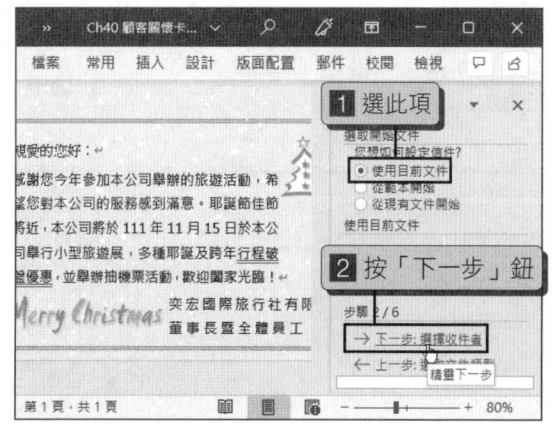

4 在「您想如何設定信件？」選項中，選擇「使用目前文件」，按「下一步 - 選擇收件者」鈕，進行下一步驟。

5 按「瀏覽」鈕選擇已經建立的顧客名單來源。

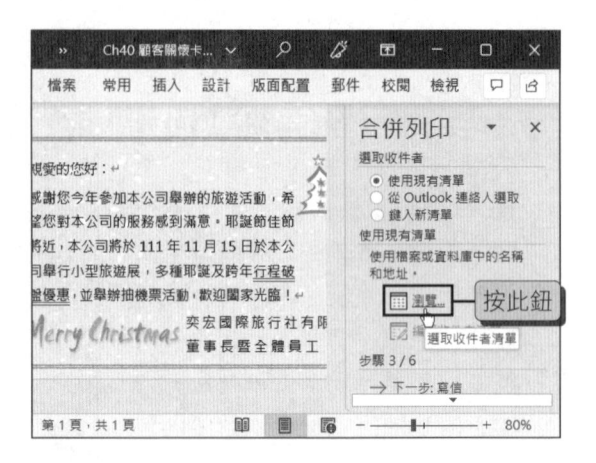

6 開啟「選取資料來源」對話方塊，選擇範例檔案中「Ch40 顧客名單.docx」文件檔，按下「開啟」鈕。

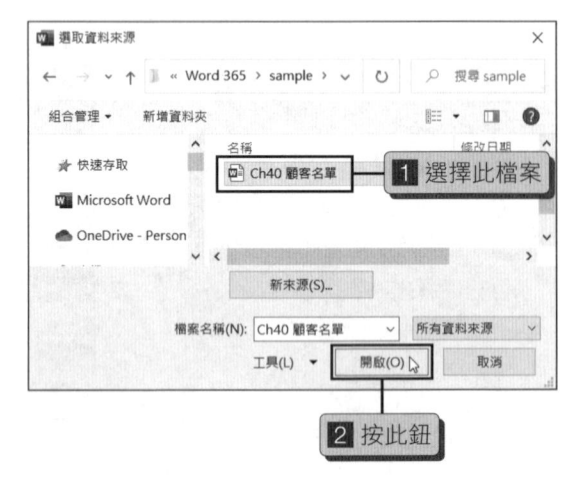

7 開啟「合併列印收件者」對話方塊，在「調整收件者清單」位置，按下「篩選」鈕。

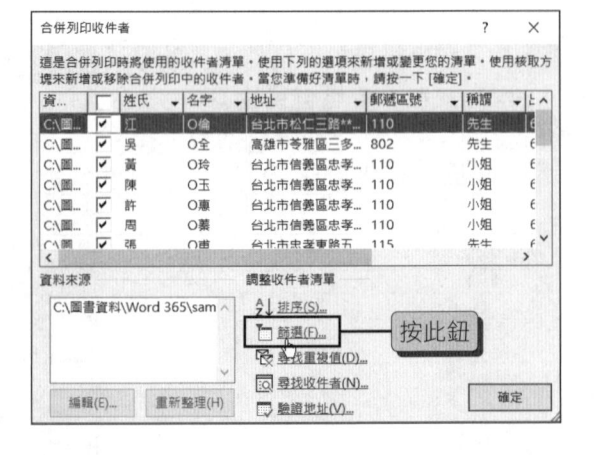

8 另外開啟「查詢選項」對話方塊，在「資料篩選」索引標籤中，設定篩選條件：欄位為「稱謂」、邏輯比對為「等於」、比對值為「小姐」，也就是只要找尋女性顧客的資料，設定完成按下「確定」鈕。

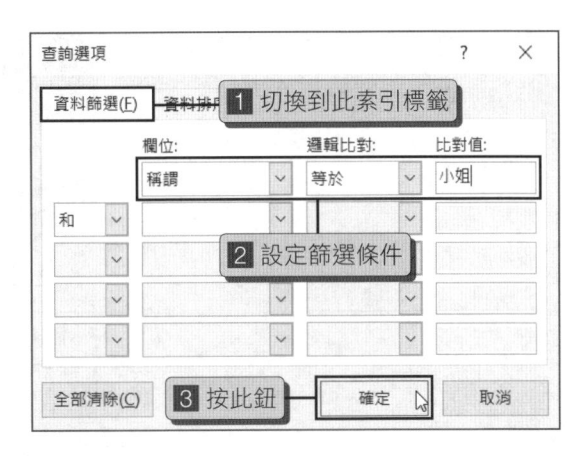

9 回到「合併列印收件者」對話方塊，資料清單中都是女性資料，確認資料無誤後，按下「確定」鈕。

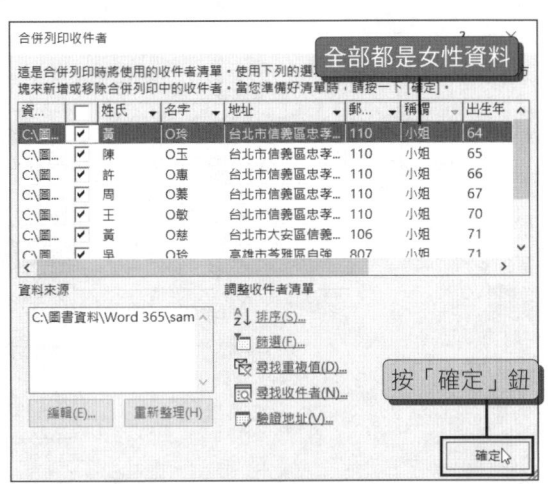

10 回到編輯視窗，在「目前您的收件者是選取自」會顯示資料來源，使用者可以在此重新選擇資料來源，或是針對目前來源進行編輯篩選的工作。按「下一步 - 寫信」鈕，繼續下一個步驟。

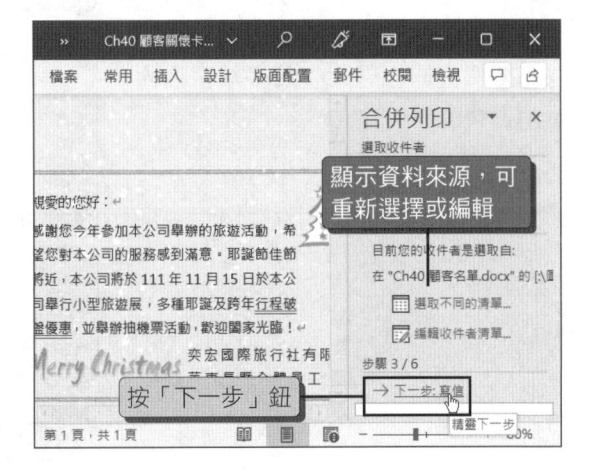

11 接著要在文件中插入欲合併的資料欄位。將編輯插入點移到文字內容「親愛的」後方,按下「其他選項」鈕。

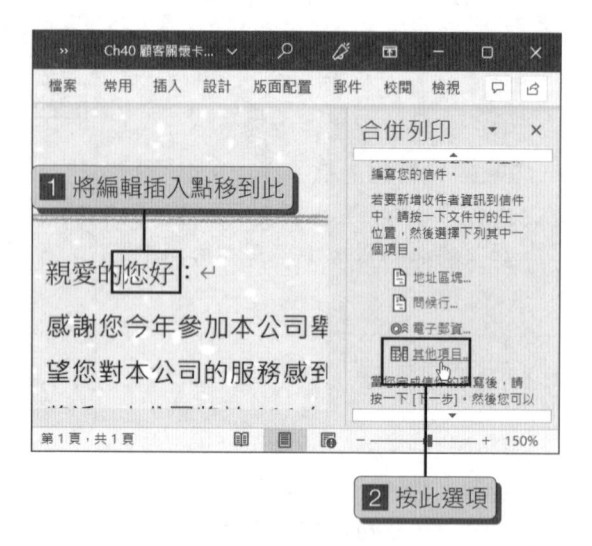

12 開啟「插入合併功能變數」對話方塊,選擇插入「資料庫欄位」,選擇插入「名字」欄位,按下「插入」鈕。

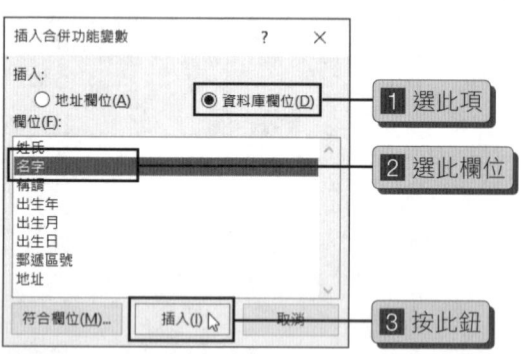

13 文件中插入「名字」合併欄位,按下「插入合併功能變數」對話方塊中的「關閉」鈕,結束插入資料欄位。

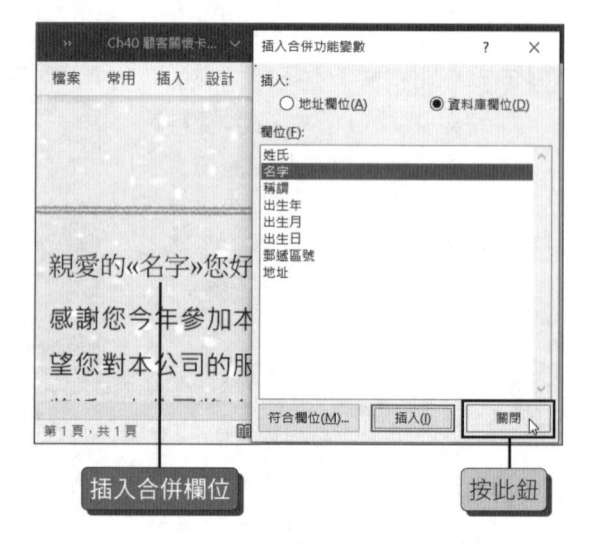

14 繼續在「合併列印」工作窗格中,按「下一步 - 預覽信件」鈕,繼續下一個步驟。

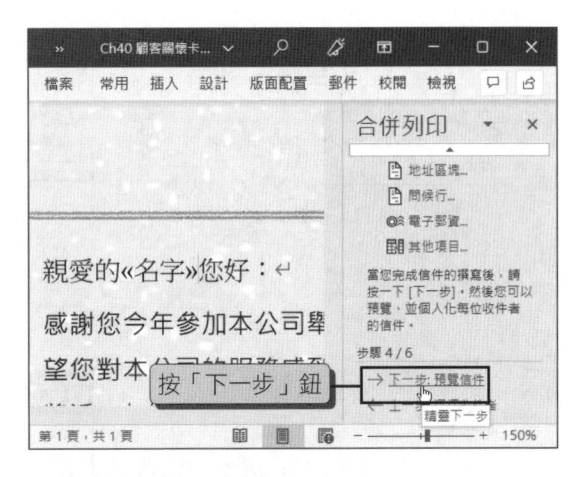

15 編輯視窗自動顯示預覽結果。如果沒有其他要修改的地方,按「下一步 - 完成合併」鈕,進行最後一個步驟。

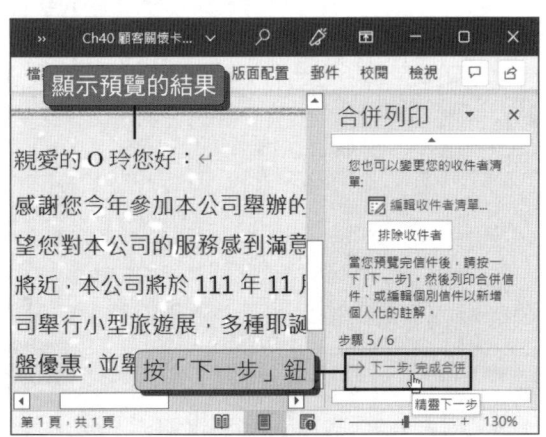

16 由於要套印到既有卡片上,在尚未確定版面設定是否完全吻合前,不建議直接進行「列印」,請按下「編輯個別信件」鈕。

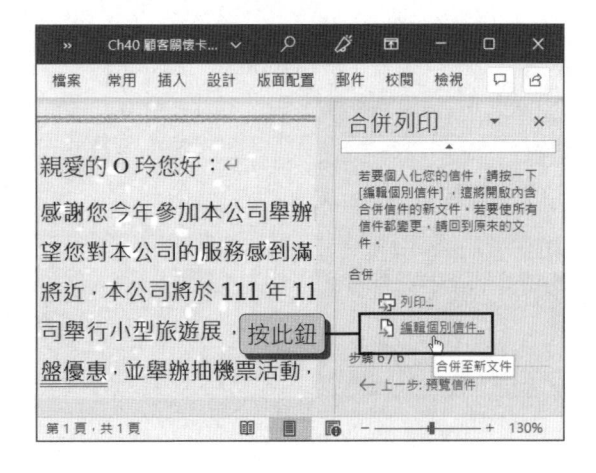

17 開啟「合併到新文件」對話方塊，選擇「目前的記錄」，按「確定」鈕。

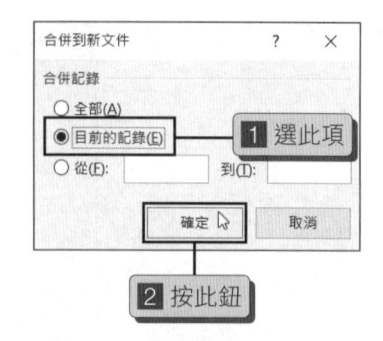

18 合併一筆資料到新文件中，建議先以白紙先列印一張，比對卡片編輯位置，確認版面都十分完美之後，再回到合併文件中，用卡片直接列印所有合併資料。

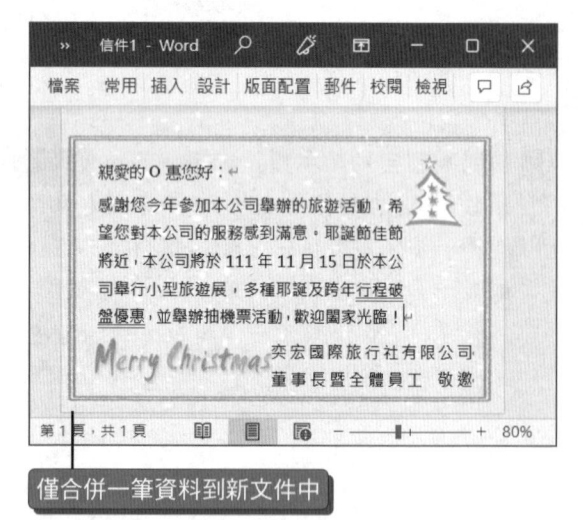

PART 4 經營管理篇

41　公司章程

42　員工手冊

43　員工福利委員會章程

44　管理顧問聘書

45　公司組織架構圖

46　SOP 標準工作流程

47　工作進度計畫表

48　股東開會通知

49　股東會議記錄

50　營運計畫書

範例檔案：PART 4\Ch41 公司章程

單元 41 公司章程

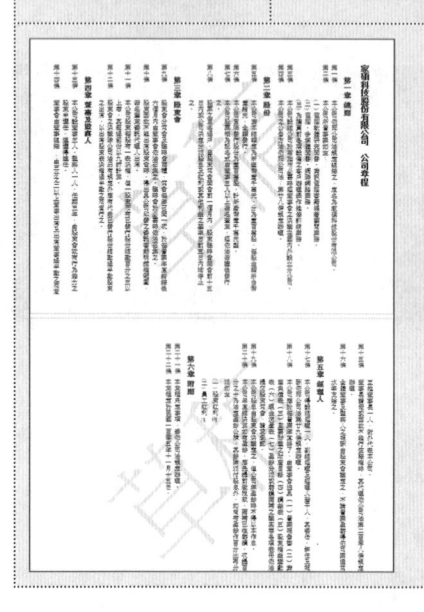

公司登記設立時，各縣市建設局都會要求一份「公司章程」，其中註明公司組織的型態、管理階層人員的職階、股東的權利及義務等內容，以往多半以直書的格式為主，而現階段推行橫式文書，但是不論直書或橫書，不妨都以橫書方式將所有格式設定完畢，要轉換成直書也比較便利。

範例步驟

1. 本章主要介紹自訂編號格式及浮水印的用法。請先開啟「Ch41 公司章程(1).docx」，按住鍵盤【Ctrl】鍵，先選取不連續範圍的六個章節的標題文字，然後按下「常用\段落\編號」清單鈕，執行「定義新的編號格式」指令。

1 選此文字標題範圍
2 按此清單鈕
3 執行此指令

2 開啟「定義新的編號格式」對話方塊,選擇預設「一, 二, 三(繁)…」的編號樣式,在編號格式中輸入「第」及「章」,中間保留預設的編號樣式,設定完成按下「確定」鈕。

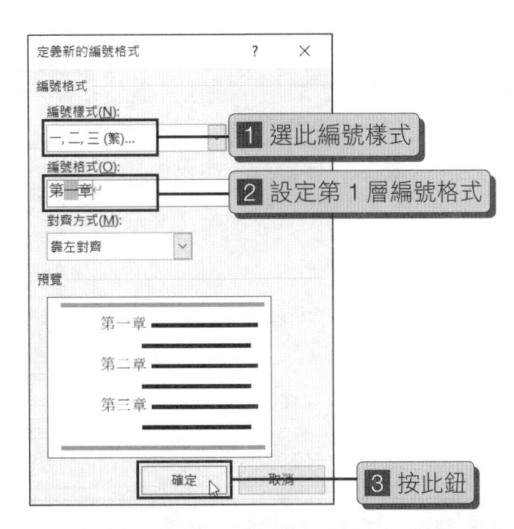

1 選此編號樣式
2 設定第 1 層編號格式
3 按此鈕

3 章節標題套用第 1 層的編號格式。接著選取第一章前兩行文字範圍,同樣按下「常用 \ 段落 \ 編號」清單鈕,執行「定義新的編號格式」指令。

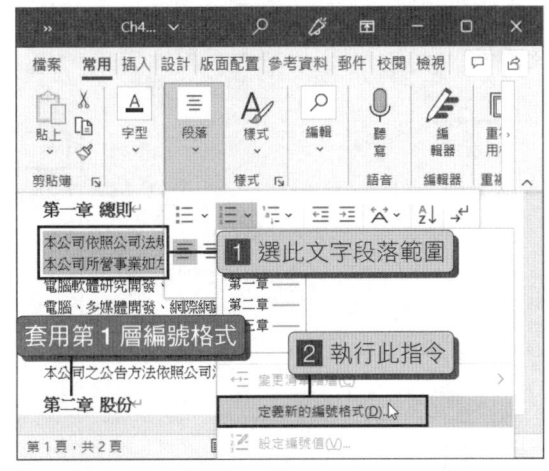

套用第 1 層編號格式
1 選此文字段落範圍
2 執行此指令

4 再次開啟「定義新的編號格式」對話方塊,仍然保留預設「一, 二, 三(繁)…」的編號樣式,並在編號格式中輸入「第」及「條」,中間保留預設的編號樣式,按下「確定」鈕。

1 設定第 2 層編號格式
2 按此鈕

5 繼續選取下面3~5行的文字範圍，再次按下「常用\段落\編號」清單鈕，執行「定義新的編號格式」指令。

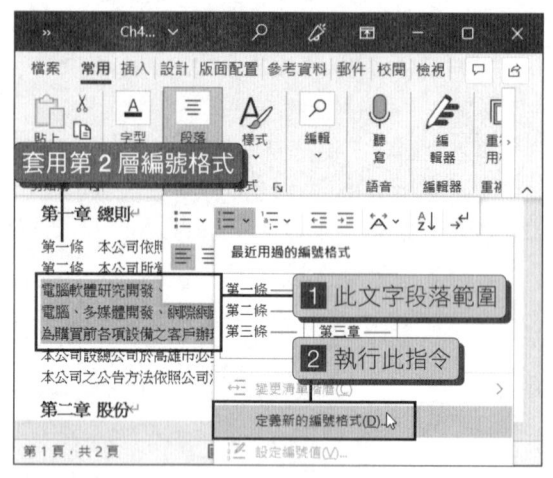

6 再次開啟「定義新的編號格式」對話方塊，在中間編號樣式的前後，加上「(」、「)」，設定完成按下「確定」鈕。

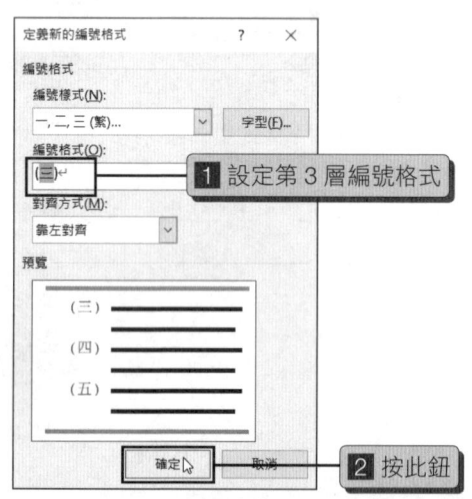

7 定義了三種新的編號格式，接著選取第3層編號格式的文字段落範圍，按下「常用\段落\增加縮排」鈕，此時段落文字會向右移動，執行3次。(後續會調整清單縮排)

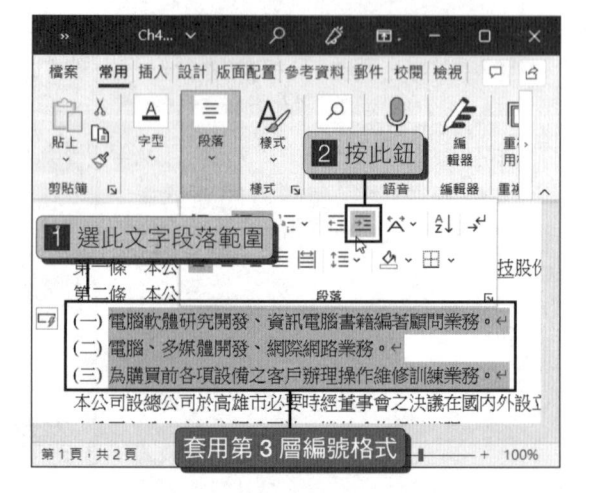

8 選取第 6~7 行文字範圍，按下「常用\段落\編號」清單鈕，選擇剛新增的第 2 層編號格式，讓文字加上第幾條編號。

9 新套用的編號不會自動延續上面的編號，而是重新編號。此時按下滑鼠右鍵開啟快顯功能表，執行「繼續編號」指令。

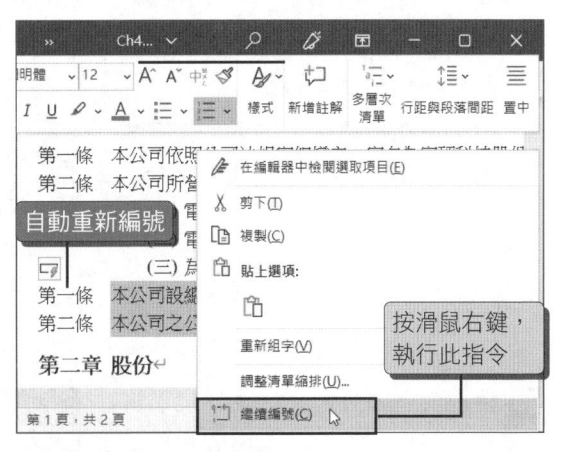

10 選取的文字範圍會延續上面編號的重新編號，用相同的方法將下方的條文，套用相同的編號格式，並執行「繼續編號」指令，但是部分條文套用編號格式後，會出現換行後的文字沒有對齊上一行的亂象。選取不連續的所有條文段落，按滑鼠右鍵，執行「調整清單縮排」指令。

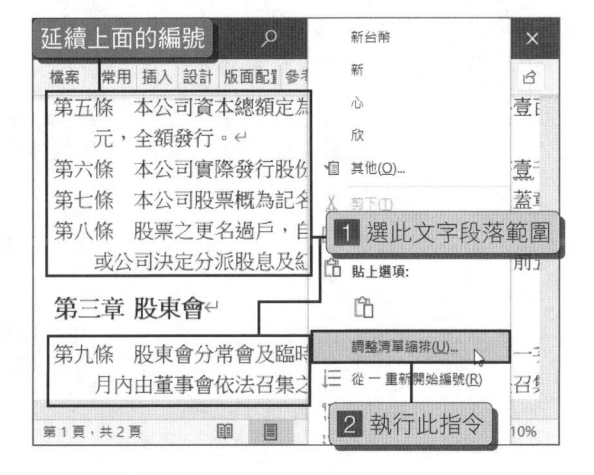

11 開啟「調整清單縮排」對話方塊，在文字縮排處輸入「2.4 公分」的縮排距離，設定完成按下「確定」鈕。

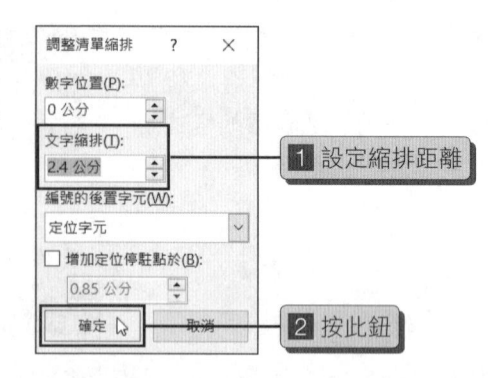

12 文件段落格式及標號項目都設定完畢，就可以將文件轉換成直書方式。請開啟範例檔案「Ch41 公司章程(2).docx」，切換到「版面配置」功能索引標籤，在「版面設定」功能區中，按下「文字方向」清單鈕，執行「垂直」指令。

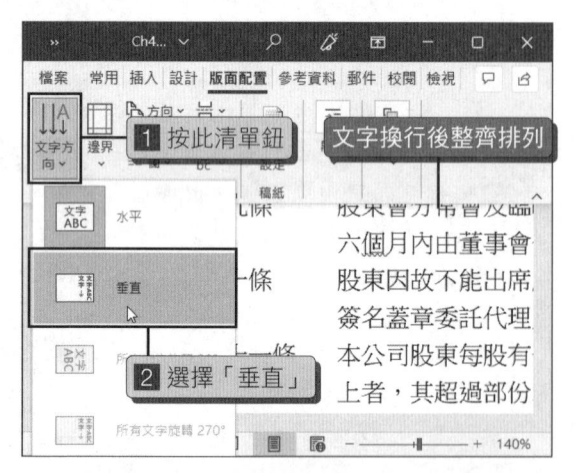

13 轉換成直書後，文件格式仍然保持完整，只需做一些美觀上的調整。選取六章的標題文字。在「版面配置」功能索引標籤下，「段落」功能區中，設定向前縮排「2 字元」，讓文件段落看起來更明顯。

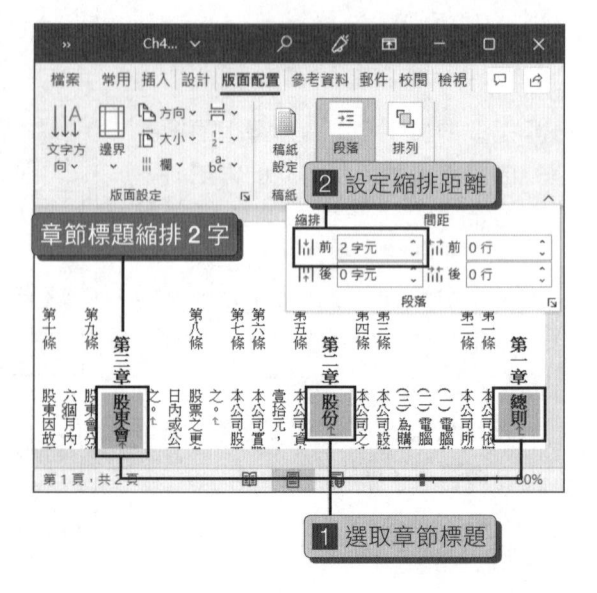

14 文件直書後，文字都沒有問題，但是阿拉伯數字就會出現沒有轉向的問題。選取「99%」文字，執行「常用\段落\亞洲配置方式\橫向文字」指令。

15 開啟「橫向文字」對話方塊，勾選「調整於一行」項目，按下「確定」鈕。

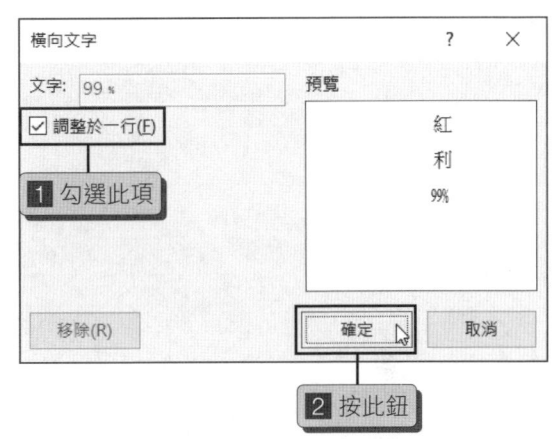

16 數字改成橫向排列，依相同方法將下一行「1%」也改成橫向文字。有些時候文件還在草擬的階段，為了避免誤用造成損失，不妨在文件中加上明確的記號。切換到「設計」功能索引標籤，按下「頁面背景」功能區中的「浮水印」清單鈕，選擇「草稿 1」浮水印樣式。

17 文件中央隱約顯示「草稿」字樣，這樣文件就不怕被誤用。

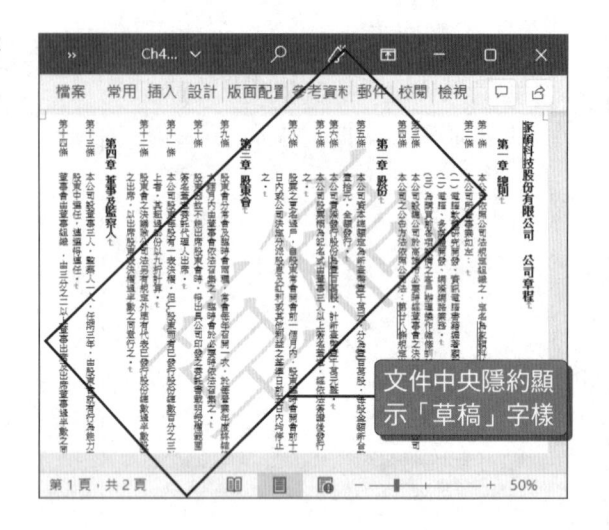

範例檔案：PART 4\Ch42 員工手冊

單元 42 員工手冊

每個新進員工都會拿到一本員工手冊，其中載明了員工應該遵守的權利與義務。員工手冊是條文複雜的長篇文件，如何利用 Word 功能將內容編排的條理清晰，讓員工更快了解員工手冊的內容。

範例步驟

1. 本章主要介紹設定格式樣式，並利用大綱模式編輯文件，讓長文件的編排有規範可依循。請先開啟範例檔案「Ch42 員工手冊(1).docx」，首先建立章節編號的格式樣式。將編輯插入點移到「總則」文字前方，切換到「常用」功能索引標籤，按「樣式」功能區的 ▼「其他」清單鈕，執行「建立樣式」指令。

   ① 編輯插入點移到此
   ② 執行此指令

2 開啟「從格式建立新樣式」對話方塊，樣式名稱處輸入「章號」，按下「修改」鈕。

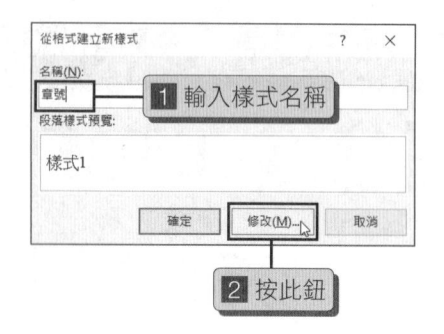

3 開啟更大的「從格式建立新樣式」對話方塊，「供後續段落使用之樣式」修改為「內文」；字型大小變更為「14」且設定為「粗體」；按下 ↕「行距與段落間距」鈕，增加與前後段距離「6pt」；之後按下「格式」清單鈕，選擇「編號方式」進行設定。

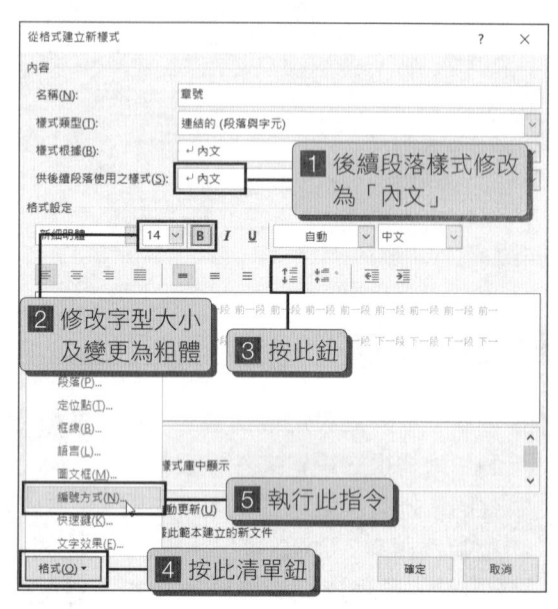

4 另外開啟「編號及項目符號」對話方塊，選擇「第一章」編號方式，按「確定」鈕。(編號方式的建立請參考第 41 章)

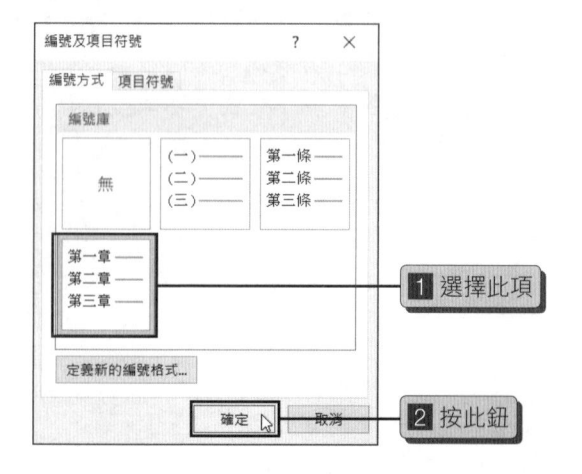

5 所有的格式設定都會顯示在下方位置，若要進行其他格式設定像段落、文字效果…等，可再按下「格式」清單鈕進行設定，若全部設定確認後，按「確定」鈕回到編輯文件視窗。

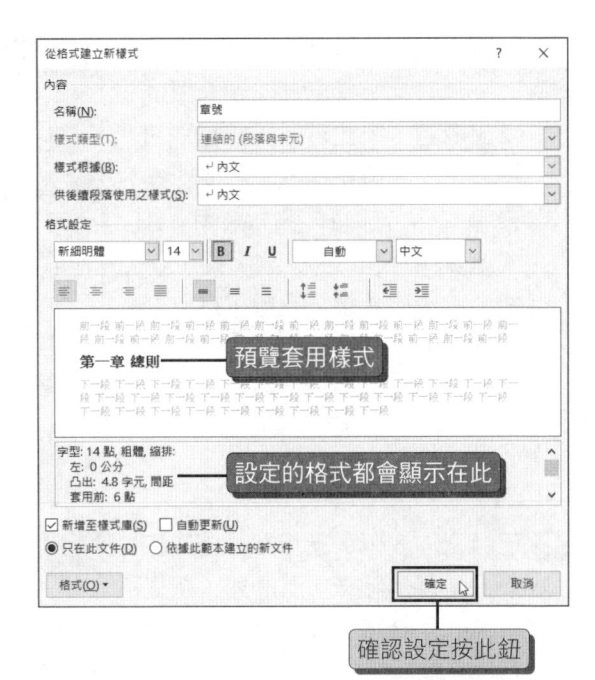

6 「總則」套用新增的「章號」樣式。將編輯插入點移到「工作時間細則」，按下「常用\樣式」清單鈕，選擇剛新增的「章號」樣式，文件會立即預覽套用效果。依相同方法將下方其他 6 個章節標題設定相同樣式。

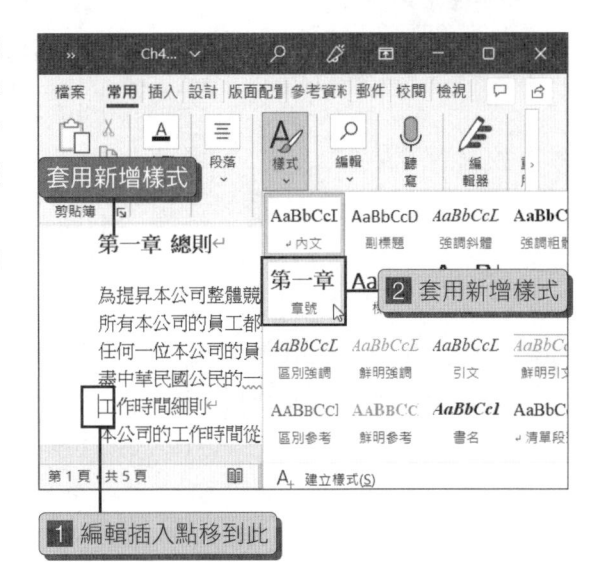

7 如果已經設定好的樣式要做修改,勢必會影響已經設定樣式的章節標題,因此可以同時選取這些標題。將編輯插入點移到「第一章」位置,按下「常用\樣式」清單鈕,選取「章號」樣式,按滑鼠右鍵,執行「選取全部 8 個例項」指令。

8 已經選取 8 個章號標題,再次按下「常用\樣式」清單鈕,選取「章號」樣式,按滑鼠右鍵,執行「修改」指令。

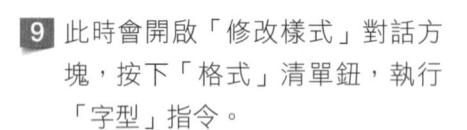

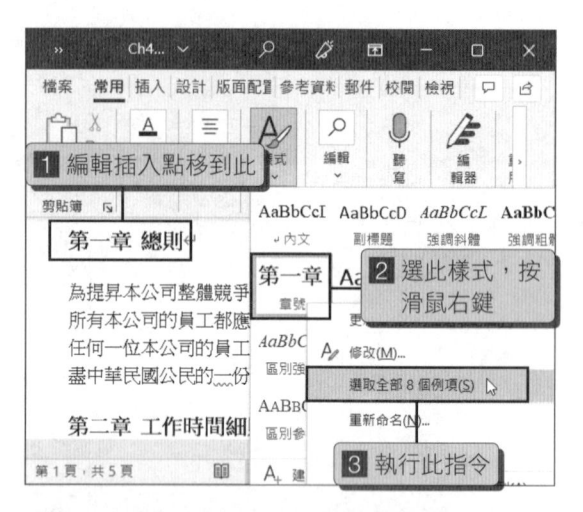

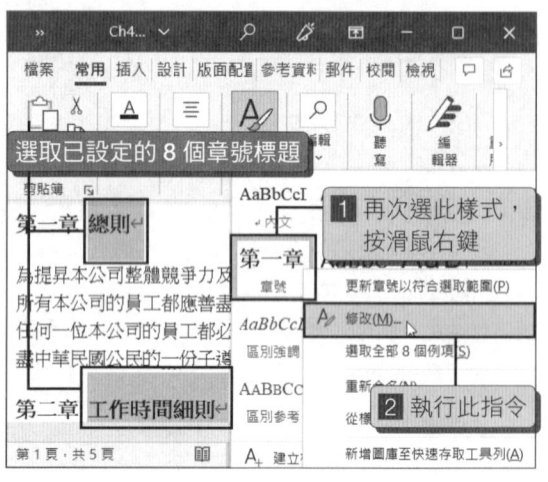

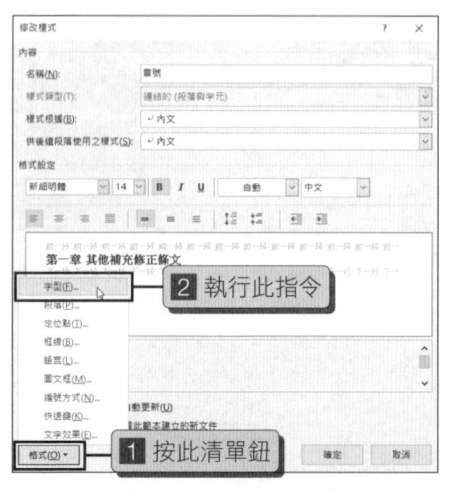

9 此時會開啟「修改樣式」對話方塊,按下「格式」清單鈕,執行「字型」指令。

10 開啟「字型」對話方塊，切換到「進階」索引標籤，「間距」處選擇「加寬」，點數設定為「3 點」。

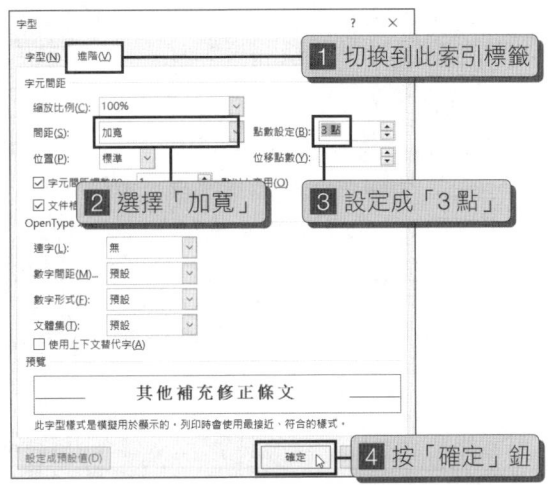

11 回到「修改樣式」對話方塊，確認沒有其他要修改的部分後，按下「確定」鈕完成修改樣式。

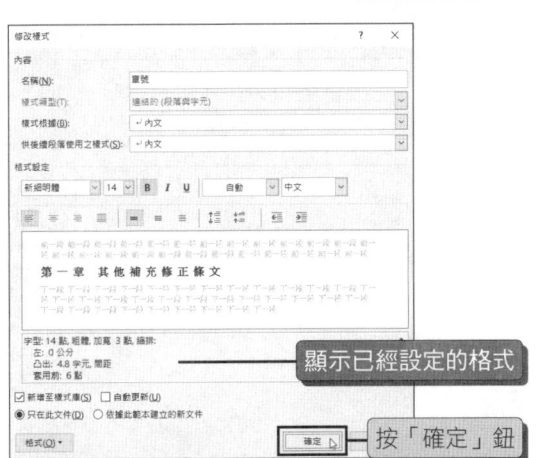

12 將編輯插入點移到非章節標題處，切換到「常用」功能索引標籤，按下「樣式」清單鈕，執行「建立樣式」指令，另外再設定「條號」、「項號」及「小項」3 種樣式，輸入名稱後，直接按下「確定」鈕，不需另外修改格式。

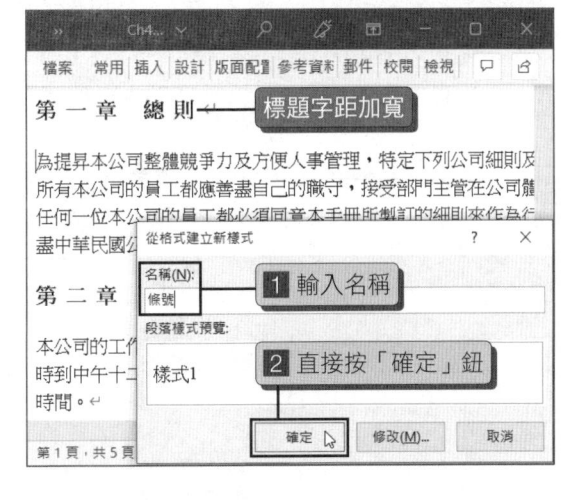

13 接著要設定多層次的項目編號，以便配合大綱來編輯長文件。將編輯插入點移到第一章標題下方第一行位置，按下 ⋮≡▽「常用\段落\多層次清單」清單鈕，執行「定義新的多層次清單」指令。

14 開啟「定義新的多層次清單」對話方塊，先選擇要修改的階層「1」，在「這個階層的數字樣式」項下，按下數字樣式清單鈕，選擇「一, 二, 三(繁)...」數字樣式，按下「更多」鈕，進行更多的設定。

15 繼續輸入數字的格式設定成「第一條」，中間數字為這個階層的數字樣式，接著位置部分設定文字縮排「2.6 公分」，最後按下「將階層連結至樣式」清單鈕，選擇步驟12定義的「條號」格式樣式。

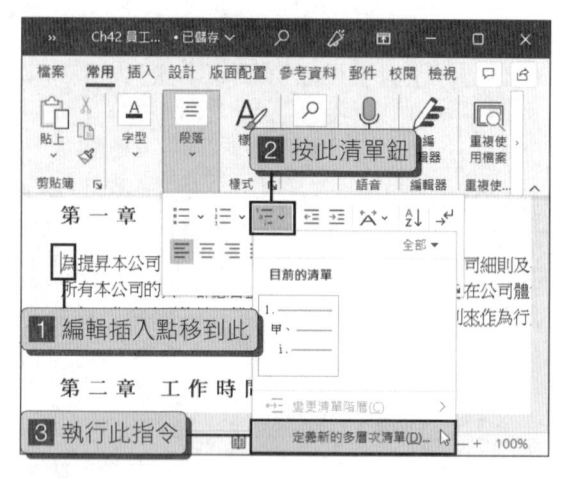

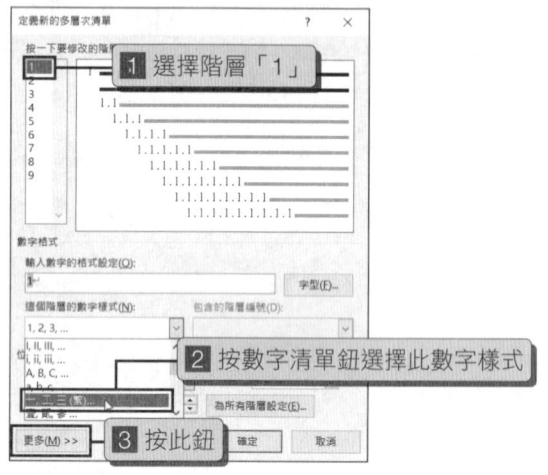

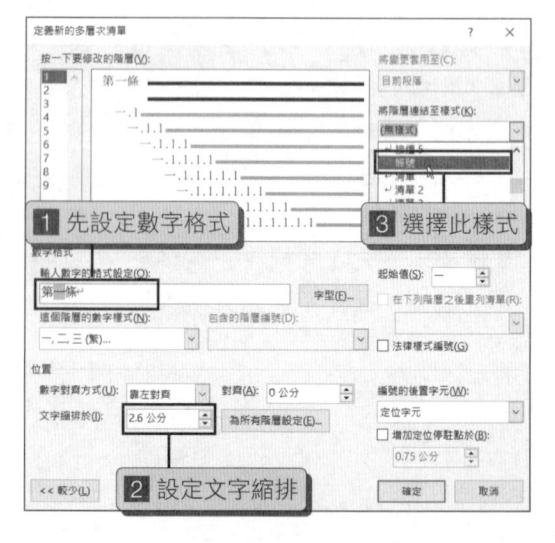

16 選擇階層「2」，進行相關設定。輸入數字的格式設定成「(一)」，文字縮排「3.8 公分」，位置對齊「2.6 公分」，將階層連結至樣式選擇「項號」格式樣式。

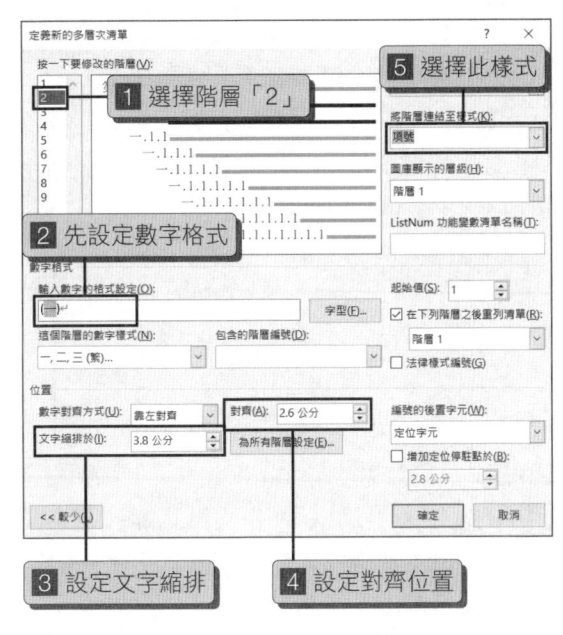

17 接著選擇階層「3」，進行相關設定。在「這個階層的數字樣式」項下，按下數字樣式清單鈕，選擇「1, 2, 3, …」數字樣式，輸入數字的格式設定成「1」、文字縮排「5 公分」，位置對齊「3.8 公分」，將階層連結至樣式選擇「小項」格式樣式。當所有清單階層都設定完成，按下「確定」鈕則可回到文件編輯視窗。

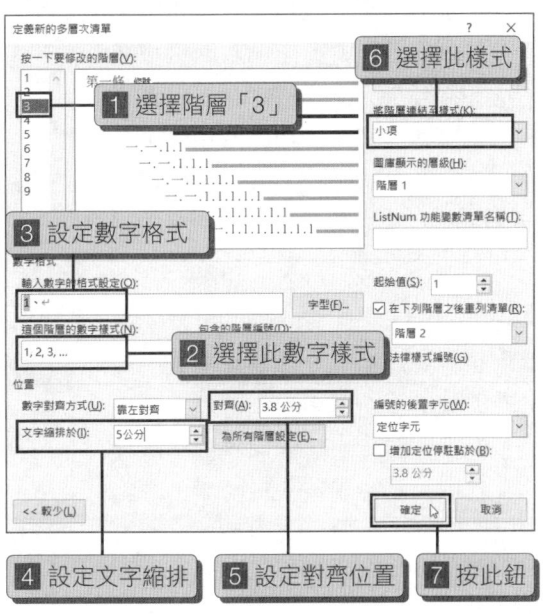

18 選取前 3 段文字範圍，按下「樣式」清單鈕，選擇套用「條號」樣式，此時發現「樣式」與「多層次清單」結合，只要套用樣式就可以一併套用編號清單。

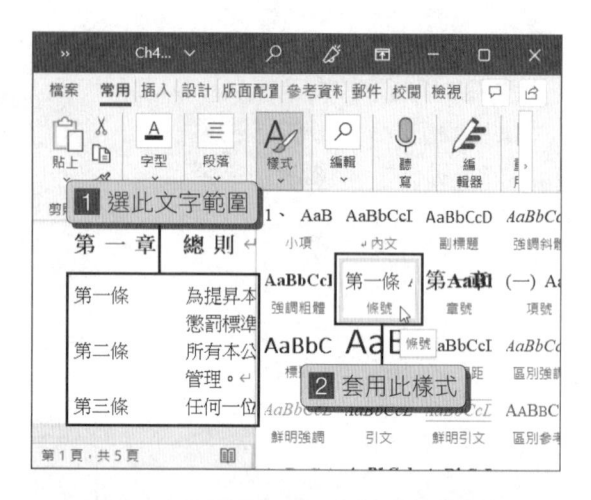

19 雖然在多層次清單中有設定層級，但是切換到大綱檢視模式下就能清楚的知道並非如此，因此要運用大綱檢視模式來修正整篇文章的層級。請先開啟範例檔案「Ch42 員工手冊(2).docx」，首先切換到「檢視」功能索引標籤，執行「大綱模式」指令切換檢視模式。

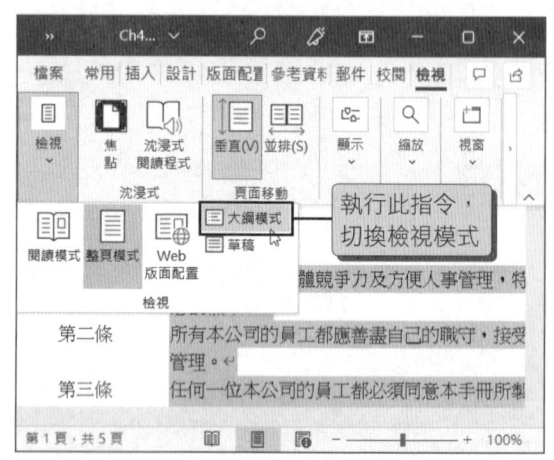

20 此時會切換到大綱檢視模式，而「常用」功能索引標籤左方會出現「大綱」功能索引標籤。將編輯插入點移到第一章文字內容，切換到「常用」索引標籤，按下「樣式」清單鈕，選擇「章號」樣式，按下滑鼠右鍵，執行「選取全部 8 個例項」指令。

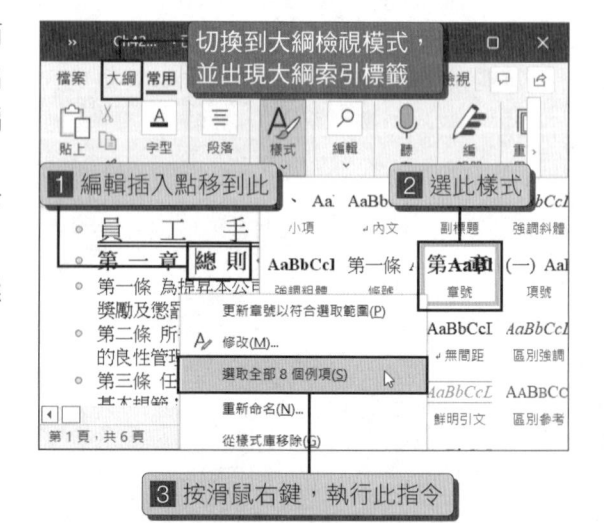

21 已經選取 8 個章號標題，切換回「大綱」索引標籤，按下「大綱階層」清單鈕，選擇變更階層由本文變成「階層 1」。

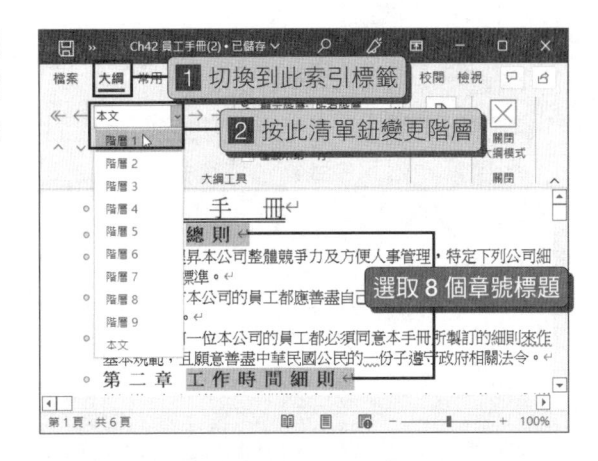

22 此時選取範圍已經變成階層 1，而標題前方會出現 ⊕ 符號。按下「顯示階層」清單鈕，選擇僅顯示「階層 1」內容。

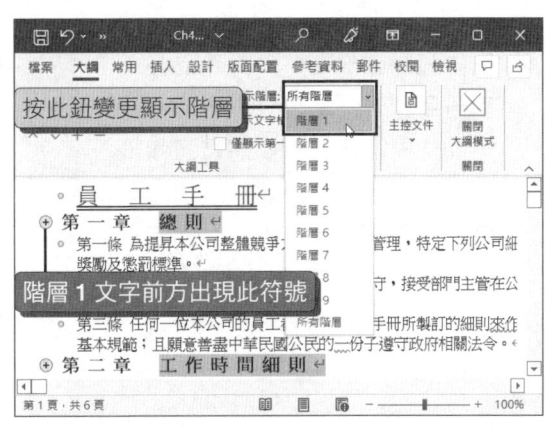

23 編輯視窗中僅顯示第一階層的文字內容。按下「關閉大綱模式」圖示鈕可結束大綱模式。

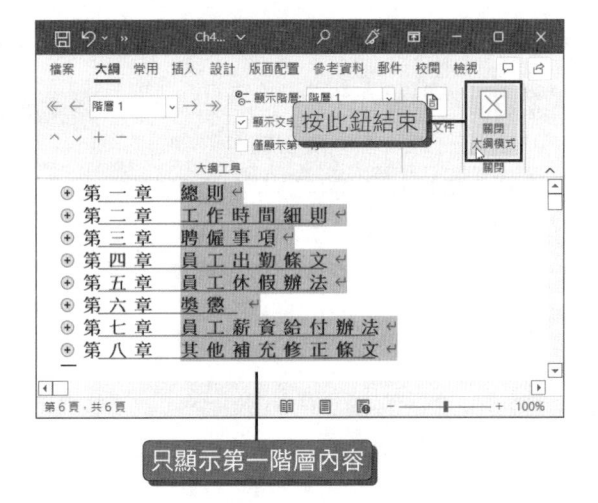

24 回到「整頁模式」編輯文件。將編輯插入點移到第一章文字內容，切換到「參考資料」功能索引標籤，按下「目錄」清單鈕，選擇「自動目錄2」樣式。

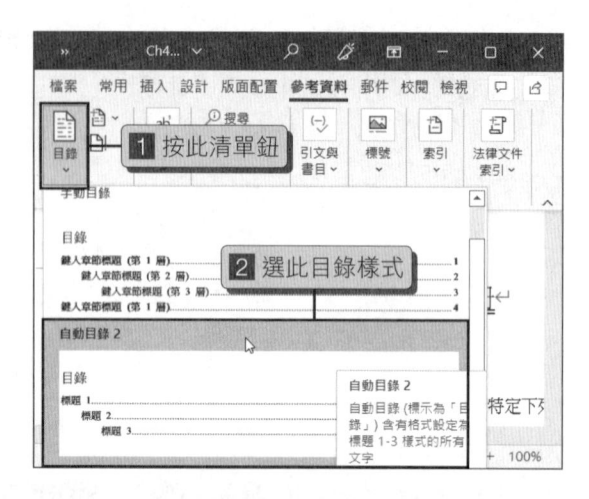

25 依據大綱階層1，自動建立員工手冊目錄。但是目錄與內容在同一頁略顯擁擠，不妨將員工手冊內容移到下一頁，執行「插入\頁面\分頁符號」指令，強迫內容換頁。

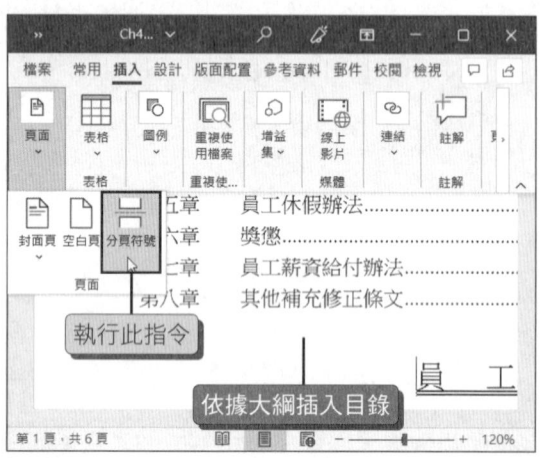

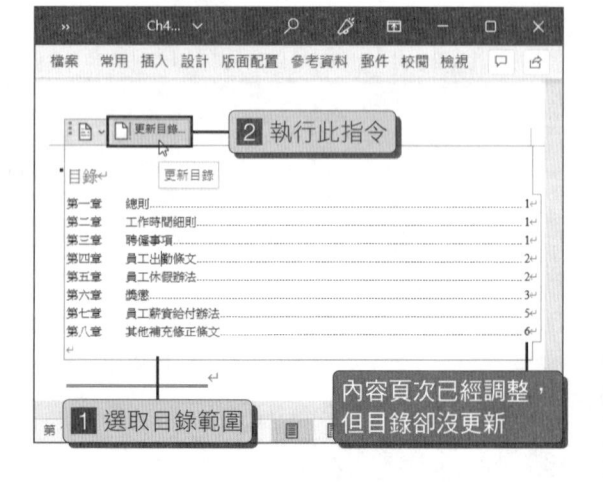

26 由於插入換頁符號，內容已經被迫移到下一頁，所以頁次已經調整，但目錄卻沒更新。只需要選取目錄範圍，就會顯示智慧功能表，執行「更新目錄」指令進行頁碼更新。

27 開啟「更新目錄」對話方塊，如果目錄內容沒有修改，只需要選取「只更新頁碼」選項，按下「確定」鈕即可。

1 選取此項

2 按此鈕

28 目錄中頁碼已經更新。如果覺得目錄段落擁擠，也可以選取目錄文字範圍，在「常用 \ 段落」功能區中，按下 「行距與段落間距」清單鈕，調整行距為「1.5」行，讓目錄看起來更美觀。

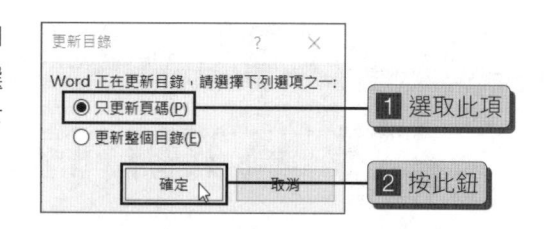

執行此指令

頁碼已經更新

單元 43 員工福利委員會章程

範例檔案：PART 4\Ch43 員工福利委員會章程

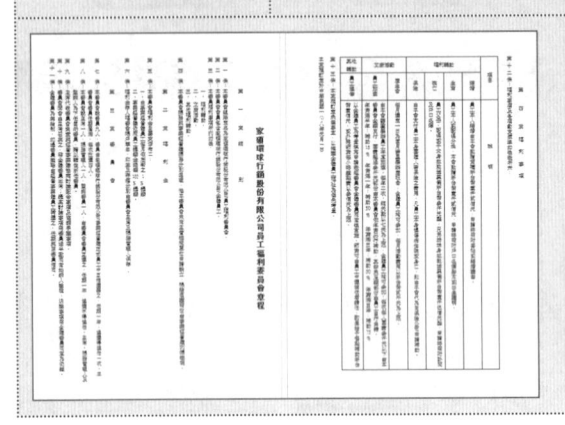

公司成長到一定規模時，就會成立員工福利委員會，透過員工自治管理員工的福利，這樣的方式除了尊重員工對福利金的運用方式外，還可以減少公司管理人員的工作負擔。員工福利委員會經費的來源及運用，以及各委員的遴選，都能透過福委會章程來規範，避免人為濫權。

範例步驟

1 有時候文件經過一段時間都會更新修改，對於不同版本的文件可以利用 Word 幫忙比較，可以省去對照的時間。請先開啟範例檔案「Ch43 員工福利委員會章程 (1).docx」，切換到「校閱」功能索引標籤，按下「比較」清單鈕，執行「比較」指令。

2 開啟「比較文件」對話方塊，按下原始文件清單鈕，選擇目前正開啟的「Ch43 員工福利委員會章程 (1)」。而修訂的文件中，按下「瀏覽」圖示鈕，選擇其他檔案。

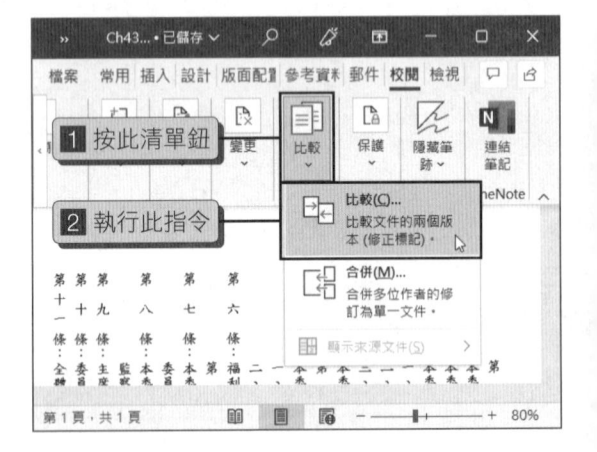

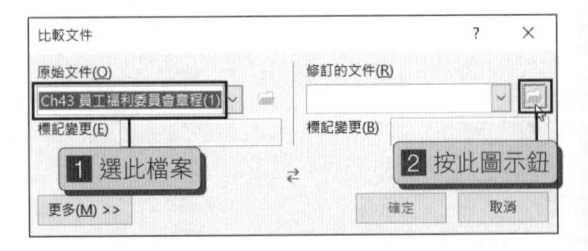

單元 43　員工福利委員會章程 | 317

3 開啟「開啟舊檔」對話方塊，選擇範例檔案中的「Ch43 員工福利委員會章程(2)」，按下「開啟」鈕。

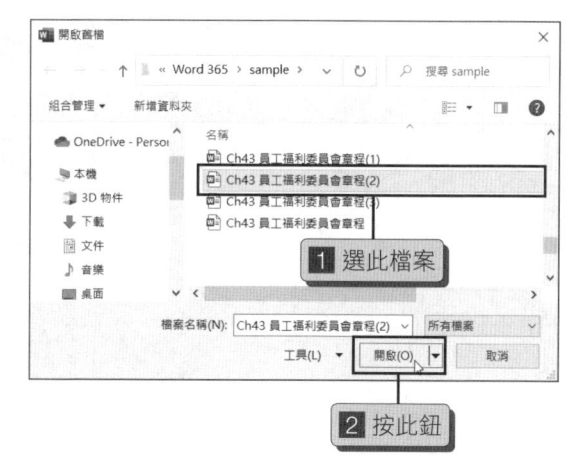

1 選此檔案
2 按此鈕

4 回到「比較文件」對話方塊，按下 更多(M) >> 鈕顯示更多設定選項，將變更顯示於選擇在「原始的文件」，設定「比較設定」如圖示（不要改變也可以），按下「確定」鈕。

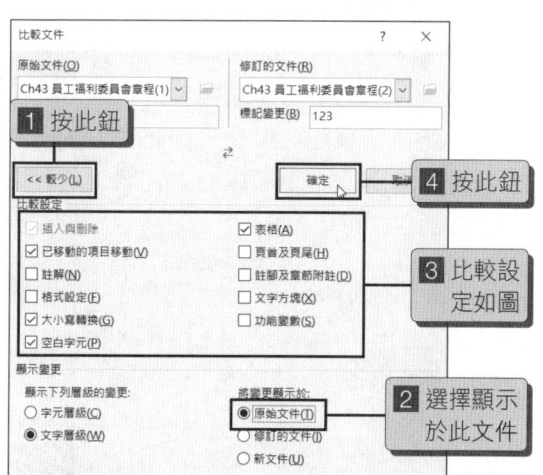

1 按此鈕
2 選擇顯示於此文件
3 比較設定如圖
4 按此鈕

5 另外開啟新文件，文件中會顯示兩個版本之間差異的地方，私名號註記的表示是修改後的版本，畫刪除線的則為原始版本，在「校閱\變更」功能區中，執行「下一個」指令，開始進行追蹤修訂。

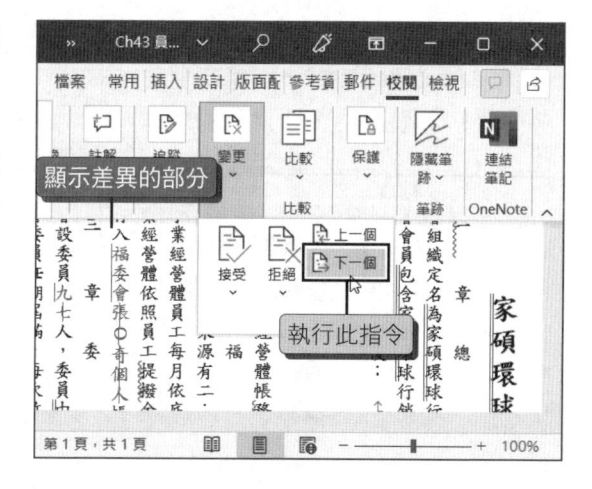

顯示差異的部分
執行此指令

6 顯示私名號註記的差異處，在「校閱\變更」功能區中，按下「接受」清單鈕，選擇「接受並移至下一個」指令。

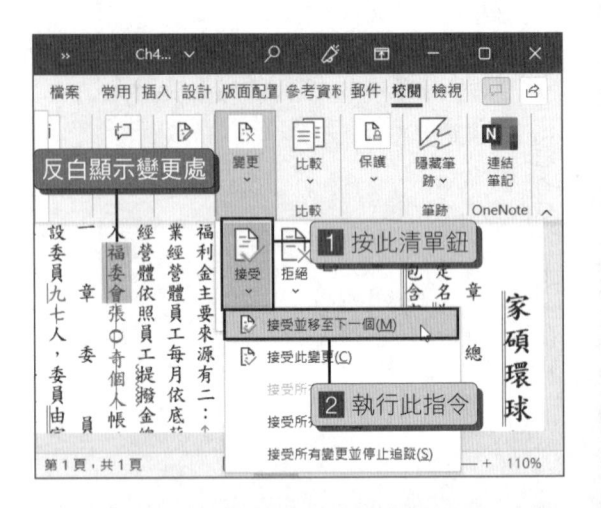

7 顯示刪除線註記的差異處，在「校閱\變更」功能區中，按下「拒絕」清單鈕，選擇「拒絕並移至下一個」指令。依此方式將文件比對校正完成。

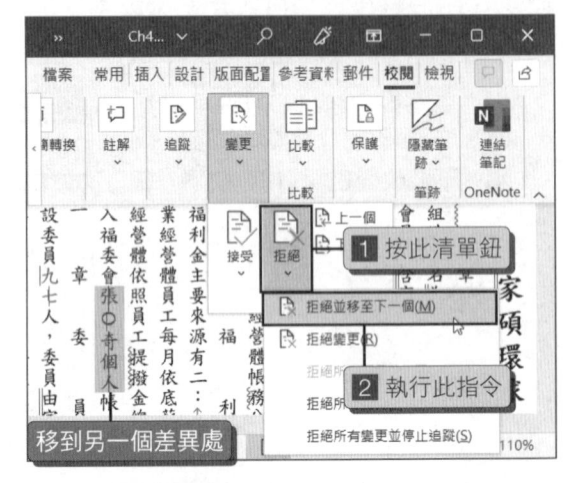

8 但是有些文件還沒完成，就先交給其他人繼續完成，回頭又要整理時，不妨藉由「合併」的功能幫忙完成。請先開啟範例檔案「Ch43 員工福利委員會章程(2).docx」，切換到「校閱」功能索引標籤，按下「比較」清單鈕，執行「合併」指令。

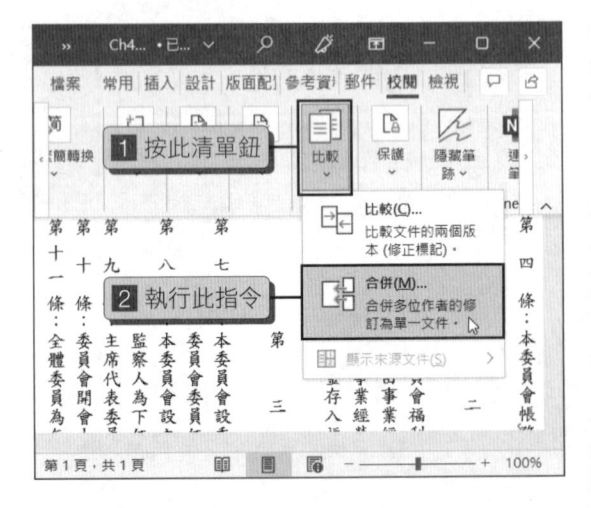

9 開啟「合併文件」對話方塊，原始文件選擇目前正開啟的「Ch43 員工福利委員會章程 (2)」，修訂的文件則選擇「Ch43 員工福利委員會章程 (3)」檔案，比較設定可以全選，在「將變更顯示於」選項中選擇「新文件」，就是在新文件中顯示合併後的結果，按「確定」鈕。

10 另外開啟視窗訊息方塊，由於文件格式可再修正，因此可任選一個檔案格式後，按「繼續合併」鈕。

11 兩份文件已經合併。如果不知道要如何保留哪一段修正，可以在「校閱\比較」功能區中，按下「比較\顯示來源文件」清單鈕，執行「顯示原稿及修訂」指令。

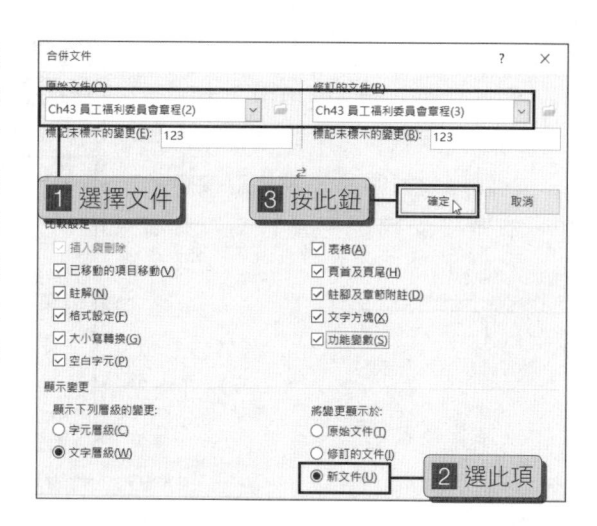

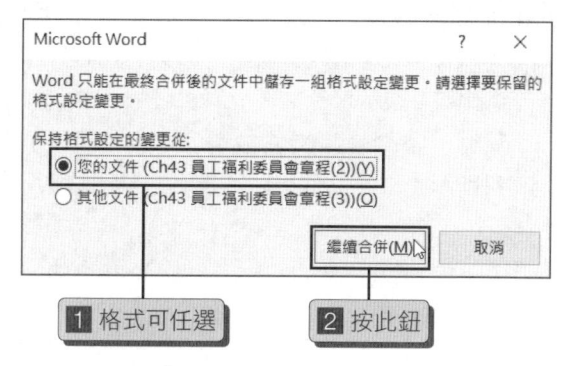

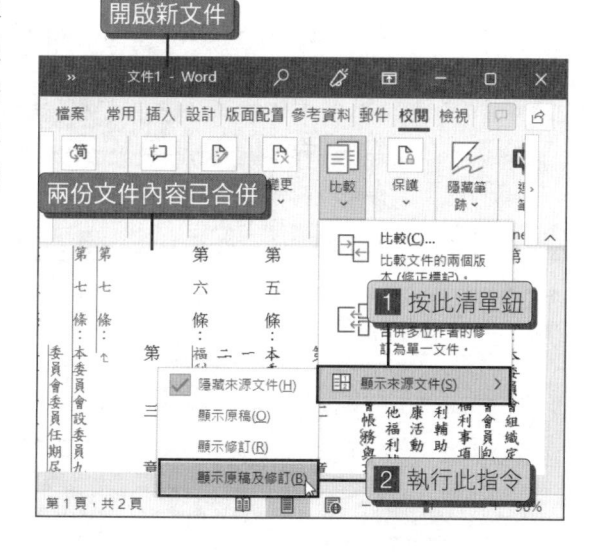

12 視窗中會自動分割合併、原稿及修訂文件，提供使用者參考，使用者只要根據「修訂」工作窗格的順序，對照原稿及修訂文件，依序接受或拒絕修訂（如步驟 7~8）。

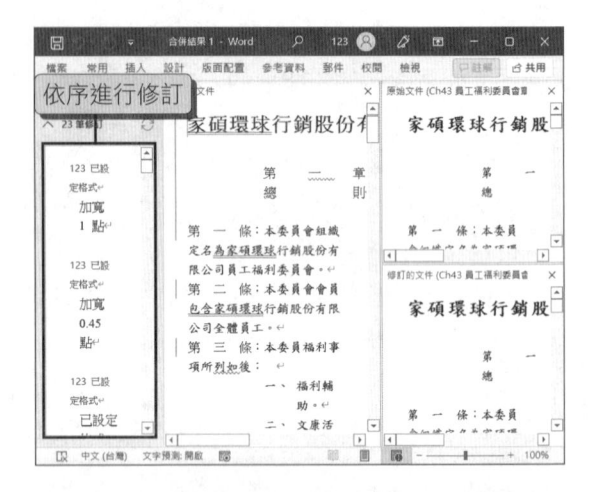

13 所有修訂都已完成後，只要在「校閱\比較」功能區中，按下「比較\顯示來源文件」清單鈕，執行「隱藏來源文件」指令，則只顯示合併後文件。

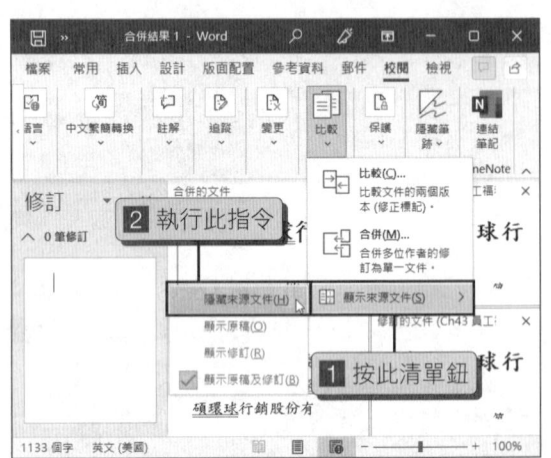

14 由於字型有點混亂，不妨重新修正。在「常用\編輯」功能區中，按下「選取」清單鈕，執行「全選」指令，選取所有文字。

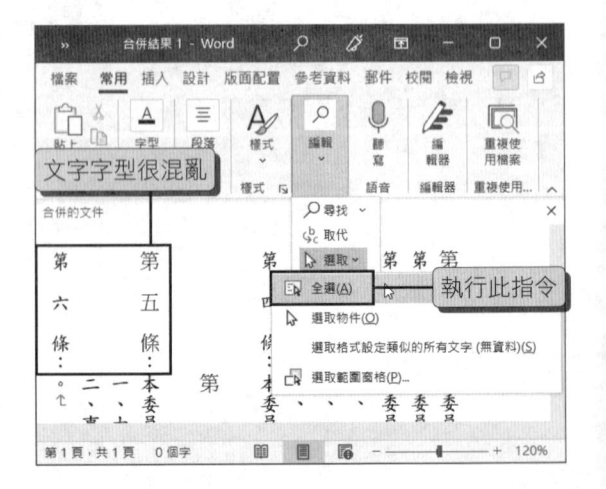

15 將所有文字的字型設定為「新細明體」，按下快速存取工具列上的「儲存檔案」圖示鈕。

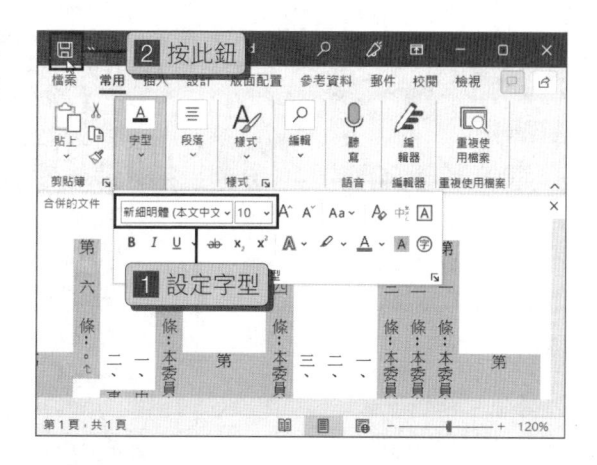

16 開啟「另存新檔」對話方塊，可將合併後的檔案另外儲存在資料夾即可。

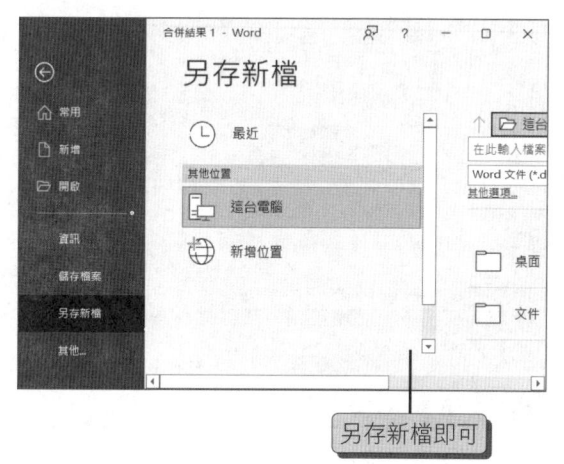

範例檔案：PART 4\Ch44 管理顧問聘書

單元 44　管理顧問聘書

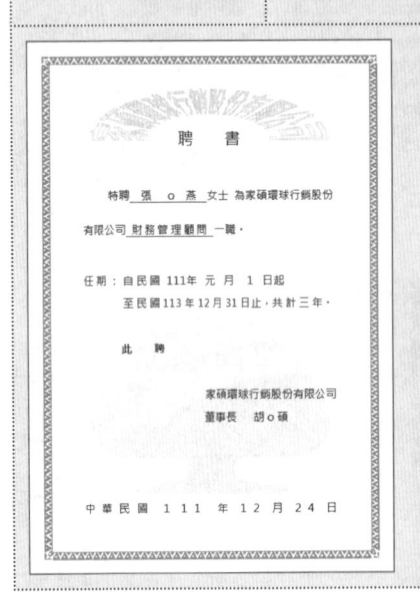

公司有時候會聘請德高望重的先進擔任公司的管理顧問，慎重起見都會製作專屬的聘書。其實只要用 A4 紙張設計一張，蓋上公司的大小印，加上精美的相框，就可以媲美專業製作的聘書。

範例步驟

1. 請先開啟範例檔案「Ch44 管理顧問聘書(1).docx」，切換到「設計」功能索引標籤，執行「頁面框線」指令。

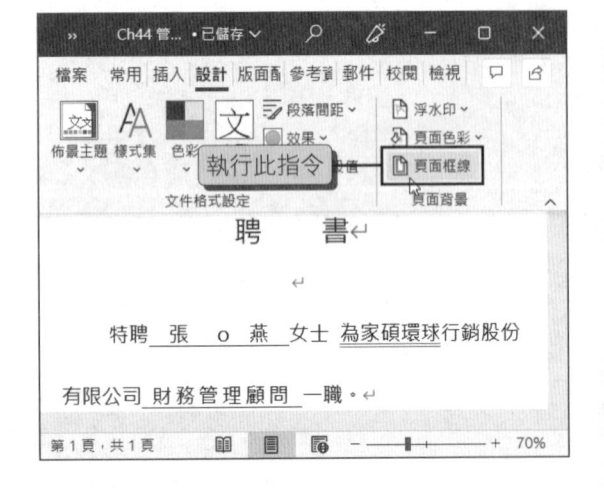

2 開啟「框線及網底」對話方塊，按下「花邊」旁的清單鈕，選擇下方黑白色系的圖案。

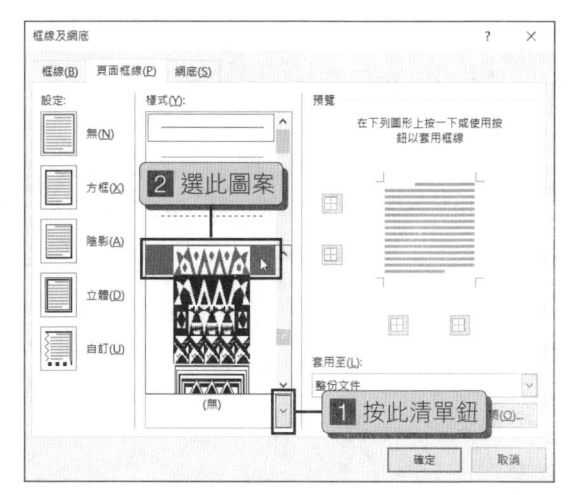

3 按下「色彩」清單鈕，選擇框線色彩「金色, 輔色 4, 較深 25%」，黑色系的花邊可以更換色彩。

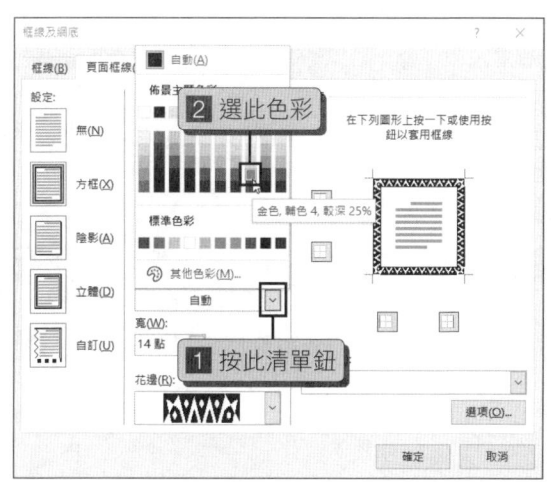

4 繼續按下「選項」鈕，進行進一步的設定。

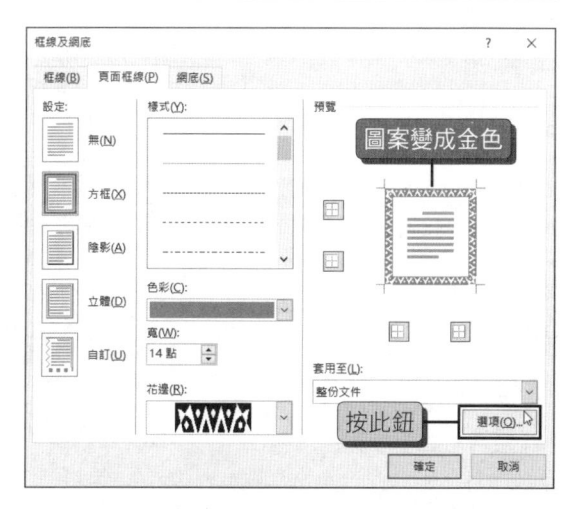

5 另外開啟「框線及網底選項」對話方塊，設定花邊距文字邊界的距離，上、下邊界為「22 點」，左、右邊界為「26 點」，按下「度量基準」旁的清單鈕，選擇「文字」選項按「確定」鈕回到「框線及網底」對話方塊。

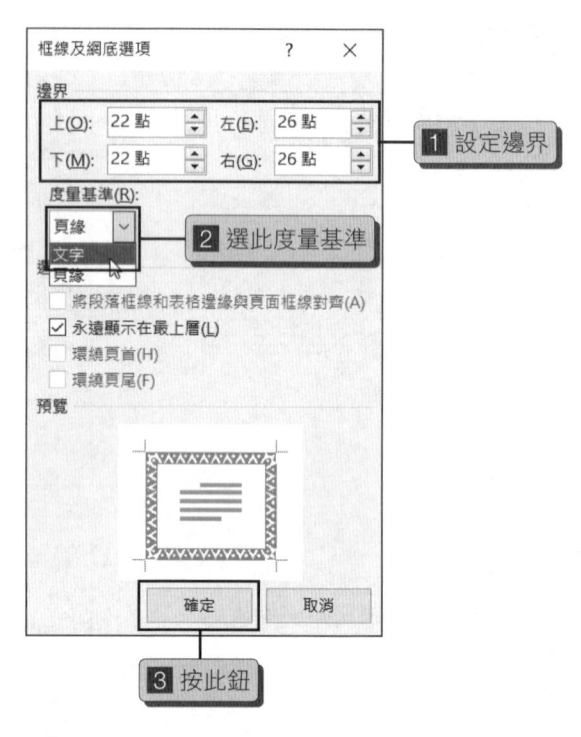

6 回到「框線和網底」對話方塊，最後修改花邊寬度為「12 點」，按「確定」鈕完成頁面框線設定。

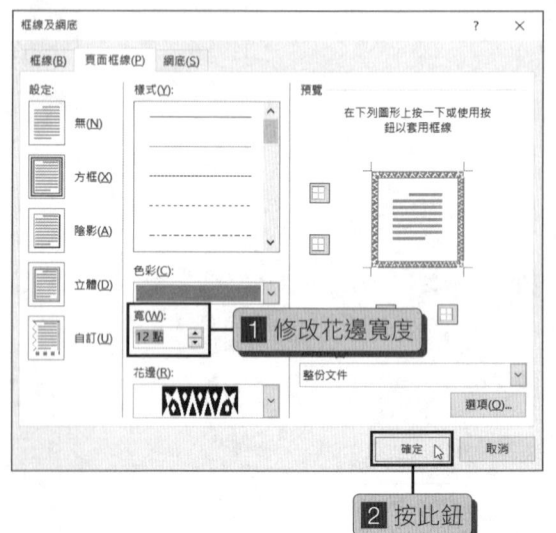

單元 44　管理顧問聘書 | 325

7 切換到「插入」功能索引標籤，按下「頁首」清單鈕，執行「編輯頁首」指令。

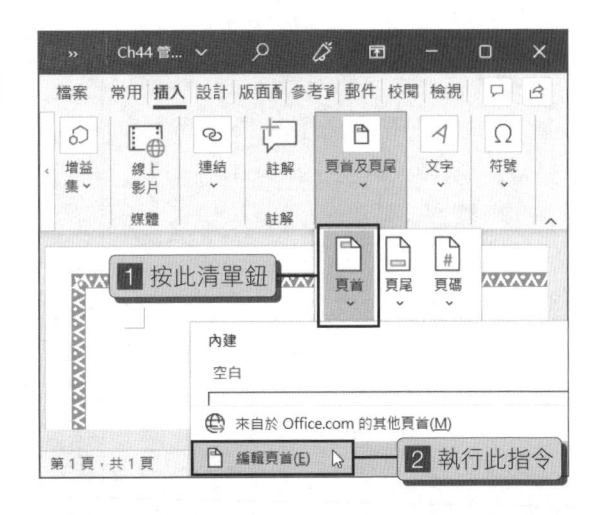

8 在「頁首及頁尾」設計模式下，切換到「插入」功能索引標籤，按下「文字藝術師」清單鈕，選擇「漸層填滿：金色, 輔色 4; 外框：金色, 輔色 4」樣式。

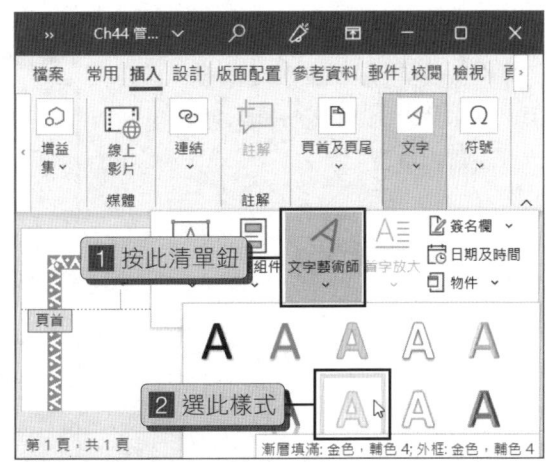

9 在文字藝術師方塊中輸入公司名稱「家碩環球行銷股份有限公司」，並修改字型為「微軟正黑體」，大小為「28」。

10 切換「圖形格式」功能索引標籤，在「文字藝術師樣式」功能區中，按下「文字效果」清單鈕，選擇「轉換」效果中的「弧形：變形」樣式。

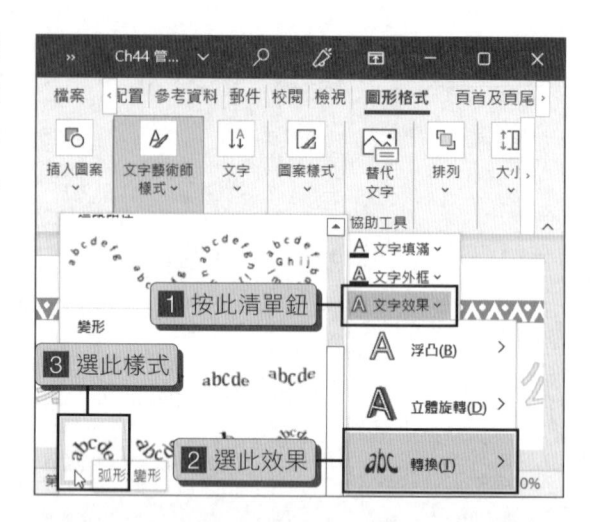

11 為了讓拱型文字效果更明顯，修改文字藝術師方塊為高「6 公分」、寬「14.6 公分」，並拖曳到適當的位置。

12 繼續在「頁首及頁尾」設計模式下，切換到「插入」功能索引標籤，按下「圖片」清單鈕，執行「此裝置」指令。

13 開啟「插入圖片」對話方塊，開啟範例檔案中的「範例圖檔」資料夾，選擇「底圖1」圖檔，按下「插入」鈕。

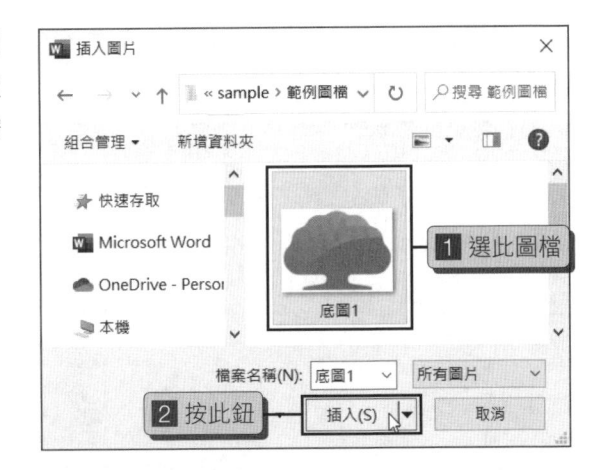

14 插入選擇的圖片，按下圖片旁的智慧標籤鈕，選擇「文字在前」文繞圖樣式。

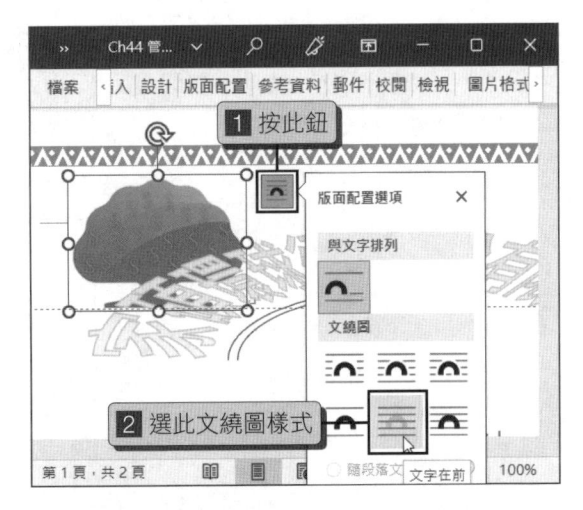

15 切換到「圖片格式」功能索引標籤，先修改圖片大小為高「10.75公分」、寬「14.6公分」，修改完後拖曳圖片物件到文件下方位置。

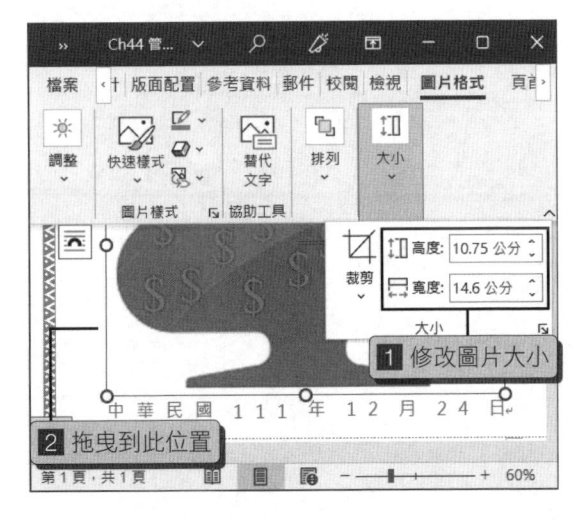

16 在「圖片格式\調整」功能區中，按下「色彩」清單鈕，選擇「刷淡」樣式。

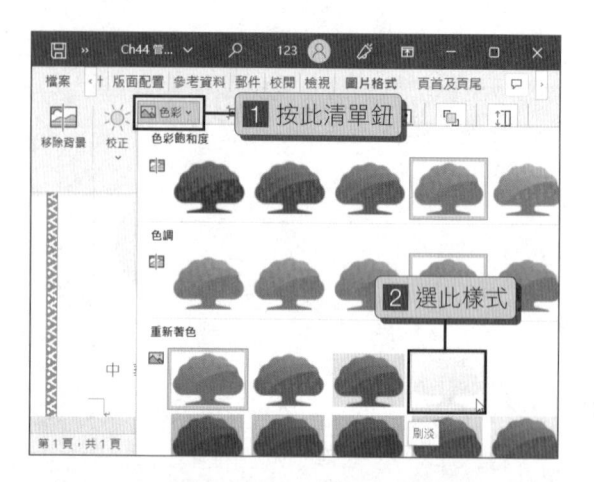

17 最後別忘了切換到「頁首及頁尾\關閉」功能區中，執行「關閉頁首及頁尾」指令即可。

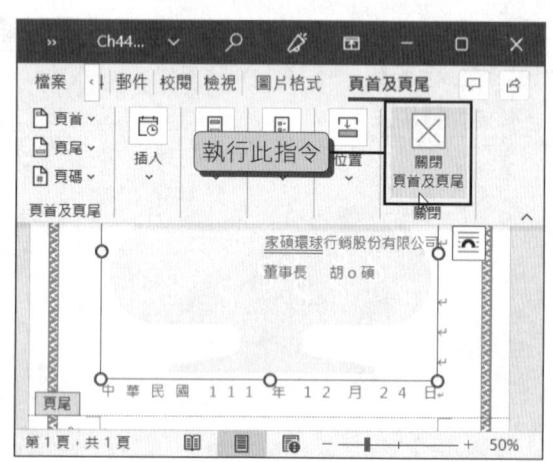

單元 45　公司組織架構圖 | *329*

> 範例檔案：PART 4\Ch45 公司組織架構圖

單元 45　公司組織架構圖

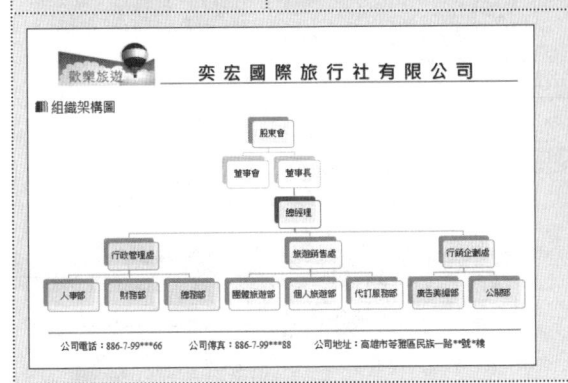

公司組織架構圖是每間公司必備的重要文件，所代表的不僅是公司的組織架構，也表示著職位上職權的管轄範圍，因此在層級上要特別注意。

範例步驟

1 本章主要介紹利用 SmartArt 圖形，快速製作出組織架構圖。請先開啟「Ch45 公司組織架構圖 (1).docx」，將游標移到第二行中央位置，切換到「插入」功能索引標籤，在「圖例」功能區中，執行「插入 SmartArt 圖形」指令。

1 將插入點移到此

2 執行此指令

2 開啟「選擇 SmartArt 圖形」對話方塊，切換到「階層圖」類型，選擇「組織圖」樣式，按「確定」鈕。

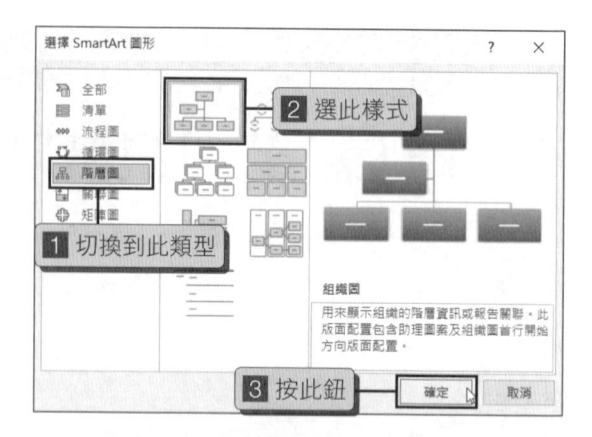

3 功能表列新增 SmartArt 工具功能索引標籤，文件中插入預設的組織圖圖形，選取第一層的圖案，直接輸入文字「股東會」。

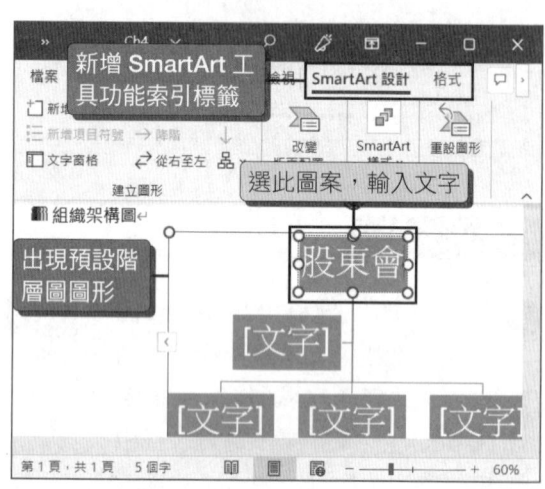

4 接著選擇第二層圖案，輸入文字「董事會」。按住鍵盤【Shift】鍵，同時選取第三層中其中 2 個圖案，按下鍵盤【Del】鍵，將這 2 個圖案刪除。

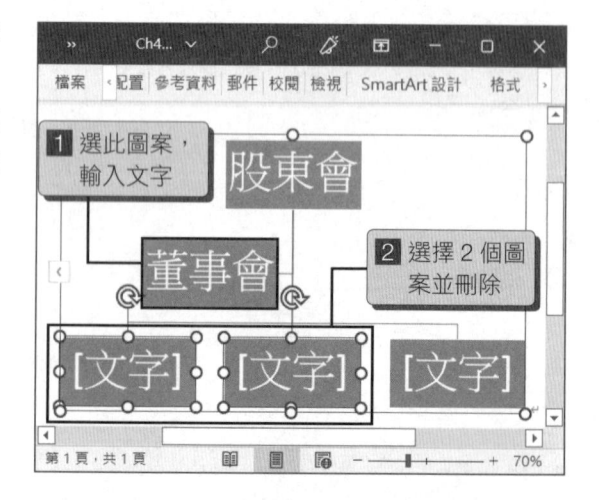

5 選取第三層剩下的圖案，輸入文字「董事長」。接著切換到「SmartArt 設計」功能索引標籤，在「建立圖形」功能區中，按下「新增圖案」清單鈕，執行「新增下方圖案」指令。

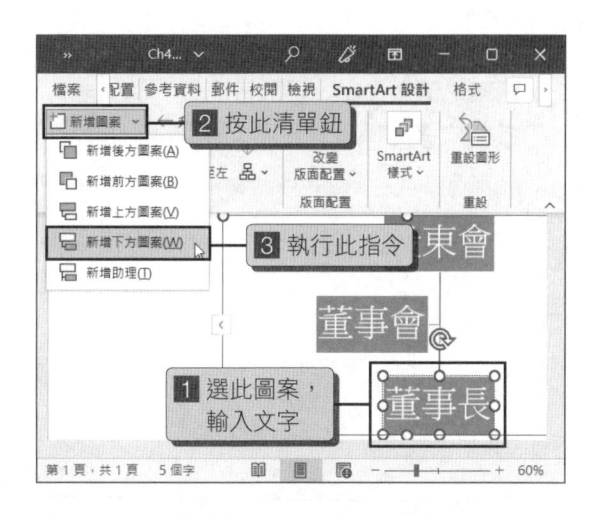

6 新增第四層圖案，在新增的圖案中輸入文字「總經理」。輸入完畢，再次執行「新增下方圖案」指令。

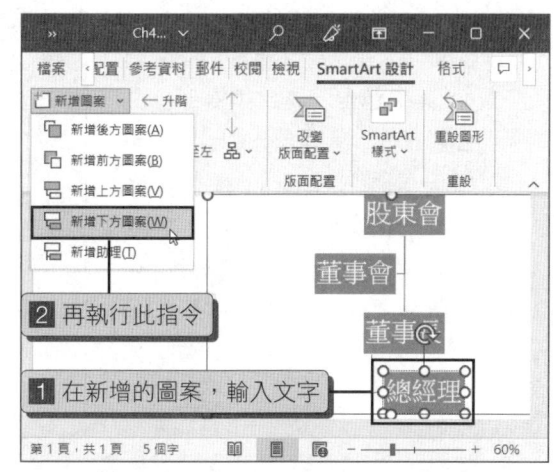

7 新增第五層圖案，在新增的圖案中輸入文字「旅遊銷售處」。輸入完畢後，執行「新增前方圖案」指令，新增相同層級另一個處室。

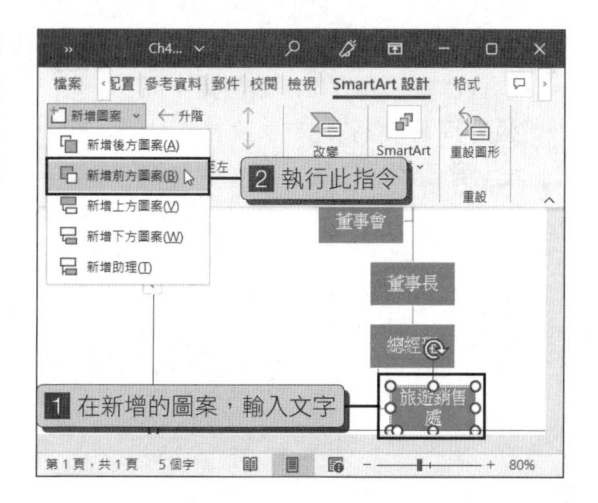

8. 新增第五層同級圖案，在新增的圖案中輸入文字「行政管理處」。接著依據組織架構重複新增圖案及輸入文字工作。

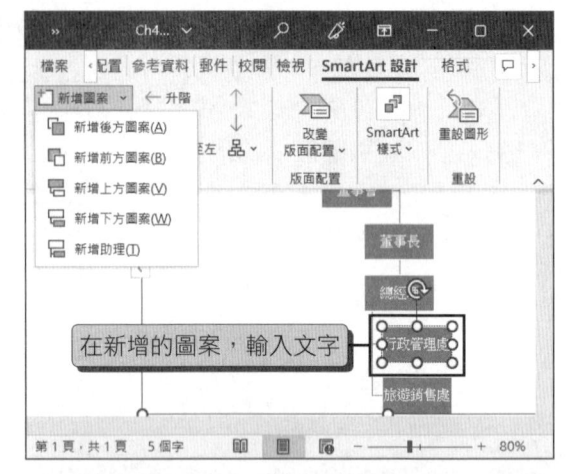

9. 公司組織做了部分修正，將「行銷企劃部」提升為「行銷企劃處」，其中包含「廣告美編部」及「公關部」。請開啟「Ch45 公司組織架構圖(2).docx」，進行編修組織圖，在文件第二頁中，選取「行銷企劃部」圖案，執行「升階」指令。

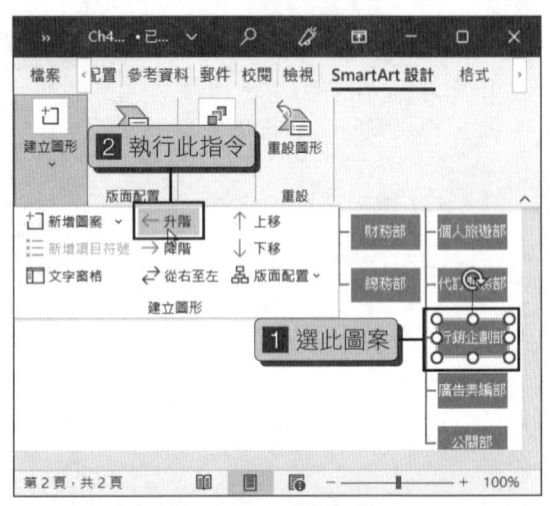

10. 「行銷企劃部」提升階層與「行政管理處」及「旅遊銷售處」同級。接著執行「文字窗格」指令，修改圖案文字。

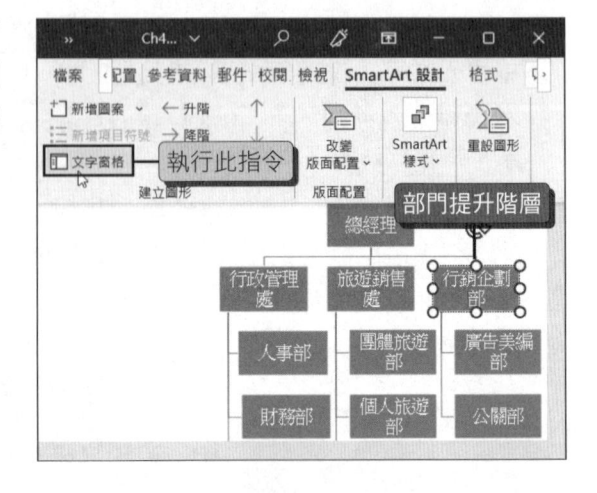

11 文件中開啟「文字窗格」，窗格中的文字與階層圖同步，也有相同階層。反白選取「文字窗格」中「行銷企劃部」的「部」字。

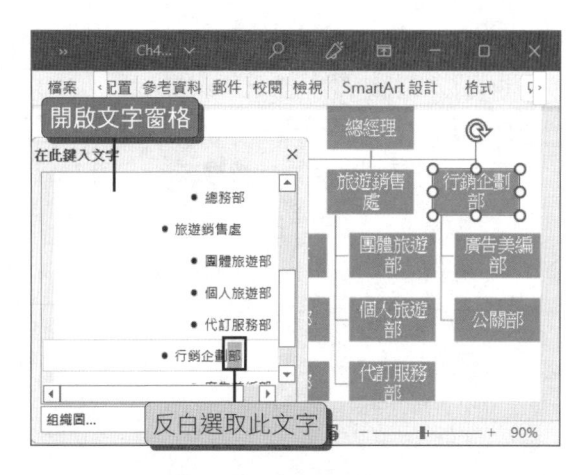

12 輸入「處」取代「部」字，圖形中也會同步修改。按下「文字窗格」由上方 ×「關閉」鈕，即可關閉文字窗格。

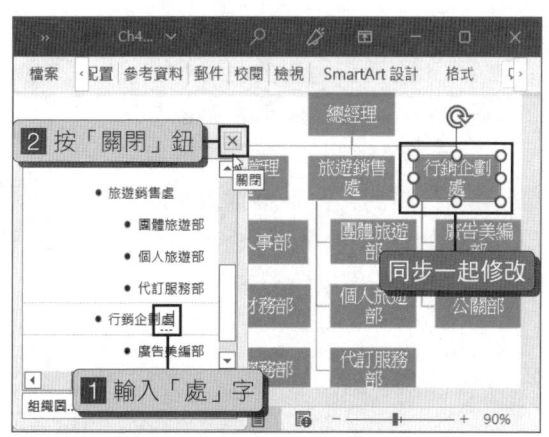

13 看不習慣單一顏色的組織圖圖形，可以「變更色彩」按下「變更色彩」清單鈕，選擇套用「彩色範圍，輔色 3 至 4」色彩樣式。

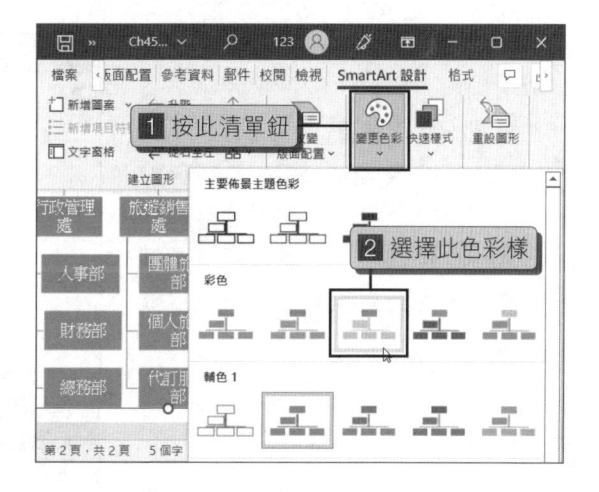

14 如果不喜歡目前組織圖的樣式，也可以重新選擇。按下「改變版面配置」樣式的 展開鈕，選擇套用「階層圖」版面配置樣式。

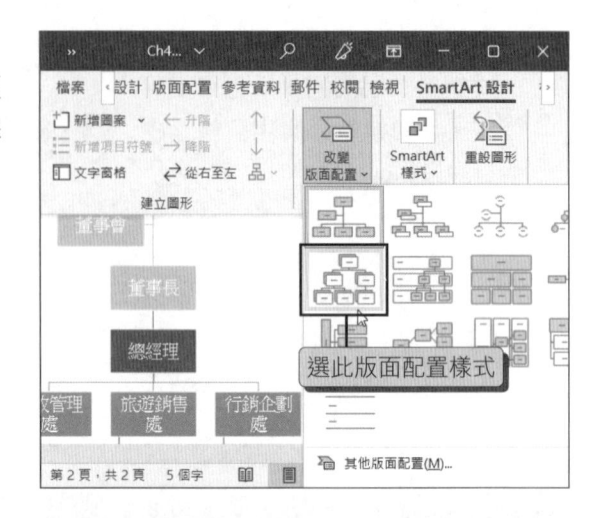

15 組織架構圖套用新的色彩及版面配置樣式。看到圖形中有部分圖案內文字強迫換行，不是很美觀，只要調整一下圖案大小就可以解決。按住鍵盤【Shift】鍵，逐一選取所有綠色圖案。

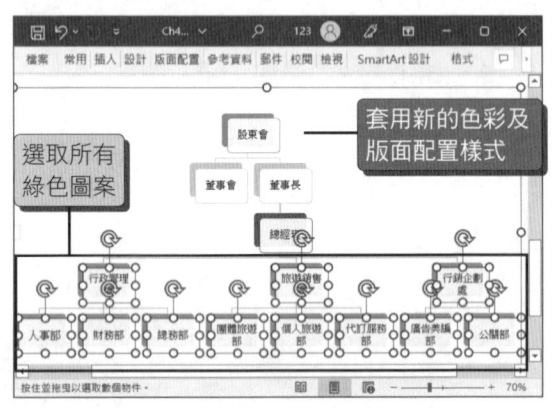

16 切換到「SmartArt 工具\格式」功能索引標籤，按下「大小」清單鈕，調整高度「1.3 公分」、寬度「2.45 公分」。由於圖案在繪圖畫布中會自動調整對應圖案的大小，建議以上下箭頭微調圖案寬度，直到文字都在同一行的寬度。

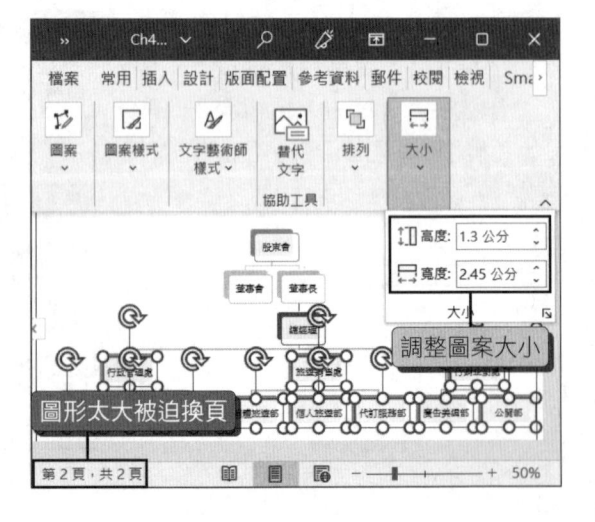

單元 45　公司組織架構圖 | *335*

17 由於圖形太大，因此被迫換頁到第 2 頁，此時不需要每個圖案的大小，只需修改繪圖畫布的大小即可。將游標移到畫布四周的白色控制點，按一下控制點選取整張畫布，按下「大小」清單鈕，調整畫布高度「12 公分」、寬度「26 公分」，如此就會在一頁的範圍內。

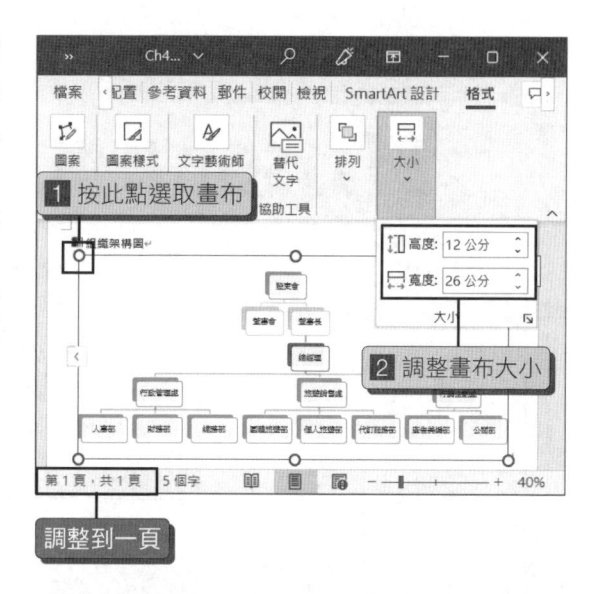

18 除了套用預設的色彩樣式外，還可以藉由「圖案填滿」替圖案變換不同顏色。選取「行政管理處」及下層三個部門圖案，按下「圖案填滿」清單鈕，選擇「綠色, 輔色 6, 較淺 80%」色彩，利用些許色差，讓同階層的不同處室，有明顯的區隔。

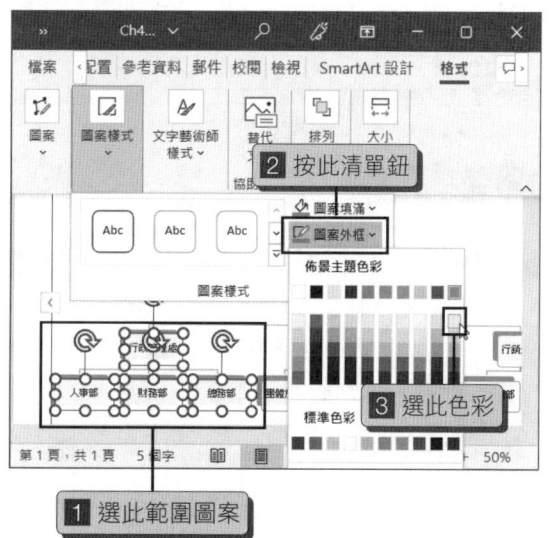

單元 46 SOP 標準工作流程

範例檔案：PART 4\Ch46 SOP 標準工作流程

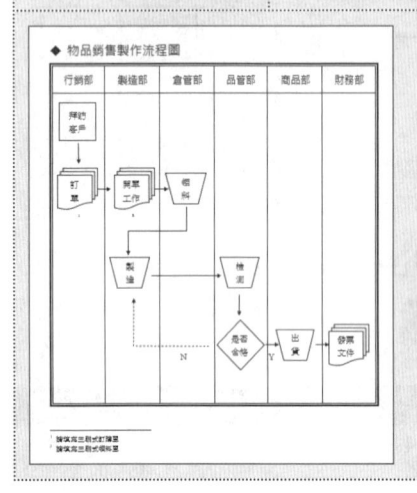

SOP 標準工作流程就是將公司各項工作標準化，並製作成標準作業手冊，這項管理技能有助於讓新手藉由手冊快速了解公司運作，盡速進入工作狀態，減少培訓的時間。當工作上遇到任何問題時，也可以參照 SOP 的流程，作為有效解決的依據。

範例步驟

1 請先開啟範例檔案「Ch46 SOP 標準工作流程(1).docx」，切換到「插入」功能索引標籤，按下「圖案」清單鈕，選擇 「流程圖：多重文件」圖案。

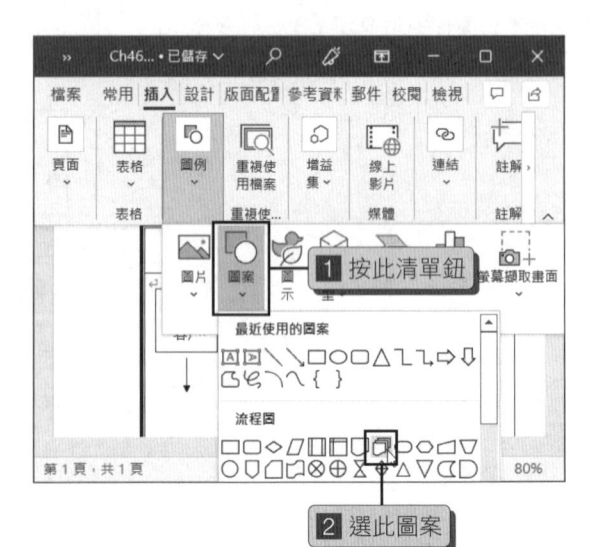

1 按此清單鈕

2 選此圖案

單元 46　SOP 標準工作流程 | *337*

2 在拜訪客戶流程下方，拖曳繪製出約 2 公分寬的圖案。

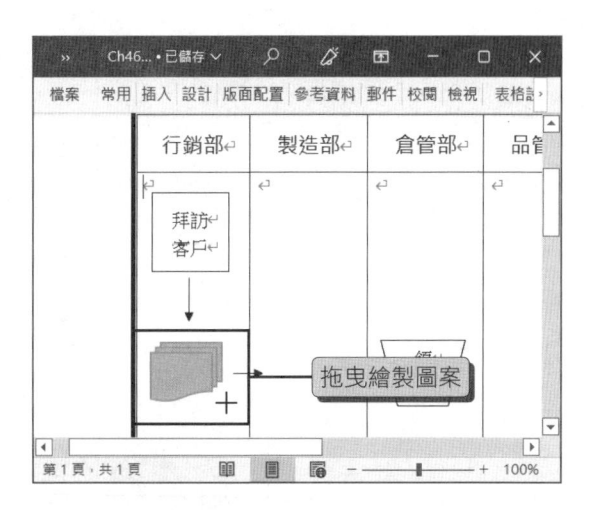

3 選取圖案按滑鼠右鍵，開啟快顯功能表，執行「新增文字」指令。

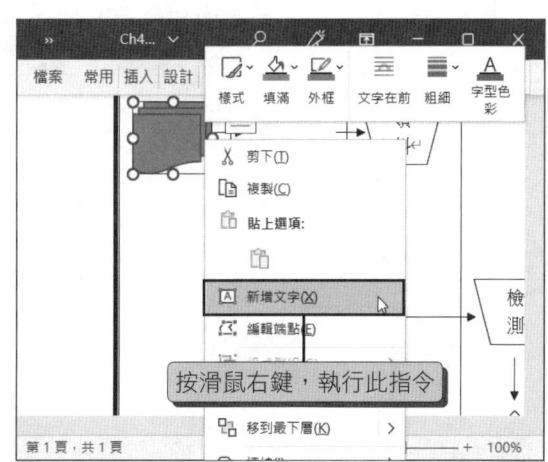

4 在圖案中輸入文字「訂單」，再次按滑鼠右鍵，開啟快顯功能表，執行「設定圖形格式」指令。

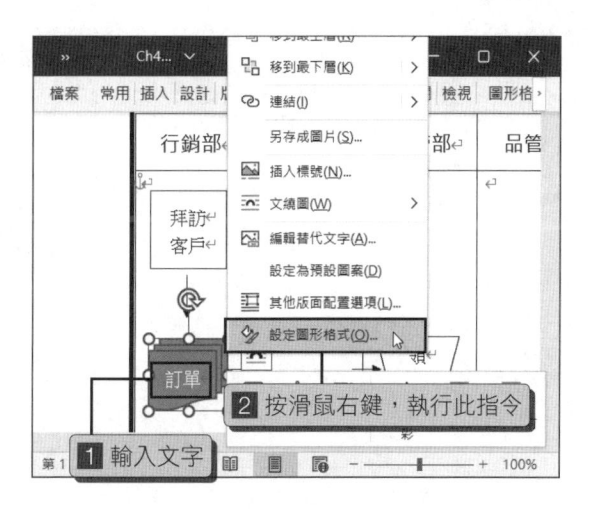

5 開啟「設定圖形格式」工作窗格，先在「圖案選項」索引標籤下設定圖案格式，按下 ◊「填滿與線條」圖示鈕，選擇「無填滿」的填滿設定。

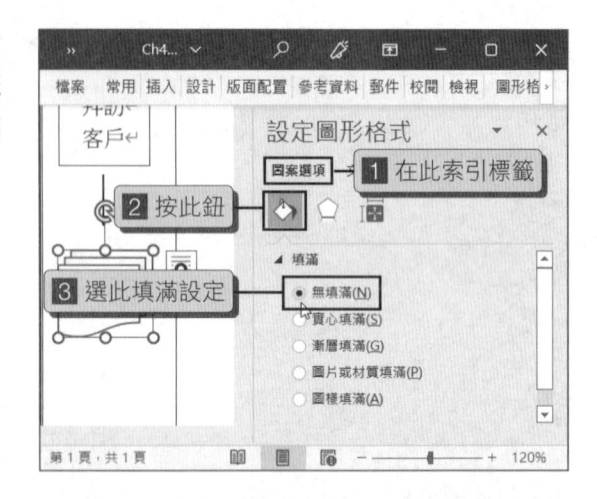

6 滑動垂直捲軸，繼續設定圖案線條，按下 ▲▼ 色彩清單鈕，將線條色彩改為「黑色」、寬度設定為「0.75」pt。

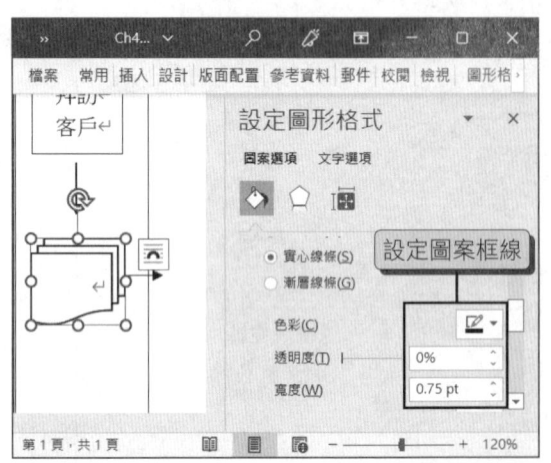

7 在「文字選項」索引標籤下設定文字格式，按下 A「文字填滿與外框」圖示鈕，選擇「黑色」的文字色彩。

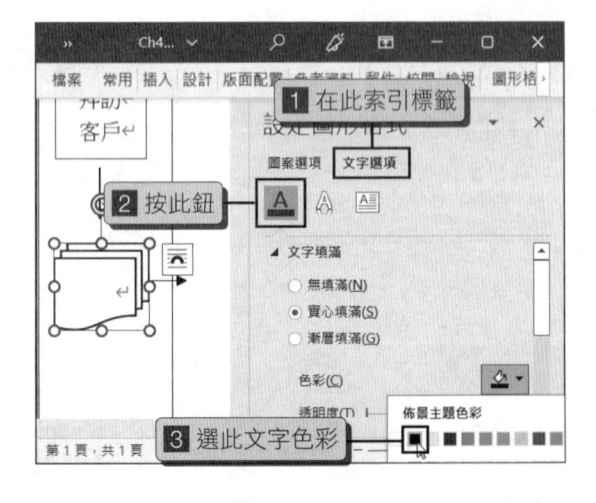

單元 46　SOP 標準工作流程 | *339*

8 按下 圖「版面配置與內容」圖示鈕，選擇垂直對齊方式為「中」，並設定距離圖案邊界的距離皆為「0 公分」，全部設定完成按下工作窗格右上方的「關閉」鈕。

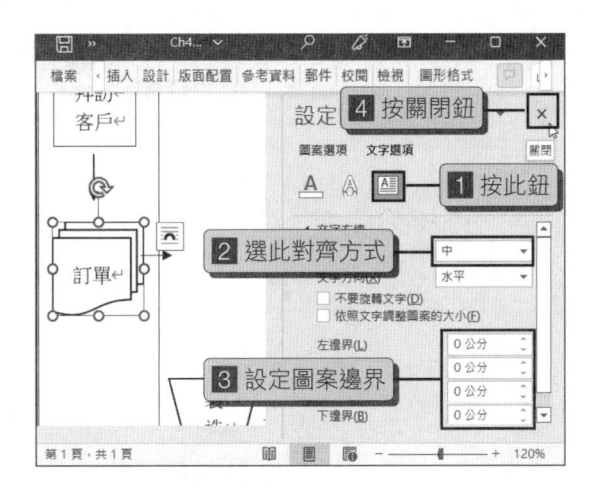

9 由於每次繪製圖案都要重新設定有點麻煩，不妨將這樣的圖案格式設定成預設值。選取圖案物件，按滑鼠右鍵開啟快顯功能表，執行「設定為預設圖案」指令。

10 再次按下「插入\圖案」清單鈕，在最近使用過的圖案中選擇 「流程圖：多重文件」圖案。

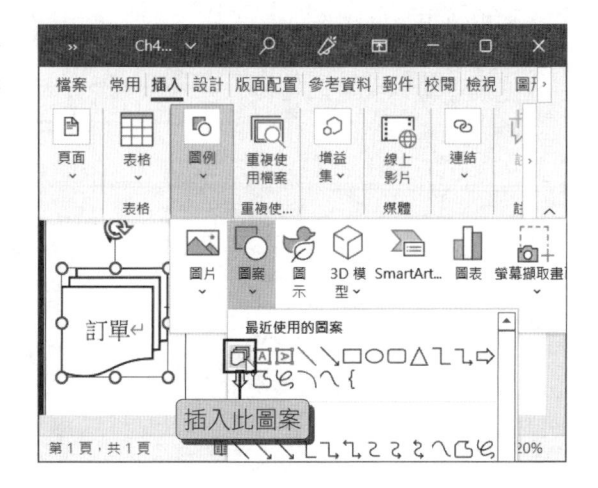

11 在訂單旁邊一欄，拖曳繪製流程圖，繪製出來的圖案自動變成剛設定的格式。

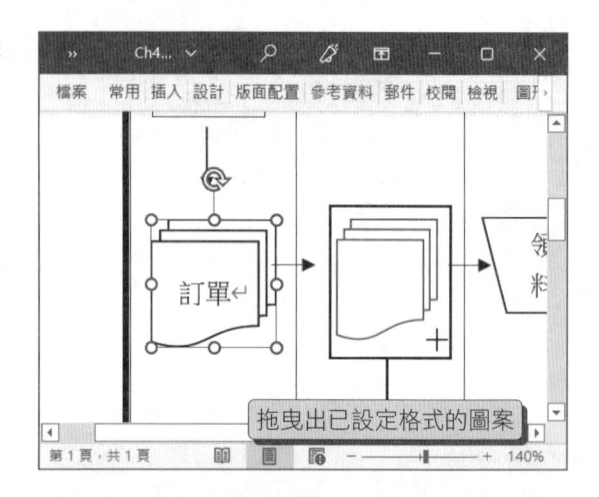

12 在上步驟新增的圖案中輸入文字「開單工作」。按下「插入\圖案」清單鈕，在線條中選擇「接點：肘形單箭頭」圖案。

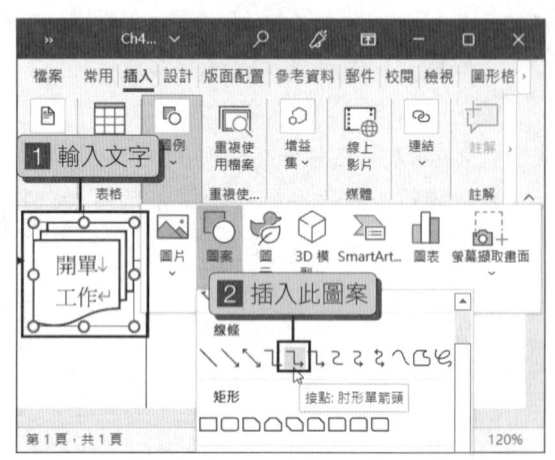

13 拖曳繪製肘形單箭頭圖案。

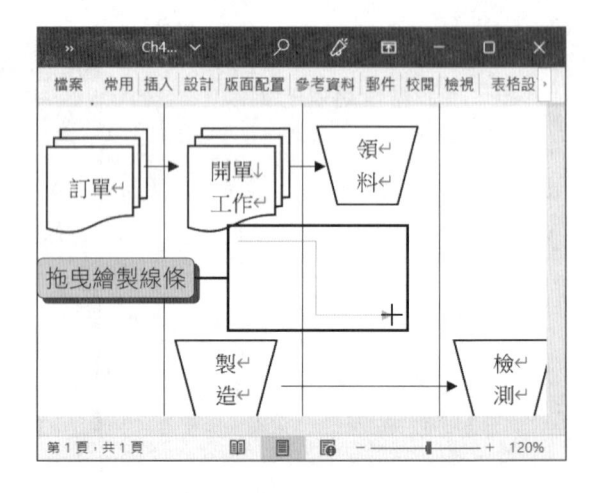

單元 46　SOP 標準工作流程 | *341*

14 選取線條圖案物件，切換到「圖形格式」功能索引標籤，在「排列」功能區中，按下「旋轉」清單鈕，執行「向右旋轉 90 度」指令。

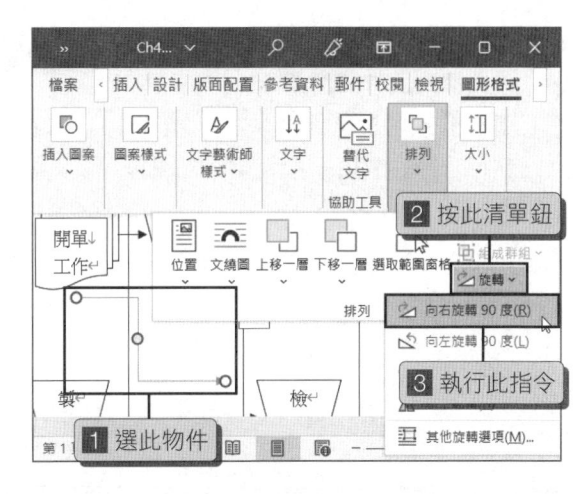

15 在「圖形格式」功能索引標籤中，按下「圖案外框」清單鈕，分別將線條色彩變更成「黑色」，並將線條寬度改為「0.75 點」。也可以將此線條格式設定為預設線條圖案，方便流程圖繪製。

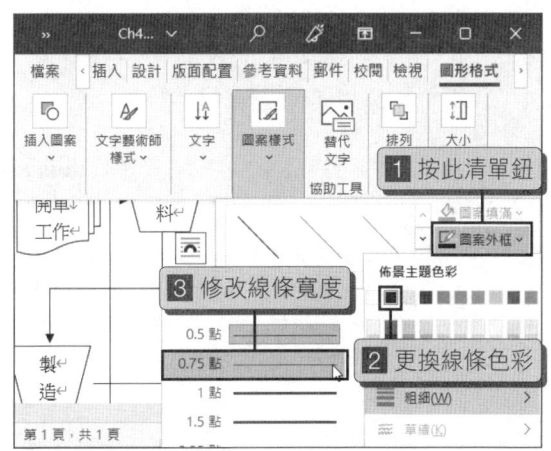

16 請開啟範例檔案「Ch46 SOP 標準工作流程(2).docx」，繼續為流程圖加上註腳。快按滑鼠左鍵 2 下將編輯插入點加到「訂單」圖案下方，切換到「參考資料」功能索引標籤，按下「插入註腳」圖示鈕。

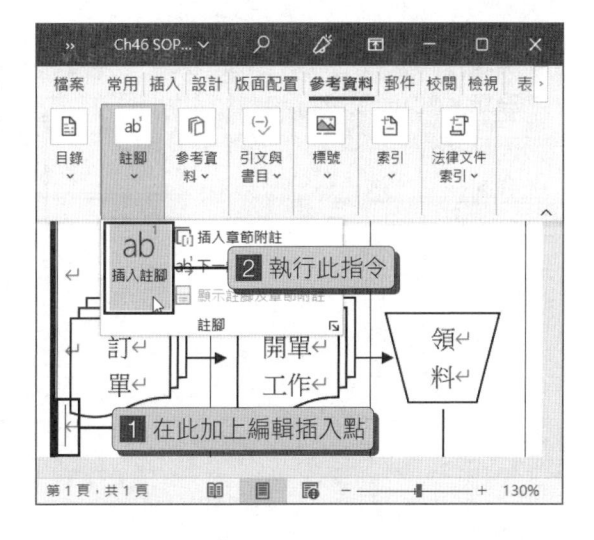

17 出現註腳編輯區，在此輸入文字「請填寫三聯式訂購單」，輸入完畢按滑鼠右鍵，開啟快顯功能表執行「附註選項」指令。

18 開啟「註腳及章節附註」對話方塊，在位置中改選註腳位置為「文字下方」，按下「套用」鈕。

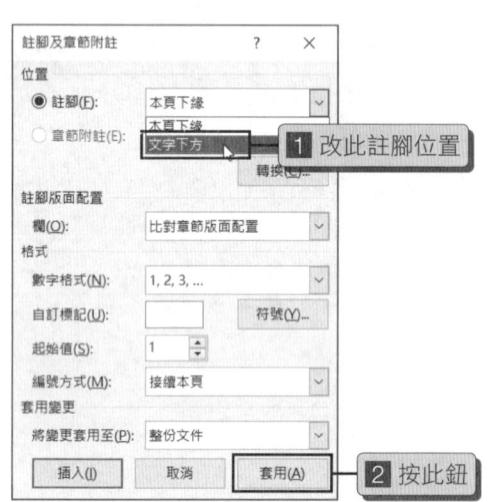

19 陸續再插入其他註腳，插入點換顯示註腳標號，而所有註解說明文字都會在文字編輯區下方依標號列示。

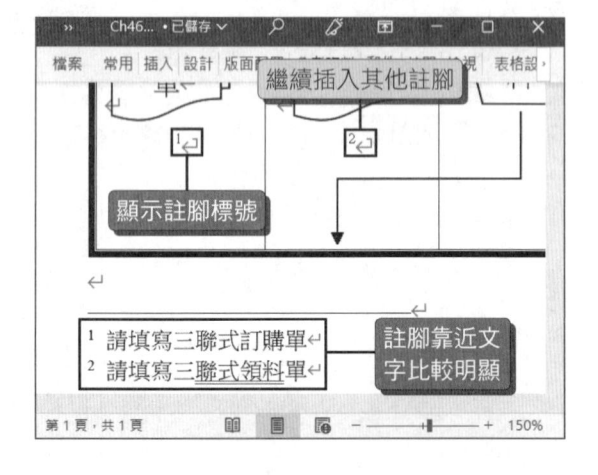

單元 47 工作進度計畫表

範例檔案：PART 4\Ch47 工作進度計畫表

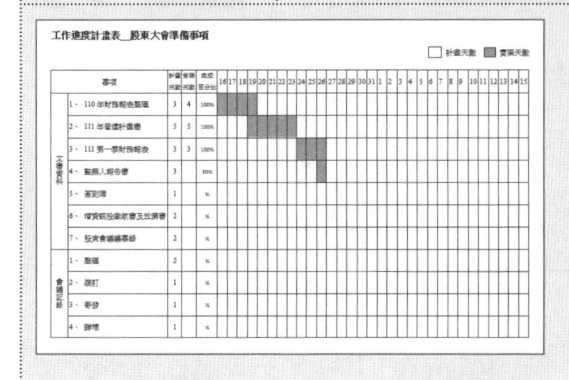

工作進度計畫表常使用在有專案進行時，必須在一定的時間之內完成表定的所有工作，當然規劃時必須保留彈性的時間，以防臨時有其他事情耽擱原有的計畫。最常見的工作進度表可說是「甘特圖」，利用不同顏色的線條色彩，表示事項正在進行中或是完成；利用不同的長度，表示事項所需要的時間，可說是一目了然。

範例步驟

1. 請先開啟範例檔案「Ch47 工作進度計畫表(1).docx」，選取「完成百分比」該列右方所有空白的儲存格，在「常用\段落」功能區中，按下「編號」清單鈕，執行「定義新的編號格式」指令。

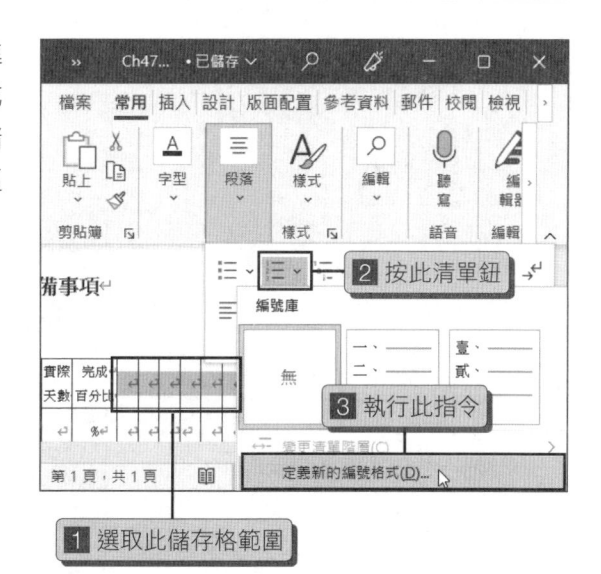

2 開啟「定義新的編號格式」對話方塊，選擇數字「1,2,3…」編號樣式，刪除編號格式內數字以外的所有符號，按「確定」鈕。

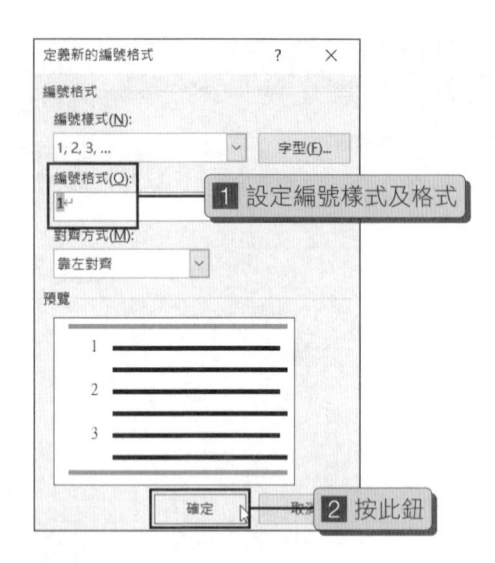

3 儲存格中自動填滿編號，無須自行輸入數值。假設計畫是從該月 16 日開始進行，選取編號「1」，按滑鼠右鍵開啟快顯功能表，執行「設定編號值」指令。

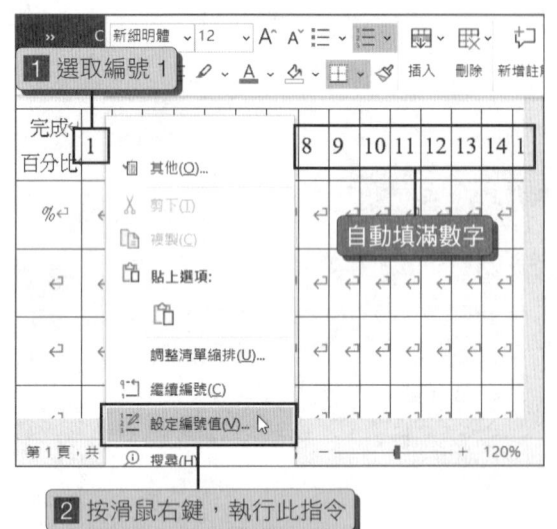

4 開啟「設定編號值」對話方塊，選擇「開始新的清單」，輸入設定值為「16」，按「確定」鈕。

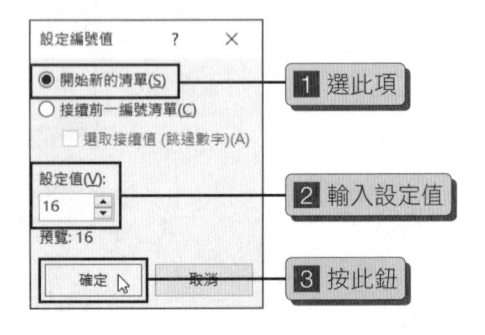

5 儲存格內數值依照設定值重新編號。假設該月有 30 天，選取編號「31」，按滑鼠右鍵開啟快顯功能表，執行「設定編號值」指令。

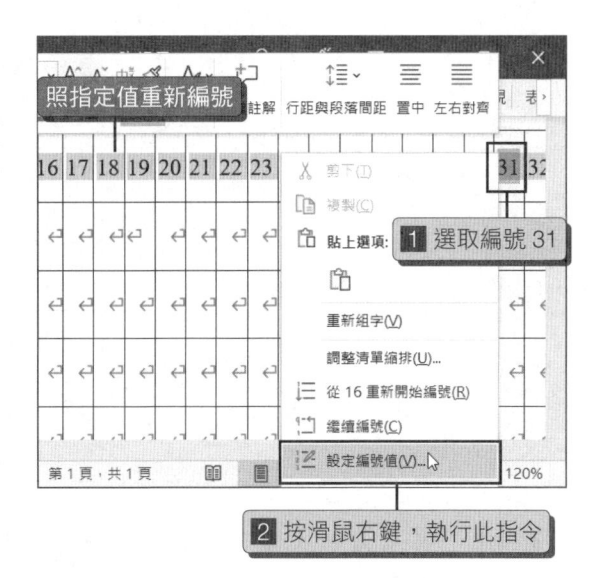

6 再次開啟「設定編號值」對話方塊，自動選擇「開始新的清單」，輸入設定值為「1」，按「確定」鈕。

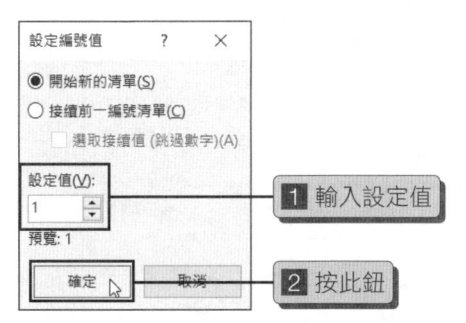

7 後方儲存格自動從 1 開始重新編號。選取「計畫天數」前方 2 個空白字元，在「常用\字型」功能區中，按下 A「字元框線」鈕，使空白字元加上框線，作為代表「計畫天數」的方框。

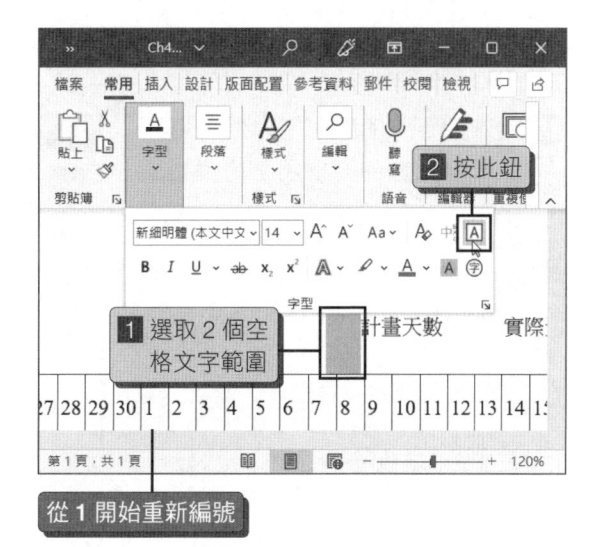

8 繼續選取代表「計畫天數」的方框，在「常用\段落」功能區中，按下 ⌄「網底」清單鈕，選擇填上「黃」色。

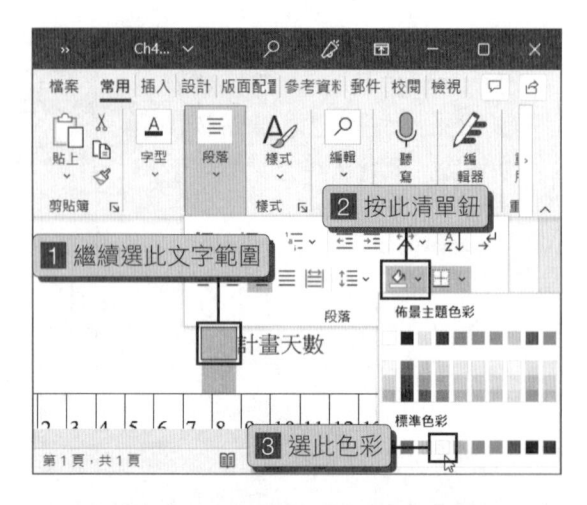

9 選取「實際天數」前方 2 個空白字元，再次按下「字元框線」鈕，使空白字元加上框線。

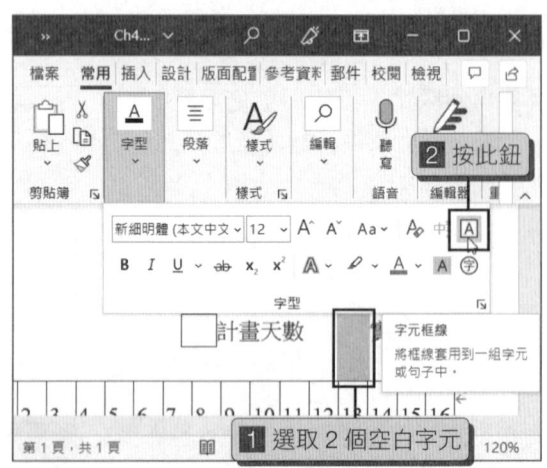

10 再次按下「網底」清單鈕，將代表實際天數的方框填上「淺藍」色。

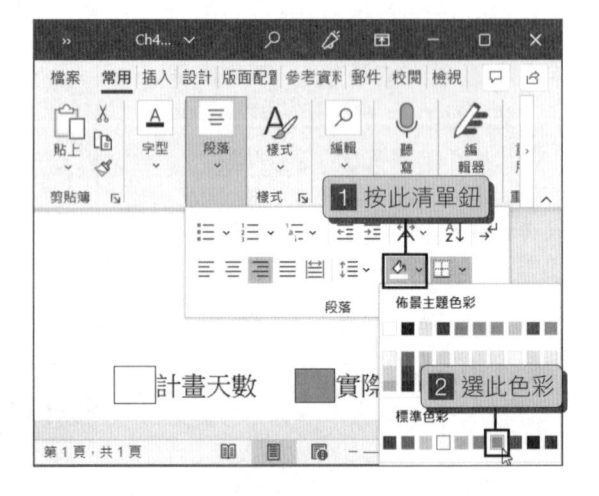

11 最後依照計畫天數，選取同數量的儲存格，先填上黃色，等實際執行計畫時，再依照實際天數，隨時修改儲存格顏色即可。

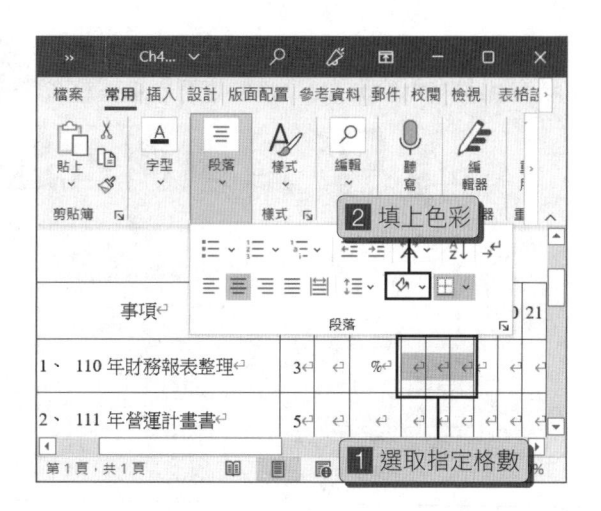

範例檔案：PART 4\Ch48 股東開會通知

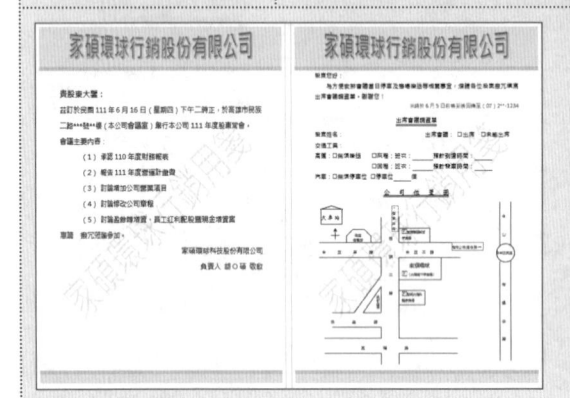

單元 48 股東開會通知

股份有限公司依規定每年都要召開股東大會，由公司經營者向股東們說明去年的營收狀況和下半年及明年公司的營運方向，當然最主要的是決定是否要分股息和盈餘轉增資的相關訊息。

範例步驟

1 請先開啟範例檔案「Ch48 股東開會通知(1).docx」，將游標移到頁首位置，快按滑鼠左鍵 2 下，進入編輯頁首頁尾模式。

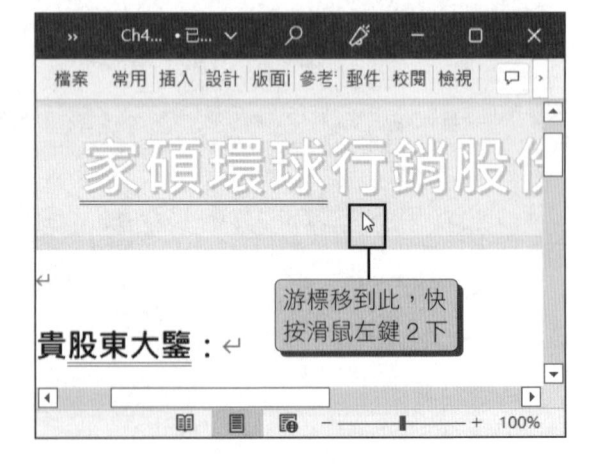

游標移到此，快按滑鼠左鍵 2 下

2 公司名稱原本是由內文樣式加上文字效果而成,而不是文字藝術師,想做其他變化有限,可直接選取公司名稱文字,在「插入\文字」功能區中,按下「文字藝術師」清單鈕,選擇「填滿-藍色,輔色1,外框-背景1,強烈陰影-輔色1」樣式。

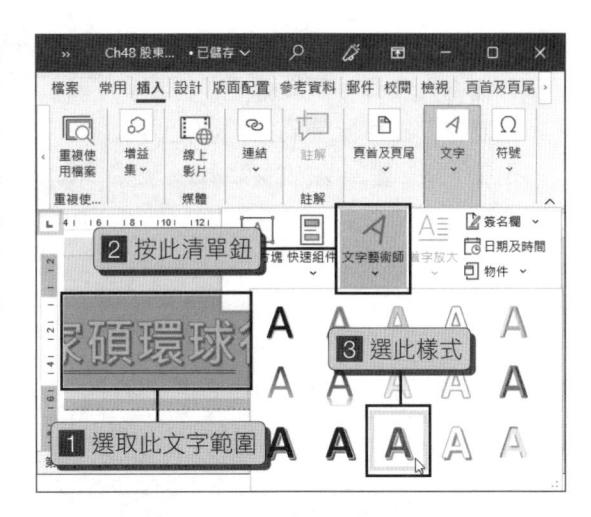

3 公司名稱文字轉變成文字藝術師方塊,選取此方塊,拖曳調整位置到對齊文件中央。

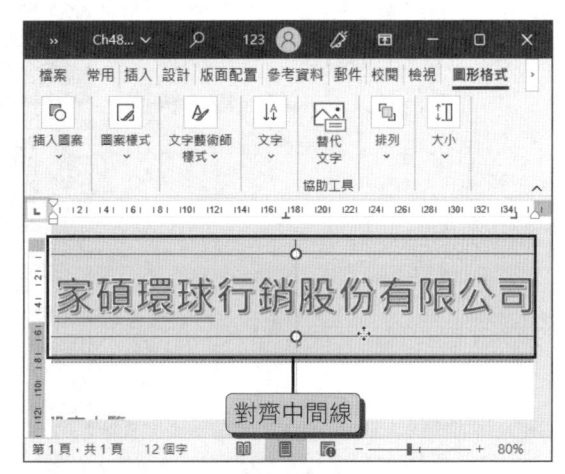

4 切換到「圖形格式」功能索引標籤,在「文字藝術師樣式」功能區中,按下「文字效果」清單鈕,選擇「轉換」效果中的「上凹下平」樣式。

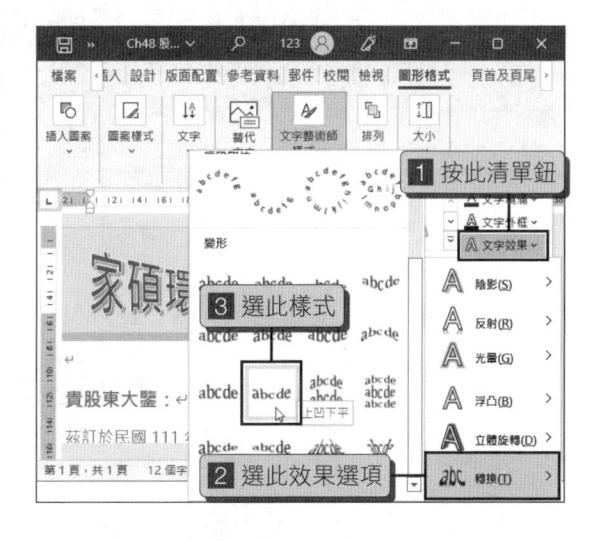

5 文字藝術師方塊套用指定效果，方塊中央會有一個 ○ 黃色的圓形控制鈕，按住此控制鈕，向上方拖曳，可調整凹陷的幅度。

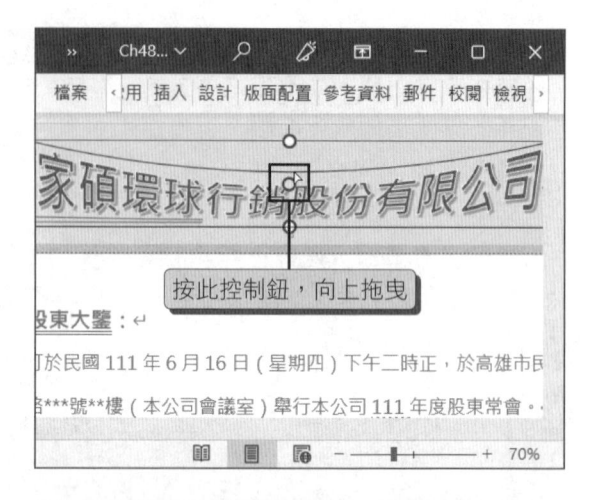

6 放開滑鼠左鍵結束調整文字藝術師，此時上凹效果比較不明顯。將游標移到文件編輯區域，快按滑鼠左鍵 2 下，結束編輯頁首及頁尾。

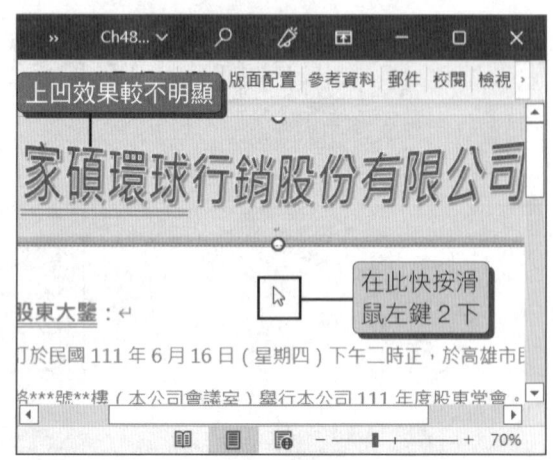

7 對於要加入其他 Word 文件內容，最常使用的方式是使用剪貼簿，若是要插入整份文件還有更好的方法。將編輯插入點移到文件下方，在「插入\文字」功能區中，按下「物件」清單鈕，選擇插入「文字檔」物件。

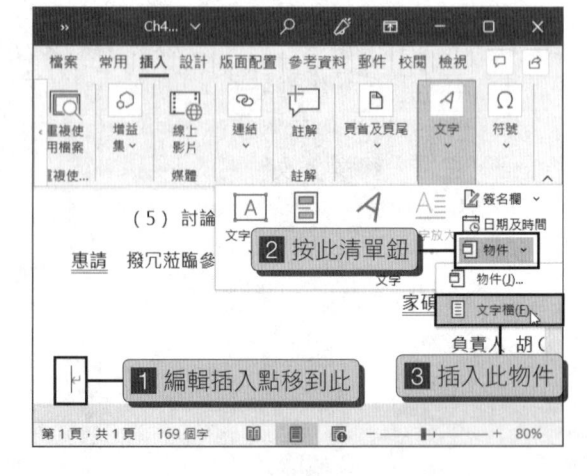

單元 48　股東開會通知 | 351

8 開啟「插入檔案」對話方塊，選擇範例檔案中的「Ch48 股東開會出席調查表.docx」，按下「插入」鈕。

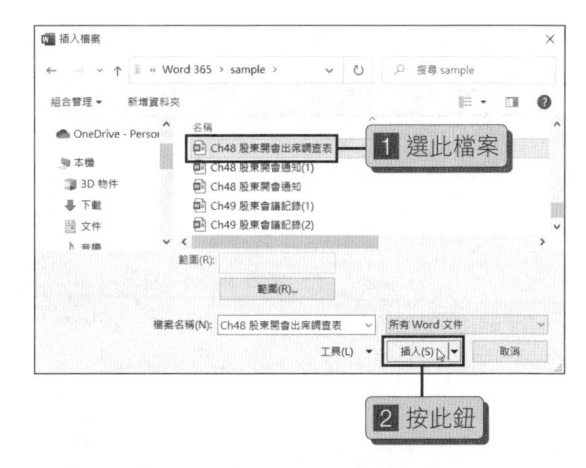

9 檔案插入到文件中，編輯插入點移到新文件開頭處，在「插入\頁面」功能區中，執行「分頁符號」指令，將檔案資料移到下一頁。

10 插入的文件被移到第 2 頁。浮水印功能不僅可以插入預設文字，還可以插入指定文字，切換到「設計」功能索引標籤，在「頁面背景」功能區中，按下「浮水印」清單鈕，執行「自訂浮水印」指令。

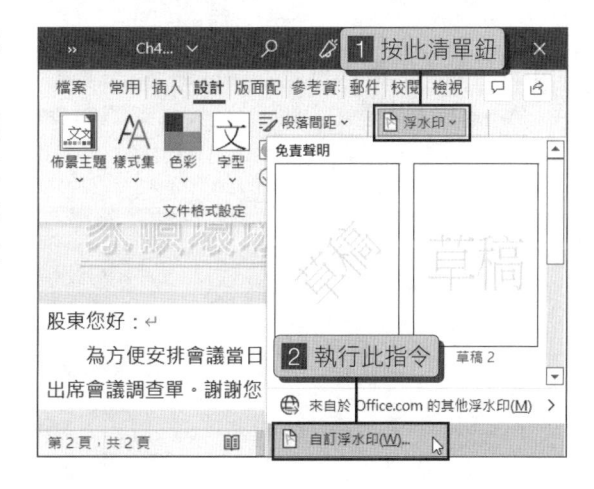

11 開啟「列印浮水印」對話方塊，選擇「文字浮水印」，按下色彩清單鈕，選擇「藍色, 輔色 1, 較淺 60%」文字色彩。

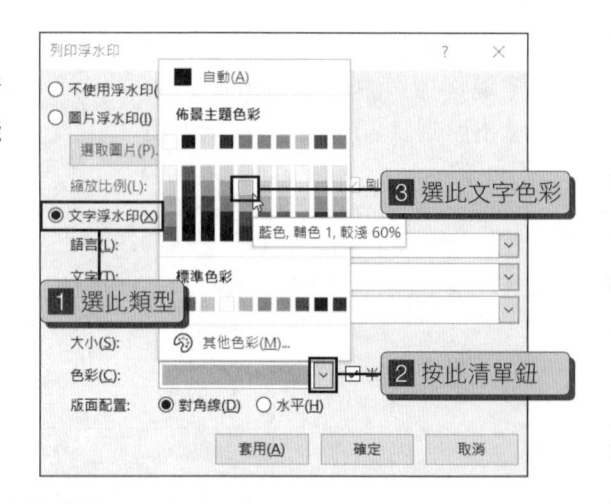

12 繼續選擇字型為「微軟正黑體」，選取文字處的預設文字，按下鍵盤【Del】鍵，刪除預設文字。

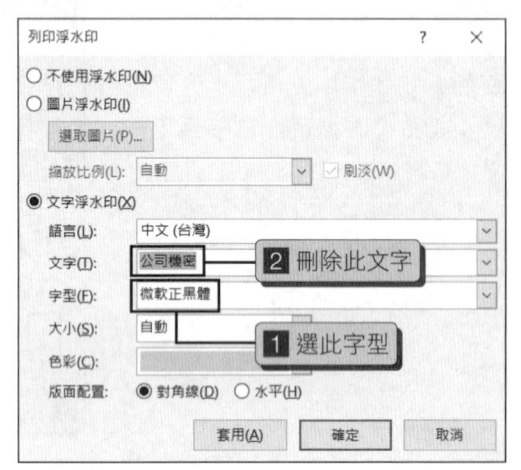

13 重新輸入文字「家碩環球行銷用箋」，按下「確定」鈕。

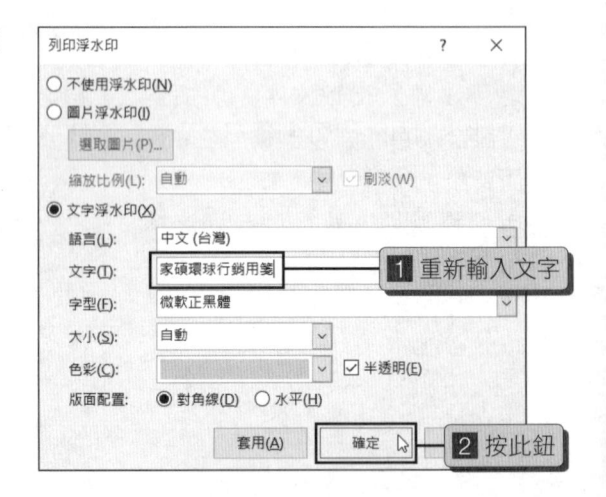

14 文件中插入自訂的文字浮水印。

插入自訂的文字浮水印

單元 49 股東會議記錄

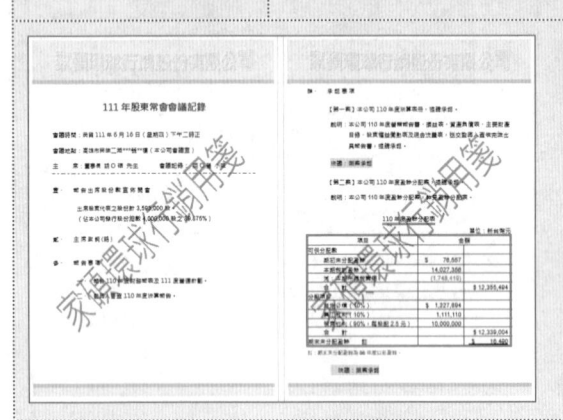

> 範例檔案：PART 4\Ch49 股東會議記錄

發出股東會議通知之後，還有許多相關的工作需要準備，例如說議程的安排…等。會後還需要製作股東會議記錄，這時候會議議程就是很好的幫手，記錄者只需要根據議程規劃，將討論的內容及結果記錄下來，附上相關的輔佐資料，就可以快速完成會議記錄。

範例步驟

1 Word 預設的本文字型為「新細明體」，雖說可以在編輯中修改字型，若是一開始就先設定好本文字型，編輯時就可以少些麻煩。請先開啟範例檔案「Ch49 股東會議記錄(1).docx」，切換到「設計」功能索引標籤，按下「字型」清單鈕，選擇「Arial 微軟正黑體」字型。

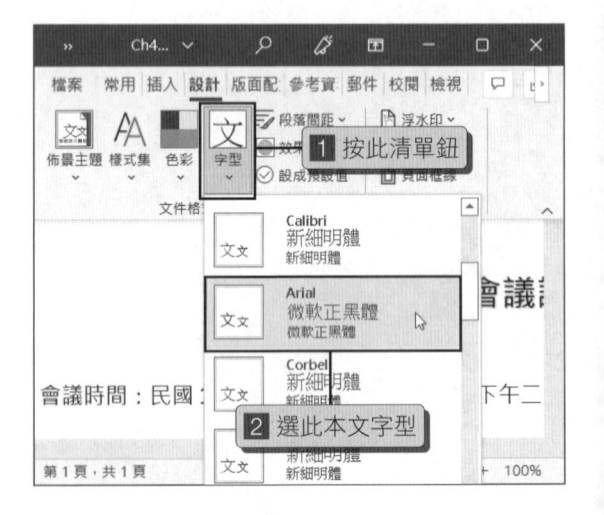

1 按此清單鈕
2 選此本文字型

2 先依照議程內容制定所需要的字型樣式，在「常用\樣式」功能區中，按下樣式庫的展開鈕，執行「建立樣式」指令。

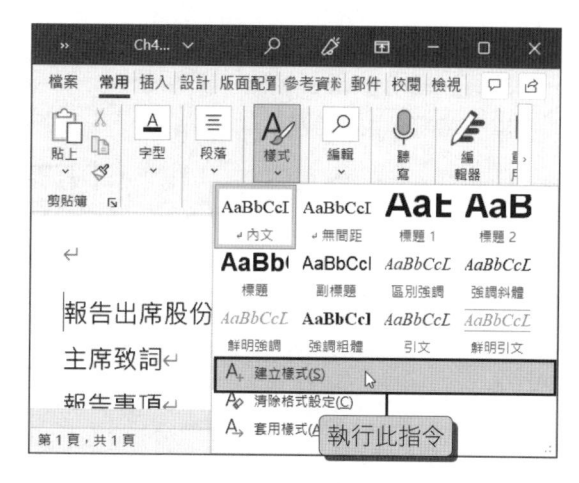

3 先輸入樣式名稱「編號壹」，按下「修改」鈕。

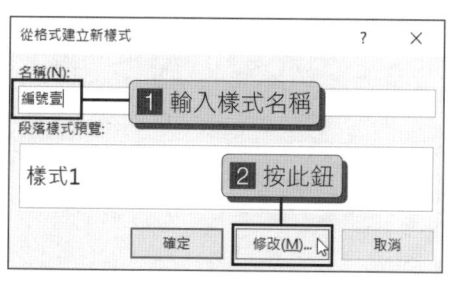

4 開啟「從格式建立新樣式」對話方塊，按下「格式」清單鈕，選擇設定「字型」。

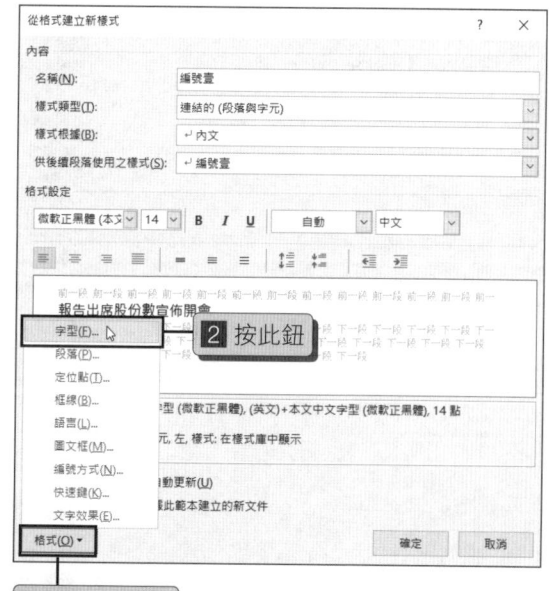

5 另外開啟「字型」對話方塊,切換到「進階」索引標籤,間距選擇「加寬」點數設定「1.5 點」,按下「確定」鈕。

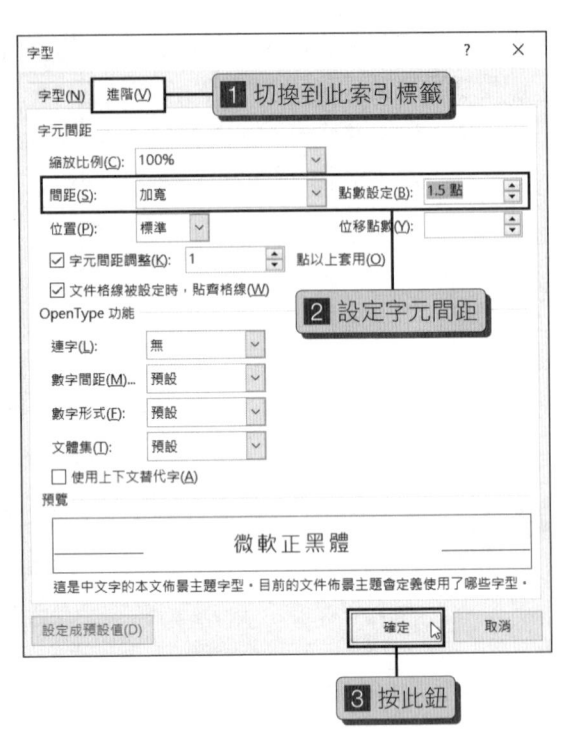

6 回到「從格式建立新樣式」對話方塊,按下「格式」清單鈕,選擇設定「段落」。

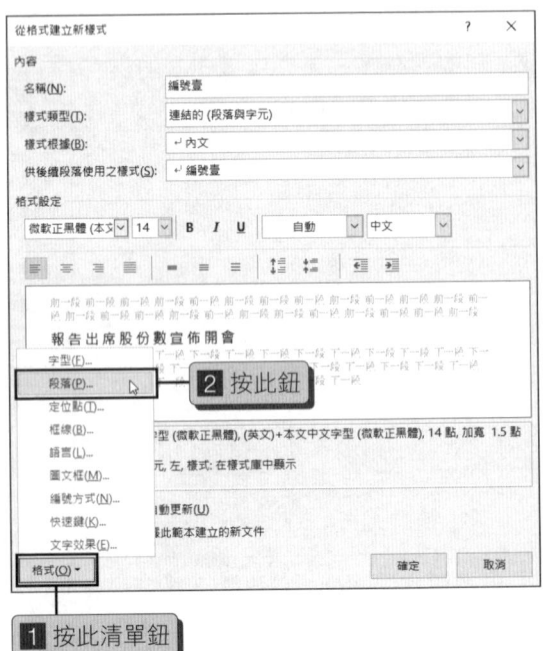

7 另外開啟「段落」對話方塊,設定段落間距與前段距離「1 行」、與後段距離「0.5 行」,行距為「固定行高」、行高「25 點」,按下「確定」鈕。

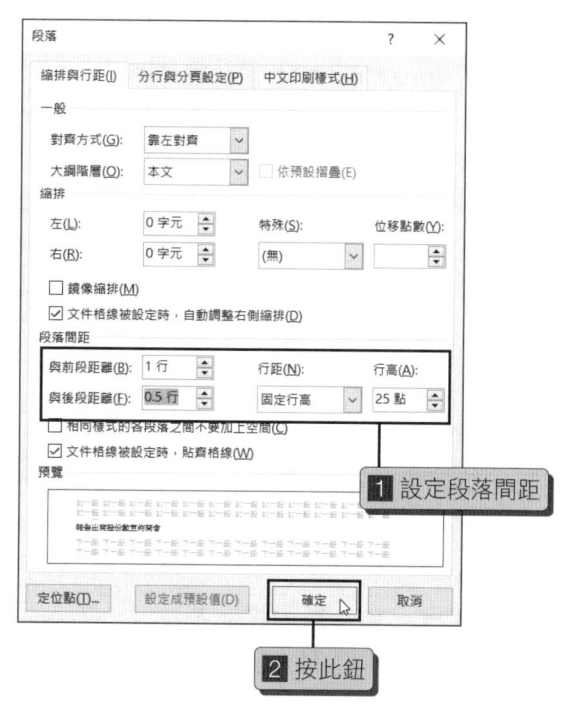

1 設定段落間距

2 按此鈕

8 再次回到「從格式建立新樣式」對話方塊,再按下「格式」清單鈕,選擇設定「編號方式」。

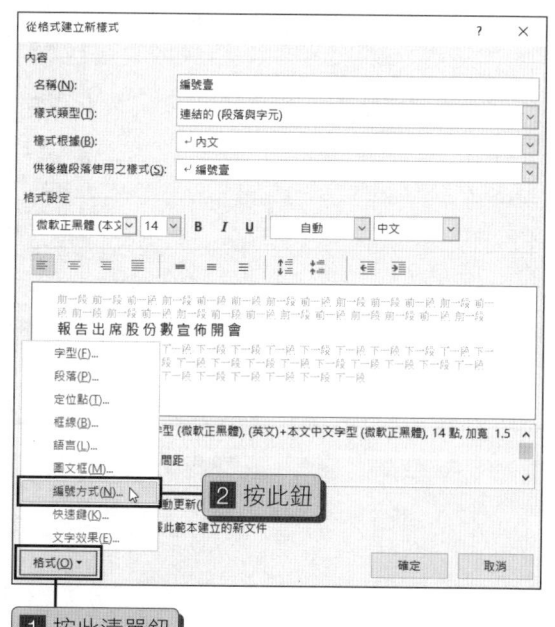

1 按此清單鈕

2 按此鈕

9 另外開啟「編號及項目符號」對話方塊，按下「定義新的編號格式」鈕。

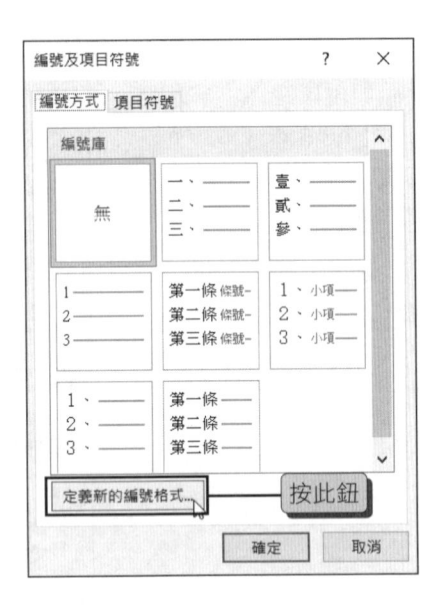

10 再開啟「定義新的編號格式」對話方塊，選擇大寫「壹,貳,參…」編號樣式，並設定編號格式為「壹、」，按「確定」鈕。

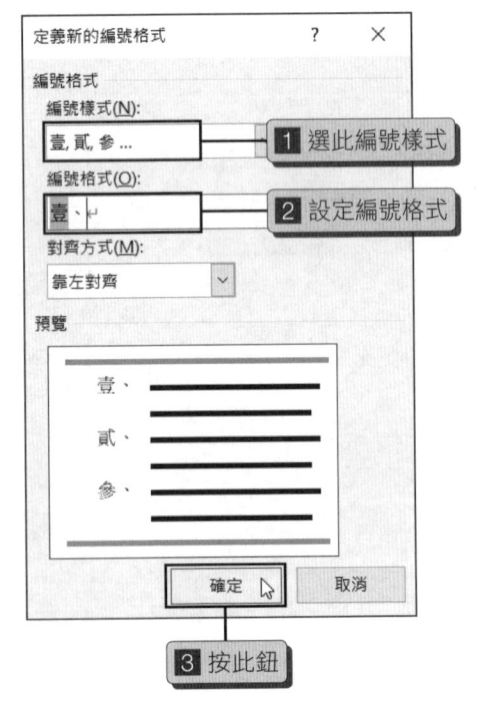

11 回到「編號及項目符號」對話方塊，選擇新定義的編號樣式，按下「確定」鈕。

12 再次回到「從格式建立新樣式」對話方塊，所有的格式設定都會顯示在空白區中，按下「確定」鈕完成「編號壹」樣式設定。

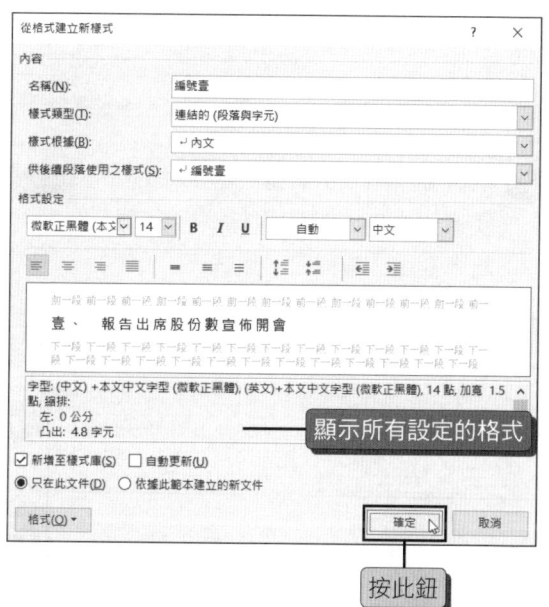

13 按住鍵盤【Ctrl】鍵，選取議程標題，在「樣式」庫中套用「編號壹」樣式。

14 依相同步驟 2~12 方法定義「編號二」樣式。

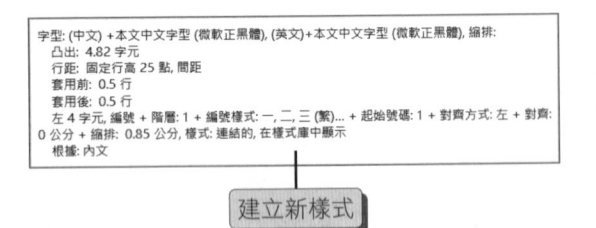

15 按住鍵盤【Ctrl】鍵，選取編號及案號文字，按下「樣式」清單鈕，套用「編號二」樣式。

16 重新選取案號，按下 「編號」圖示鈕的部分，則可取消自動編號。(若按到清單鈕，只要選擇「無」編號樣式亦可)

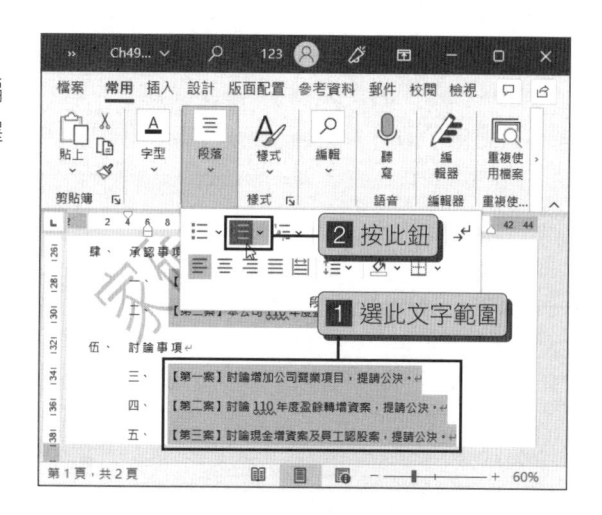

17 所有議程標題都設定並套用樣式後，只要將會議討論內容及決議加入議程中，再些微調整格式即可。請開啟「Ch49 股東會議記錄(2).docx」，選取開會資訊相關文字，按下「框線」清單鈕，執行「框線及網底」指令。

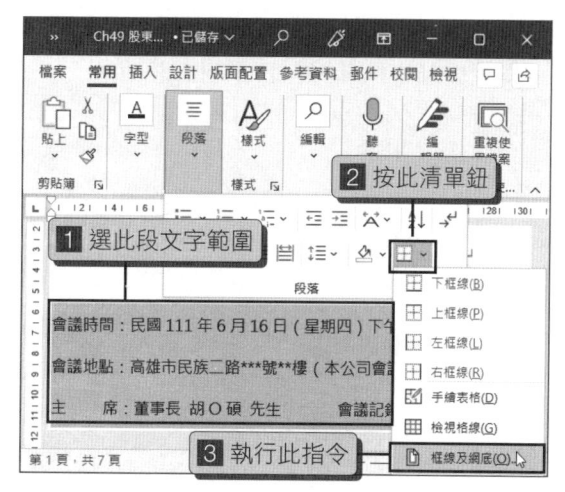

18 開啟「框線及網底」對話方塊，選擇框線樣式並設定寬度為「3\4pt」，按「下框線」鈕，套用到「段落」，讓段落文字下方呈現分隔線，設定完成按「確定」鈕。

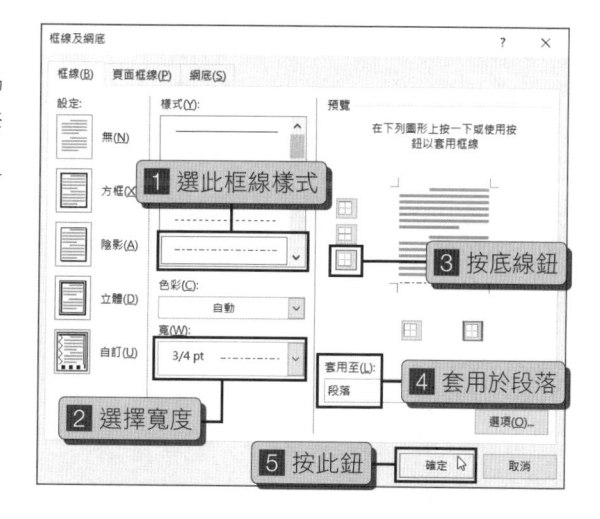

19 段落下方出現分隔線。最後選取文件標題中的「議程」，修改成為「記錄」即可。

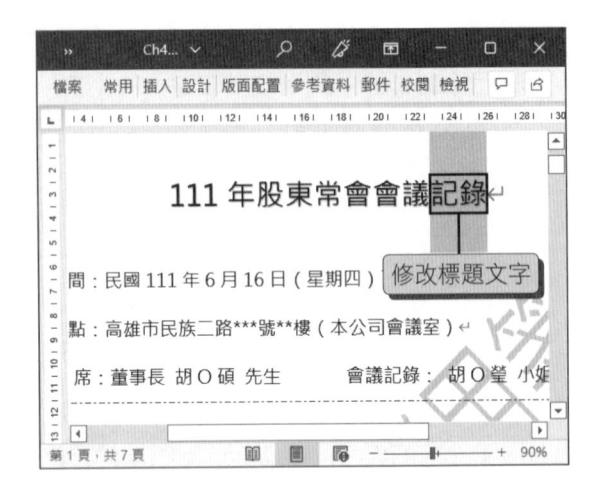

單元 50　營運計畫書 | 363

範例檔案：PART 4\Ch50 營運計畫書

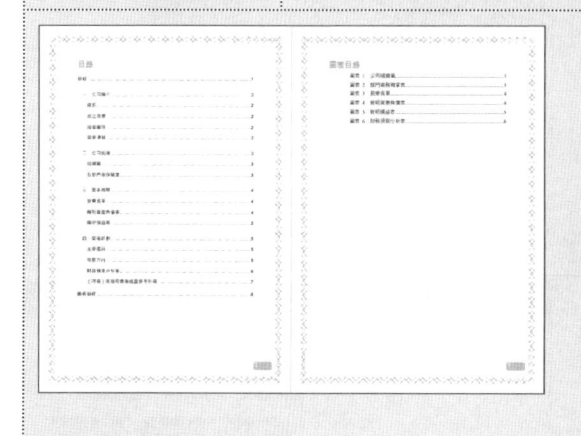

單元 50 營運計畫書

製作營運計畫書最主要的目的，是為了讓投資者了解企業經營的決策與目標。營運計畫書大致上會列出公司背景、營運目標、比較年度的財務報表、未來展望…等，視情況增減其內容。有些銀行申請貸款時，還會要求增加成本分析表、還款計畫…等，有關財務面的各項專業報表，由此可見營運計畫書涵蓋的內容十分廣泛。

範例步驟

1 長文件的編輯往往是讓人最頭疼的事，不只安排文字、數字編號的階層和樣式，還要顧及圖表及目錄的樣式，這樣整體文件的層次才會清楚明白。請先開啟範例檔案「Ch50 營運計畫書(1).docx」，先到文件第 4 頁找到「組織圖」，選取公司組織圖物件，切換到「參考資料」功能索引標籤，在「標號」功能區中，執行「插入標號」指令。

1 選取此物件
2 執行此指令

2 開啟「標號」對話方塊，選擇標籤為「圖表」，此時標號會自動顯示「圖表 1」，位置則選擇「選取項目之下」，按下「確定」鈕。

3 組織圖物件下方出現標號「圖表 1」。

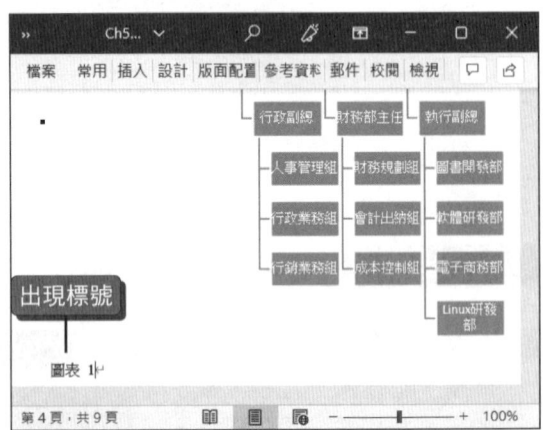

4 將編輯插入點移到標號右方，輸入圖表名稱「公司組織圖」，選取標號文字並修改字型與文件設定相同的「微軟正黑體」，並將設定標號為「置中對齊」。

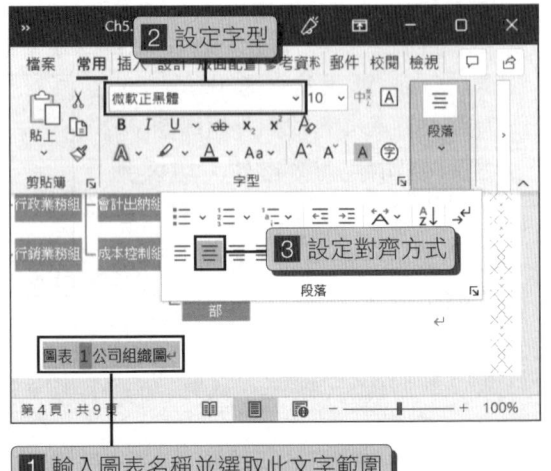

5 由於標號就是套用「標號」樣式，但是上一步驟已經修改樣式的格式，因此在「常用\樣式」功能區中，樣式庫中選取「標號」樣式，按滑鼠右鍵開啟快顯功能表，執行「更新標號以符合選取範圍」指令。

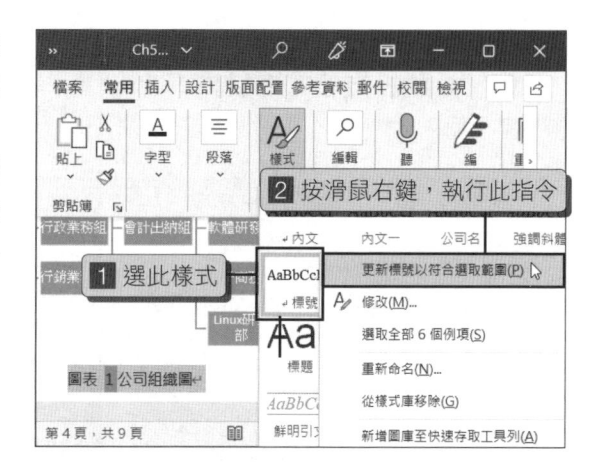

6 其他已經存在的標號都會因此而自動重新套用新的標號樣式。

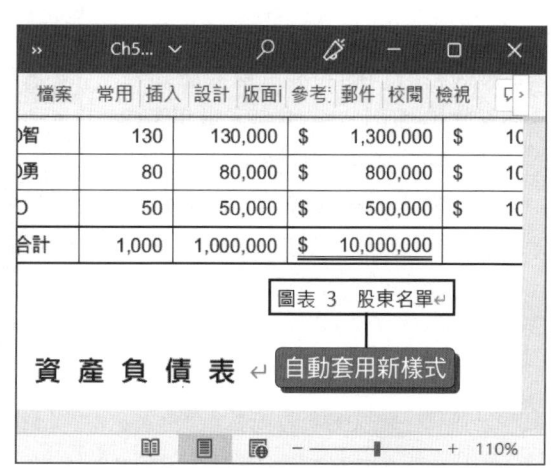

7 將編輯插入點移到最後一頁圖表目錄下方，切換到「參考資料」功能索引標籤，執行「插入圖表目錄」指令。

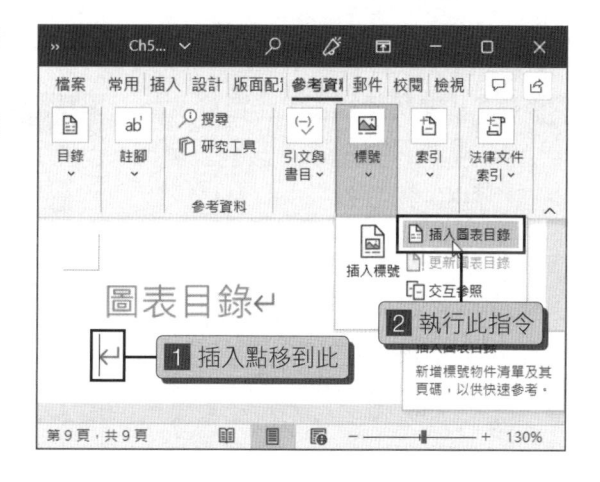

8 開啟「圖表目錄」對話方塊，使用預設的設定值，直接按「確定」鈕。

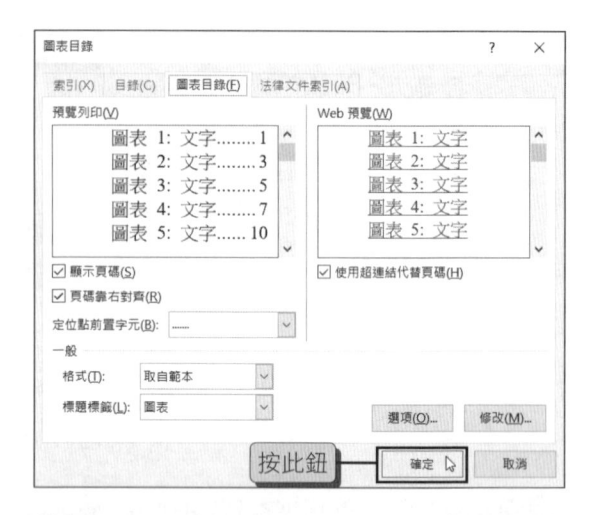

9 圖表目錄自動完成，選取圖表目錄文字範圍，由於在「常用\樣式」功能區中，目錄樣式沒有出現在常用的樣式庫中，因此按下樣式庫的 ⊡ 展開鈕，執行「套用樣式」指令。

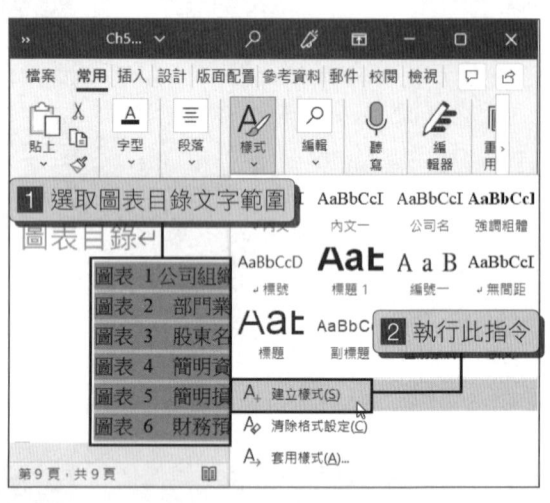

10 開啟「套用樣式」工作窗格，選擇「圖表目錄」樣式名稱，按下「修改」鈕。

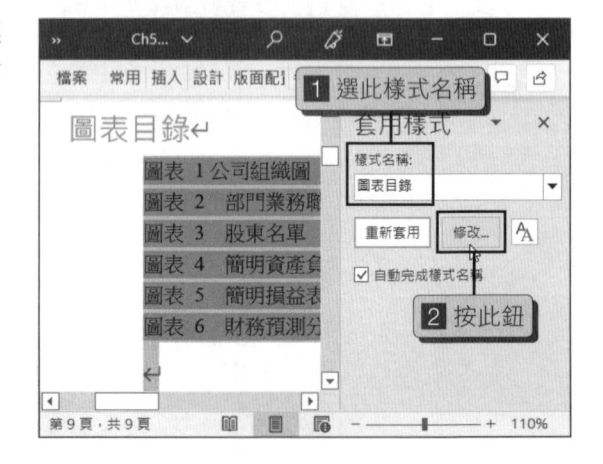

11 開啟「修改樣式」對話方塊，按下樣式根據「內文」清單鈕，重新選擇樣式根據為「內文一」，按下「確定」鈕。

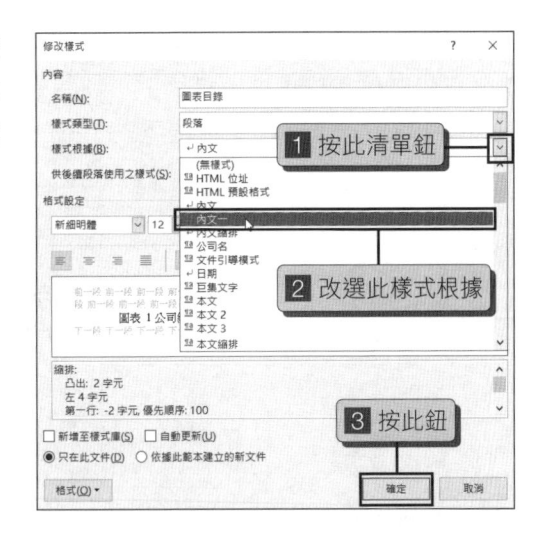

12 圖表目錄套用「內文一」樣式的格式，而有些許變動。按下工作窗格右上角的「關閉」鈕，關閉工作窗格。

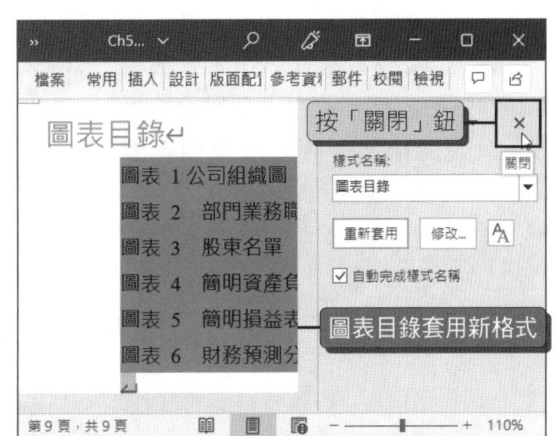

13 將編輯插入點移到第二頁「目錄」下一行，按下「目錄」清單鈕，選擇執行「自訂目錄」指令。

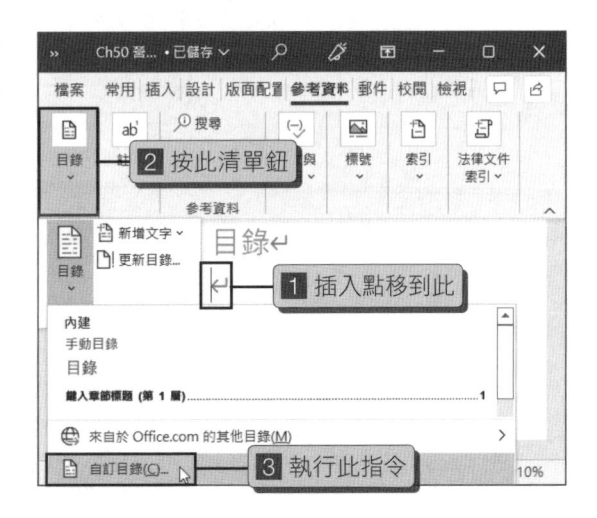

14 開啟「目錄」對話方塊，不需要等到目錄製作完成再修改樣式，可以直接在設定時修訂，按下「修改」鈕。

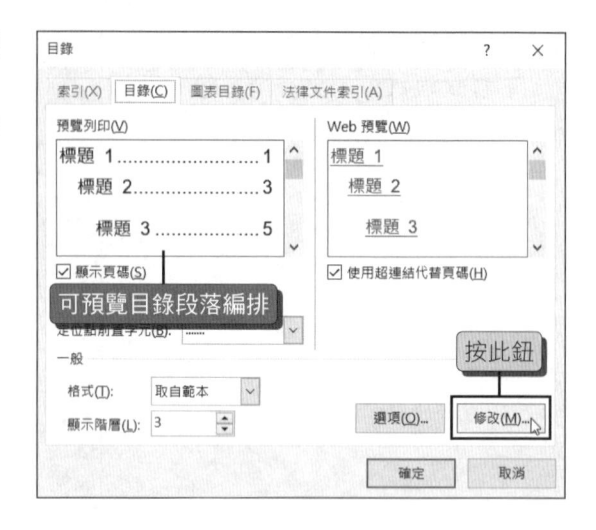

15 另外開啟「樣式」對話方塊，選擇「目錄 3」樣式，按「修改」鈕。由於目錄顯示 3 個階層，所以大綱階層 1~3 分別套用目錄 1~3 的樣式。

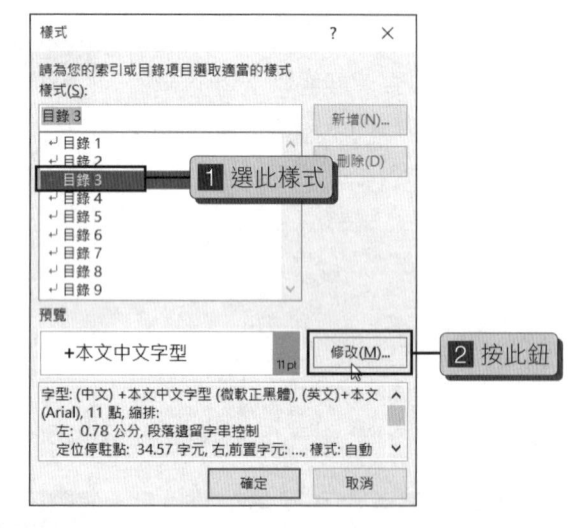

16 又是開啟「修改樣式」對話方塊，按下「格式」鈕，選擇設定「段落」。

17 開啟「段落」對話方塊，設定段落間距與前後段距離為「0行」，行距為「固定行高」，行高為「25點」，按「確定」鈕。回到「修改樣式」對話方塊，直接按「確定」鈕。回到「樣式」對話方塊，也是直接按「確定」鈕。

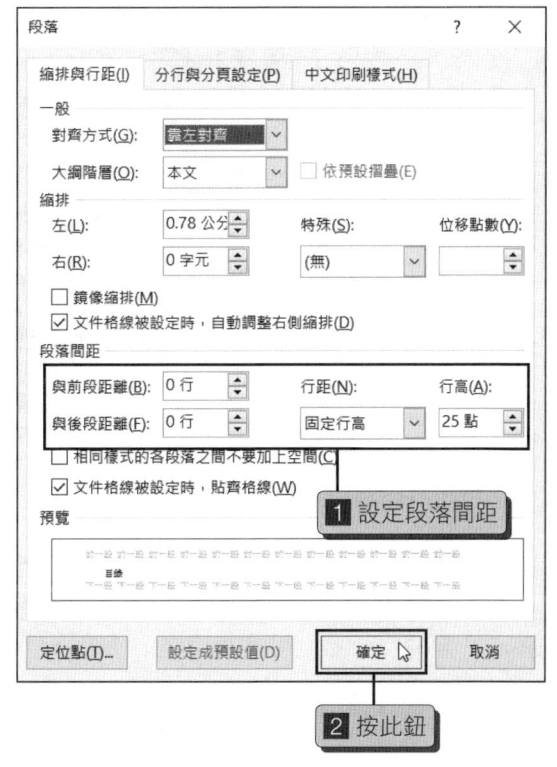

18 回到「樣式」對話方塊，選擇「目錄2」樣式，按「修改」鈕。

19 和步驟16一樣，在「修改樣式」對話方塊，按下「格式」鈕，選擇設定「段落」。開啟「段落」對話方塊，設定段落間距與前段距離為「0.5行」，與後段距離為「0行」，行距為「固定行高」，行高為「26點」，一路按「確定」鈕直到回到「目錄」對話方塊。

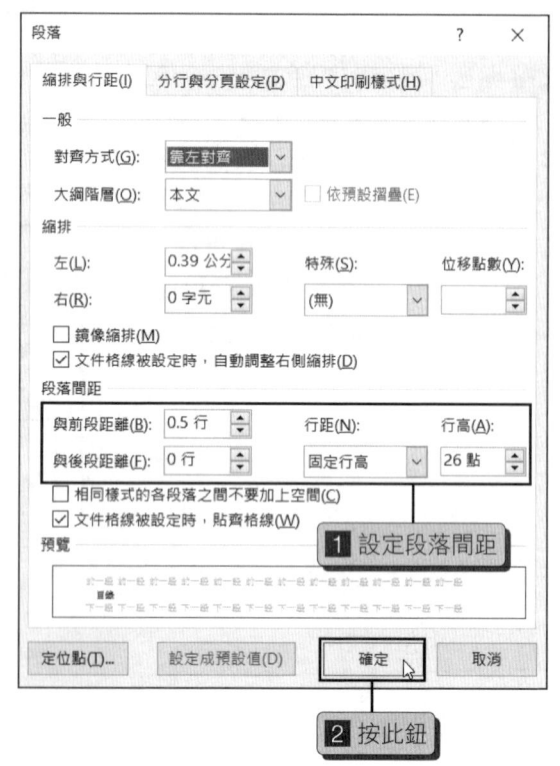

20 回到「目錄」對話方塊，預覽段落編排方式，若沒有需要修改的地方，就直接按「確定」鈕。

21 目錄終於完成了！使用修改樣式設定目錄格式看似麻煩，但是可以避免在更新目錄時，格式又套用回舊的樣式。

NOTES

APPENDIX

A 探索 Microsoft 365 的翻譯能力

A-1	Microsoft 365 的翻譯功能之操作步驟簡介
A-2	在 Word 365 中的實際應用例子
A-3	在 Excel 365 中的實際應用例子
A-4	在 PowerPoint 365 中的實際應用例子

Microsoft 365 的翻譯功能主要是透過 Microsoft Translator 來進行。這項功能目前適用於 Word、Excel、OneNote、Outlook 和 PowerPoint。使用此功能，您可以將全部或部分文件翻譯成另一種語言。

> **TIPS 深入了解 Microsoft Translator 的功能與特性**
>
> Microsoft Translator 稱為「微軟翻譯」，是一款功能強大的翻譯工具，提供多種語言和多種形式的翻譯服務，支援多達 60 種語言，無論是文字、語音、對話，還是照片或截圖，均能輕鬆應對。同時提供離線翻譯功能，只需提前下載語言文庫，即可在無網路連接的情況下使用，隨時隨地滿足翻譯需求。透過相機拍攝想要翻譯的畫面，可立即獲得準確的翻譯結果，達到即時照片翻譯。此外，即時多國語言翻譯功能亦讓對話變得簡單，無論是經由拍照還是語音，都能提供快速而準確的翻譯。
>
> 微軟翻譯還能延伸至 Safari 和其他第三方應用，做到網頁內容的即時翻譯，大大提升瀏覽體驗。使用 Reddit 或其他聊天程式時，微軟翻譯同樣能即時翻譯，方便與不同語言使用者的溝通。而對於收到的英文郵件內容，利用內建的翻譯功能將幫助您快速理解和回應，提高工作效率，是日常生活和工作中不可或缺的語言助手。

A-1 Microsoft 365 的翻譯功能之操作步驟簡介

Microsoft 365 的翻譯功能操作方式如下：(底下操作步驟以 Word 365 為例)

範例步驟

1. 開啟 Word、Excel 或 PowerPoint 文件。

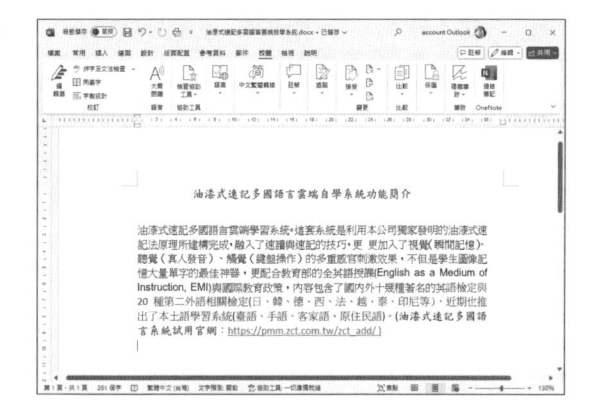

2. 選擇您想要翻譯的文字或者選擇整個文件。此處先以「翻譯文件」這項功能進行示範：

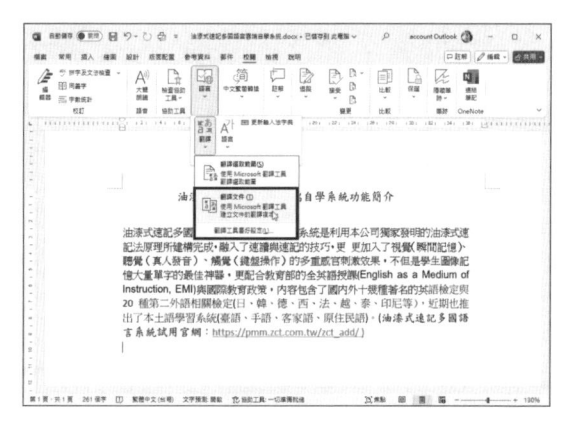

> **TIPS** 認識「選取範圍」及「翻譯文件」的功能上的差異性
>
> 以下是 Microsoft 365 翻譯功能中的「翻譯選取範圍」和「翻譯文件」的主要差異：
> - **翻譯選取範圍**：讓您可以選擇文件中的特定部分進行翻譯。您只需要選取想要翻譯的文字，然後選擇「翻譯」功能。翻譯後的結果會在右側顯示原文及翻譯後的內容。此外，還可以將翻譯內容插入到文件中。
> - **翻譯文件**：讓您可以將整個文件翻譯成另一種語言。當選擇「翻譯文件」時，系統會直接另開新的 Word 檔來顯示翻譯後的內容。這對於需要將整份文件翻譯成另一種語言的情況非常有用。
>
> 總的來說，此兩種功能都非常實用，但適用的情境不同。如果您只需要翻譯文件中的某一部分，那麼「翻譯選取範圍」會是一個好選擇。如果您需要將整份文件翻譯成另一種語言，那麼「翻譯文件」則更為適合。

3. 點選「校閱」標籤，然後選擇「翻譯」。

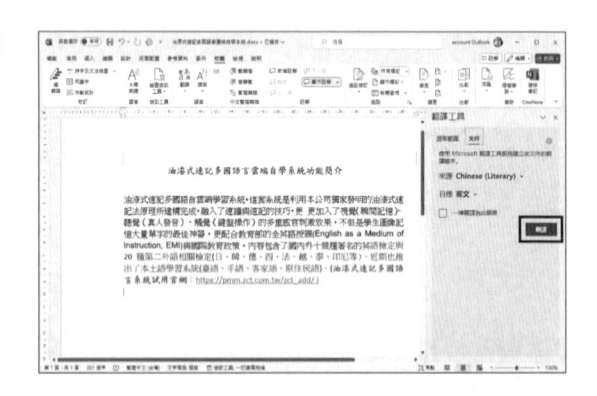

4. 馬上在文件中顯示翻譯的結果，如下圖所示：

接下來的例子，我們以「翻譯選取範圍」這項功能進行示範，操作如下：

1 開啟文件，選取要翻譯的範圍，如下圖所示：

2 點選「校閱」標籤，在「翻譯」的下拉選單中，選擇「翻譯選取範圍」，接著會出現如下圖右側視窗的翻譯結果：

3 點選上圖中「插入」鈕，就會將指定範圍的翻譯結果插入到文件之中。

接下來我們將在 Word、Excel 和 PowerPoint 中分別示範實際應用例子：

A-2 在 Word 365 中的實際應用例子

假設您正在閱讀一份英文報告，但您的母語是中文。您可以使用 Microsoft 365 的翻譯功能，將報告從英文翻譯成中文，以便您更好地理解內容。以下是利用 Microsoft 365 的翻譯功能將一份英文文件翻譯成一份中文文件的操作步驟：

1. 首先，執行 Word 應用程式，並開啟欲翻譯的英文文件。

2. 接著，點選頂部功能列的「校閱」標籤。在「校閱」標籤下，找到並點選「翻譯」選項。在「翻譯」的下拉選單中，選擇「翻譯文件」。

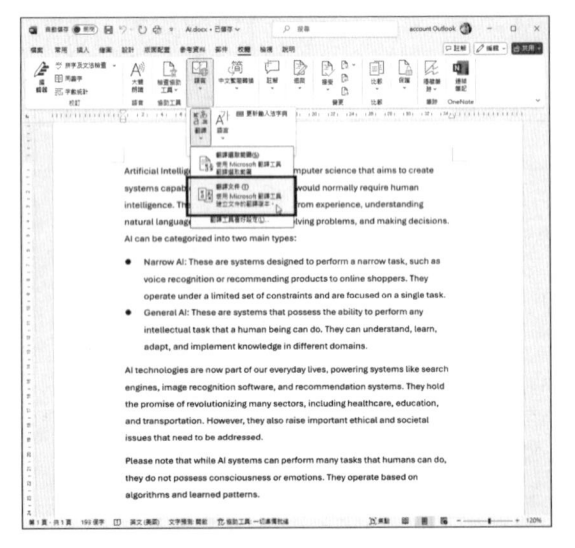

3 一個新的視窗會彈出，詢問您想要將文件翻譯成哪種語言。在這裡，您可以選擇「中文 (繁體)」或「中文 (簡體)」，視您的需求而定。

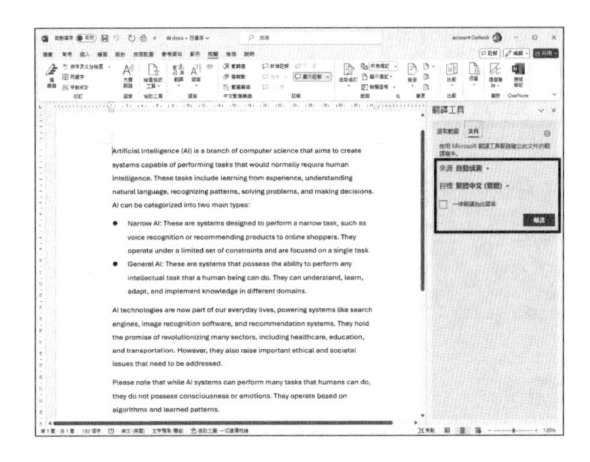

4 點選「翻譯」按鈕開始翻譯，所需時間取決於文件長度。翻譯完成後，系統會在新的 Word 文件中顯示翻譯後的內容。

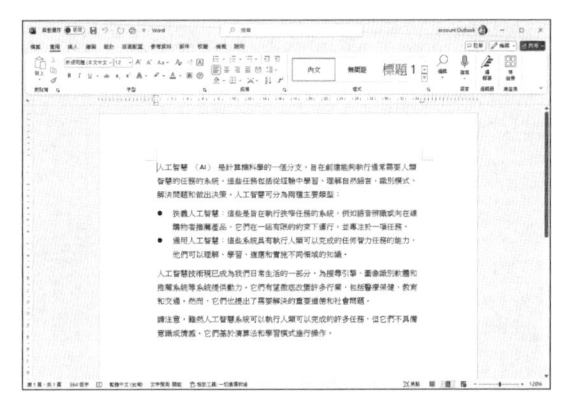

請注意，雖然 Microsoft 365 的翻譯功能非常強大，但它可能無法完美地翻譯所有的內容。在使用翻譯後的文件之前，建議您仔細檢查並校對翻譯的結果。

A-3 在 Excel 365 中的實際應用例子

在 Excel 365 也有提供翻譯功能，它可以協助使用者將工作表的指定範圍從某個語言翻譯成另一個語言。例如，如果您在使用的 Excel 工作表內容，但對於某些內容的英文名稱不熟悉，您可以使用這個翻譯工具將這些指定範圍的工作表內容翻譯成中文。以下是利用 Excel 365 翻譯功能的操作步驟：

1 首先，執行 Excel 應用程式，並開啟欲翻譯的工作表。(範例檔：資料查閱.xlsx)

2 接著，選擇要翻譯的儲存格或範圍。

3 點選上方功能列的「校閱」標籤。在「校閱」標籤下，找到並點選「翻譯」選項。

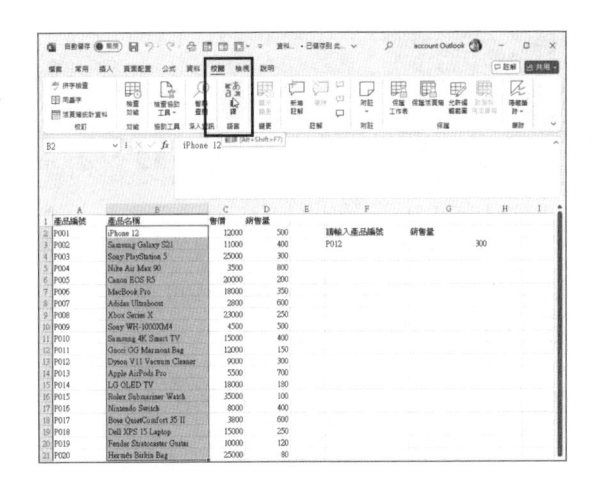

4 一個新的視窗會彈出，顯示您選擇的內容的翻譯。您可以在這裡選擇目標語言，並看到翻譯的結果。

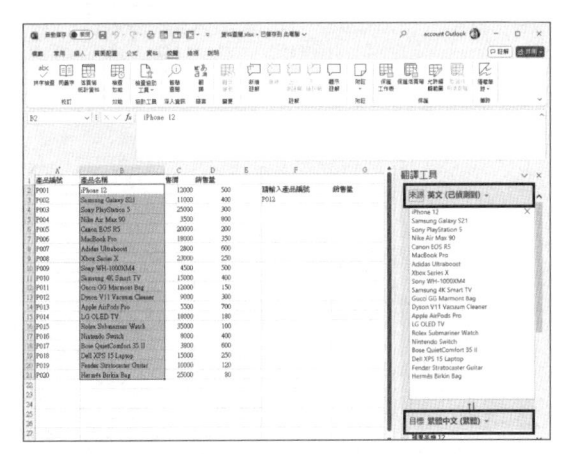

5 如果您滿意翻譯的結果，即可將翻譯的內容複製貼上至原始的儲存格或範圍中。

請注意，雖然 Excel 的翻譯功能非常強大，但它可能無法完美地翻譯所有的內容。在使用翻譯後的資料之前，建議您仔細檢查並校對翻譯的結果。

A-4 在 PowerPoint 365 中的實際應用例子

假設您正在準備一場以英文進行的簡報，但您的觀眾中有一部分人的母語是中文。在這種情況下，您可以使用 Microsoft 365 的翻譯功能，將您的簡報從英文翻譯成中文，並在簡報期間顯示中文的字幕。以下是利用 PowerPoint 365 翻譯功能的操作步驟：

1 首先，執行 PowerPoint 應用程式，並開啟欲翻譯的簡報。

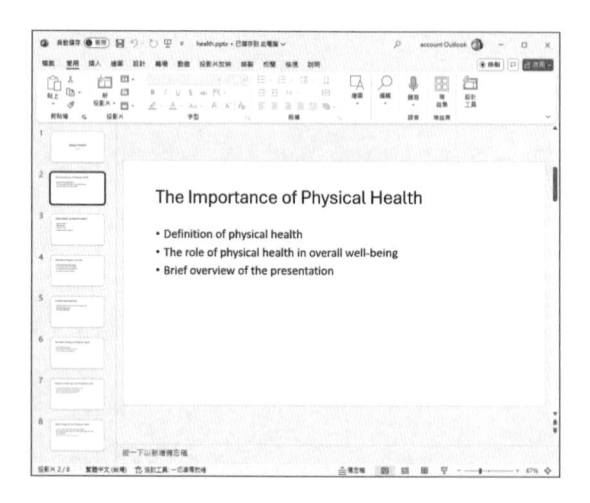

2 接著，選取要翻譯的範圍，點選上方功能列的「校閱」標籤。在「校閱」標籤下，找到並點選「翻譯」選項。

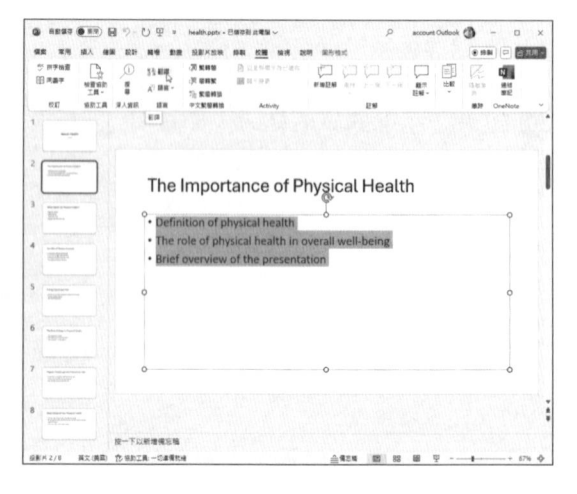

3 一個新的視窗會彈出，顯示您選擇的內容的翻譯。您可以在這裡選擇目標語言，並看到翻譯的結果。

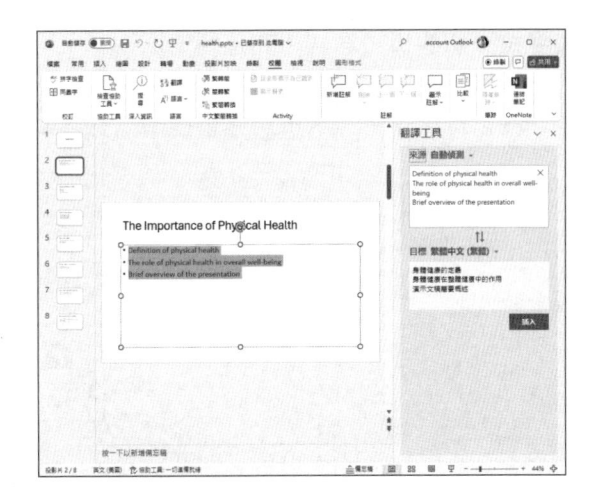

4 如果您滿意翻譯的結果，即可選擇「插入」按鈕，將翻譯的內容置入到原始的投影片中。

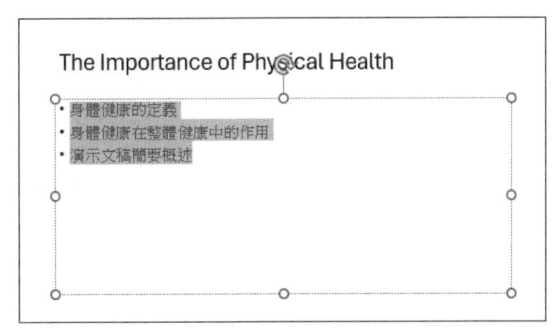

A-4-1　PowerPoint 的「即時字幕」語言翻譯功能

此外，如果您想在簡報期間顯示中文的字幕，您可以使用 PowerPoint 的「即時字幕」功能。以下是操作步驟：

1 在您的簡報中，點選「投影片放映」標籤，並從「輔助字幕與字幕」功能區塊中勾選「一律使用字幕」。

2 選擇您的口語語言（在這種情況下應該是英文 (美國)）和字幕語言（在這種情況下應該是繁體中文）。

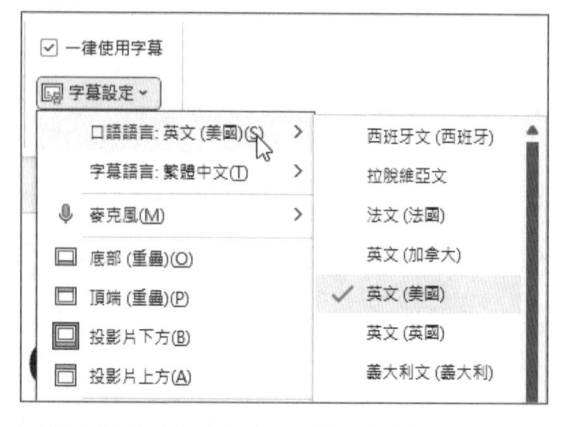

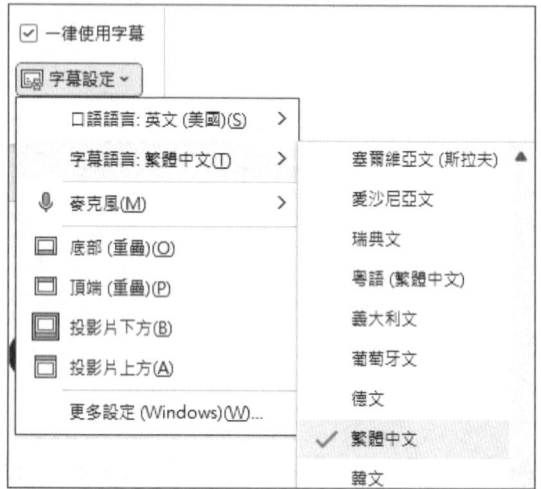

3 接著，可以按下簡報放映的快速鍵 F5，開始您的簡報放映，此時應該能看到您的話語被即時翻譯成中文字幕並顯示在螢幕上。

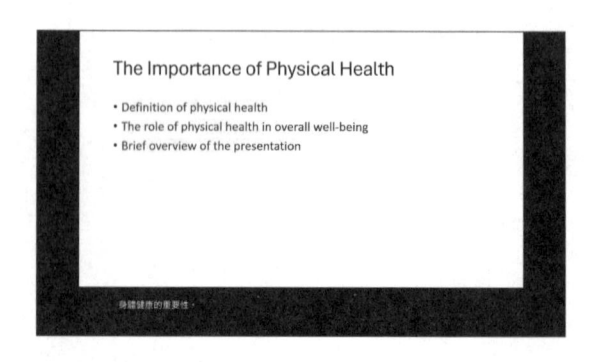

請注意，雖然 PowerPoint 的翻譯功能非常強大，但它可能無法完美地翻譯所有的內容。在使用翻譯後的簡報之前，建議您仔細檢查並校對翻譯的結果。

博碩文化

博碩文化